野生动物识别与鉴定

侯森林　周用武　编著

中国人民公安大学出版社
·北　京·

图书在版编目（CIP）数据

野生动物识别与鉴定／侯森林，周用武编著．—北京：中国人民公安大学出版社，2011.12
ISBN 978-7-5653-0740-9

Ⅰ．①野… Ⅱ．①侯… ②周… Ⅲ．①野生动物—识别②野生动物—鉴定 Ⅳ．①Q959

中国版本图书馆 CIP 数据核字（2011）第 280712 号

野生动物识别与鉴定

侯森林　周用武　编著

出版发行：中国人民公安大学出版社
地　　址：北京市西城区木樨地南里
邮政编码：100038
经　　销：新华书店
印　　刷：香河利华文化发展有限公司

版　　次：2012 年 1 月第 1 版
印　　次：2021年 1 月第 11 次
印　　张：19.5
开　　本：787 毫米×1092 毫米　1/16
字　　数：513 千字

书　　号：ISBN 978-7-5653-0740-9
定　　价：62.00 元

网　　址：www.cppsup.com.cn　www.porclub.com.cn
电子邮箱：zbs@cppsup.com　zbs@cppsu.edu.cn

营销中心电话：010-83903254
读者服务部电话（门市）：010-83903257
警官读者俱乐部电话（网购、邮购）：010-83903253
教材分社电话：010-83903259

前　　言

野生动物识别与鉴定是森林公安从业人员的一门必修基础课程，对从业人员在实际工作中具有很大的指导意义，通过本课程的教学使学生学会野生动物识别与鉴定的方法，掌握各类陆生野生动物识别的基础，使学生牢固树立野生动物作为物证的意识及野生动物保护意识，培养学生在实际工作中识别野生动物的能力，对明确涉案野生动物的类别、快速破案具有积极的作用。

本教材由南京森林警察学院牵头，其中绪论、第一章、第三章、第四章及附录部分由南京森林警察学院侯森林编写，第二章、第五章、第六章由南京森林警察学院周用武编写。全书由侯森林统稿。

本教材适用于刑事侦查、刑事科学技术、治安管理等专业的本、专科学生，可供其学习和参考；本书也可为森林公安民警对野生动物案件的处理提供帮助。

本教材获得2010年国家公益项目林业专项："野生动植物及制品侦测技术的研究"（编号：201004094）资助出版。

在本教材编写及出版过程中，南京森林警察学院黄群教授给予了关心和大量的帮助，在此表示最诚挚的谢意！

由于编者水平有限，本教材仍存在不足之处，敬请各位专家、读者批评指正。

编著者
2011 年 8 月

目　录

绪　论 …… 1

第一章　野生动物形态识别原理 …… 8

第一节　野生动物识别的基本概念 …… 8
第二节　动物命名法规 …… 9
第三节　检索表 …… 10

第二章　两栖纲动物的识别基础 …… 14

第一节　两栖纲动物的主要识别特征 …… 14
第二节　两栖纲动物的分类识别 …… 19

第三章　爬行纲动物识别基础 …… 33

第一节　爬行纲的主要识别特征 …… 34
第二节　爬行动物的分类识别 …… 41

第四章　鸟纲识别基础 …… 50

第一节　鸟纲的主要识别特征 …… 50
第二节　鸟类的分类识别 …… 61
第三节　鸟类的繁殖和迁徙 …… 121

第五章　哺乳纲动物的识别基础 …… 126

第一节　哺乳纲动物的主要识别特征 …… 126
第二节　哺乳纲动物的分类识别 …… 133

第六章　野生动物案件的物证鉴定技术概述 …… 180

第一节　主要的动物物证类型及其鉴定 …… 180
第二节　野生动物物证的提取与保存 …… 189
第三节　物证鉴定的主要技术手段 …… 192
第四节　常见动物产制品的识别 …… 201

附录Ⅰ 国家重点保护野生动物名录 …… 209

附录Ⅱ 国家保护的有益的或者有重要经济、科学研究价值的陆生野生动物名录 …… 218

附录Ⅲ 走私、非法猎捕、杀害、收购、运输、出售珍贵濒危陆生野生动物重大案件、特别重大案件立案标准 …… 251

附录Ⅳ 商业性经营利用驯养繁殖技术成熟的陆生野生动物名单 …… 256

附录Ⅴ 濒危野生动植物种国际贸易公约附录Ⅰ附录Ⅱ和附录Ⅲ …… 258

附录Ⅵ 捕捉、猎捕国家重点保护野生动物资源保护管理费收费标准 … 293

附录Ⅶ 中华人民共和国野生动物保护法 …… 296

附录Ⅷ 中华人民共和国陆生野生动物保护实施条例 …… 299

参考文献 …… 304

绪 论

森林公安是野生动物的间接保护者，主要是通过打击各类破坏野生动物及其制品的违法犯罪活动，来达到保护野生动物的目的，而不是直接保护野生动物的栖息地、种群等。对于森林公安而言，野生动物及其制品就是办案中所需要的证据，也是对犯罪分子量刑的重要依据，因此，正确地识别案件所涉及证据并掌握与证据相关的知识对于案件的侦破具有非常重要的作用，野生动物案件所涉及的证据就是野生动物及其制品，因而准确地识别野生动物的种类对森林公安从业人员是非常重要的。

一、野生动物的相关概念

1. 野生动物的概念。凡生存于天然自然状态下，或者来源于天然自然状态的，虽经短期驯养但还没有产生进化变异的各种动物都属于野生动物。从广义上讲，泛指兽类、鸟类、爬行类、两栖类、鱼类以及软体动物和昆虫等；从狭义上讲，指除鱼类和无脊椎动物以外的各类动物（包括兽类、鸟类、爬行类和两栖类），本书所指为其狭义。

2. 陆生野生动物的概念。陆生野生动物，主要是指依靠陆地（包括水面）生存、繁衍的野生动物，包括兽类、鸟类、爬行类、大部分两栖类和部分无脊椎动物，是森林公安主要管辖的范围。森林公安执法对象包括《濒危野生动植物物种国际贸易公约》（CITES）附录Ⅰ、Ⅱ、Ⅲ所列野生动物及其产品；国家一、二级保护野生动物及其产品；地方重点保护野生动物及其产品；国家保护的有益的或者有重要经济、科学研究价值的陆生野生动物；新发现或者未定名的野生动物。

3. 水生野生动物的概念。水生野生动物，主要是指终生生活在水中的野生动物，包括鱼类、个别两栖类和部分无脊椎动物。

4. 野生动物产品（制品）的概念。野生动物产品（制品），是指野生动物的部分（野生动物的组织和器官，如心、肝、肺、肾、皮、骨、壳、牙、羽毛、卵、肉等）及其衍生物（野生动物的分泌物以及由野生动物或其部分加工而成的产品，如血液、麝香、皮革制品、毛皮制品、乐器、传统医药、保健品、肉制品、象牙制品等）。

二、野生动物资源的特点

1. 国有性和分散性。野生动物资源像土地资源一样归国家所有，不属于某个人，任何人都无权随意猎杀野生动物。另外，野生动物在某一分布区内的分布是分散的，而不像人类一样居住很集中。

2. 可更新性。可更新性是野生动物资源一个最主要的特征之一，这个特征强调野生动物资源是一种可再生资源，即被利用一部分后，可通过繁殖补充新的个体。这种资源可被人类反复利用。野生动物资源的可更新性是有条件的，只有对其进行科学合理的利用，它才会取之不尽、用之不竭。如果随意猎取，并对其赖以生存的森林资源滥加砍伐，破坏其所生存的生境条件，野生动物的种群数量将锐减，资源种群将难以恢复甚至灭绝。

3. 对环境依赖性。长期的进化适应，使野生动物对环境产生了很强的依赖性，并与环境形成相互作用和相互制约的统一体。一旦生态环境发生变化，野生动物将受到严重的影响。这种影响一方面来自自然变迁，如冰川运动、造山运动等；另一方面则更多来自人类对生态环境的干扰，如各种经济活动、乱砍滥伐等。

4. 不占用专门的土地。这一点和进行其他经济活动不同，野生动物依附于土地而生存，但不占有专门的土地。野生动物要生存，要满足日常生活和活动的基本要求，就要占据一定面积的生境，即一定面积的土地。土地对野生动物的影响，主要通过土壤的物理性质和化学性质直接对野生动物的生长和发育产生作用。野生动物依赖土地，却不与林木等植物资源争夺地域空间。虽然，当野生动物的种群数量超过环境容纳量时，会给林木资源和森林生态环境带来一定的危害，但这可以通过科学合理地利用动物资源的途径去解决。

5. 用途的广泛性。野生动物用途比较广泛，可以食用、药用、工业用、科学实验用，以及用于基因种源和环境监测等。随着科学研究的深入和技术手段的改进，野生动物的其他用途将会被不断开发出来，给人类的生活带来更多帮助。

三、野生动物的价值

1. 经济价值（商业价值）。饲养、经营野生动物，可以带来较高的经济收益。在政府有关部门的批准之下，目前，国内一些地方集体、个人饲养、经营野生动物，利用野生动物的毛皮、肉及具有药用价值的部分，带来了较为丰厚的收益。例如，吉林等地建有梅花鹿、马鹿、林蛙等养殖基地。这不仅解决了企业扩大再生产资金不足的问题，同时也为社会扩大了就业渠道，同时也满足了市场对野生动物及其产品的需求。例如，动物肉可食用；羊毛、驼毛为纺织原料；工业上鲸脑油及冬眠动物（熊、旱獭等）的脂肪可做润滑油；动物皮张经过鞣制可做成各种皮具；动物香料（麝科的麝具有麝香囊，可提炼出麝香，食肉目灵猫科的灵猫能提炼出灵猫香，啮齿目河狸科的河狸可提炼出河狸香，鲸目的抹香鲸能提炼出龙涎香，这四种动物香料称为四大名香）。

2. 游乐观赏价值。除了为人类创造直接经济价值外，野生动物还具有很高的观赏价值。动物园之所以对很多人有吸引力，是因为那里展出了活的野生动物。活的野生动物留给人们的印象，是任何照片、电影、录像、书籍或百科全书都无法与之相比的，是自然教育的活教材。人们通过观察圈养动物的日常摄食、睡觉、攀缘、行走、飞翔、游泳、玩耍，以及对周围的各种反应，来增加对这些生物的尊重和理解，认识它们在地球持续生存的重要性。人们是特别喜欢观赏动物的，尤其是儿童，更是百看不厌。大象的雄姿、虎豹的威严、金丝猴的灵巧、大熊猫的嬉戏都给人们留下了深刻的印象。

旅游业号称“无烟工业”，是创收外汇的一条极好途径，目前已在世界各国广泛兴起。野生动物作为旅游观赏的主要对象之一，也正在发挥着它特有的作用和价值。它涉及狩猎、垂钓、纪念品制作、食宿、交通等诸多领域。通过旅游者的往来，不仅创收了大量外汇，而且也增进我国和各国人民的友谊。紧张的工作之余，人们通过对野生动物的观赏而恢复精力和振奋精神。很多人因能在自然界中欣赏野生动物而感到极大的满足，野生动物不仅使人们丰富了文化生活，得到休息，而且也开阔了人们的视野，增长了很多知识。另外，狩猎场也是人们工作之余寻求放松和获得满足的绝佳去处，在追逐野生动物的过程中释放工作的压力，调整心态，以更好地完成各项工作任务。

3. 文化和美学价值。野生动物的形象、神态和生活习性，常能给人带来美的享受，启发诗人、艺术家和文学家的创作灵感。摄影和绘画是最能表现野生动物美感的，也能体现野生动物的美学价值和人们对大自然的热爱。动物在野外生活的电视片，是当今世界收视率最高的节目之一。中国中央电视台自 1980 年开始播出《动物世界》栏目，介绍动物的生活；1995 年又开设了《人与自然》栏目，都深受广大中国观众的欢迎。在人们的日常生活和用品中，如商标、邮票、雕塑、工艺品、儿童玩具、服装、书画、体操、音乐、舞蹈等，野生动物的形象也几乎无处不在，利用野生动物构思创作的题材不胜枚举，这些都表达了人类对野生动物的喜爱。

世界各国的国鸟，是野生动物文化价值的又一体现。鸟类是人类的朋友，人们愿意用鸟来表达一个国家和民族的精神。1782 年，美国国会通过决议，把美国所有的濒临灭绝的白头海雕指定为美国的国鸟，在随后的 200 多年来，世界上已经有 50 多个国家确定了自己的国鸟，选定的国鸟一般是各个国家所特有，或给予特别关注和保护的鸟类，在含义上往往表达一个国家和民族的历史、精神和意愿。有的国家甚至选了两种鸟类为国鸟，还有的国家选的是并不存在的虚拟鸟。中国目前虽然还没有选出自己的国鸟，但已经有 17 个省、自治区、市确定了自己的省（区、市）鸟。

4. 科学价值

（1）野生动物是科学研究的重要对象。对古代动物化石的研究，使人们了解了自然界的漫长进化过程，而现代医学、生物学、遗传学、生态学等很多领域的研究，也都离不开对野生动物的研究。野生动物在科学领域的贡献是难以推算的。达尔文（1859 年）就是通过对世界各地野生动、植物的观察和历史资料的综合分析，创立了自然选择学说，并发表了著名的《物种起源》。拉马克（1809 年）也曾以长颈鹿、鼹鼠及各种鸟类为例，提出了“用进废退”、“获得性遗传”这两个有影响的进化论法则。类似的事例不胜枚举。

（2）野生动物是医学宝库的重要组成部分。我国劳动人民几千年来就一直在利用动物药与疾病作斗争。野生动物可入药的部分是很多的，包括全体（活体、干燥体）、内脏、肌肉、骨骼、皮毛、鳞甲、贝壳、卵、分泌物及生理和病理产物等。临床应用也是多方面的，包括内科、儿科、外科、五官科等的疾病，对治疗起了良好的作用。有许多动物药，如麝香、虎骨、鹿茸、熊胆、五灵脂、蛤蚧等，都以疗效显著而闻名于世。

此外，很多动物还是人类医学研究中的实验对象，很多新的药物和手术方法都是首先在动物身上进行的，如小白鼠就是一种常用的实验动物。

（3）仿生学意义。野生动物不仅给人类以艺术创作上的借鉴，而且还在科学技术上给人以启迪。鸟类的体形与飞翔机能，启发了人们对飞机的研制，鱼类及海兽的身体和游泳能力，尤其是海豚的体形和皮肤功能，使人们对船只、潜艇等的设计更趋于合理。啄木鸟头部的抗震性对人类防震头盔的研究，动物骨骼关节的耐久性对人类机械摩擦的研究，蝙蝠的声呐接收本领对人类的雷达的研究等，都具有十分重要的意义。

（4）环境监测上的作用。环境质量的监测是可以通过对野生动物的研究来进行的。在食物链顶端的动物特别容易受到环境的污染，研究鹰及其他食虫鸟类与食肉兽类，可测定杀虫剂、杀鼠剂的作用和浓度，从而明确环境污染程度。DDT 的含量测定，曾使人们对使用这一农药而追悔莫及。

5. 生态价值。野生动物是生物系统中的重要成员，与自然界整体的关系非常密切，“牵一发而动全身”。由于人类捕杀和环境污染，野生动物的数量正急剧减少，很多种类已濒临灭绝，生态系统的平衡遭到了破坏，给人类自身带来了灾难。人类对食肉动物（大多为鼠类的天敌）的过度猎捕，使森林、草原及农田中的鼠害猖獗；农药大量的使用，使食虫鸟的数量减少，随之而来的是松毛虫、蝗虫等灾害的发生，给农林牧业造成了极大的损失。

野生动物在保持生态平衡方面的重要意义和价值，属于野生动物的隐性价值，其所产生的影响在短时间内不容易被发现，比起其他价值来，往往容易被人们所忽略。但这方面的价值从某种意义上讲却要大大超过其他价值。野生动物的生存与活动，不仅保持着生态系统的和谐与平衡，而且对人类的生活也起着一定的直接作用和间接作用。

四、我国野生动物法制管理

20 世纪以来，我国通过法律手段大力加强了野生动物的保护。自 1950 年以来，我国就通过行政手段发表了有关动物保护的行政法规，如《关于稀有生物保护办法》(1950 年)、《关于积极保护和合理利用野生动物资源的指示》（1962 年)、《野生动物资源保护条例（草案)》(1973 年)、《中华人民共和国进出口动植物检疫条例》（1982 年)、《关于严格保护珍贵稀有野生动物的通令》（1983 年)、《森林和野生动物类型自然保护区管理办法》(1985 年)、《关于坚决制止乱捕滥猎和倒卖、走私珍稀野生动物的紧急通知》(1987 年）等。

1988 年 11 月 8 日，第七届全国人民代表大会常务委员会第四次会议通过了《中华人民共和国野生动物保护法》，这是新中国成立以来第一部专门关于野生动物资源保护的法律。1988 年 12 月 10 日，国务院批准了《国家重点保护野生动物名录》（见附录Ⅰ)，共收入一、二级国家重点保护的野生动物 335 种，其中，一级保护的有 97 种，二级保护的有 238 种。2004 年 8 月 28 日，第十届全国人民代表大会常务委员会第十一次会议对《中华人民共和国野生动物保护法》（见附录Ⅶ）进行了修正。围绕《中华人民共和国野生动物保护法》，我国从中央到地方，已相继制定了 40 余部配套的行政法规和规章，如《国家重点保护野生动物驯养繁殖许可证管理办法》（1991 年)、《中华人民共和国陆生野生动物保护实施条例》（1992 年）（见附录Ⅷ)、《中华人民共和国猎枪弹具管理办法》（1993 年）等，各省、自治区、直辖市还陆续制定了地方野生动物保护法实施办法，形成了我国的野生动物保护法体系。

2000 年 8 月 1 日，国家林业局第 7 号令发布实施了《国家保护的有益的或者有重要经济、科学研究价值的陆生野生动物名录》（简称“三有”动物名录），1591 种野生动物被收录其中（见附录Ⅱ）。

根据《中华人民共和国野生动物保护法》和《中华人民共和国陆生野生动物保护实施条例》，2001 年，国家林业局、公安部印发《关于森林和陆生野生动物刑事案件管辖及立案标准》的通知（林安发〔2001〕156 号）中界定陆生野生动物刑事案件的立案标准如下：

（1）非法猎捕、杀害国家重点保护珍贵、濒危陆生野生动物案：凡非法猎捕、杀害国家重点保护的珍贵、濒危陆生野生动物的应当立案，重大案件、特别重大案件的立案标准详见附录Ⅲ。

（2）非法收购、运输、出售珍贵、濒危陆生野生动物、珍贵、濒危陆生野生动物制品案：非法收购、运输、出售国家重点保护的珍贵、濒危陆生野生动物的应当立案，重大案件、特别重大案件的立案标准见附录Ⅲ。非法收购、运输、出售国家重点保护的珍贵、濒危陆生野生动物制品的，应当立案；制品价值在 10 万元以上或者非法获利 5 万元以上的，为重大案件；制品价值在 20 万元以上或者非法获利 10 万元以上的，为特别重大案件。

（3）非法狩猎案：违反狩猎法规，在禁猎区、禁猎期或者使用禁用的工具、方法狩猎，具有下列情形之一的，应予立案：

①非法狩猎陆生野生动物 20 只以上的；

②在禁猎区或者禁猎期使用禁用的工具、方法狩猎的；

③具有其他严重破坏野生动物资源情节的。

违反狩猎法规，在禁猎区、禁猎期或者使用禁用的工具、方法狩猎，非法狩猎陆生野生动物 50 只以上的，为重大案件；非法狩猎陆生野生动物 100 只以上或者具有其他恶劣情节的，为特别重大案件。

（4）走私珍贵动物、珍贵动物制品案：走私国家重点保护和《濒危野生动植物种国际贸易公约》附录一、附录二中的陆生野生动物及其制品的应当立案；走私国家重点保护的陆生野生动物重大案件和特别重大案件按附表的标准执行。走私国家重点保护和《濒危野生动植物种国际贸易公约》附录一、附录二中的陆生野生动物制品价值 10 万元以上的，应当立为重大案件；走私国家重点保护和《濒危野生动植物种国际贸易公约》附录一、附录二中的陆生野生动物制品价值 20 万元以上的，应当立为特别重大案件。

（5）非法猎捕、杀害、收购、运输、出售、走私《濒危野生动植物种国际贸易公约》附录一、附录二所列陆生野生动物的，其立案标准参照附录中同属或者同科的国家一、二级保护野生动物的立案标准执行。

（6）珍贵、濒危陆生野生动物制品的价值，依照国家野生动物行政主管部门的规定核定，核定价值低于实际交易价格的，以实际交易价格认定。

根据野生动物资源的受危程度，对那些危害程度严重物种的保护级别及时进行调整。2002 年 10 月 24 日经国务院批准，麝类所有种由国家二级保护野生动物调整为国家一级保护野生动物。这是自 1988 年 12 月 10 日国务院批准《国家重点保护野生动物名录》后，第一批由国家二级保护野生动物调整为国家一级保护野生动物的重点保护动物。2003 年 2 月 21 日国家林业局 7 号令正式公布麝类由国家二级保护野生动物调整为国家一级保护野生动物。同时积极贯彻我国野生动物保护方针，对那些驯养繁殖技术成熟的物种进行公布，允许进行商业性经营利用，但必须办理相应的手续。针对野生动物保护和驯养繁殖利用中存在的突出问题，2003 年 8 月 4 日，国家林业局下发了"国家林业局关于发布商业性经营利用驯养繁殖技术成熟的梅花鹿等 54 种陆生野生动物名单的通知"（名单见附录Ⅳ）。明确了走私、贩卖、非法经营《濒危野生动植物种国际贸易公约》（CITES）（该公约共收录 640 种动物，我国分布的有 156 种）（见附录Ⅴ）附录中非原产于我国的野生动物的处理办法。《林业部关于核准部分濒危野生动物为国家重点保护野生动物的通知》（林护通字〔1993〕48 号）规定，我国是《濒危野生动植物种国际贸易公约》（以下简称《公约》）成员国……决定将《公约》附录一和附录二所列非原产我国的所有野生动物（如犀牛、食蟹猴、袋鼠、鸵鸟、非洲象、斑马等），分别核准为国家一级和国家二级保护野生动物。对这些野生动物及其产品（包括任何可辨认部分或其衍生物）的管理，同原产我国的国家一级和国家二级保护野生动物一样，按照国家现行法律、法规和规章的规定实施管理，对违反有关规定的，同样依法查处（《濒危野生动植物种国际贸易公约》3 个附录中的物种见附录Ⅴ）。

与此同时，我国加强了执法力度，为野生动物保护事业提供了法律保障。目前，全国除设置了省级以上野生动物行政主管机构和兼管机构外，并成立了 31 个省级和 500 多个地县级野生动物保护协会。作为陆生野生动物行政主管部门，林业系统还建立了乡镇野生动物保护站，目前已达 3.7 万个，15 万人。1981 年，我国成为 CITES 的成员国，并建立了"国家濒危物种进出口管理办公室"，20 世纪 90 年代初以来还扩展设立了 17 个地方办事处，人员达到 130 人。全省现在各级林政管理人员有 6 万多人，森林武装警察 1 万多人，林业公安警察 5 万多人。

1990 年以来，中国连续多次开展了全国范围的专项打击乱捕滥猎、违法经营、破坏野生动物资源及栖息地的犯罪活动，查处了大量案件，其中对倒卖走私大熊猫皮、象牙，以及猎杀亚洲象的犯罪分子处以死刑的就有数十例。1995 年、1996 年，仅林业公安机关查处的有关野生动物的违法案件就达 4.6 万多起，涉及的野生动物达 43 万只，依法惩处的犯罪分子有 1.2 万多人。1995 ~ 2000 年的 6 年间，破获的有关野生动物的刑事案件达 7 万多起。2000 年 1 月 15 日至 29 日，国家林业局在福建、广东、广西、云南四省区开展"南方二号行动"。行动期间，共出动森林公安民警 1664 人次，查破各类野生动物案件 2672 起，处理各类违法犯罪人员 2705 人，极大地震慑了违法犯罪分子。2003 年 4 月 10 日至 19 日，国家林业局在全国范围内开展为期 10 天的严厉打击破坏野生动物资源违法犯罪集中统一行动（代号为"春雷行动"）。共出动警力 17 万余人次，查处各类案件 9000 余起，收缴野生动物 93 万余只（头），其中国家重点保护野生动物 4 万余只（头）。2004 年 3 月 21 日至 31 日，国家林业局、公安部共同组织集中打击破坏野生鸟类资源违法犯罪行为的集中统一行动（代号为“候鸟二号行动”）。在历时10天的行动中，全国共立案查处鸟类案件2732起，收缴9万余只野生鸟类放归大自然。

五、国家重点保护野生动物案值的确定

涉案珍贵陆生野生动物及其制品的价值标准规定如下：

1. 国家一级保护陆生野生动物的价值标准，按照该种动物资源保护管理费的12.5倍执行；国家二级保护陆生野生动物的价值标准，按照该种动物资源保护管理费的16.7倍执行。陆生野生动物资源保护管理收费方法按照林业部、财政部、国家物价局关于《陆生野生动物资源保护管理收费方法》的通知（林护字〔1992〕72号）执行，捕捉、猎捕国家重点保护野生动物资源保护管理费收费标准见附录Ⅵ。

2. 国家重点保护陆生野生动物具有特殊利用价值或导致野生动物死亡的主要部分，其价值标准按照该种动物价值标准的80%予以折算，其他部分，其价值标准按照该种动物价值标准的20%予以折算，具有的特殊利用价值或导致野生动物死亡的主要部分，由省（自治区、直辖市）陆生野生动物行政主管部门根据实际情况予以确定。

3. 国家重点保护陆生野生动物产品（不包括标本）的价值标准，有国家定价的按照国家定价执行；无国家定价的按照市场价格执行；国家定价低于实际销售价格的按照实际销售价格执行；既无国家定价又无市场价格的，由案件发生地的省（自治区、直辖市）陆生野生动物行政主管部门根据实际情况，参照有关动物的价值标准予以确定，并报国家林业局备案。

4. 国家重点保护陆生野生动物标本的价值，按照该种动物的价值标准适当予以增减，但最大增减幅度不应超过50%，具体标准由省（自治区、直辖市）陆生野生动物行政主管部门或者授权的单位根据实际情况予以确定。

第一章 野生动物形态识别原理

根据野生动物的外部形态对野生动物进行初步的识别与鉴定，是森林公安从业人员必备的能力，只有具备了这种能力，在办理野生动物案件时才能得心应手，从而有效地遏制犯罪，威慑犯罪分子，更好地保护野生动物资源。野生动物形态识别就是根据动物的形态特征鉴别出涉案动物的种类，进而知道该动物的受保护情况，知道猎杀、运输、收购该类动物将要受到什么样的处罚。而这一识别的目的是通过动物分类学的原理来实现的，即我们可以利用动物分类学的原理和方法来完成对野生动物的识别，从已有的动物分类系统中读取一些和涉案动物相应的信息。这就需要我们掌握动物分类学的原理和方法。

动物分类系统的基本分类阶元（分类等级，国际动物学命名法规）有 7 个：界（Kingdom）、门（Phylum）、纲（Class）、目（Order）、科（Family）、属（Genus）、种（Species）。有时为了更确切地阐明动物类群间的亲缘关系，常需加设中间阶元，即在基本阶元名称前加前缀词总（Super -）或亚（Sub -）而形成。例如，狼属于动物界、脊索动物门、脊椎动物亚门、哺乳纲、食肉目、犬科、犬属、狼（*Canis lupus*）。

第一节 野生动物识别的基本概念

一、种的定义

自然界物种与物种之间以截然不同的形态特征相区别，往往给人以深刻的印象，因此，早期的分类学家就以形态学标准作为物种的定义。但是，深入研究后发现，纯形态学的物种定义实际上是行不通的，一方面是种内存在性二态、年龄差异或多态，以及其他类型的个体变异，特别是因地理变异而有多型种的存在；另一方面有些种之间形态差异很小，有的甚至从外形上很难区分，但它们却是不同的种——在生殖上是隔离的。由于这些理由，分类学家不得不为种的定义寻找新的理论基础，这就是生殖隔离。

种的定义可以表述如下：种是在自然界中占有特定生境种群的生殖群体，与其他种群的生殖群体被生殖隔离分隔开。我国学者陈世襄（1978 年）的定义为：物种是繁殖单元，由又连续、又间断的居群所组成；物种是进化单元，是生物系统线上的基本环节，是分类的基本单元。简言之，种内异性互配生育，种间生殖隔离。这就是物种的客观标准。种是唯一具有客观标准的最基本的分类阶元，在分类系统中占据独特的位置。

所谓生殖隔离，是指种间异性互不交配，或配而不产，或产生的后代无生育能力（如骡）。生殖隔离这个标准的应用是有一定限度的，它只适用于有性生殖的物种，不适用于无性生殖的物种；适用于现今存在的物种，不适用于化石物种。

二、种的鉴定

由于生殖隔离这个标准在具体应用上存在实际困难，所以在实际分类工作中种的鉴别通常采用下列三个标准：

1. 形态方面。一般来说，生殖隔离总是和一定量的形态差异相结合的，任何两个种之间，必定具有比较明显而稳定的形态区别。两者间在互相区别的特征上彼此截然间断。这些区别性状并非仅限于个别动物，而为种群所共有，这是形态学标准。

2. 分布方面。每一个动物都有自己特定的分布区。若同域分布的两个种群，彼此并不互相交配，也未见有杂种（或极其偶然地见到），这当然应认做是不同的种。对于异域分布的两个种群，在它们分布区（实指繁殖区）的接触或跨越地区，凡不相杂交者（即未见杂种存在），即认定为不同的种；若彼此互相杂交产生过渡或居间类型的，则认定是同一种的不同亚种，这是地理学标准。

3. 生态分布。每一物种都有其独特的生活习性和繁殖习性，并占据特定的生态环境。因此，以生态资料作为种间区别也是可行的，但目前这方面的研究资料还不够多。

三、亚种

亚种是仅有的种下分类阶元，是由于种群在地理分布上的差异而形成的。亚种的定义是：某个种的表型上相似种群的集群，栖息在该物种分布范围内的次级地理区，而且在分类学上和该物种的其他种群不同。亚种的具体划分标准是：种内两个异域分布的种群，彼此间在分类上互有差异（差异必须相当明显，以至于不必依靠有关它们的出产地的资料就能鉴别大部分标本），而其差异个体至少达到种群整体的75%，即种群A中有75%的个体不同于种群B中的全部个体，则可以认为这两个种群是不同的亚种。同一种的两个亚种不可能占有同一分布区（指繁殖区），换言之，一种动物在同一个地方不能有两个亚种繁殖（亚种交界处可能有例外）。相邻的亚种能互相交配，如果由于外界障碍而相互隔离时，它们仍具有相互杂交的可能性。

第二节　动物命名法规

命名是动物分类学中一项颇为重要的工作，每个动物乃至于所有分类单元均需有名，因而名称具有特定的信号意义，不容许存在任何混乱。动物的学名是动物学的语言，而命名法规是这种语言的文法。动物的名称因语种而异，即使同一语种，不同地方还有不同的名称，而且以往的名称都不是很科学的。

为了适应学术命名的需要，许多国家相继制定过动物命名法规。1958年第十五届国际动物学会通过了《国际动物学命名法规》（以下简称《法规》），它的改写本于1961年出版，第三版在1983年年底发表，于1985年2月正式公布生效。

《法规》规定每个动物的种名采用双名制，又称双名命名法。这是瑞典博物学家林奈在1758年率先使用的。《法规》认定1758年1月1日为国际动物学命名法的开始。

双名制规定每个种名由属名加种本名构成，其文字一概用拉丁字母拼写。非拉丁语的名称可以（非必须）用一个拉丁词尾使之拉丁化。属名的首字母一定要大写，种本名的首字母小写，印刷时均用斜体字。例如，丹顶鹤的种名为 *Grus japonendsis*。*Grus* 为属（鹤属），*japonendsis* 为丹顶鹤的种本名。

亚种名的命名采用三名制命名法，即属名 + 种本名 + 亚种本名构成。不是每一个物种都有亚种分化的。未见亚种分化的称为单型种；凡是包括两个以上亚种（有亚种分化）的种称为多型种。例如，大天鹅（*Cygnus cygnus*）无亚种分化，为单型种；虎（*Panthera tigris*）则为多型种，如东北虎（*Panthera tigris altaica*）、华南虎（*Panthera tigris amoyensis*）、孟加拉虎（*Panthera tigris tigris*）等。

属和属以上各分类单元的学名都是单名的，首字母一律大写。属名和种名、亚种名一样必须经过正式发表才有效。

动物命名法遵循优先权原则，即一个分类单元具有两个以上的可用名时，发表时间居先者通常被采用为有效名。

第三节　检索表

一、检索表及其使用与编制方法

1. 检索表是在纷繁的动物界中区分和识别种类的得力工具，它把相似的类群用简明的鉴别特征区分开。在任何一个动物类群中，就其下属分类单位在分类性状上的相似性和差异性，逐次归纳成特征截然不同的两个类群，选取其中主要的区别特征（鉴别特征），分别形成两条特征截然相反的条文，通过非此即彼的交叉选择，逐个排除或证实，直至最后确认其分类地位，这就是检索表。检索表把个别的、零散的区别特征加以系统化，区分和归类这一对矛盾运动贯穿于检索表的始终。

2. 编排检索表需要注意的问题。对于一个检索表的编排，我们必须选用那些比较理想的检索性状（key characters）：对种群所有个体都适用，不论季节、年龄和性别；是绝对的（如 10 枚尾羽或 12 枚尾羽）；是外部直观的，不用特殊仪器就可直接观察；特征显著、差异分明，而不是模棱两可的；是比较稳定的，没有过大的个体变异。不适用的检索性状包括：那些对种的性别、年龄和生活史各阶段有所差别的性状（如“性二态存在”、“不具性二态”等）；那些不具绝对标准的相对性状（如暗些、亮些，大些、小些等）；那些有重叠的性状（较大，翅长 152mm ~ 161mm；较小，翅长 148mm ~ 158mm）。在编写检索表时，要在各不同阶元水平上选用那些最理想的性状，除了要保证鉴定准确之外，还应兼顾到亲缘关系。例如，属下分种检索，应尽可能将同亚属的各种紧挨在一起检索出来而不被打乱。

好的检索表是严格双歧的，在任何一点上都不提供多于两个的对比类群，而且所用的性状又是清楚明确的，以便能不提引其他种来对比，就能独立对标本作出鉴定。换句话说，检索表要能单独检索出任一种，而不是要几个种同时拿来对比才能检出。

数量性状要有数量标准，这比只说“较大”或“较小”要好得多。如能从标本自身选取鉴别性状，就比通过其他标准来鉴别更好。例如，"嘴长是嘴高的 2 倍"通常比"嘴长大于 50mm"更便于应用。类似的还有"嘴与足同色"、"翼与尾等长"，等等。

3. 使用检索表时的注意事项。正、反两条都要查阅，才能准确地确定待定标本之归属。常有这种情况，在检索前一条时，似乎待定检材属于此项，但查阅后一条才发现，后一条更符合，于是待定检材应属于后一项。对于有多项特征的条文，要对所有特征全面核对，综合判断后作出选择，不要只看前半句话，否则也易出错或悬而难定。查完一种，回头看看在检索表中所通过的主要检索关口，这就是该种的鉴别特征。如需在检索表中查对两个或多个分类单元的共同点、分歧点时，从后向前检索会更为便捷。

编制检索表可以将检索对象依某一鉴别性状划分成两大类群，依次划分下去，也可每部分划分出单元，依次一步一项地分下去，或者上述两种做法交叉运用。这些不同做法，其检索进度是一样的。相反的两个条文要互相对应，都在同一特征上进行比较，这才能明确指出二者的差别。

在把检索对象按某一特征划分为两个具有相反特征的类群的情况下，如有个别分类单位该项特征的显性、隐性不易分辨而不便于归属时，可把这个分类单位依据其他特征先检索出去，然后再进行两个类群的划分。例如，在雀形目分科检索时，绣眼鸟科初级飞羽第一枚甚小，有时可见，有时似乎不见，难以明确划入初级飞羽 9 枚或 10 枚的任一类群，这时可依据其眼周有白圈等特征先把它检索出去，其余各科再按照初级飞羽 9 枚或 10 枚划分下去。可见，编制检索表要选用差异显著的特征，而不要对特征模糊的中间类型强加区分，否则虽多费笔墨，还是难以作出明晰的鉴别。对特征不明显而不易检索出来的种类，可按隐性特征处理，即在其他种类按显性特征检索出去以后，最后剩下来的就是这个特征不很明显的种类。

二、常用检索表分类

常用的检索表可分为三种：齐头检索表、退格检索表、连续检索表。下面举例说明各种检索表的编写方法。

假设有一群鸟类性状如下：

种别	体色	足蹼	跗蹠被鳞	爪栉	初级飞羽	翼形
A	白	满蹼	网状	无	11	尖
B	白	满蹼	网状	无	10	圆
C	灰	满蹼	网状	无	10	尖
D	黑	无蹼	网状	无	9	尖
E	斑杂	无蹼	盾状	有	10	圆
F	斑杂	无蹼	盾状	无	11	尖
G	白	微蹼	盾状	有	10	尖
H	白	微蹼	盾状	无	10	尖

1. 齐头检索表。

1 体羽白色…………………………………………………………………… 2
体羽非白色…………………………………………………………………… 5
2 足具满蹼…………………………………………………………………… 3
足具微蹼…………………………………………………………………… 4
3 初级飞羽 11 枚 …………………………………………………………… A
初级飞羽 10 枚 …………………………………………………………… B
4 中爪具爪栉 ……………………………………………………………… G
中爪无爪栉 ……………………………………………………………… H
5 跗蹠前缘被网鳞…………………………………………………………… 6
跗蹠前缘被盾鳞…………………………………………………………… 7
6 足具满蹼 ………………………………………………………………… C
足无蹼 …………………………………………………………………… D
7 翼端圆形 ………………………………………………………………… E
翼端尖形 ………………………………………………………………… F

2. 退格检索表。

A 体羽白色
B 足具满蹼
C 初级飞羽 11 枚 ………………………………………………………… A
CC 初级飞羽 10 枚 ……………………………………………………… B
BB 足具微蹼
C 中爪有爪栉 ………………………………………………………… G
CC 中爪无爪栉………………………………………………………… H
AA 体非白色
B 跗蹠前缘被网鳞
C 足具满蹼 ……………………………………………………………… C
CC 足无蹼……………………………………………………………… D
BB 跗蹠前缘被盾鳞
C 翼端圆形 ……………………………………………………………… E
CC 翼端尖形 …………………………………………………………… F

3. 连续检索表。

1（8）体羽白色
2（5）足具满蹼
3（4）初级飞羽 11 枚…………………………………………………… A
4（3）初级飞羽 10 枚…………………………………………………… B
5（2）足具微蹼
6（7）中爪有爪栉 ……………………………………………………… G
7（6）中爪无爪栉 ……………………………………………………… H

8（1）体非白色
9（12）跗蹠前缘被网鳞
10（11）足具满蹼 ·· C
11（10）足无蹼 ·· D
12（9）跗蹠前缘被盾鳞
13（14）翼端圆形 ·· E
14（13）翼端尖形 ·· F

在三种检索表中，最常用的是齐头检索表，在野生动物的分类中多使用该种检索表。其优点为：所选性状互相靠近，便于比较；篇幅也比较节省；编写时可以从前向后顺次写下去，不用为后面的内容留空，因此可以一次写成，不用起草稿，而其他两种格式都要先写草稿再抄清。这种检索表还可依其数码（标号）排列来核对检索表编制过程中有无遗漏和重复，如果每步都是双歧的，则检索表最后一个数码应为总单元数减一，如果有一步骤是三歧的，则再减少一个数码（序号），依此类推。其缺点在于：各单元的关系不够醒目；各中间步骤的条文末尾必须标注连续条文的数码。编写时，若是以划分两个类群开头，则应一个类群分解完后再分解另一个类群，而不是两个类群齐头并进、互相交叉，否则既不便于编写，也不便于使用。

退格检索表的优点在于：各不同单元的关系醒目，而且中间步骤的各条文末尾不必标注连续条文的数码。缺点是：对选性状相离较远，不便查找和比较，在分列对选性状的两个条文时，后一条的位置要为前一条下属内容留出适当的空格，而这又难以留得恰当，所以编后要抄清才能成稿。而且，由于逐项退格，也浪费篇幅，在冗长的检索表中这一缺点更显突出。

连续检索表由退格检索表和齐头检索表综合而成。它具有齐头检索表的形式和退格检索表的实质。主要缺点还是所选性状相离较远，它在克服了浪费篇幅的缺点的同时，各单元间关系醒目的优点也消失了。条文的两个数码指明构成所选性状的两个条文。

第二章　两栖纲动物的识别基础

两栖纲动物是最早由水中登上陆地生活的脊椎动物，既有适应陆地生活的性状，又有从鱼类祖先继承下来的适应水生生活的性状。多数两栖纲动物需要在水中产卵，发育过程中有变态，幼体（如蝌蚪）接近于鱼类，而成体可以在陆地生活，有些两栖纲动物从卵中孵化出来几乎就已经完成了变态，还有些终生保持幼体的形态。两栖纲动物最初出现于古生代的泥盆纪晚期，在石炭纪和二叠纪非常繁盛，这个时代也被称为两栖动物时代。进入中生代以后，出现了现代类型的两栖纲动物，其皮肤裸露而光滑。

两栖纲动物是从水生转向陆生的第一个类群，对陆地环境的适应远远不够，而且在产卵时还是离不开水源，因此，两栖纲动物栖息的环境仍然是水分比较充足的地方，或者是在水环境中，或者是在潮湿离水源近的地方。白天多隐蔽，黄昏至黎明时活动频繁，酷热或严寒时以夏蛰或冬眠方式度过。另外，两栖纲动物对陆生环境处在一个逐步适应的过程中，因此在形态结构方面有与之相适应的一些主要特征。

第一节　两栖纲动物的主要识别特征

一、主要识别特征的常用名词

两栖纲动物的骨骼特征，是识别科、属的主要依据。对于种，除应用骨骼特征以外，还依据外部形态特征进行综合确定。由此，分别对两栖纲动物的主要形态结构，特别是外部形态特征中常用的名词加以说明，以便于掌握。

（一）外表部分的常用名词

触突：着生在头侧鼻眼之间的1对可伸缩的且具有一定嗅觉和触觉功能的小突起。

环褶及环沟：完全或部分环绕于身体（包括尾）的许多皮肤皱褶；其凸出部分常称做环褶，凹陷部分即环褶之间的凹沟称为环沟。

唇褶：颌缘皮肤肌肉组织的帘状褶。通常在上唇侧缘后半部，掩盖着对应的下唇缘，如山溪鲵、北鲵等属。

颈褶：存在于颈部两侧及其腹面的皮肤皱褶，通常作为头部与躯干部的分界线。

肋沟：躯干部两侧、位于两肋骨之间形成的体表凹沟。

角质鞘：一般指四肢掌、蹠及指、趾底面皮肤的角质化表层，呈棕黑色，如山溪鲵。

颞褶：自眼后经颞部背侧达肩部的皮肤增厚所形成的隆起。

背侧褶：在背部两侧，一般起自眼后伸达胯部的1对纵行皮肤腺隆起。

跗褶：在后肢跗部背、腹交界处的纵行皮肤腺隆起，称为跗褶；内侧者为内跗褶，外侧者为外跗褶。

肤褶或肤棱：皮肤表面略微增厚而形成的分散的细褶。

尾鳍褶：位于靠近体后端或尾后部背面的鳍状皮肤褶。一般见于鳃裂封闭之前的幼体，它随着变态的完成而消失。

肛腺：位于雄性成体肛孔两侧的 1 对小腺体。

耳后腺：位于眼后至枕部两侧由皮肤增厚形成明显的腺体。其大小和形态因种而异。

瘰粒：皮肤上排列不规则、分散或密集而表面较粗糙的大隆起，如蟾蜍属。

疣粒及痣粒：较之瘰粒要小的光滑隆起即称为疣粒；较疣粒更小的隆起则为痣粒，有的呈小刺状，二者的区别是相对的。

角质刺：是皮肤局部角质化的衍生物，呈刺状或锥状，多为黑褐色；其大小、强弱、疏密和着生的部位因种而异。

婚垫与婚刺：雄体第一指基部内侧的局部隆起称为婚垫，少数种类的第二、三指内侧亦存在。婚垫上着生的角质刺即称婚刺。

吻及吻棱：自眼前角至上颌前端称为吻或吻部，吻背面两侧的线状棱称为吻棱。吻部的形状及吻棱的明显与否，随属、种的不同而异。

颊部：系指鼻眼之间的吻棱下方至上颌上方部位。其垂直或倾斜程度随属、种不同而异。

声囊：大多数种类的雄性，在咽喉部由咽部皮肤或肌肉扩展形成的囊状突起，称为声囊。在外表能观察到者为外声囊，反之即为内声囊。

（二）骨骼部分的常用名词

犁骨齿：着生在犁腭骨上的细齿，其齿列的位置、形状和长短均具有分类意义。

上颌齿：着生于上颌骨和前颌骨上的细齿。

囟门：颅骨背壁未完全骨化所留下的孔隙。位于前颌骨与鼻骨之间者称前颌囟；位于左右额骨与顶骨之中缝者称额顶囟。

间介软骨：为指、趾最末两个骨节之间的 1 小块软骨，有的可能骨化。雨蛙科和树蛙科均有此软骨。

“Y”字形骨：指、趾最末节骨的远端分叉呈“Y”字形，如树蛙科。

后凹型脊柱：各个椎骨的椎体都是前凸后凹的。盘舌蟾科即属此型，其前 3 枚躯椎各具 1 对短肋，荐椎横突宽大，尾杆骨髁 1 个或 2 个。尾杆骨近端常有 1 对或 2 对退化的横突。

前凹型脊柱：各个椎骨的椎体都是前凹后凸的；荐椎横突较宽大，尾杆骨髁 2 个。蟾蜍科和雨蛙科属前凹型脊柱。

变凹型脊柱：大部分或全部椎体都是前凹后凸的，间或也有若干个椎体前后是凹的（即为双凹）；荐椎横突宽大；荐椎与尾杆骨完全愈合而无关节，或者具关节而仅有 1 个尾杆骨髁。锄足蟾科属变凹型脊柱。

参差型脊柱：第 1 枚至第 7 枚椎骨的椎体为前凹型，第 8 枚椎骨的椎体却为双凹；

荐椎的椎体前后都是凸的（即为双凸），其前凸面与第8枚的后凹面相关节，而其后凸面为2个尾杆骨髁与尾杆骨相关节；荐椎横突呈柱状或略宽大。蛙科、树蛙科和姬蛙科属于参差型脊椎。

带骨：脊椎动物成对的附肢借助另一套骨骼结构、肌肉、韧带和中轴骨骼联系起来，这一套骨骼叫带骨。前肢的带骨叫肩带，后肢的带骨叫腰带。

肩带骨：又称前肢带骨，包括乌喙骨、肩胛骨、锁骨，乌喙骨的一端与胸骨形成关节，另一端则与肩胛骨共同形成肩臼，与肱骨形成活动关节。

腰带骨：又称后肢带骨，由髂骨、坐骨和耻骨组成。三骨块相会合处有一凹，叫髋臼，在此外与后肢的股骨相关节。

固胸型肩带：主要特征是上喙软骨极小，其外侧与前喙软骨和喙骨相连，左右上喙软骨在腹中线紧密连接而不重叠，有的种类甚至合并成1条窄小的上喙骨；肩带不能通过上喙软骨左右交错活动。蛙科、树蛙科和姬蛙科属固胸型肩带。

弧胸型肩带：主要特征是上喙软骨颇大且呈弧状，其外侧与前喙软骨和喙骨相连，一般是右上喙软骨重叠在左上喙软骨的腹面，肩带可通过上喙软骨在腹面左右交错活动；前胸骨与正胸骨仅部分发达或不发达。中国产的盘舌蟾科、锄足蟾科、蟾蜍科和雨蛙科均属弧胸型肩带。

二、两栖纲动物的常用识别特征

（一）外形

现存两栖纲动物的体型大致可分为三种。

(a) 蠕虫状　(b) 蝾螈状　(c) 蛙状

图2－1　两栖纲动物的3种体型

蠕虫状：体细长，四肢已经完全退化，尾短或无，外观似蠕虫或蚯蚓，如版纳鱼螈。

蝾螈状：水栖种类，体圆筒形，有四肢，四肢趋于退化，终生有长尾而侧扁；外观似鱼，如大鲵。

蛙状：体型是适应于跳跃的特化类，体短宽，四肢发达，幼体有尾，成体无尾，如蛙。

（二）皮肤

皮肤裸露、富于腺体，是现存两栖纲动物的显著特征，只有少数无足目种类埋有退化的鳞片。皮肤由表皮和真皮组成，富有腺体及血管，具有呼吸功能。皮肤呼吸对两栖纲动物来说具有重要意义，某些水生种类以及冬眠期间的两栖纲动物，几乎全靠皮肤呼吸。在皮肤表面有轻微的角质化现象，有些种类的头顶及体背可形成角质突起或在胸喉部形成角质须。皮肤内具有色素细胞，在表皮层及真皮层内均有分布。有三种不同的颜色，它们的配合能产生多种色泽，构成保护色。

两栖纲动物的皮肤腺主要是遍布全身的黏液腺，有些种类的某些黏液腺变形成为毒腺。黏液腺为多细胞腺下沉到皮肤深层。它的基本功能是保持皮肤湿润和空气及水的可渗透性，也是两栖纲动物通过蒸发冷却借以调节体温的一种途径，有助于陆生种类从外环境向体内摄取水分。

（三）骨骼

两栖纲动物的骨骼中软骨比重大，头颅为扁颅型，头骨扁阔，脑腔容量小，脊柱的类型变化较大，陆栖种类后肢骨较长，水栖种类前、后肢骨均较短。

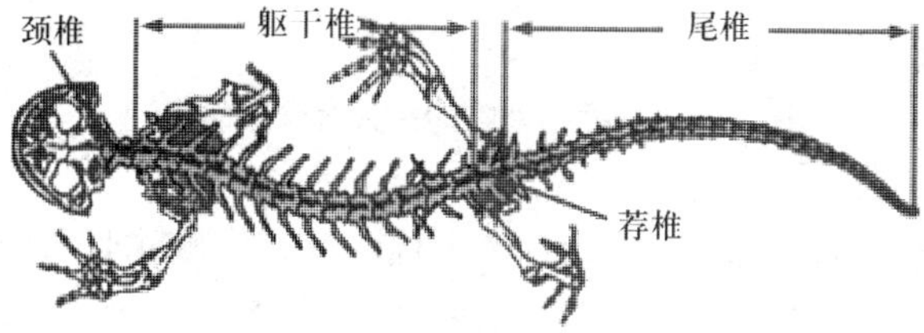

(a) 蝾螈类的骨骼图

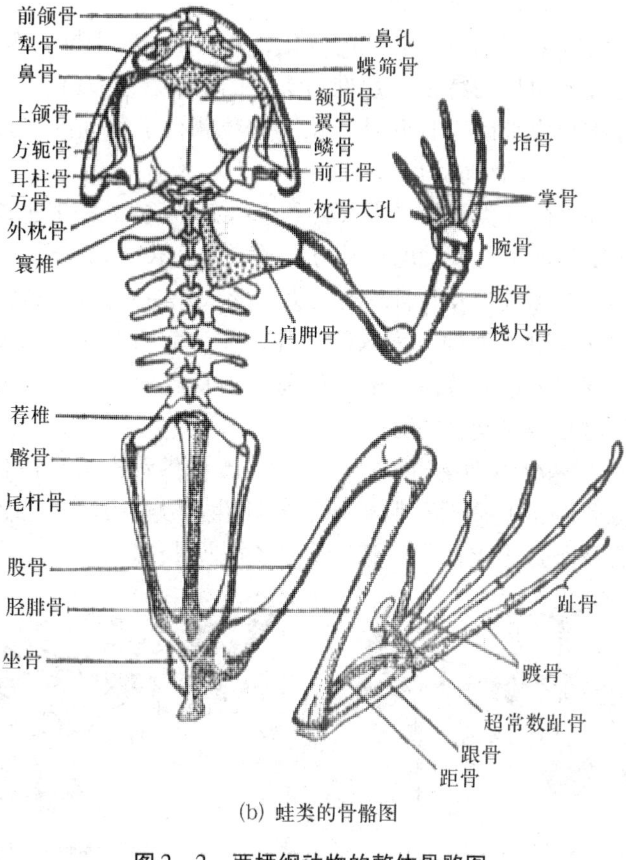

(b) 蛙类的骨骼图

图 2－2　两栖纲动物的整体骨骼图

1. 头骨。现代两栖纲动物的头骨特点大致可归纳为以下几点：

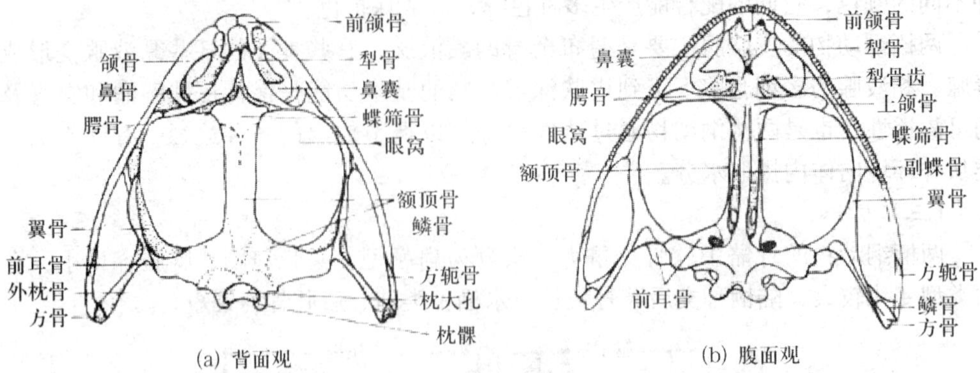

图 2－3　两栖纲动物的头骨背、腹面观

（1）头骨扁而宽，脑腔狭小。枕骨具 2 个枕骨髁，为侧枕骨所形成。

（2）眼眶周围的膜性硬骨大多消失。脑腔背侧膜骨只剩余额骨、顶骨（青蛙愈合为额顶骨）和鳞骨。此外，有鼻骨包被鼻囊，脑颅腹面膜骨仅剩余副蝶骨。

（3）齿沿口缘分布是四足动物的特征。

2. 脊柱。两栖纲动物的脊柱有较大的分化，由颈椎、躯干椎、荐椎和尾椎所组成。具有颈椎和荐椎是陆地动物的特征。颈椎与头骨的枕骨髁相关节，从而头部有了上下运动的可能性。荐椎与腰带的髂骨联结，从而后肢获得了稳固的支持。颈椎与荐椎均为 1 枚，因此运动及支持的功能均不够强。

脊椎骨的数目在不同种类间变异很大（约 10～200 枚）。一般来说，陆栖种类的脊柱变短，水栖种类由于波浪状摆动的运动方式致脊柱较长。青蛙适应于陆生跳跃生活，其脊柱极度缩短、尾骨和腰带及肢骨均有较大变形，是一种特化现象。

脊椎骨的椎体除少数水生种类为双凹型外，多为前凹型或后凹型。增大了椎体间的接触面，提高了支持体重的效能。椎弓的前后方具有前、后关节突，加强了脊柱的牢固性和灵活性，这是四足动物的特征。

3. 带骨及肢骨。两栖纲动物肩带不联头骨，腰带借荐椎与脊柱联结。肩带软骨骨化成肩胛骨、乌喙骨和前乌喙骨，膜性硬骨在水生种类中消失，陆生种类尚有锁骨。腰带由髂骨、坐骨及耻骨构成骨盆，但耻骨大多并未骨化。

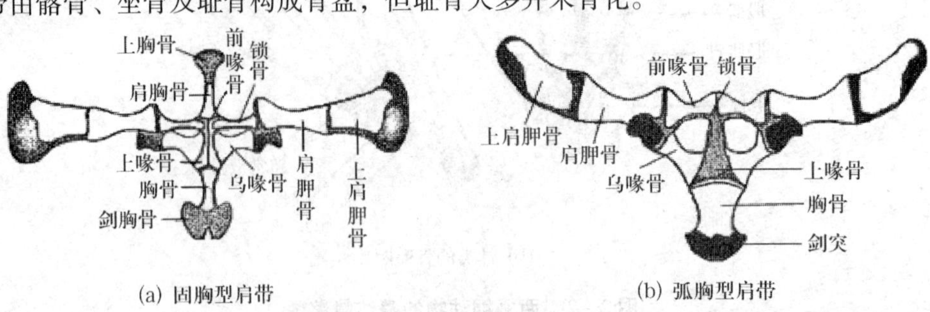

图 2－4　两栖纲动物的肩带类型

（四）消化系统

两栖纲动物具备的肌肉质舌和分泌黏液的唾液腺，能使食物湿润易吞咽，是四足动物的共同特征。青蛙的舌的结构较特殊，是作为捕食器官的一种特化。蛙类在口咽腔两侧或底部有时具有一对或单个的声囊开口。声囊为发声的共鸣器。

（五）呼吸系统

蝌蚪和水生两栖纲动物（有尾类）成体的主要呼吸器官为鳃及皮肤。

两栖纲动物具有一对囊状的肺，是陆地脊椎动物的重要特征。不过结构还十分简单，肺的内壁仅有少数皱褶，呼吸表面积不大。皮肤呼吸及口腔呼吸在两栖纲动物中占有重要地位。由于不具有肋骨和胸廓，肺呼吸是采用特殊的咽式呼吸完成的。

第二节　两栖纲动物的分类识别

现生两栖动物的体形迥然不同，这与它们的生活习性及活动方式有一定关系。它们的防御、扩散、迁移的能力弱，对环境的依赖性大。虽有各种生态保护适应性（包括繁殖习性），但相对而言比其他纲的脊椎动物种类仍然较少。其分布除海洋和大沙漠以外，平原、丘陵、高山和高原等各种生境中都有它们的踪迹，垂直分布可达海拔5000m左右。个别种能耐受半碱水。两栖动物以中美洲、南美洲、非洲（除大沙漠以外）、亚洲东南部的热带、亚热带地区种类最多，南、北温带种类递减，个别种可达北极圈南缘；有水栖、陆栖、树栖和穴居等多种栖息方式。两栖动物白天多隐蔽，黄昏至黎明时活动频繁，酷热或严寒时以夏蛰或冬眠方式度过。摄取动物性食物（蛙类蝌蚪刮取植物性食物为主）。几乎没有防御敌害的能力，鱼、蛇、鸟、兽类都能成为它们的天敌。

现生两栖动物分别隶属3目：蚓螈目、有尾目和无尾目，约40科、400属、4000种左右。蚓螈目160余种，隶34属，6～7科；有尾目350余种，隶60余属，8～9科；无尾目3500种左右，隶300属，20余科。我国现有3目、11科、59属（亚属）、302种（亚种）。其中蚓螈目1种，隶1属，1科；有尾目38种（亚种），隶14属，3科；无尾目263种（亚种），隶44属（亚属），7科。主要分布于秦岭以南地区，东北、华北、西北、内蒙古及新疆地区种类很少；西南山区属、种很丰富。

一、蚓螈目的识别特征

蚓螈目又称无足目或裸蛇目，蚓螈目是两栖纲动物中体形最为特殊的一个自然类群。体形长圆柱状，有头、躯、尾。尾极短或无；全无四肢，体表有环缢纹，外形像蛇和蚯蚓，因此有裸蛇或蚓螈之称。以地下穴居生活为主。体长65mm～1600mm；体围宽窄不一，亦因种而异。头部较扁平，鼻孔极近吻端。与穴居相适应的特征还反映在眼小，无眼睑，眼隐于皮下或为薄的骨片所覆盖；在头侧鼻眼之间有1个可伸缩的“触突”，可能是感觉器官，这是本目特有性状之一，不同类群其触突的位置及形状不尽相同。舌凹形，较大，不游离，无鼓膜。躯干和尾部有明显的环褶，枕后有几个颈褶，第一条多环绕颈部，其余的多至颈侧及其腹侧。体外表呈环纹状，有初级、次级环褶之分，而有的种类不易区分，初级环褶数目一般与椎骨数目相等；肛裂形状不一，或纵裂、或横裂、或圆形。

皮肤腺体极为丰富，环褶间有腺体和4～6行真皮骨质小鳞，周身褶间小鳞多达千行，或无鳞（水栖者）。现生两栖类中有骨质小鳞是本目的又一特有性状。

蚓螈目的头骨骨片大而少，排列紧凑而坚实，一般没有大的窝孔。这样的头骨结构虽与现生的有尾目和无尾目均不相同，但骨片成分基本一致。有的种类在额骨、顶骨与鳞骨之间有颞窝孔。本目与其他2目一样，无上颞骨和板骨等。眼眶小，眶蝶骨多骨化；耳柱骨或与方骨相触，前耳骨与上耳骨在两侧与枕骨和宽大的副蝶骨愈合；枕髁2枚。上颌有2排弧形平行排列的牙齿，外排为颌齿，内排为犁腭齿；下颌有齿1或2排，除犁齿骨上有齿外，隅骨上抑或有之。椎体双凹型，肋骨较发达，二叉状；无胸骨，无肢带残迹。

蚓螈目幼体有鳃，成体有肺，以皮肤呼吸为主，气管及食管可辅助呼吸，一般右肺发达（或等大，也有无右肺者），左肺退化。交配时，雄性的泄殖腔外翻成“阴茎”，即交接器，行体内受精。肛侧各有1肛腺（雌性无）。卵生或卵胎生。卵产在潮湿的地面上，胚胎发育期有3对外鳃，有尾鳍褶，幼体孵出或产出后在水中生活。在水中生活数周或2年以上；变态完成时，鳃裂封闭，尾鳍褶消失，触突明显。卵胎生者鳃大，呈叶状，胚胎期有的以齿刮取母体输卵管壁的分泌物为营养物质。

除南美洲的盲游蚓科是水生的以外，其余都是穴居，栖息环境温暖、潮湿，在各种淡水水域附近的木块、石块下或小溪河边的洞穴内常可见到，夜间外出觅食。

本目现存6科、34属、162种，广泛分布于环球各大洲赤道与南北回归线之间的热带、亚热带湿热地区。在亚洲分布于东洋界热带。我国目前只有1科，即鱼螈科 Ichthyophiidae。

鱼螈科的特征：

前颌骨与鼻骨不愈合；有前额骨及后额骨；额骨、顶骨与鳞骨相触，无颞窝孔；翼骨不与后脑颅的副蝶骨相触，副蝶骨两侧不平行；犁骨长，在中部或后端左右相触；下颌关节骨有发达的后突向后上方翘起。触突槽位于眶前或吻眼的中间。齿列3～4排。初级和次级环褶贯穿整个体长，初级环褶又可分成2～4个次级环褶，次级环褶完整；小鳞有1000～2000行，或从体中段、后段开始有之，或逐渐变小、变少；肛孔横裂或纵裂；尾明显存在。

成体以陆栖为主，卵生，产卵于近水域的陆地上，1个雌体可产卵54粒左右。有护卵习性。胚胎期有外鳃3对，孵化时被吸收；孵化后的幼体期有鳃裂1～2对，有残余的尾鳍褶，变态完成后均消失。幼体在水中生活。

鱼螈科共有4属，亚洲和美洲各有2属。我国现有1属，即鱼螈属 *Ichthyophis*。

鱼螈属的特征：

眼可见，触突距眼甚近，上、下颌各有2排牙齿，初级和次级环褶不易区分，共有260～430个环褶，并在腹面呈角状，背面少有呈角状者；环褶分离或常合并，故在不同的体围点计数，其数目常常不等；小鳞多者可达2000行左右。尾很短，尖出。肛孔纵裂形。

本属约30种，分布于南亚和东南亚及其附近岛屿。中国有1种，版纳鱼螈 *I. bannanica*，1974年采自云南省西双版纳勐腊县，1983年在广西十万大山和1985年在广东鼎湖山相继发现了该种。该种虽然分布范围狭窄且估计数量已不足400条，但遗憾的是未被列入我国国家重点保护野生动物名录。

鱼螈科的代表动物：版纳鱼螈 *Ichthyophis bannanica*。

识别特征：体蠕虫状，乍看似蚯蚓。眼隐于皮下，眼鼻间有一触突，体具环褶360个左右。体背棕黑，体侧各有一黄色纵带纹。全长约380mm。幼体尾部具鳍褶，颈侧各有一鳃孔，头部及颈侧有侧线。

生活习性：生活于海拔200m～600m的林木茂密的土山地区，水草丛生、水流缓慢的山溪、小河，土质肥沃适于蚯蚓生活的岸边或种植水生作物的田边、池边。营穴居，自己以头在泥里钻洞，形成互相沟通的隧道；洞口、隧道位于水平面上，洞口有离水面50cm高者，白天伏于洞内，夜间外出觅食，有时昼间可见于附近的菜园或田边。冬季气温降至15℃以下进入冬眠，次春气温回升维持20℃以上后，出来活动。以蠕虫和昆虫幼虫为食。

分布范围：云南的西双版纳，广西壮族自治区的十万大山、大容山，广西、广东交界的云开大山一带，广东省的肇庆。

保护级别：被列入国家林业局2000年8月1日发布的《国家保护的有益的或者有重要经济、科学研究价值的陆生野生动物名录》，列入云南省的省级保护动物。

二、有尾目的识别特征

有尾目又称蝾螈目。成体细长，分头、躯、尾、四肢。皮肤光滑湿润或粗糙，紧贴皮下肌肉，全无小鳞片。头部较扁，颈短，躯干长圆形；终生有尾，尾侧扁或圆柱状；四肢匀称，指4，趾5或4，一般无蹼或蹼不发达，个别类群如两栖鲵类体长而四肢细小，鳗螈类只有前肢；掌、蹠部有角质鞘或无。没有鼓膜，一般不能发声。舌后端不完全游离，不能从后端翻出摄食。上下颌均有小齿，仅鳗螈类覆以角质片。犁骨齿排列形式不一，是科、属分类的主要依据之一。额骨与顶骨不愈合，左右各1。脊椎数目比无尾目的多，椎体双凹型或后凹型。有肋骨。四肢及带骨软骨成分多，肩带仅肩臼周围部分骨化，左右侧喙软骨不直接相接，无锁骨；髂骨短。耻骨与坐骨骈连成平板状，有的有"Y"字形前耻软骨。

这些特征与无尾目有明显区别。其体形适于在水中迅速游动，在陆上活动时，躯干很少抬起离开地面，以四肢交替动作和躯干与尾的摆动成波浪状弯曲而向前移动。能疾走或树栖的种类，其四肢较长，或尾有攀援性能。

本目动物陆栖种类较少，水栖种类较多，大多生活于淡水水域及其附近。生活在池塘、江河、湖泊、山溪、沼泽中的多为半水栖，其他以终生水栖或陆栖为主。一般第二性征不显著，均无交接器；无肛腺者为体外受精；有者为体内受精，其受精方式是接纳雄性排出的精包或精子团，并把精子植入泄殖腔壁的贮精囊内。多为卵生，在水中或水外阴湿处产卵，卵单粒或卵群在成对的卵带内或卵鞘袋内。个别种类为卵胎生或胎生。幼体体形与成体相似，上下颌有真齿而不是角质齿；幼体先长出前肢芽，后长出后肢；有外鳃而无内鳃。一般幼体均在水中生活。有若干类群在变态前后，犁骨齿在形态结构上有颇大的差别。鳃裂封闭是完成变态的主要标志。某些种类的成体保留多种幼态性状，如终生有外鳃或有鳃裂，或犁骨齿停滞在幼体期齿列形状等，而繁殖方面已达性成熟。我国有尾目动物成体多无外鳃，仅个别种有，如滇螈的部分成体仍有外鳃残迹或鳃裂。幼体和成体再生能力强。

有尾目现有8~9科，60余属，350余种。主要分布于全北区，即欧洲、亚洲、美洲北部。我国已知3科14属38种（亚种）。在我国特有属、种较多，多数是我国的珍稀动物资源。

（一）小鲵科的特征

皮肤光滑无疣粒，有唇褶或无，有眼睑和颈褶；体侧有肋沟；四肢较发达，指4，趾5或4；前颌骨鼻突短，左右鼻骨在中线相触；有前额骨和泪骨，有翼骨，仅肥鲵属的翼骨与上颌骨相连接，犁腭骨或短或长；犁骨齿短根据种类不同呈多种形状；隅骨不与前关节骨合并。椎体双凹型或后凹型，躯椎一般16枚，有横突和肋骨；腰带有“Y”字形前耻软骨。多数属种有肺，仅爪鲵属缺如。

本科动物的生活习性可分为两类：一类以陆栖为主，如小鲵属、拟小鲵属、极北鲵属、爪鲵属；主要生活于潮湿的草丛、苔藓、土洞、石穴中；繁殖季节进入溪流近源处、小溪沟、水凼内配对产卵；繁殖期以后营陆栖生活；成体口角部无唇褶，而幼体有之。另一类以水栖为主，如肥鲵属、北鲵属、山溪鲵属、副趾鲵属；多栖于山溪内，卵产在流溪中石下；繁殖期以后仍在水中或短时间上岸，不远离水源；成体和幼体口角部均有唇褶，尾甚侧扁，尾鳍褶发达。成体体外受精。卵袋成对，呈纺锤形或圆柱形弯曲状，游离端漂于水中。卵单行、2行或多行参差排列，幼体在水内生长发育，完成变态。

本科是亚洲的特有科，计有8属30余种，分布于俄罗斯乌拉尔山以东，西南部达中亚的阿富汗、伊朗，东达中国、朝鲜、日本。副趾鲵属只有1种，仅见于伊朗；其他7属在亚洲东部均有分布。我国现有7属18种，主要分布于东北、西南山区，华中、台湾地区也有分布。

小鲵科的代表动物：极北鲵 *Salamandrella keyserlingii*。

识别特征：全长100mm~120mm，尾长占头体长的70%~80%。犁骨齿列位于两内鼻孔之间并略向后延伸。指趾均为4，无黑色角质爪。体侧腋胯间有肋沟13条。背面橄榄褐色，腹面淡灰色，自颈背至尾基背面有一条完整或不完整的棕黑色纵脊纹，脊纹两侧各有一条浅褐色宽带状条纹，与尾背浅褐色相连接。

生活习性：非繁殖期成体营陆地生活，白昼栖息于水域附近或潮湿地方的草丛中、落叶下或土穴中，傍晚或雨后外出活动觅食昆虫、软体动物或蚯蚓等。9月中下旬入蛰，翌年4月中旬出蛰，立即进入山溪水底腐植土厚、水中枯草多的缓流深水处（20cm以下）产卵。产卵完成后离开水域，再进入产卵场附近土中进行繁殖后休眠，至5月初苏醒开始活动。产出的卵位于一对卵胶囊中，孵出后80~100天完成变态。无论成体或幼体，都观察到有咬食同种现象。

分布范围：我国分布于辽宁、吉林、黑龙江三省，内蒙古东北及河南东南部。国外分布于朝鲜，蒙古北部，日本（北海道），俄罗斯（库页岛、堪察加半岛向西达乌拉尔山以东）。

保护级别：被列入国家林业局2000年8月1日发布的《国家保护的有益的或者有重要经济、科学研究价值的陆生野生动物名录》，黑龙江省省级保护动物。

（二）隐鳃鲵科的特征

犁骨前缘有1横列犁骨齿，为长弧形，靠近颌缘并与上颌齿平行排列；前颌骨2枚，鼻突短与额骨不相触；鼻骨左右相触；无泪骨和隔颌骨；有前额骨；翼骨宽大与颌骨间距小；顶骨前端与前额骨相连；有耳柱骨，无耳盖骨；隅骨与前关节骨不愈合；椎体双凹型，寰椎后脊神经均从椎间孔穿出；肋骨单头；从第三或第四尾椎开始无尾肋骨。有“Y”字形前耻软骨。

体大，20世纪50年代在湖南百斤以上的巨型大鲵曾捕起过3条。全长一般在0.5m～1m；头、躯显著扁平，眼小，无眼睑，口裂大。皮肤光滑，体侧有显著的纵行肤褶；四肢短扁，指4，趾5。尾短而侧扁。体外受精，卵带甚长呈念珠状，亲体有护卵习性。肛腺1对。幼体外鳃短，有尾背鳍褶；成体无鳃或具鳃孔。

本科现存2属3种。隐鳃鲵属 *Cryptobranchus*，成体有1鳃孔，分布在美国东部；大鲵属 *Andrias*，成体无鳃孔，分布在亚洲东部，即中国和日本，栖息于山溪或河流中，未见有陆栖者。大鲵属现有2种，即日本大鲵 *A. japontcus*，产于日本本州南部及四国、九州。另一种即产于我国的大鲵 *A. davidianus*，主要分布于我国长江流域及黄河、珠江中下游的支流中。

隐鳃鲵科的代表动物：大鲵 *Andrias davidianus*。

图2-5 案件中查获的大鲵

识别特征：体大，头长略大于头宽，四肢短扁，指4，趾5，尾短而侧扁。口大眼小，无眼睑。体表皮肤光滑，具有成对疣粒，头部的更明显。体色变异较大，以棕黑色为多，随生境不同有的呈褐色、浅棕色、绿褐色等，常有黑色或深褐色花斑。

生活习性：一般生活在200m～1500m的山区，水质清凉、石缝裂隙和岩石孔洞甚多的溪河中。从我国分布的区域看，绝大多数产在盆地边缘的中山区和低山区。常以海拔300m～800m的高度密集分布。大鲵生活的地方，多是高山险峻，河边岸柳丛生，环境阴森，交通闭塞，地广人稀，由于植被良好，给大鲵繁衍生息带来了悠然自得的优越条件。河水含沙量小，水质清凉，透明度大，这样使大鲵可以在特定的环境中保存和发展自己。主要营水栖生活，多栖息于水流较缓的河流、大溪流之岩洞或深潭中。成体常营单栖生活，幼体喜集群生活。白天很少活动，偶尔上岸晒太阳，夜间觅食，多在滩口或浅滩处捕食。5月至8月为繁殖期，雌鲵一般在雷雨季节夜晚产卵，雄鲵常屈体围卵或将卵囊缠在身上，以免敌害吞噬或被水冲去，直至幼体孵化才离开。大鲵栖息的地方多在山溪河的上游支流中，常有短距离的洄游。成体栖深潭，岩石孔洞多有洄流水的环境；幼体常出没在溪河源头处，地下阴河和泉流水的出口处约1km～2km的范围。

分布范围：主要产在长江、黄河及珠江中下游的支流中，遍及华中、华南、西南等地的17个省区。目前大鲵资源量较多的产地是湖南、湖北、四川、贵州、陕西、河南等省。

保护级别：国家Ⅱ级重点保护野生动物，CITES附录Ⅰ动物。

（三）蝾螈科的特征

全长一般不超过230mm，头躯略扁平，皮肤光滑或有瘰疣，脊棱弱或显，有些种类在繁殖季节雄性的背脊棱皮膜显著隆起（如侧条欧螈）；肋沟不明显，陆栖种的尾略呈圆柱状或略侧扁；四肢较发达，指4，趾5或4（四趾螈属）；均有肺，个别属肺退化成残迹状（如伸舌螈属等）。犁骨齿2长列；前颌骨2或1；鼻突一般较长与额骨相连接；左右鼻骨被鼻突分离或不分开；有前额骨；隅骨和前关节骨愈合。椎体多为后凹型，个别为双凹型；肋骨上有钩突。有“Y”字形前耻软骨。肛腺3对，体内受精，雌螈将雄螈排出的精包（或精子团）纳入或植入泄殖腔壁。

本科动物的生活习性有以下几种情况：主要生活于水内，觅食和产卵均在水中进行，如肥螈属、瘰螈属；有的在冬眠前到陆地上蛰伏，夏秋季多数时间在水内觅食和繁殖，产卵期为2月至5月，卵产于水内，也可全年在水内生活，如蝾螈属、滇螈属；还有主要栖息和觅食在陆地上，仅繁殖期才进入水域内，但繁殖期短，产卵在水中或在岸边潮湿的地面上，如疣螈属和棘螈属。

本科14～16属，100余种和亚种，广泛分布于北半球温带地区：北欧向东至乌拉尔山，南欧，非洲的东北角，小亚细亚，亚洲南部和东部（印度北部和中部、越南北部至我国秦岭以南），北美延至墨西哥北部的热带地区。我国已知有6属，即瘰螈属、棘螈属、疣螈属、肥螈属、滇螈属和蝾螈属，共有19种（亚种），均分布于秦岭以南。

蝾螈科的几种保护动物：

1. 细痣疣螈 *Tylototriton asperrimus*。

识别特征：全长120mm～150mm，尾长约为头体长的85%（雌）～88%（雄）。犁骨齿列呈尖端向前的“∧”形。皮肤粗糙，密布瘰粒。头背两侧有骨质脊棱。通身棕黑色，腹面稍浅，指趾端、泄殖肛孔周缘及尾下缘橘红色。头背脊棱较不发达；正背中央脊棱显著，有与脊椎相应的凹痕；背侧各有一行瘰疣（肋腺），其下多有肋骨尖端支持。

生活习性：生活于海拔500m～1500m的山区枝叶繁茂、荫蔽度较好的林下水源及其附近的腐叶中或树根洞穴内。非繁殖季节成体营陆地生活，以昆虫及其幼虫、蚯蚓、蜘蛛、蛞蝓或其他小型无脊椎动物为食物。每年4月至7月为繁殖期，产卵于山凹水塘岸边的斜坡上，为腐叶所掩盖。每雌产卵30～60粒，单个分散或堆成一团，卵径3mm～4mm，充分吸水膨胀后的卵胶膜直径可达10mm左右，晶莹如珠。

分布范围：我国分布于安徽、湖南、海南、广西、四川、贵州、甘肃。国外分布于越南北部。

保护级别：国家Ⅱ级重点保护野生动物。

2. 镇海疣螈 *Tylototriton chinhaiensis*。

识别特征：雄螈全长 109mm ~ 139mm，雌螈 124mm ~ 151mm，头两侧脊棱不发达，无唇褶，嘴角后方有三角形突起。犁骨齿列呈“∧”形。颈褶不显，体背面满布大小疣粒，背两侧疣粒集成瘰疣丛，界限不清，约 12 粒左右。指 4，趾 5。尾短弱，显著短于头体长。体色棕黑，仅嘴角的侧突、指和趾端、尾腹鳍褶为橘黄色。

生活习性：生活在海拔 100m ~ 200m 的丘陵山区。所在环境植被茂密，永久性水塘较多，附近有石穴和土洞。成螈多栖息在杂草丛生、多腐殖质、土壤疏松的土穴内、石块下或石缝间。营陆栖生活。白昼不外出活动，夜间行动迟缓，觅食蜗牛、小螺、马陆、步行虫、蜈蚣、蚯蚓等。受外界刺激后有四肢上翻、头尾上翘等警戒反应。11 月下旬开始冬眠，4 月中旬左右出蛰配对，卵群产在静水塘边距水面 20cm ~ 100cm 的潮湿坡地上的杂草落叶间。幼体在当年完成变态，并登陆营陆栖生活。

分布范围：分布于浙江（镇海）。

保护级别：国家Ⅱ级重点保护野生动物。

3. 贵州疣螈 *Tylototriton kweichowensis*。

识别特征：雄螈全长 155mm ~ 195mm，雌螈 177mm ~ 210mm。头侧脊棱明显，无唇褶，犁骨齿列呈“∧”形，颈褶显著。皮肤极粗糙，满布大小疣粒，体侧瘰粒密集，连续隆起成纵行，呈圆形颗粒状。指 4，趾 5。头体黑褐色，背脊棱、体背侧和腹侧形成 5 条棕红色纵纹，耳后腺、指和趾及尾部均为棕红色或土黄色。

生活习性：生活在海拔 1500m ~ 2400m 长有杂草和矮灌木丛的山区。以陆栖为主，多隐蔽在杂草下阴湿的土洞、石穴或苔藓下，以昆虫、蛞蝓、小螺、蛙和蝌蚪等小动物为食。5 月至 6 月进入小水塘、浸水塘或小溪流内配对，雌螈产卵 70 粒左右，卵径 2mm。幼体在水中生活，当年变态后在陆地上生活。

分布范围：分布于贵州、云南。

保护级别：国家Ⅱ级重点保护野生动物。

4. 大凉疣螈 *Tylototriton taliangensis*。

识别特征：雄螈全长 186mm ~ 220mm，雌螈 194mm ~ 230mm。头两侧脊棱显著而宽，无唇褶，犁骨齿列呈“∧”形，颈褶明显。皮肤粗糙，满布大小疣粒，体侧无圆球形瘰粒。指 4，趾 5。尾较长而侧扁。周身棕黑色，仅耳后腺、指、趾、肛部及尾下缘橘红色。

生活习性：生活在海拔 1390m ~ 2650m 的植被丰茂、环境潮湿的山间凹地。成螈以陆栖生活为主，5 月至 6 月进入静水凼、积水、洼地、稻田以及缓流溪沟内寻偶配对。雌螈产卵 250 ~ 280 粒。非繁殖期白天多隐蔽在石穴、土洞或草丛下，夜间外出觅食昆虫及其他小动物。

分布范围：分布于四川。

保护级别：国家Ⅱ级重点保护野生动物。

5. 红瘰疣螈 *Tylototriton verrucosus*。

识别特征：雄螈全长 136mm ~ 150mm，雌螈 147mm ~ 170mm。头部扁平，两侧脊棱显著隆起，无唇褶，犁骨齿列呈“∧”形。皮肤粗糙，体两侧各有 1 排球形瘰粒 14 ~

16粒，彼此分界明显。指4，趾5。尾较弱而侧扁，鳍褶较低。背面棕黑色；头部、四肢、尾部以及背脊棱和瘰疣部位均为棕红色或棕黄色。

生活习性：生活在海拔1000m～2400m的林木繁茂、杂草丛生及水稻田附近的山区。成螈营陆栖生活，常栖息在阴湿环境中。5月至6月为繁殖季节，多在静水凼、水稻田内配对。雌螈产卵75粒左右。非繁殖期多栖息在林间草丛下或阴湿环境中，觅食昆虫及其他小动物。变态后转为陆栖生活。

分布范围：分布于我国云南、广西。

保护级别：国家Ⅱ级重点保护野生动物。

三、无尾目动物的识别特征

无尾目又称蛙形目。成体体形宽而短，头部略呈三角形；颈部不明显，躯干宽短；四肢发达，前肢短，后肢长，跗部自成1节，趾间一般有蹼；成体无鳃，无尾。体表裸露，一般光滑湿润，富有黏液腺，有些种类具有发达的毒腺。例如，箭毒蛙，其很少的毒液就可致人死亡。有的皮肤上有疣粒或瘰粒，其上有角质刺或无，或头顶皮肤骨质化；全无小鳞。口大，舌后端多游离，可翻出摄食。眼大，位于头侧，突出时可扩大视野。眼具可动眼睑，下眼睑连有透明的瞬膜。下颌无齿，上颌一般有细齿。中耳多完备，鼓膜显著或隐于皮下或无。大多数种类有明显的第二性征，如雄性有声囊，前肢粗壮，有婚垫或婚刺以及其他部位有角质刺，有较明显的腺体等。

头骨骨化不佳但边缘完整，额骨与顶骨愈合为额顶骨，有方轭骨、副蝶骨。椎体有双凹型、后凹型、变凹型、前凹型或参差型。椎骨一般为10枚，荐椎后有一细长的尾杆骨。腰带呈“U”字形，髂骨长，平直向前与荐椎横突相关联。脊椎短，脊椎骨数少，弯曲度和灵活性不强；脊柱与后肢的关联由髂骨和后肢以及尾杆骨部位的肌肉、肌腱相牵连而加强，能作有力的跳跃或游泳动作。前肢较短，主要可减轻落地时的冲击力。有的种类前3对躯椎上有短肋，这是原始性状，见于低等类群。胸骨发达，肩带左右侧上喙骨相接，即为固胸型；或相互重叠，即为弧胸型或为弧固胸型。桡骨与尺骨、胫骨与腓骨分别愈合为桡尺骨和胫腓骨；近端2跗骨长，自成1节，这增强了跳跃和游泳能力。无尾目的体形体现了与运动方式相适应的结构。

无尾目没有交接器，行体外受精。卵生，仅个别种卵胎生或胎生。幼体——蝌蚪的体形、食性等与成体迥然不同。蝌蚪口部有角质小齿及角质颌，有鳃和尾，早期为外鳃，外鳃萎缩后代之以内鳃。

根据成体生活习性，本目动物可分为水栖、半水栖、陆栖、树栖、穴居等不同的类群。无尾目是现代两栖纲中较为特化、种类最多的一个目，现有20余科300余属3500余种。除南极洲外，广泛分布于各大洲；在温差小、湿度大的中美洲、南美洲、非洲热带和亚热带种类最多，个别种达北极圈南缘。中国已知258种（亚种），分隶7科41属（亚属），除西藏高原西北部（海拔4000m以上）和沙漠地区未见有分布外，几乎遍布我国各地。

（一）盘舌蟾科的特征

肩带弧胸型。肩胸骨极小或缺如，正胸骨向后分叉，软骨质；肩胛骨短（等于或小于锁骨的1/3），前部与锁骨重叠。椎体后凹型，荐椎前椎骨8枚，前3枚躯干椎终生有短肋骨，椎体宽扁，荐椎横突显著宽大；尾杆骨髁1个或2个，尾杆骨近端常有1对短小横突。鼻骨大，左右相触；一般有额顶囟；上颌有齿；有鼓膜（有耳柱骨）或无鼓膜（无耳柱骨）；犁骨齿2小团，位内鼻孔之间，或2横列。跗蹠骨仅两端愈合。

皮肤粗糙，具大小瘰疣或较光滑。舌为盘状，后端无缺刻，周缘与口腔黏膜相连，不能自由伸出；瞳孔纵置，心形或三角形；外侧蹠间具蹼；无外蹠突。配对时，抱握胯部。

本科现有5属，共计20种（亚种）左右，分布于欧亚大陆及日本，包括非洲西北部，我国只有铃蟾属 *Bombina*。

盘舌蟾科的代表动物：东方铃蟾 *Bombina orientalis*。

识别特征：体长约5cm。舌呈盘状，周围与口腔黏膜相连。皮肤粗糙。身体和四肢灰棕色或绿色，具斑点和大小不等的刺疣；腹面呈橘红色，有黑色斑点。趾间有蹼；雄蟾无声囊。

生活习性：主要生活于山地林区，常栖息在池塘、水沟或山区溪流石下及草丛。繁殖期在春天及夏天，产卵于稻田、池塘等水域。一次产卵90~130颗。卵多成群或单个贴附在山溪石块下或水坑内的植物上，每次产卵约百余枚。成体受到惊扰时则举起前肢，头和后腿拱起过背，形成弓形，腹部呈现出醒目的色彩。

分布范围：我国的黑龙江、吉林、辽宁、山东、江苏、内蒙古均有分布。

保护级别：被列入国家林业局2000年8月1日发布的《国家保护的有益的或者有重要经济、科学研究价值的陆生野生动物名录》。

（二）锄足蟾科的特征

肩带弧胸型。肩胸骨小，多为软骨质；中胸骨长，大多数骨化；肩胛骨长（大于锁骨的1/2），近端2叉状，前部不与锁骨重叠。椎体变凹型、前凹型或双凹型。荐椎前椎骨8枚，无肋骨；荐椎横突显著宽大；荐椎与尾杆骨愈合或以单个骨髁与尾杆骨相关节；尾杆骨近端多有横突或仅残迹。鼻骨或大或小，左右相触或不相触；通常无额顶囟；一般上颌有齿，个别属无齿或有齿突；鼓膜显著或隐于皮下或缺如，有耳柱骨或不同程度的退化；有或无犁骨齿，跗蹠骨仅在两端愈合。

皮肤光滑或具有大小疣粒；舌卵圆，后端游离，一般有缺刻；瞳孔大多纵置；指趾末端不呈吸盘状；指间和外侧蹠间无蹼；一般趾间无蹼或蹼不发达；趾下有肤棱。配对时，抱握胯部。

我国共有9属70种（亚种），多分布于秦岭以南地区。

锄足蟾科的代表动物：峨眉髭蟾 *Vibrissaphora boringii*。

识别特征：头体长雄性70mm~90mm，雌性55mm~78mm。背面蓝褐略带紫色，有许多深色斑，眼间或有深色横纹；四肢背面有深色横纹；腹面浅紫褐色，满布白色小点。头极扁平，吻甚宽圆，吻棱显著；瞳孔纵置，眼球上半蓝绿色，下半深棕色；鼓膜隐蔽，颞褶细；无犁骨齿；舌宽大，有深缺刻。胫跗关节达口角，跟部不相遇；指趾端圆而色淡；指游离，趾侧缘膜在基部相连成蹼。背面皮肤有网状肤棱，四肢背面肤棱显著而成斜行。繁殖季节雄蟾上唇缘有10~16枚黑色角质刺。

生活习性：栖息于海拔600m～1000m的植被丰富、水源充足、气候温和而较湿润的常绿阔叶林带。非繁殖期成体营陆地生活，昼伏夜出，繁殖季节才进入水域。繁殖季节在2月底至3月下旬，产卵189～488粒，彼此粘连呈圆环状黏附于没于水中的石块下面，蝌蚪最大全长可达120mm。蝌蚪经两次越冬在第三年完成变态。

分布范围：我国特有种，分布于四川西南、贵州东北及湖南西北部。

保护级别：被列入国家林业局2000年8月1日发布的《国家保护的有益的或者有重要经济、科学研究价值的陆生野生动物名录》，四川、贵州的省级保护动物。

（三）蟾蜍科的特征

肩带弧胸型。一般无肩胸骨，若有为软骨质，中央很少钙化；正胸骨软骨质；肩胛骨长（小于锁骨的2倍），前端不与锁骨重叠。椎体前凹型，荐椎前椎骨7～8枚，有的寰椎与第一躯椎合并；无肋骨；荐椎横突宽大，通常有骨髁2个；尾杆骨近端无横突或偶尔有。大多数头骨骨化程度很高，大部分种类皮肤与头骨相粘连；鼻骨大，两鼻骨相触或分离；上颌无齿。跗蹠骨仅在两端并合；瞳孔横置。

本科动物大小相差很大，最小的体长仅20mm，最大的体长达250mm。大多数皮肤粗糙，少数属皮肤光滑。有或无耳后腺；舌呈长椭圆形，后端无缺刻，能自由伸出。四肢较短；有的指、趾节减少或变短；指、趾末端正常；配对时抱握腋部。成体多营陆栖或穴居，也有营树栖及水栖生活的。

本科大多数的属产出长形卵带，卵在水内发育，卵小，数量多，具色素。有的属卵大，卵数少，无色素，为体外受精；有的属卵在水外孵化，蝌蚪进入水中生活和完成变态；有的蝌蚪不进入水内，直接发育成幼蛙；有的蝌蚪在流溪中发育，具有大的口盘。

本科现有26属，现存335种左右，以*Bufo*的种类最多。除澳大利亚至巴布亚新几内亚、马达加斯加和大洋洲无分布外，广泛分布于全球温带和热带地区。我国已知2属17种（亚种）左右。遍布我国各省区。

蟾蜍科的代表动物：中华蟾蜍 *Bufo gargarizans*。

识别特征：体粗壮，长约10cm以上，雄者较小。全体皮肤极粗糙，除头顶较平滑外，其余部分均满布大小不同的圆形瘰疣。头宽大，口阔，吻端圆，吻棱显著。近吻端有小形鼻孔1对。眼大而凸出，头顶部两侧各有大而长的耳后腺。躯体短而宽。在生殖季节，雄性背面多为黑绿色，体侧有浅色的斑纹；雌性背面色较浅，瘰疣乳黄色，有时自眼后沿体侧有斜行的黑色纵斑；腹面不光滑，乳黄色，有棕色或黑色的细花斑。前肢长而粗壮，指趾略扁，指侧微有缘膜而无蹼。后肢粗壮而短，胫跗关节前达肩部，趾侧有缘膜，内蹠突长而大，外蹠突小而圆。雄性前肢内侧3指有黑婚垫，无声囊。体长79mm～120mm。

生活习性：栖于泥土中，或栖于石下、草间或土洞中，黄昏爬出捕食。产卵季节因地而异，卵在管状胶质的卵带内交错排成四行。卵带缠绕在水草上，每只产卵2000～8000粒。成蟾在水底泥土或烂草中冬眠。其蝌蚪喜成群朝同一方向游动。冬季多在水底泥中。白昼潜伏，晚上或雨天外出活动。以捕获蜗牛、蛞蝓、蚂蚁、甲虫与蛾类等动物为食。

分布范围：我国分布于东北、华北、华东、华中、西北、西南等地区。国外分布在俄罗斯、朝鲜。分布广泛，而且在不同海拔的各种生境中数量很多。

保护级别：被列入国家林业局2000年8月1日发布的《国家保护的有益的或者有重要经济、科学研究价值的陆生野生动物名录》。

（四）雨蛙科的特征

肩带弧胸型，肩胸骨和正胸骨软骨质；肩胛骨长（小于锁骨的2倍），前端不与锁骨重叠。椎体前凹型，荐椎前椎骨8枚，第一椎骨与第二椎骨不合并；无肋骨；前后2个髓弓间的间隙大，多不成覆瓦状；大多数属荐椎横突宽大，有骨髁2个与尾杆骨相关节；尾杆骨近端无横突，背面无脊棱或有显著隆起。头骨骨化程度较强或弱，一般有腭骨；鼻骨或大或小，彼此相触或分离，且与额顶骨相接或不相接；上颌骨和前颌骨具齿；有耳柱骨。跗蹠骨仅两端合并，指、趾骨末两节有介间软骨；瞳孔横置。

本科动物体形和外形相差很大，最小的仅17mm，最大的达140mm。指、趾端有吸盘，大多数雨蛙为树栖，也有水生和穴居的。多数的卵和蝌蚪在水内发育，配对时抱握于腋部。卵生，体外受精。繁殖方式多种多样。

雨蛙科属种极多，现存37属，约630种，在北美温带、中美、西印度、南美热带、澳大利亚的塔斯马尼亚、巴布亚新几内亚和所罗门岛等均有分布，以中美洲、南美洲及大洋洲的种类最多，北美洲次之。我国只有雨蛙科中的雨蛙属 *Hyla*。

雨蛙科的代表动物：华西雨蛙 *Hyla annectans*。

识别特征：体形小，雄蛙体长34mm～38mm，雌蛙39mm～43mm。吻宽圆而高，吻棱明显。颊部垂直，鼓膜圆。舌较圆厚，后端微有缺刻。犁骨齿两小团。指端有吸盘和马蹄形横沟，趾端形态同指。背面皮肤光滑，腹面遍布扁平疣。通体背部绿色，头侧有紫灰及金黄条纹。腹部白色或乳白色，在身体两侧有黑色斑点1～5枚不等。

生活习性：栖息于海拔750m～2400m的稻田地区。常在树叶上匍匐着，或白天隐蔽在树洞或草丛中，下雨夜晚大批外出活动。有时百蛙齐鸣，体虽小，而叫声常可传得很远。繁殖季节在4月至6月，卵小，成团，卵产于水田、小水塘或蓄水池内。蝌蚪体高而肥笨。数量较多，在农作区可消灭大量害虫。

分布范围：我国分布于四川、云南、贵州、广西。国外分布于印度北部、缅甸东部、泰国、越南北部等地。

保护级别：被列入国家林业局2000年8月1日发布的《国家保护的有益的或者有重要经济、科学研究价值的陆生野生动物名录》。

（五）蛙科的特征

肩带固胸型。肩胸骨和正胸骨发达，成为骨质柱；肩胛骨长（其长小于锁骨的2倍），前端不与锁骨重叠。椎体前凹型或参差型（第八椎体双凹，而荐椎双凸）；荐椎前椎骨8枚，无肋骨，后面的椎骨横突延长；荐椎横突圆柱状，关节髁2枚与尾杆骨相关节；尾杆骨无横突。大多数类群上颌有齿、有耳柱骨；跗蹠骨仅两端并合；指、趾末两节间无间介软骨；指、趾端部尖或圆，或有吸盘；瞳孔多横置，配对时抱握于腋部。

本科动物体形和外形相差很大。最小的30mm左右，而非洲产的巨蛙，长达

320mm。皮肤光滑或有疣粒；舌一般长椭圆形，后端缺刻深或浅，能自由伸出；外蹠突有或无；指、趾末端形式不一。

成体有多种多样的栖居习性；其繁殖习性亦各不相同。大多数种类在静水中产卵，卵小，具色素，蝌蚪肥硕；部分种类在流溪内产卵，卵大，无色素，蝌蚪体细长，有的蝌蚪腹面有吸盘（如湍蛙属）；陆生卵直接发育。

本科所隶属、种较多，约有 50 余属，670 多种，广布于全球。我国已知 19 属 98 种（亚种）左右，分布甚广，数量特多。

蛙科的代表动物：虎纹蛙 *Rana tigrina*。

识别特征：体大，雄蛙体长 82mm，雌蛙 107mm 左右，吻端钝尖，下颌前缘有两个齿状骨突。背面皮肤粗糙，背部有长短不一、一般断续排列成纵行的肤棱，其间散有小疣粒。指、趾末端钝尖；胫跗关节前达眼或肩部，趾间全蹼。背面黄绿色或灰棕色，散有不规则的深色斑纹；四肢横纹明显。雄性第一指上灰色婚垫发达；有一对咽侧外声囊。

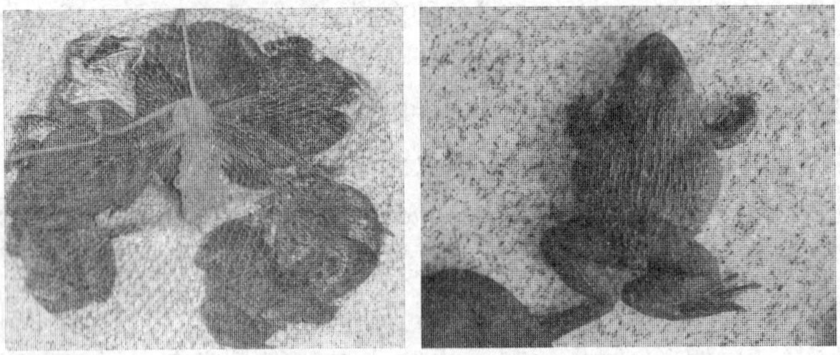

图 2－6 案件中查获的虎纹蛙

生活习性：一般栖息于丘陵地带的稻田、鱼塘、水坑和沟渠内。白天隐匿于水域岸边的洞穴内；夜间外出活动，跳跃能力很强，稍有响动即迅速跳入深水中。雄蛙鸣声如犬吠。繁殖期在 3 月下旬至 8 月中旬，5 月至 6 月为产卵旺季，雌蛙每年可产卵 2 次以上。卵单粒或十粒至数十粒粘成片，漂浮于水面。蝌蚪底栖。捕食各种昆虫，也捕食蝌蚪、小型蛙类及小鱼等。

分布范围：我国河南、四川、云南、贵州、湖北、安徽、江苏、浙江、江西、湖南、福建、台湾、广东、海南、广西和香港。

保护级别：CITES 附录Ⅱ动物，国家Ⅱ级重点保护野生动物。

（六）树蛙科的特征

树蛙科在骨骼方面的主要特征与蛙科相同。椎体呈参差型或前凹型；指、趾末两节间有间介软骨；指、趾骨末节呈“Y”字形或“T”字形；指、趾末端膨大成显著的吸盘，吸盘的背面一般无横凹痕，腹面呈肉垫状，前后肢多具半蹼。多树栖，外形与生活习性同雨蛙颇近似，而亲缘关系甚远。我国所产的上颌均有齿；一般舌后端缺刻深；瞳孔大多横置。多有筑泡沫卵巢的习性，卵粒盛于卵泡内或胶质团内，卵泡被树叶包裹；蝌蚪生活于静水水域内；有的种类产卵于树洞或陆地上，有短暂的非摄食性的蝌蚪阶段，从卵直接发育成幼蛙；有的种类生活于流溪，卵贴附于溪边石下或水生植物上或呈小块状浮于水面，不呈泡沫状。

树蛙科产于亚洲及非洲南半部热带和亚热带地区，从印度、斯里兰卡到日本、菲律宾和大巽他群岛；欧洲、美洲、大洋洲缺如。约有 10 属，180 余种。亚洲有 6 属。我国已知 6 属 44 种左右，分布于我国秦岭以南，尤以云南南部为多。

树蛙科的代表动物：斑腿树蛙 *Polypedates leucomystax*。

识别特征：雌蛙体长约 61mm，雄蛙约 45mm。体扁平。头长宽相等或长大于宽；口阔，吻略尖圆，吻棱明显；鼻孔近于吻端，眼大，凸出。眼径与吻等长，眼间距大于鼻间距；鼓膜显著。皮肤平滑，背面有极细微的痣；腹面满布颗粒状扁平疣，颞褶平直而较长，达肩后方。体色变异甚大，常随栖息的环境而异，一般背面为浅棕色，上面有黑色或黑棕色斑纹，呈纵条状、“X”字形或黑点状；四肢背面有黑色或暗绿色横纹，或呈斑点状；肛门附近及腿后方有黄、紫、棕及乳白色交织成的网状斑纹。腹面呈乳白色。前肢长，指端均有吸盘及横沟，指侧均有缘膜，关节下瘤发达。后肢细长，胫长约为体长之半，足短于胫；趾吸盘小于指吸盘，趾间有蹼。关节下瘤与内蹠突小而明显，无外蹠突。雄蛙有单咽下内声囊，前肢第一指基部有明显的乳白色婚垫。

生活习性：多栖于草丛、玉米地或稻田内，有时在竹上或其他植物上。生活在起伏不大的丘陵、山区的水边石缝中。雄蛙的鸣声如击快板，成有节奏的“啪啪……”声。跳跃能力差，行动较迟缓。雌蛙在抱对产卵的同时，还排出胶状物，并以后肢不停地将胶状物搅拌成白色泡沫状卵泡，颜色逐渐由白转黄。雄蛙也在此时排出精液于卵泡上。卵泡大多黏附在草丛中、池塘壁、灌木上或高悬在树枝上。胚胎在卵泡内发育，孵化成蝌蚪后便脱离卵泡或与卵泡一并掉入水中生活。

分布范围：我国四川、江苏、浙江、江西、贵州、福建、广东、广西、云南、台湾等地。

保护级别：被列入国家林业局 2000 年 8 月 1 日发布的《国家保护的有益的或者有重要经济、科学研究价值的陆生野生动物名录》。

（七）姬蛙科的特征

肩带固胸型，肩胸骨很小或缺如，正胸骨软骨质；前喙骨及锁骨不同程度地退化以致缺如，若有锁骨，则不与肩胛骨重叠。荐椎前椎骨 8 枚，前 7 枚为前凹；多数第八椎骨为双凹，也有少数为前凹；无肋骨；荐椎双凸，横突宽大，关节髁 2 枚，与尾杆骨相关节；尾杆骨无横突。通常有耳柱骨；上颌骨一般无齿；多数无犁骨齿。跗蹠骨仅两端并合。大多数指、趾骨节正常。瞳孔圆或横椭圆。配对时抱握于腋部。

本科动物一般体小，小的体长 20mm 左右，大的可达 100mm。体形各异，头小体短胖，有呈球状或蟾状；树栖类群的指、趾末端膨大。大多在陆地上产卵，直接发育，孵化出非摄食性的蝌蚪；有些有水生性的幼体。

该科动物成体多为陆生和树栖类群，约有 60 余属 270 种左右；分布于美洲、非洲东南部、亚洲南部和东部及大洋洲北部；欧洲北部缺如。我国现有 5 属 16 种（亚种）；多为陆栖；在静水水域内产卵，卵分散漂浮于水面，20 多天即可变态成幼蛙。

姬蛙科的代表动物：饰纹姬蛙 *Microhyla ornata*。

识别特征：体形较小的蛙类，成体体长约为3cm以下。生活时背面为灰棕色或土灰色，有对称的深棕色斜花纹，头及体两侧沿吻棱、眼后方及胯部有若断若续的黑色线纹，其下方有深色小斑点；背面介于深棕色斜纹之间，另有若干与其平行斜置的细浅色线纹。四肢背面有横纹；腹面一般为白色，无斑纹。

图2-7 饰纹姬蛙背面

生活习性：常在草丛中、田边和水塘附近活动，有时在路边草丛中也很常见。以昆虫为食，常食白蚁、小型鞘翅目昆虫等。繁殖期在5月至7月间。

分布范围：广泛分布于我国西北、华中、华南、华东和西南。

保护级别：被列入国家林业局2000年8月1日发布的《国家保护的有益的或者有重要经济、科学研究价值的陆生野生动物名录》。

第三章　爬行纲动物识别基础

爬行纲是体被角质鳞或硬甲、在陆地繁殖的变温羊膜动物。是一支从古两栖类在古生代石炭纪末期分化出来产羊膜卵的类群，它们不仅承袭了两栖纲动物初步登陆的特性，而且在防止体内水分蒸发以及适应陆地生活和繁殖等方面，获得了进一步发展并超过两栖类的水平；爬行类是真正的陆栖脊椎动物，同时古爬行类还是鸟、兽等更高等的恒温羊膜动物的演化原祖，因此，本纲动物在脊椎动物进化中有承上启下和继往开来的重要意义。

爬行纲在中生代曾盛极一时，种类和数量极其繁多，现存种类只包括鳄、龟、蜥蜴和蛇等动物。其中个体最大的是产于亚洲东南部的网蟒（*Python reticulates*），全长可达9.8m，而最小的蜥蜴为斑点圆趾虎（*Sphaerodactylus argus*），全长却只有36mm；除南极地区外，分布几乎遍及全球，而尤以南半球的种类更为繁多，能栖息于平原、山地、森林、草原、荒漠、海洋和内陆水域等各种生活环境，少数几种蜥蜴（西藏沙蜥 *Phrynocephalus theobaldi*、红尾沙蜥 *Phrynocephalus erythrurus*）的最高垂直分布点可达海拔五千多米的青藏高原寒漠地带。

在脊椎动物从水生到陆生的漫长进化历程中，动物体各系统器官在获得全面发展的基础上，由两栖动物产无羊膜卵转生成爬行动物产羊膜卵是一个极其重要的飞跃进步。羊膜卵的结构和发育特点，使羊膜动物彻底摆脱了它们在个体发育初期对水的依赖。这才可能确保脊椎动物在陆地上进行繁殖。

爬行动物产的羊膜卵为端黄卵，具有卵黄膜而缺乏适于水中发育的内胶膜和外胶膜，包裹在卵外的有输卵管壁所分泌和形成的蛋白、内外壳膜和卵壳。卵壳坚韧，由石灰质或纤维质构成，能维持卵的形状、减少卵内水分蒸发、避免机械损伤和防止病原体侵入。卵壳表面有许多小孔，通气性良好，可保证胚胎发育时进行气体代谢。卵内有一个很大的卵黄囊，贮有丰富的卵黄，为发育期间的胚胎供给营养物质。

胚胎在发育期间，羊膜、绒毛膜和尿囊等一系列胚膜是羊膜动物共有的特性，也是保证羊膜动物能在陆地上完成发育的重要特征。羊膜卵的胚胎发育到原肠期后，在胚体周围发生向上隆起的环状皱褶——羊膜绒毛膜褶，不断生长的环状皱褶由四周逐渐往中间聚拢，彼此愈合和打通后成为围绕着整个胚胎的2层膜，即内层的羊膜和外层的绒毛膜。两者之间是一个宽大的胚外体腔。羊膜将胚胎包围在封闭的羊膜腔内，腔内充满羊水，使胚胎悬浮于自身创造的一个水域环境中进行发育，能有效地防止干燥和各种外界损伤。绒毛膜紧贴于壳膜内面、胚胎在形成羊膜和绒毛膜的同时，还自消化道后部发生一个充当呼吸和排泄的器官，称为尿囊。尿囊位于胚外体腔内。外壁紧贴绒毛膜，因其表面和绒毛膜内壁上富有毛细血管。胚胎可通过多孔的壳膜和卵壳，同外界进行气体交换。此外，尿囊还作为一个容器盛纳胚胎新陈代谢所产生的尿酸。

爬行动物获得产羊膜卵的特性后，无须到水中繁殖，为爬行动物通过辐射适应向干旱地区分布及开拓新的生活环境创造了条件。

3 亿年前，当具有高等和进步特征的新兴爬行动物在地球上出现后，很快就得到极大的发展，成为在地球上各种生态环境中占主导地位的动物。然而，爬行动物有机结构的完善程度并未达到动物界发展的顶峰，与更高等的鸟纲和兽纲比较，它们还有许多较为低级之处。因此，爬行动物与脊椎动物中的无羊膜类一样，都属于变温动物，即它们自身活动产生的热量较少，体温调节机能不完善，不足以维持恒定的体温，在很大程度上要受到环境的影响；它们不能生活在过低或过高的温度环境中，因而在严寒酷冷的冬季和炎热干旱的夏季中需要进行蛰眠。

第一节 爬行纲的主要识别特征

一、爬行动物主要识别特征的常用名词

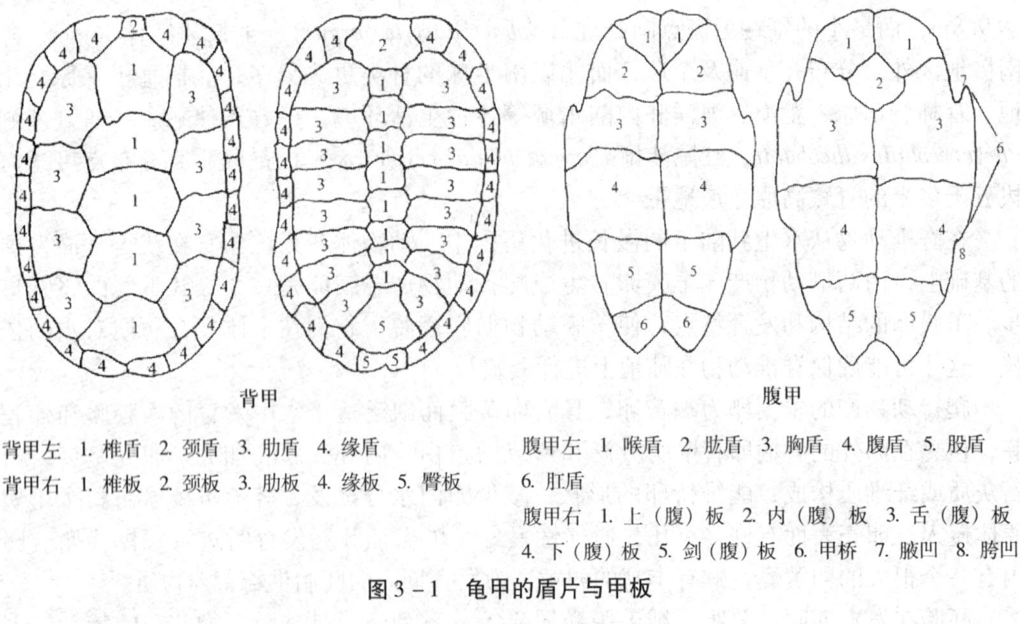

背甲　　　　　　　　腹甲

背甲左 1. 椎盾 2. 颈盾 3. 肋盾 4. 缘盾
背甲右 1. 椎板 2. 颈板 3. 肋板 4. 缘板 5. 臀板

腹甲左 1. 喉盾 2. 肱盾 3. 胸盾 4. 腹盾 5. 股盾 6. 肛盾
腹甲右 1. 上（腹）板 2. 内（腹）板 3. 舌（腹）板 4. 下（腹）板 5. 剑（腹）板 6. 甲桥 7. 腋凹 8. 胯凹

图 3－1 龟甲的盾片与甲板

（一）龟鳖目分类术语

1. 背甲。

（1）椎盾：背甲正中的一列盾片，多为 5 枚。

（2）颈盾：椎盾前方，左右缘盾间的一枚盾片。

（3）肋盾：椎盾两侧的两列宽大盾片。

（4）缘盾：背甲边缘的两列盾片。

（5）椎板：背甲中央的一列骨板叫椎板，一般为 8 块。

（6）颈板：位于椎板前方的单枚大骨板。

（7）臀板：椎板后方的几枚骨板。

（8）肋板：椎板两侧的骨板称肋板，一般为 8 对。

（9）缘板：位于肋板外侧的两列骨板称缘板。鳖科无缘板。海产龟类肋板与缘板之间的空隙，叫肋缘窗。

2. 腹甲。

（1）喉盾：腹甲最前端的一对盾片。

（2）肱盾：腹甲前端的第二对盾片。

（3）胸盾：位于胸部，肱骨后方的一对盾片。

（4）腹盾：位于盾甲中部的一对盾片。

（5）股盾：腹盾后方的一对盾片。

（6）肛盾：腹甲最后端的一对盾片。

（7）喉盾沟：左右喉盾之间的沟。

（8）喉肱沟：喉盾与肱盾之间的沟。

（9）上板：腹甲最前方的一对骨板。

（10）内板：单枚，介于上板和舌板中央；或无。

（11）舌板：上板后方的一对骨板。

（12）下板：舌板后方的一对骨板。

（13）剑板：腹甲最后端的一对骨板。

（14）上板缝：左右上板之间的骨缝。

（15）上舌缝：上板与舌板之间的骨缝。

（16）腋盾：甲桥前方，面对腋凹的一枚小盾片。

（17）胯盾：甲桥后方，面对胯凹的一枚小盾片，又称鼠蹊盾。

（18）下缘盾：腹甲的胸盾和腹盾与背甲的缘盾之间的一些小盾片。

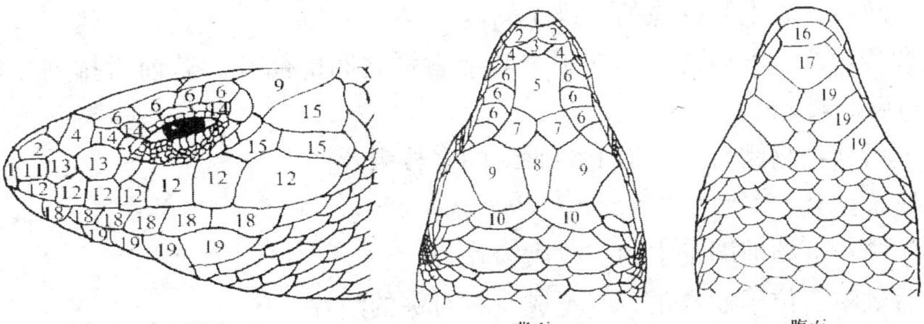

1. 吻鳞　2. 上鼻鳞　3. 额鼻鳞　4. 前额鳞　5. 额鳞　6. 眶上鳞

7. 额顶鳞　8. 顶间鳞　9. 顶鳞　10. 颈鳞　11. 鼻颞鳞　12. 上唇鳞

13. 颊鳞　14. 上睫鳞　15. 颞鳞　16. 颏鳞　17. 后颏鳞　18. 下唇鳞　19. 颏片

图 3－2　蜥蜴类头部鳞片

（二）蜥蜴目的分类术语

1. 鳞片类型。

（1）方鳞：身体腹面近于方形的大鳞。

（2）圆鳞：身体腹面近于圆形的大鳞。

（3）粒鳞：鳞片小而圆，呈平铺排列。

（4）疣鳞：分布于粒鳞间的粗大疣状鳞片。

（5）棱鳞：上具突起纵棱的鳞片。

（6）锥鳞：鳞耸立呈锥状者。

（7）棘：鳞片延长耸立呈刺棘状者。

（8）鬣鳞：位于颈背中央，呈一纵行竖立侧扁的鳞片。

（9）板鳞：雄性者肛前或腹部中央一团较大而颜色略异的鳞片。

2. 头背鳞片。

（1）吻鳞：吻端中央的单片大鳞。

（2）上鼻鳞：紧接吻鳞后方，左右鼻鳞之间的成对鳞片。

（3）额鼻鳞：吻鳞正后方的单枚鳞片，少数种类成对存在。

（4）前额鳞：额鼻鳞后方的一对大鳞，彼此相接或分离，或多于一对，或为单枚。

（5）额鳞：两眼之间的单枚大鳞，位于额鼻鳞的正后方。

（6）额顶鳞：位于额鳞后方的成对大鳞片。

（7）顶鳞：额顶鳞之后的一对大鳞。

（8）顶间鳞：额顶鳞与顶鳞之间的一枚大鳞，如有顶眼，则位于此鳞上。

（9）颈鳞：顶鳞后方一至数对宽大的鳞片，较背鳞为大。

3. 头侧鳞片。

（1）鼻鳞：鼻孔周围的鳞片，由数枚与鼻孔相切的鳞片组成。

（2）后鼻鳞：鼻鳞后方的小鳞片。常不存在。

（3）颊鳞：鼻鳞或后鼻鳞之后的鳞片。

（4）眶上鳞：位于额鳞与额顶鳞两侧的对称大鳞片，位于眼眶上方。

（5）上睫鳞：眶上鳞外缘的一排小鳞。

（6）颞鳞：位于眶后颞区，在顶鳞和上唇鳞之间的鳞片。若前后排列，相应的称为前颞鳞与后颞鳞。

（7）上唇鳞：吻鳞后方，沿上颌唇缘的多枚鳞片。

4. 头腹面鳞片。

（1）颏鳞：下颌前端正中的一枚大鳞片。

（2）后颏鳞：位于颏鳞正后方不成左右对称的鳞片。

（3）下唇鳞：位于颏鳞之后，沿下颌唇缘的鳞片。

（4）颏片：颏鳞或后颏鳞后方左右对称排列的大鳞片，位于下唇鳞内侧。

5. 其他特征。

（1）睑窗：下眼睑中央的无鳞透明区。

（2）耳孔瓣突：耳孔边缘鳞片突出而形成的叶状物。

（3）喉囊：咽喉皮肤突出而形成的囊状结构。

（4）颈侧囊：颈侧皮肤突起而形成的囊状结构。

（5）喉褶：喉部横行的皮肤褶。

（6）领围：喉部横行的皮肤褶，褶缘被一排突出的大鳞片。

(7) 肩褶：在肩前所形成的皮肤褶。
(8) 翼膜：体侧前后肢间由特别延伸的肋骨支持的皮膜结构。
(9) 肛前窝：在肛前部成一横排鳞片上的小窝。
(10) 鼠蹊窝：鼠蹊部一些鳞片上的小窝。
(11) 股窝：在股部腹面部分鳞片上的小窝。
(12) 指、趾扩张：指、趾缘横向延伸。
(13) 指、趾下瓣：在指、趾腹面排列成单行或双行的皮肤褶皱。
(14) 栉状缘：指、趾侧缘的鳞片突出而形成的锯齿状结构。

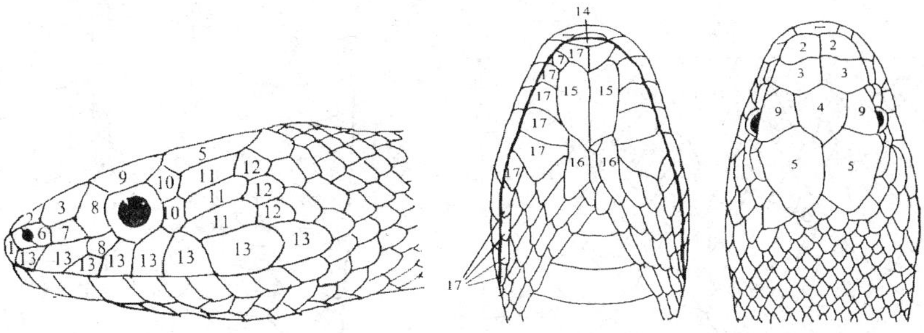

1. 吻鳞 2. 鼻间鳞 3. 前额鳞 4. 额鳞 5. 顶鳞 6. 鼻鳞
7. 颊鳞 8. 眶前鳞 9. 眶上鳞 10. 眶后鳞 11. 前颞鳞 12. 后颞鳞
13. 上唇鳞 14. 颏鳞 15. 前颏片 16. 后颏片 17. 颞下唇鳞

图3-3 蛇类头部鳞片

(三) 蛇目的分类术语
1. 头背鳞片。
(1) 吻鳞：位于吻端正中的一枚鳞片，其下缘多具缺凹。
(2) 鼻间鳞：介于左右两枚眶上鳞之间的鳞片，叫鼻间鳞，通常为一对。
(3) 前额鳞：位于鼻鳞或鼻间鳞之后，通常为一对。
(4) 额鳞：介于左右两枚眶上鳞之间的单枚鳞片，略呈龟甲形。
(5) 顶鳞：位于额鳞与眶上鳞之后的成对鳞片。如两对，则四鳞之间具顶间鳞。
(6) 枕鳞：顶鳞正后方的一对大鳞片。仅眼镜王蛇具有。
2. 头侧鳞片。
(1) 鼻鳞：鼻孔开口于其上的鳞片称鼻鳞，一般位于吻两侧。
(2) 鼻间鳞：左右鼻鳞之间的一枚鳞片。
(3) 颊鳞：介于鼻鳞与眶前鳞之间的较小鳞片。通常为一枚。
(4) 眶前鳞：位于眼眶前缘的一至数枚鳞片。
(5) 眶上鳞：位于眼眶上缘的鳞片。
(6) 眶后鳞：位于眼眶后缘的一至数枚鳞片。
(7) 眶下鳞：位于眼眶下方，多数种类无。
(8) 颞鳞：眼眶之后，介于顶鳞与上唇鳞之间，一般可分为前后两列。

（9）上唇鳞：吻鳞之后，上颌两侧唇缘的鳞片都称为上唇鳞。

3. 头腹侧鳞片。

（1）颏鳞：下颌前缘正中的一枚鳞片，略呈三角形。其位置与吻鳞相对应。

（2）颏颌片：位于颏鳞之后，左右下唇鳞之后，左右下唇鳞之间的成对窄长鳞片。一般有两对，依前后位置称前颌片和后颌片。

（3）下唇鳞：位于颏鳞之后，下颌两侧唇缘的鳞片都叫下唇鳞。

4. 躯干部鳞片。

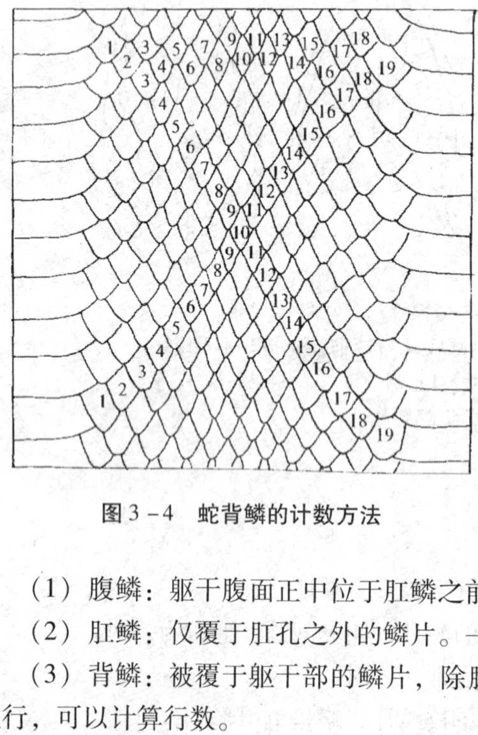

图 3－4 蛇背鳞的计数方法

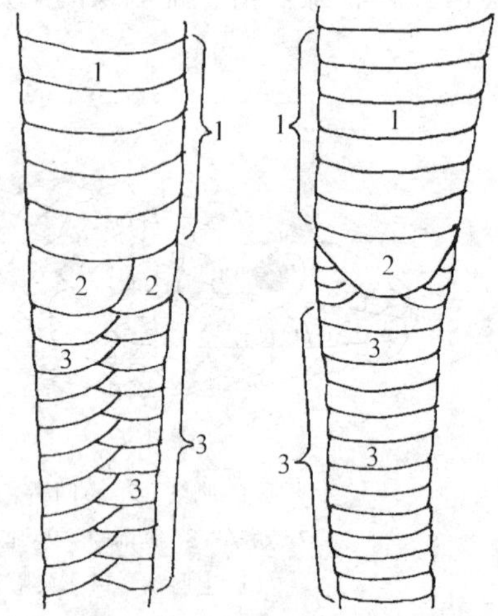

肛鳞 2 片尾下鳞双行　　肛鳞 1 片尾下鳞单行

1.腹鳞　2.肛鳞　3.尾下鳞

图 3－5 蛇的肛鳞及尾下鳞

（1）腹鳞：躯干腹面正中位于肛鳞之前的一行较宽大鳞片，统称腹鳞。

（2）肛鳞：仅覆于肛孔之外的鳞片。一片或纵分为两片。

（3）背鳞：被覆于躯干部的鳞片，除腹鳞和肛鳞外，统称背鳞。背鳞排列前后呈纵行，可以计算行数。

5. 尾部鳞片。

尾下鳞：尾部腹面的鳞片，双行或单行。

二、爬行动物的常用识别特征

（一）外形

爬行动物体表被有鳞片。身体外形差异显著，可分为蜥蜴型（蜥蜴、鳄、楔齿蜥等）和特化形态的蛇型（蛇和蛇蜥等）、龟鳖型（龟和鳖等），分别适应于地栖、树栖、水栖和穴居等不同生活方式。除蛇型种类外，其他种类身体可明显地区分为头、颈、躯干和尾部，有活动性的眼睑（壁虎科种类例外），鼓膜下陷于外耳道的深处；四肢强健有力，前后肢均为五指（趾），末端具爪，善于攀爬、疾驰和挖掘活动；泄殖孔纵裂（鳄、龟）、横裂（蜥蜴、蛇）或圆形（龟、鳖）；尾基较为粗大，向后逐渐变细，终于尾梢。

（二）皮肤

爬行动物皮肤的特点是表皮高度角质化，约由10层细胞构成，且外被角质鳞，构成完整的鳞被，可以有效地防止体内水分的蒸发；角质鳞的彼此相邻部分角质层变薄，使鳞片稍能活动。树栖或善于攀爬的种类，体表常被发达的棱鳞。鳄类在角质鳞下尚埋有真皮发生的骨板和腹膜肋；龟甲则由表皮形成的角质盾与真皮来源的骨板共同愈合所成。皮肤干燥，皮肤腺很不发达，较常见的皮肤腺有位于草蜥、麻蜥、胎生蜥、蜡皮蜥和壁虎科种类大腿内侧或泄殖孔前的股腺。腺孔排列成行，称为鼠蹊窝、股窝和肛前窝等，其分泌物于繁殖期常积贮在孔外，形成黄色的短刺状小突起，有助于交配时把持雌蜥。鳄的泄殖腔内及蛇尾的基部，以及龟类的颌下和胯间都具有一对臭腺，它的分泌物有特殊气味，雄体能以此招诱异性或循着味源找到雌体进行求偶交配。

爬行动物的鳞被有定期更换规律，称为蜕皮，然而，一生中的蜕皮次数及蜕皮方式因种而异。生长迅速的蛇类每两个月左右蜕皮一次，由于蛇的鳞片浮覆在真皮突起的顶部，又不与真皮紧密连接，因此在去旧换新的蜕皮过程中，在酶的作用下，将旧的表皮细胞层的基部溶解掉，使旧的表皮角质层与生发层细胞不断分裂所形成的新细胞层分离，把蛇皮完整地蜕下。

蜥蜴的蜕皮为成片脱落，不及蛇类明显；龟、鳄无定期蜕皮规律，通常是以不断更新替旧的方式进行的。

真皮由致密的纤维结缔组织构成，内含丰富的色素细胞（鳄的色素颗粒沉着在表皮角质层），由此组成色彩鲜艳的斑纹图案。许多蜥蜴（草蜥、捷蜥、石龙子、沙蜥等）的色素细胞在植物性神经或脑垂体等内分泌腺的调节下，控制其扩展和收缩，从而引起体色变化。避役类因善于快速变色而素有"变色龙"之称。蜥蜴的变色除了起到使身体与环境融为一色的保护作用外，还具有吸收地表辐射热及调温的功能。

（三）骨骼系统

爬行动物的骨骼系统大多由硬骨构成，骨骼的骨化程度高，很少保留软骨部分。

1. 颅骨较高而隆起，为高颅型，表明颅腔扩展及脑容量已有明显增大。构成颅骨的软骨化骨和膜骨数目，在陆生脊椎动物中是最多的。

2. 有单枚枕髁，与第一枚颈椎关联。

3. 颅底由前颌骨和上颌骨的腭突、腭骨等的突起共同合成雏形的次生腭，使口腔中的内鼻孔位置后移。次生腭的结构在鳄类中尤为发达，是适应于水中捕食的特化现象。

4. 颅骨两侧在眼眶后方出现1～2个颞孔，颞孔是由原来附生咬肌的颞部向内低陷所形成的孔洞，当咬肌等收缩时，可使膨大的肌腹部向颞孔凸出而纳入其间。通常，颞孔位于眶后骨、颧骨、鳞骨、方轭骨和顶骨之间，颞孔上、下的骨弓分别称为上颞弓和下颞弓。根据颅骨上颞孔的有无及孔的位置，可将爬行动物分为无颞孔类、上颞孔类、合颞孔类和双颞孔类4个类型。无颞孔类的颅骨无颞孔及颞弓，是古爬行动物的原始颅骨类型；现存海龟类也缺乏颞孔，上颞孔类、合颞孔类和双颞孔类均由无颞孔类演变而来。上颞孔类的颅骨只有单个上颞孔，上颞弓由眶后骨和鳞骨构成，具有这种类型颅骨的爬行动物是鱼龙类和合颞孔类的颅骨一侧各有单个颞孔，被眶后骨、鳞骨和颧骨所围，以眶后骨和鳞骨构成上颞弓，古爬行动物中的兽齿类属之，现代哺乳纲动物即由此演化而来。双颞孔类的颅骨两侧具有上、下2个颞孔，现存的鳄、蜥蜴、蛇等爬行动物的颅骨均属本类，然而在进化过程中都发生了不同程度的特化，只有楔齿蜥和鳄类还保留着典型的双颞孔类的颅骨。蜥蜴类因方轭骨萎缩或退化，不能构成下颞孔的下颞弓，颅侧仅留下单个上颞孔；蛇类在蜥蜴退化方轭骨的基础上，又进一步失去眶后骨及颧骨，从而完全消失了作为眼和上、下颞孔分界的颞弓，使三者合成一个大孔。

5. 很多种类在两眼窝之间具有薄骨片形成的眶间隔。

6. 下颌除了关节骨外，还有齿骨、夹板骨、隅骨、上隅骨和冠状骨等多块膜成骨参与组成。

7. 脊柱已分化成陆栖脊椎动物共有的颈椎、胸椎、腰椎、荐椎、尾椎5个区域。出现了2枚荐椎，第一颈椎、第二颈椎分别特化为寰椎和枢椎。荐椎数目的增多及其与腰带的牢固连接，加强了后肢承受体重负荷。寰椎前部与颅骨的枕髁关联，枢椎的齿突伸入寰椎，构成可动联结，使头部获得更大的灵活性，从而使头部既能上下运动，又能转动。有些蜥蜴（蛇蜥、麻蜥、草蜥、石龙子、壁虎等）的尾椎中部有一个能引起断层行为的自残部位，这是尾椎骨在形成过程中前、后两半部未曾愈合而特化的结构。一旦蜥尾遭受拉、压、挤等机械刺激时，附生在自残部位前、后的尾肌分别往不同方向作强烈的不协调收缩，于是就会在尾椎骨的某个自残部位处断裂，连同肌肉和皮肤一起发生自残断尾现象。由于自残部位的细胞始终保持着增殖分化能力，因此残尾断面可重新长出再生尾。

（四）消化系统

口腔和咽有明显分界，有发达的唇腺、腭腺、舌腺和舌下腺等口腔腺，其分泌物有助于湿润食物和吞咽动作的完成。舌还具有示警器（蓝尾石龙子）、感觉器（蛇、蜥蜴）和捕食器（避役）的作用。鳄舌厚而宽，龟的舌形短宽，舌面有敏感的触觉，但都粘连于口底不能伸出口外。蜥蜴类的舌大多平扁而圆，有伸缩性。蛇舌形甚细长，缩藏在舌鞘内，舌上缺少味蕾，故无味觉作用，但能把空气中的气体分子溶附在舌上，并通过特有的犁鼻器感知嗅觉。

除龟鳖类的颌上无齿而颌缘覆有角鞘外，其他爬行动物两颌分别长有各种形式的牙齿，受损脱落后可不断更新长出再生齿。通常按其着生位置不同可分为端生齿（着生在颌骨的顶面上，如飞蜥、沙蜥）；侧生齿（着生在颌骨边缘内侧，如大多数蜥蜴和蛇）；槽生齿（着生在颌骨的齿槽内，如鳄类）。爬行动物的牙齿主要着生在上、下颌，但是也可以出现在蛇类的犁骨上等。大多数种类的牙为同型齿，只有鳄类和少数鬣蜥科蜥蜴（沙蜥）有初步分化为异型齿的趋势。毒牙是毒蛇前颌骨和上颌骨上的少数几枚特化的大牙，因表面有沟或中央有管而分别称为沟牙及管牙，通过毒牙基部的排毒导管与毒腺相连。沟牙因着生位置不同又有前沟牙和后沟牙之分。毒腺由上唇腺转化而来，一般位于眼后部、口角上和上颌外侧。毒蛇咬物的同时，可通过肌肉对毒腺的压挤，迫使其中的毒液输入排毒导管，经毒牙的沟、管排出，注入捕获物体内。

（五）呼吸系统

爬行动物除了像两栖动物可借助口底运动进行口咽式呼吸外，同时还发展了羊膜动物共有的胸腹式呼吸。肋骨与胸骨相连，在肋间肌的作用下完成呼吸动作。成体完全以肺为呼吸器，肺为海绵状。

（六）循环系统

与肺呼吸相适应，心脏不仅有二心房，心室之间也出现了不完全的隔，血液混合程度大大降低，循环效率较两栖动物高。

（七）排泄系统

由于消化系统分化程度的提高，爬行动物的消化能力得到加强，食性也广泛多样，其成体排泄器官为后肾，排泄物以尿酸为主。

（八）神经系统

爬行类动物，神经活动中心已移向大脑。具有 12 对脑神经。内耳发达，并出现了外耳道。

（九）生殖系统

爬行动物雄性均具有交接器，进行体内受精，卵生或卵胎生，卵为羊膜卵。卵具有石灰质或纤维质的卵壳，卵壳具有保持卵的形状、防止卵内水分蒸发、避免机械损伤、防止病原体的侵入等功能；卵壳表面还有小孔，使胚胎发育过程中气体交换通畅；卵壳内有卵黄囊，卵黄囊内有卵黄，为胚胎发育提供营养；卵借日光孵化，不同的孵化温度对其性别有很大的影响，如海龟在温度高于 30℃ 时产出的是雄性，而鳄类恰恰相反；少数种类有孵卵行为。另外，一些毒蛇和毒蜥蜴还有卵胎生的现象。

第二节　爬行动物的分类识别

世界上现存的爬行类动物约有6560 种，分属于5 个目，分别为喙头蜥目、龟鳖目、蜥蜴目、蛇目和鳄目。除喙头蜥目外，其他 4 个目的种类，我国均有分布。

一、喙头蜥目（Rhynchocephaliformes）的识别特征

本目是爬行动物中最古老的类群之一，它们大多生活在下二叠纪和三叠纪，曾经广泛分布于全球南北的欧、亚、非和拉丁美洲，现在只存有楔齿蜥 1 种，见于新西兰北方科克海峡的一些小海岛上，总共不足千尾，已濒临灭绝。

由于楔齿蜥具有一系列类似古爬行动物的原始特征，如椎体间仍留有脊索的残余，因此在动物学上有“活化石”之称。楔齿蜥体形似蜥，成体头部前端成鸟喙状，口内无齿，故又名喙头蜥。

楔齿蜥（*Sphendon punctatum*）：体长 50cm～80cm。雄性较雌性大，形似大蜥蜴。通身橄榄棕色，背面被以颗粒状鳞片，每一鳞片中央有 1 个黄色小点；背面和腹面皮褶处有大鳞片；背、尾脊部有由较大的三角形鳞片构成的鬣。前颌骨在头骨的前部形成一种悬垂的带齿的“喙”；顶眼发达；没有鼓膜与鼓室；雄性无交接器，借雌雄二者的泄殖肛孔相并达到受精的目的。喙头蜥白昼栖居洞穴内，夜晚爬出活动。在低温下

比其他爬行动物活跃。体温可比周围气温低，变动于6.2℃～13.3℃之间。多栖居在海鸟筑成的地下洞穴中，彼此和睦相处，间或也以这些海鸟的卵或雏鸟为食。但喙头蜥的主要食物是昆虫或其他蠕虫和软体动物。夏季（赤道以南的夏季是11月至次年1月）在远离所居洞穴的沙滩上的浅穴中产卵10枚左右，产毕将穴填平。卵长形，长径约28mm，白色，硬壳。卵在沙穴中受阳光加热孵化，至8月左右发育接近成熟。此后似乎进入蛰伏状态，发育转慢，直到度过第二年夏天，即一般需经13个月才能孵出。幼体生长发育很慢，20年左右才性成熟，曾有生活77年的记录，据称最长寿命可达百年。19世纪以前，喙头蜥主要栖居于新西兰本岛上，目前仅残存于新西兰北部沿海的少数小岛上，已濒临灭绝。

二、龟鳖目（Testudinata）的识别特征

龟鳖目是爬行动物中的特化类群。身体宽短，背腹具甲，背甲和腹甲均由内外两层构成，内层为来源于真皮的骨板，外层为来源于表皮的角质盾片或革质皮肤；多数种类的头、颈、四肢和尾皆可以在一定程度内缩入甲内；上下颌均无齿而覆以角质喙，外鼻孔位于吻端，肌肉质的舌不能伸出；无胸骨和颞窝；为半水栖类型，在此基础上向陆栖（陆龟）、水栖（海龟）和底栖（鳖）三个方向发展；食性多样，草食性、肉食性和杂食性。龟鳖的寿命较长，一般可活数十年，据报道巨龟（*Tetudo gigantea*）和海龟的最长寿命可达150～250年。现存种类有250多种，大部分分布于热带和温带地区。

（一）平胸龟科（Platysternidae）的识别特征

本科仅1属1种，即平胸龟（*Platysternon megalephalum*）。头大颌强，上喙钩曲呈鹰嘴状，俗称大头龟或鹰嘴龟；尾长，约与腹甲长相等；头、四肢、尾不能缩入龟壳内；龟壳扁平，龟壳覆以角质盾片，具下缘盾，背、腹甲以韧带连接。生活在山区溪流中，夜间活动，能凭借钩喙、利爪和长尾的帮助，越过障碍物或攀援上树。分布于东南亚地区和我国长江以南诸省。被列入国家林业局2000年8月1日发布的《国家保护的有益的或者有重要经济、科学研究价值的陆生野生动物名录》。

（二）龟科（Emydidae）的识别特征

背甲上有角质盾片；背甲与腹甲间借骨缝或韧带相连；头、颈、四肢可缩入壳内；无下缘盾；头被有光滑皮肤或鳞片；四肢扁平，具4爪或5爪，指、趾间具蹼。

龟科的代表动物：

1. 地龟（*Geoemyda spengleri*），成体背甲长仅12cm～16cm，宽约8cm。头部浅棕色，头较小，背部平滑，上喙钩曲，眼大且外突，自吻突侧沿眼至颈侧有浅黄色纵纹。背甲金黄色或橘黄色，中央具三条脊棱，前后缘均具齿状，共12枚，故称“十二棱龟”。腹甲棕黑色，两侧有浅黄色斑纹，甲桥明显，背腹甲间借骨缝相连。后肢浅棕色，散布有红色或黑色斑纹，指、趾间具蹼，尾细短。分布于我国广东、广西、海南等地。为国家二级重点保护动物。

2. 三线闭壳龟（*Cuora trifasciata*），头较细长，头背部蜡黄，顶部光滑无鳞，吻钝，上喙略钩曲，喉部、颈部浅橘红色，头侧眼后有棱形褐斑块。背甲红棕色，有3

条黑色纵纹，中央1条较长（幼体无），前后缘光滑不呈锯齿状。腹甲黑色，边缘为黄色，背腹甲间、胸盾与腹盾间均借韧带相连，龟壳可完全闭合。腋窝、四肢、尾部的皮肤呈橘红色，指、趾间有蹼。分布于我国福建、广东、广西、海南等地。为国家二级重点保护动物。

3. 云南闭壳龟（*Cuora yunnanensis*），背甲长14cm左右，具3条脊棱。腹甲大，前缘圆，后缘凹入。肛盾2枚。背腹甲以韧带相连，胸、腹盾间亦具韧带，腹甲前叶可动，不能完全闭合于背甲。四肢较扁，指、趾间全蹼。头中等，橄榄色，头侧有黄线纹，咽及颏部有黄色对称的斑纹。背棕橄榄色或奶栗壳色，边缘及棱有时为黄白色。腹呈棕色或浅黄橄榄色，边缘呈黄白色，鳞缝暗黑色或腹黄橄榄色，在各腹盾上，有浅红棕色污斑。为我国特有种，仅分布于云南。为国家二级重点保护动物。

（三）陆龟科（Testudinidae）的识别特征

龟壳高，呈穹形；背甲与腹甲间借骨缝相连；龟壳覆以角质盾片；头顶有对称排列的大鳞片；不具下缘盾，头、颈、尾均可缩入壳内，四肢大且粗壮，呈圆柱形；表皮有厚的角质鳞片；指、趾端具4~5爪，指、趾间无蹼。

陆龟科的代表动物：

1. 四爪陆龟（*Testudo horsfieldi*），头小，尾部有对称大鳞，喙缘锯齿状。四肢强壮，被有鳞片，指、趾均有4爪，无蹼。背甲长12cm~16cm，宽10cm~14cm。背甲高而隆起，与腹甲直接相连，背甲中央较平。背甲由36片对称排列的盾片组成，盾片上具有不规则的黑斑，并可清晰地分出一圈圈的环纹。腹甲黑色，由11片对称排列的盾片组成，盾片边缘为黄色。以植物的嫩枝叶为食。分布于新疆霍城县。为国家一级重点保护动物。

2. 凹甲陆龟（*Manouria impressa*），背甲黄褐色，每块盾片中央向内凹陷，有黑色斑块，背甲圆形，前后缘呈锯齿状，腹甲黄色，边缘有黑色斑块，头、颈黄色，头顶有鳞片，上颌、下颌均呈钩形，四肢黑褐色，有大块鳞片，尾短，黑色。食植物，如竹笋、杂草、野果等。分布于广西、海南、湖南及云南。为国家二级重点保护动物。

（四）海龟科（Chelonidae）的识别特征

背甲扁平，腹甲各板均小，龟壳覆以角质盾片；四肢桨状，指、趾骨扁平而长，指、趾端具1~2枚爪；具有下缘盾；头、颈和四肢不能缩入壳内。生活在暖水性海洋，以鱼、虾、头足纲、甲壳动物和海藻为食。我国产4种，均为国家二级重点保护动物。

海龟科的代表动物：

1. 绿海龟（*Chelonia mydas*），肋盾4对，前额鳞1对，上颌前端无钩曲，下颌边缘有锯齿状缺刻。前肢长，内侧有1爪。产于我国华南沿海。

2. 玳瑁（*Eretmochelys imbricata*），肋盾4对，前额鳞2对，上颌钩曲似鹰嘴。背甲呈覆瓦状排列，前肢有2爪，背甲艳丽带有光泽，可加热熔化，加工成各种工艺品。分布于我国南部和东海。

3. 太平洋丽龟（*Lepidochelys olivacea*），肋盾不对称，左6右7或左7右6。腹部有4对下缘盾，每枚盾片的后缘有一小孔。头、四肢及体背为暗橄榄绿色，腹甲淡橘黄色。分布于我国东海、南海沿岸。

4. 蠵龟（*Caretta caretta*），肋盾5对，体形为长椭圆形，背甲棕色，有深绛色斑点或条纹，头顶部具有对称大鳞片，上下颌呈钩状，颌缘无锯齿，四肢呈桨状，有大小不一的鳞片，指（趾）各具2爪。栖息于海洋，除产卵外，很少上岸活动，杂食性，常啃食海藻，也食无脊椎动物类。产于我国东南沿海。

（五）棱皮龟科（Dermochelyidae）的识别特征

背甲最大长度可超过2m，重800kg，是现存最大的龟类。背暗棕色或黑色，背甲由几百枚多边形的小骨板镶嵌而成，外覆以革质皮肤，无角质盾片；背甲上有7条纵棱；指、趾端无爪；四肢桨状，前肢指骨特长。仅1属1种，即棱皮龟（*Dermochelys coriacea*），分布于我国黄海、东海和南海。

（六）鳖科（Trionychidae）的识别特征

中、小型淡水龟类。背、腹甲骨质，无缘板和角质盾片，覆有柔软的革质皮肤；背甲边缘为厚实的结缔组织，称为裙边。吻端尖出呈可动的吻突，鼻孔开口于此。四肢不能缩入壳内，指、趾间的蹼大，内侧3指（趾）有爪。

鳖科的代表动物：

1. 山瑞鳖（*Palea steindachneri*），背盘长10cm~30cm。头较大，头、背皮肤光滑而柔软，周边有较厚的裙边。四肢扁平，具5指（趾），内侧3指（趾）有爪，指（趾）间蹼发达。与中华鳖的区别主要是颈基的两侧和背甲前缘有粗大疣粒。以软体动物及鱼虾为食。分布于我国云南、贵州、广东、广西及海南等地。为国家二级重点保护动物。

2. 鼋（*Pelochelys bibroni*），鳖科动物中最大的一种，体长为50cm~80cm，体重约50kg~100kg左右，背盘宽圆，外包灰色而柔软的革质皮肤，头背较平宽，有小的暗色斑点，吻圆而短，鼻孔位于吻端，腹面黄白色，四肢形扁，具3爪，蹼发达，雄性尾长。以水生植物为食。分布于我国云南、江苏、浙江、福建、广东、广西、海南等地。为国家一级重点保护动物。

三、蜥蜴目（Lacertiformes）的识别特征

蜥蜴目是爬行动物中种类最多的一个类群，体被角质鳞片，一般无骨板；多数种类四肢发达，指、趾5枚，末端有爪，适于爬行和挖掘；少数种类退化（蛇蜥科）；眼通常发达，穴居种类眼隐于鳞下，多具有可动眼睑；上、下颌均有齿，侧生或端生，左右下颌骨以骨缝相连，口不能大幅度扩张；具有胸骨；生活方式多样，多数为陆栖，其他为半水栖、穴居或树栖种类，绝大多数无毒，多以昆虫、蜘蛛、蠕虫和软体动物为食，少数种类植食性（鬣蜥科）。

（一）壁虎科（Gekkonidae）的识别特征

皮肤柔软，体被粒鳞，头顶无对称排列的大鳞。眼大，瞳孔常垂直，无活动性眼睑。有攀援能力的种类，指、趾末端膨大成吸盘。椎体双凹型。尾有自残现象，再生力强。生活环境多样，夜间活动，能发出叫声。

壁虎科的代表动物：大壁虎（*Gekko gekko*）。

体长大约20cm以上。头较大，呈扁平的三角形，眼大而突出，位于头部的两侧；

口大，上下颌有很多细小的牙齿。颈部短而粗。皮肤粗糙，全身密生粒状细鳞，背部有明显的颗粒状疣粒分布在鳞片之间。背部疣粒状的小鳞片之间还杂有均匀散布的粗大疣鳞。尾巴较圆而长，但长度不及体长，有 6 ~ 7 条白色环纹，基部较粗，容易折断，能再生，但再生的尾没有白色环。四肢不很发达，仅能爬行。指（趾）膨大，底部有单行褶皱皮瓣，能吸附墙壁。大壁虎干制入药，是传统的著名中药材。分布于我国贵州、福建、广东、广西、台湾等地，尾易脱落。夜间捕食昆虫、小鸟、小蛇。为国家二级重点保护动物。

（二）鬣蜥科（Agamidae）的识别特征

中、小型蜥蜴。头背无对称大鳞，体鳞覆瓦状排列，常带棱或有鬣鳞。端生齿。椎体前凹型。尾长，无自残能力。卵生或卵胎生。

鬣蜥科的代表动物：草原沙蜥（*Phrynocephalus frontalis*）。

背部具棱鳞，有对称排列的暗斑或杂乱色纹。胸腹部和四肢被棱鳞。尾的腹面具黑白相间的环纹，尾尖下方黑色。有腋斑。分布于我国甘肃、宁夏、陕西、内蒙古、河北、青海、北京等地。栖息于草原、荒漠草原、黄土高原等不同地带。以昆虫为食。5 月繁殖，卵生。该物种已被列入国家林业局 2000 年 8 月 1 日发布的《国家保护的有益的或者有重要经济、科学研究价值的陆生野生动物名录》。

（三）石龙子科（Scincidae）的识别特征

头顶有对称的大鳞片。全身被覆瓦状圆鳞，角质鳞下具有真皮性骨板。侧生齿，尖出或钩状。尾粗圆，有自残能力。卵生或卵胎生。

石龙子科的代表动物：蓝尾石龙子（*Eumeces elegans*）。

小型石龙子，体长 10cm ~ 12cm，体色底色为黑色，并从吻端到尾巴的基部缀有金色的长条纹，长尾巴则为鲜艳而显眼的蓝绿色或铁青色。该物种已被列入国家林业局 2000 年 8 月 1 日发布的《国家保护的有益的或者有重要经济、科学研究价值的陆生野生动物名录》。

（四）蜥蜴科（Lacertidae）的识别特征

头顶有对称的大鳞片，腹鳞方形或矩形，纵横排列成行。四肢发达，有股窝或鼠蹊窝。尾长易断，也易再生。卵生或卵胎生。生活在林区草丛、草原、荒漠和平原地带。

蜥蜴科的代表动物：北草蜥（*Takydromus septentrionalis*）。

头顶具对称排列的大鳞，背部起棱大鳞排成纵行，腹部大鳞近方形。尾易自截。体背绿褐色，腹面灰白色，体侧下方绿色。体细长，5cm ~ 6cm，尾为体长的两倍以上。体细；吻端稍钝，吻长约与眼、耳间间距等长；外鼻孔位于鼻鳞、后鼻鳞与第一枚上唇鳞之间；耳孔大，几与眼径等长。四肢较发达，贴体相向时彼此达对方掌部，鼠蹊窝一对。栖居于山区、丘陵之农田、茶园、荒野、路边草丛、灌木丛中。10 月下旬陆续进入冬眠，至翌年 4 月上旬出眠，活动期约 6 个多月，冬眠时多匿藏于草根下、树根下或田埂边之土洞中、路边石下。春秋季节多在中午前后活动、觅食，见于阳光照到的草丛中，其他时间活动较少。夏季气温高，中午较少活动，且多在背阴处觅食，受到惊扰则迅速逃遁。该物种已被列入国家林业局 2000 年 8 月 1 日发布的《国家保护的有益的或者有重要经济、科学研究价值的陆生野生动物名录》。

（五）蛇蜥科（Anguidae）的识别特征

体呈蛇形，有后肢骨的残余。全身被覆瓦状圆鳞，鳞下有真皮性骨板。眼小，有活动眼睑。体侧有凹入的纵沟。尾长易断，能再生。侧生齿，形状不一。例如，脆皮蜥（*Ophisaurus harti*），生活在草丛中，穴居，夜间外出活动，以昆虫和蜗牛等软体动物为食。行动方式似蛇，但甚缓慢，雌性有盘匐在卵上的习性。分布在我国长江以南各省。该种已被列入国家林业局2000年8月1日发布的《国家保护的有益的或者有重要经济、科学研究价值的陆生野生动物名录》。

（六）鳄蜥科（Shinisuridae）的识别特征

体形似鳄，躯干粗壮，四肢发达，指、趾末端具弯曲利爪。尾长而侧扁。头顶无对称排列的大鳞，有活动的眼睑。体长30cm～40cm，尾部具横斑。体被鳞不呈颗粒状，舌较短，前端微有缺刻或略分叉，尾背面有由大鳞形成的两行纵脊。侧生齿，卵胎生。本科仅1种，即产于我国广西瑶山的鳄蜥（*Shinisaurus crocodilurus*），为国家一级重点保护动物。近年在广东也发现了鳄蜥。

（七）巨蜥科（Varanidae）的识别特征

体形巨大，是蜥蜴目个体最大的类群。身体及四肢均粗壮，尾长而侧扁。头顶无对称排列的大鳞，背面被粒状棱鳞，腹鳞方形，鳞下有真皮性骨板。舌细长，前端分叉深，可缩入舌基的鞘内。有活动的眼睑。侧生齿。尾无自截能力。我国产一种圆鼻巨蜥（*Varanus salvator*）：体长可达2m，尾长，不易断。分布于我国云南、广东、海南等地。为国家一级重点保护动物。

图3-6 案件中查获的巨蜥

四、蛇目（Serpentiformes）的识别特征

体细长，可分头、躯干和尾三部分，颈部不显。四肢消失，带骨和胸骨退化，无活动眼睑、瞬膜和泪腺。缺乏鼓膜，鼓室萎缩，耳咽管也消失；内耳的卵圆窗和方骨之间有耳柱骨相接。椎体前凹型。除寰椎和尾椎外，其余椎骨上都附有可动的肋骨，是蛇类向前爬动的主要支持器官。左、右下颌骨以韧带相连，口可大幅度扩张。有蜕皮现象，每年约3次，从吻端开始，逐渐向后蜕下完整一片，称蛇蜕。多数树栖，主要以动物为食，有些种类上颌骨有毒牙，与毒腺相连。

（一）盲蛇科（Typhlopidae）的识别特征

包括一些形似蚯蚓的小型无毒蛇类。周身覆有形状相同的圆鳞，光滑无棱。眼甚退化，隐于鳞片之下，故称盲蛇。因方骨不能活动和下颌骨左右两半在前端愈合，所以无法扩大张口角度。上颌有少量牙齿，下颌无齿。有腰带骨的残迹，表明本科属于较原始的蛇类。卵生或卵胎生。我国产3种，最常见的是钩盲蛇（*Ramphotyphlops braminus*），长约15cm，是我国蛇类中最小的一种。营穴居生活，吃蚯蚓、白蚁、蚁卵、昆虫及其幼虫。分布在我国长江以南各省。该种已被列入国家林业局2000年8月1日发布的《国家保护的有益的或者有重要经济、科学研究价值的陆生野生动物名录》。

（二）蟒蛇科（Pythonidae）的识别特征

背鳞小而光滑，腹鳞大而宽阔。腰带骨退化，但仍留有股骨残余。泄殖孔两侧有一对角质爪状物。卵生或卵胎生（沙蟒）。有的卵生种类具有孵卵行为。主要以恒温动物为食，大多数种类发展了与这种食性相适应的热能感受器。

蟒蛇科的代表动物：蟒（*Python molurus*）。我国产最大的蛇，体长3m~7m。头小，吻端扁平，通身被覆小鳞片，腹鳞窄，尾短，肛孔两侧有爪状的角质物，为后肢痕迹，雄性更显著。头背有对称的大鳞片，吻鳞及前两枚上唇鳞具唇窝，尾下鳞大部为双行。体背及体侧有云豹状的大斑纹，头背黑色，顶部有一条黄褐色斑，眼后下方有大黑斑，喉下黄白色。体鳞光滑，在颈部约56~64行，体中部64~71行，肛前40~44行，腹鳞250~262枚，尾下鳞63~70对。分布于我国云南（南部），向东到福建、海南、香港、四川。为国家一级重点保护动物。

图3-7 案件中查获的蟒及蟒皮

（三）游蛇科（Colubridae）的识别特征

本科是蛇目中包括种类最多的类群，现存蛇类种数的2/3都属于这一科。头顶有对称大鳞片，腹鳞宽大。上、下颌都有牙齿，少数种类的上颌骨后端有2~4枚较大的沟牙。卵生或卵胎生。分布遍及全球。

游蛇科的代表动物：

1. 黑眉锦蛇（*Elaphe taeniura*），全长1.5m以上；眼后有一黑纹延向颈，状如黑眉而得名。常栖于农舍及其附近的园地、树洞，性较凶暴，受惊时即竖起头颈准备攻击，大量捕食鼠类，是著名的益蛇。分布于我国东北、华北和长江以南各省。该种已被列入国家林业局2000年8月1日发布的《国家保护的有益的或者有重要经济、科学研究价值的陆生野生动物名录》。

2. 乌梢蛇（*Zoacys dhumnades*），最大的个体长可达2m以上。背部绿褐色或黑褐色，中央2~4行背鳞起棱，两侧有2条纵贯全身的黑纹，但成年个体在后部逐渐变得隐晦而不显。生活于丘陵地带及田野间，主要以蛙为食，也吃鱼和蜥蜴。分布于我国长江以南地区。是我国传统中药材。该种已被列入国家林业局2000年8月1日发布的

《国家保护的有益的或者有重要经济、科学研究价值的陆生野生动物名录》。

3. 赤链蛇（*Dinodon rufozonatum*），又名火链蛇，是常见的无毒蛇。背面黑色，有70余条红色横纹，头部鳞片黑色而鳞缘绯红，颅顶至项背有一“人”字形红纹；腹鳞浅黄无斑。以鱼、蛙、蟾蜍、蜥蜴、幼鸟和小鼠为食。分布于我国华北、东北和长江以南各省。该种已被列入国家林业局2000年8月1日发布的《国家保护的有益的或者有重要经济、科学研究价值的陆生野生动物名录》。

4. 中国水蛇（*Enhydris chinensis*），体圆柱形，头形略扁而宽于颈部；背鳞光滑；尾短，尾下鳞双行。鼻孔朝上，适于半水栖生活。最后2枚上颌齿为较大的沟牙。背面呈褐绿色，外侧第二、三行鳞片呈白色，形成纹条。栖于稻田、池塘、水沟等处，捕食鱼类。分布于我国长江以南地区，是本科中的有毒蛇类。该种已被列入国家林业局2000年8月1日发布的《国家保护的有益的或者有重要经济、科学研究价值的陆生野生动物名录》。

（四）眼镜蛇科（Elapidae）的识别特征

本科种类外形上与一般无毒蛇不易区别，上颌骨前部有一对较大的前沟牙，其后尚有几枚预备毒牙。本科的蛇毒主要作用于人和动物的神经系统，称神经毒类。全世界的毒蛇中，有一半左右的种类都隶属于本科，约180多种。

眼镜蛇科的代表动物：

1. 眼镜蛇（*Naja naja*），全长1m有余，背部黑褐色，有狭窄的黄色横斑。惊怒时，蛇体前部能昂竖直立，呼呼作响，频频向前摆动做攻击状，并膨大颈部，使该处的白色斑纹呈现眼镜状而得名。栖于平原和山地森林中，夜间活动，捕食鱼、两栖动物和雏鸟等。分布于我国华南各省，是凶猛的毒蛇之一。与眼镜蛇近似的还有眼镜王蛇（*Ophiophagus hannah*），全长2m~6m，主要特征是有一对大枕鳞，颈部膨扁时有白色的倒“V”字形斑，体背有窄白色带斑纹40~50个。该种已被列入国家林业局2000年8月1日发布的《国家保护的有益的或者有重要经济、科学研究价值的陆生野生动物名录》。

2. 银环蛇（*Bungarus multicinctus*），全长1m左右。头部椭圆形，略大于颈；尾梢尖细。体表具黑色和白色相间的环纹。既是引起蛇伤的主要蛇种之一，又是浸泡“三蛇酒”、“五蛇酒”等药酒的原料之一，干幼蛇称金钱白花蛇，为著名中药材。分布于我国长江以南各省。该种已被列入国家林业局2000年8月1日发布的《国家保护的有益的或者有重要经济、科学研究价值的陆生野生动物名录》。近似种还有金环蛇（*Bungarus fascitus*），体表有黑色和黄色相间的环纹。该种已被列入国家林业局2000年8月1日发布的《国家保护的有益的或者有重要经济、科学研究价值的陆生野生动物名录》。

（五）海蛇科（Hydrophiidae）的识别特征

本科种类都是终生生活于海洋中的前沟牙类毒蛇。体后部及尾侧扁；鼻孔位于吻背，有启闭自如的鼻瓣；腹鳞窄或消失；卵胎生；以鱼为食。我国沿海分布最广的是长吻海蛇（*Pelamis platurus*），体背黑腹黄，截然分界，尾部可有5~10块黑斑，尾端黑色。分布于我国的黄海、东海和南海沿海。该种已被列入国家林业局2000年8月1日发布的《国家保护的有益的或者有重要经济、科学研究价值的陆生野生动物名录》。

（六）蝰科（Viperidae）的识别特征

本科种类上颌骨短而高，附生着长而弯曲的管牙及若干副牙。由于头骨的机械活动，闭口时上颌骨连同管牙卧于口腔顶部；张口时上颌骨和管牙一起竖立起来。本科种类都是毒蛇，蛇毒为血循毒类，主要作用于心血管系统及血液。根据头部有无颊窝和顶鳞的大小，可分为蝮亚科（Crotalinae）、蝰亚科（Viperinae）和白头蝰亚科（Azemiopinae）。

蝰科的代表动物：

1. 蝮蛇（*Agkistrodon halys*），头略呈三角形，颈部明显。有颊窝。背鳞具棱。背部颜色变化于灰褐色到土红色之间，交互排列着黑褐色圆斑或波状横斑。眼后有黑色条纹，其上方镶有黄白色细纹。主要以脊椎动物为食。卵胎生。分布几乎遍及全国。

2. 尖吻蝮（*Deinagkistrodon acutus*），体长 1.5m。吻端尖出并向上方翘起，颊窝明显。背面灰褐色，布有灰白色的菱形方斑，腹面白色，有黑斑。卵生。主要分布在我国长江以南地区。该种已被列入国家林业局 2000 年 8 月 1 日发布的《国家保护的有益的或者有重要经济、科学研究价值的陆生野生动物名录》。

3. 菊花烙铁头（*Trimeresurus jerdonii*），全长 1m 左右，颊窝显著。背面呈草绿色，杂有黄、红及黑色斑点，红斑在脊背正中形成一行较大的斑块。栖于海拔 1700m ~ 3100m 的山区石礁或杂草中，是川西牧区的剧毒蛇，吃鸟和小型兽类。卵胎生。

4. 竹叶青（*Trimeresurus stejnegeri*），头呈三角形，颈细。周身绿色，体侧自颈至尾有一条鲜明的黄线或白线，易于识别，是造成蛇伤的剧毒蛇之一。分布于我国黄河以南地区。该种已被列入国家林业局 2000 年 8 月 1 日发布的《国家保护的有益的或者有重要经济、科学研究价值的陆生野生动物名录》。

五、鳄目（Crocodilia）的识别特征

舌粘连于口底，不能伸出；心脏四室，左右心室只有一个小孔相连；两颌有槽生齿，胸腔和腹腔之间有横隔；脊柱明显分为 5 部分：颈椎、胸椎、腰椎、荐椎和尾椎；头骨有发达的次生腭，颅骨双颞孔型。腹壁内有游离的腹膜肋。

我国仅一种，扬子鳄（*Alligator sinensis*），属鼍科（Alligatoridae），体型较小，全长约 2m，吻短而钝，下颌第四齿大，闭嘴时嵌合于上颌的凹槽内。皮肤革质，覆以角质方形大鳞；四肢较短，前肢 5 指，后肢 4 趾，趾间有蹼，内侧 3 指、趾具爪。泄殖腔孔纵裂。性情较温和，白天常隐于岸边的洞穴中，夜间较活跃，在水中或沼泽地捕食鱼、蛙、鸟及鼠等动物。是我国的特产，分布于长江中下游地区。为国家一级重点保护动物。

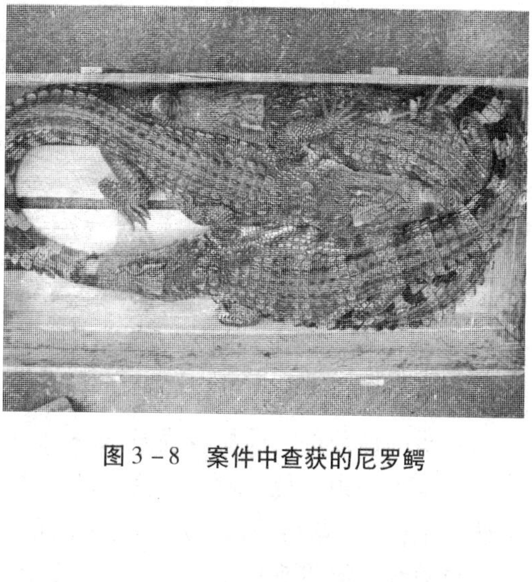

图 3-8　案件中查获的尼罗鳄

第四章 鸟纲识别基础

鸟类是体表被覆羽毛、有翼、恒温和卵生的高等脊椎动物。鸟类具有高度恒定的体温（37.0℃～44.6℃），减少了对环境的依赖性；心脏为两心房两心室，动静脉血完全分开，保证血液中含有充分的氧；具有较完善的繁殖方式（筑巢、孵卵和育雏），保证后代有较高的成活率。从生物学的观点来看，鸟类最突出的特征是新陈代谢旺盛，并能在空中飞翔。鸟类在动物类群中是益处极大、害处极小的一个类群，除了所提供的生态效益和经济效益外，在科学和社会文明的发展上也有重要的贡献。

第一节 鸟纲的主要识别特征

一、鸟体识别的常用名词及量度

（一）鸟体的外部结构

鸟体外部结构一般可分为头、颈、躯干、嘴、翼或翅、尾、脚和腿七部分（见图4－1）。

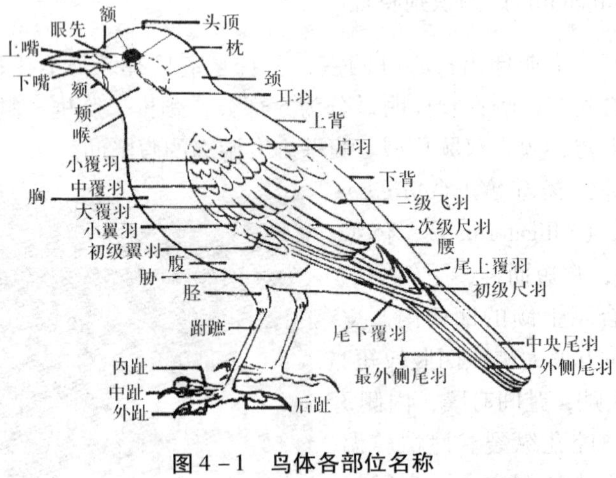

图4－1 鸟体各部位名称

1. 头部。鸟类的头部可分为上面、侧面和下面三部分。

（1）上面。

额：头的最前部，前接上嘴基部。

顶：也称头顶，位于额后，为头的正中央。

枕（后头）：紧接顶部之后，为头的最后部。

中央冠纹：纵贯头顶中央的纵纹（见图4－2）。

剑冠纹：头顶两侧的纵纹（见图4－2）。

羽冠（冠羽）：头顶上特别延长或耸起的羽毛，如红腹锦鸡、鸳鸯、螺纹鸭、孔雀、池鹭等。有时可进一步分为顶冠和枕冠。

耳突：头顶两侧突出成丛状的羽毛，似猫耳状，但并不是覆盖耳孔的羽毛，如长耳鸮、雕鸮等。

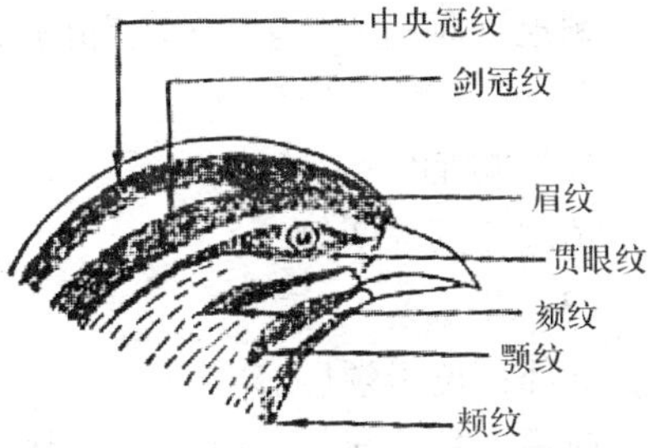

图4－2　鸟类头部各种斑纹示意图

肉冠：头顶上的肉质突出物，如原鸡、家鸡。

盔突：额顶部的角质突出物，呈帽状，如双角犀鸟、食火鸡。

角突：头上左右成对的犄角状突出物，如角雉属雄性。

额甲：位于额中央的肉质裸出部，如白骨顶、董鸡。

（2）侧面。

眼先：位于眼前，嘴角上方。有些种类眼先裸出无羽。

围眼：眼的周围。有些种类围眼裸出无羽，如双角犀鸟、斑嘴鹈鹕。

眼圈：眼周由小羽毛形成特殊颜色的环，如绣眼鸟科。

颊：头侧面的眼下部分，下接喉部。

耳羽：覆盖在耳孔上的羽毛，位于眼后。有的耳羽成簇状向枕后延伸并突出于后颈，特称耳羽簇，如马鸡属。

眉纹：眼上方的斑纹，如斑嘴鸭、白眉鸭（见图4－2）。

贯眼纹（穿眼纹）：为起自眼先，贯眼而达眼后的纵纹，如红尾伯劳、黑枕黄鹂（见图4－2）。

颊纹或颧纹：自前向后贯颊的纵纹，如鹧鸪（见图4－2）。

颚纹或髭纹：从下嘴基向后延伸，介于颊和喉之间，如燕隼、绿啄木鸟。颚纹和髭纹常互相混同而不区分（见图4－2）。

面盘：鸮类两眼向前，眼周围羽毛放射状排列呈人面状，称为面盘，如草鸮、长耳鸮。

（3）下面。

颏：紧接下嘴基部，其前尖称颏角。

颏纹：贯于颏中央的纵纹（见图4－2）。

肉垂：着生于头部的肉质突起，有的左右成对，如原鸡、家鸡。有的为单片，位于喉正中，称喉垂或肉裙，如角雉属（繁殖季节的雄性）。有的鸟头侧有肉垂，如灰头麦鸡、肉垂麦鸡、鹩哥。

2. 颈部。鸟类的颈部长，转动极为方便灵活。可分为前颈、后颈和颈侧。

（1）上面（背面）。

上颈或颈项简称项：后颈的前（上）部，前接枕部。

下颈：后颈的后（下）部，后接背部。

翎领：着生于颈侧（或含后颈）的长羽似领，如鸳鸯、秃鹫。长羽仅着生于后颈而展成扇形者称披肩，如锦鸡属雄鸟。鸮类面盘周围密集的小羽亦称翎领。

颈冠（项冠）：着生于项部的长羽，通常前接头部的羽冠，如中华秋沙鸭、鸳鸯、螺纹鸭。

（2）侧面。

颈侧：颈部两侧。

（3）下面。

喉部：位于颏后。

前颈：颈的前部，前（上）接喉部。颈短的种类，前颈不明显。

喉囊：喉部可伸缩的皮肤囊，前伸至颏，如斑嘴鹈鹕。

3. 躯干。可分为背、肩、腰、胸和腹五部分。

（1）上面。

背：占据两翼之间的前部。可分为上背与下背，前者前接下颈，后者后接腰部。

肩：位于背部两侧，即两翼的基部。此部羽毛呈覆瓦状排列，称肩羽。

腰：躯干上面的最后部，前接下背，后接尾上覆羽。

（2）侧面。

胸侧：胸部的两侧。

胁（体侧）：位于腰的两侧，被收拢的翼覆盖着。

（3）下面。

胸：为躯干下面的前部，前接前颈（颈长者）或喉部（颈短者），后接腹部。分为前胸（上胸）和后胸（下胸）。

腹：前接胸部，后止于肛孔。

围肛羽：肛孔周围的羽毛。大斑啄木鸟围肛羽呈红色。

上体：头、颈及躯干等部位的上面，统称为上体，下面统称为下体。

4. 嘴（见图4－3）。嘴尖弯向上的称翘曲，如反嘴鹬。嘴尖弯向下的称拱曲，如白腰杓鹬。靠近嘴端的部位称临端。

上嘴：又称上喙，为嘴的上半部，其基部与额相接。

下嘴：又称下喙，为嘴的下半部，其基部与颏相接。

嘴端：嘴的前端。

嘴角：为上下嘴基部相接之处。

嘴裂：嘴张开时上下嘴缘所形成的角度，有时也指嘴角而言。

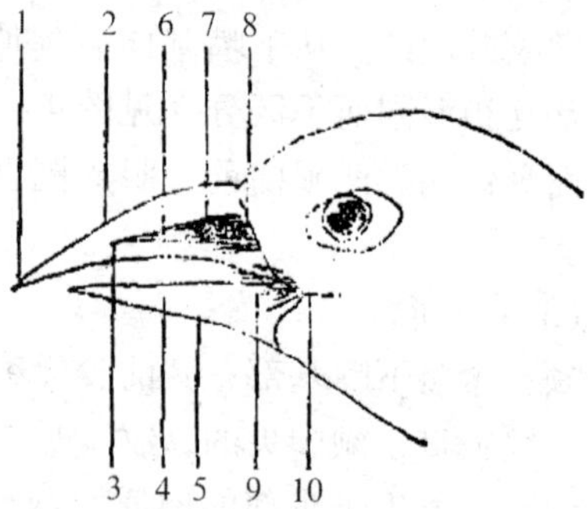

图4－3 鸟嘴各部名称

1. 嘴端 2. 嘴峰 3. 上嘴 4. 下嘴 5. 嘴底 6. 鼻沟 7. 鼻孔 8. 鼻须 9. 嘴须 10. 嘴角

嘴峰：上嘴的顶脊。

嘴底：下嘴的底缘。

啮缘（嘴缘）：上下嘴的咬合边缘。

隆端：嘴端光滑坚硬的隆起，如灰头麦鸡、水雉。

嘴甲：嘴端的盾甲状物，雁鸭类均有之。鹈鹕上嘴端有人也称为嘴甲。

栉状突：又称角质齿棱，位于鸭科鸟类上下齿缘。

齿突：上喙临端左右成对的尖突，隼科鸟类的嘴。

缺刻：许多雀形目鸟，上喙临端有左右成对的小缺刻，如鸫科鸟类。某些鸟类上下嘴都有缺刻，如咬鹃、卷尾。

蜡膜：上嘴基被覆膜状物，鼻孔即开在此膜上，如燕隼、长尾林鸮、绯胸鹦鹉、山斑鸠。也有人把山斑鸠喙基的膨起物称软膜，区别于隼形目、鸮形目、鹦形目的蜡膜。

（外）鼻孔：位于上嘴基的两侧。

鼻沟：从鼻孔引出的纵沟，位于上嘴两侧，如池鹭、白鹮。有些种类无鼻沟，如鸡形目、雀形目的鸟类。

鼻脊：位于鼻沟上缘的纵纹。嘴峰两侧各一条，如大斑啄木鸟，绿啄木鸟。

鼻管：上嘴基部的管状物，鼻孔开口于管的先端，为鹱形目鸟类所特有，如海燕。另外，夜鹰柔软的鼻孔也略呈管状。

嘴须（口须）：大多着生在嘴角上方，排成一列，如寿带鸟、红尾伯劳。少数种类，如红头咬鹃的嘴须着生在下嘴的基部。

副须：除嘴须以外的须均称副须。可分为：鼻须（着生于额基部而悬置于鼻孔上），颏须（着生于颏部），羽须（着生于眼先或别处的羽毛变为须状者）。鼻须与颏须见于大斑啄木鸟和红头咬鹃以及雀形目的多数鸟类。羽须在隼形目、雀形目常见。

5. 翼或翅（见图 4－4）。

（1）飞羽：构成飞翔器官的主要部分，有初级、次级和三级之别。

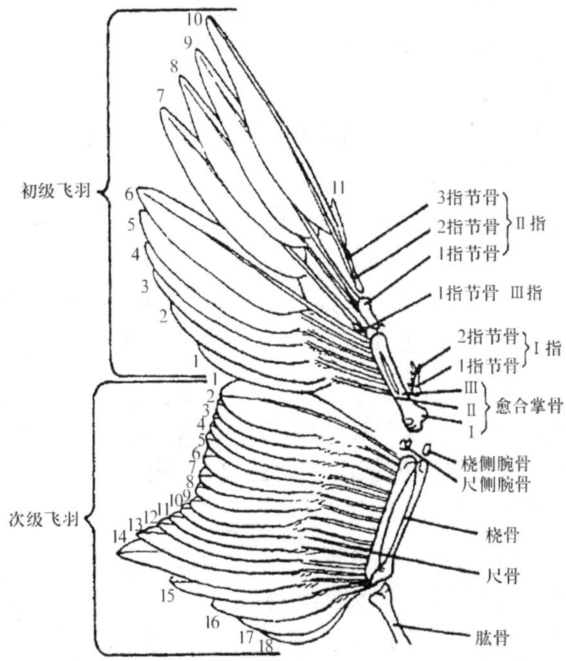

图 4－4　翼骨和飞羽毛（下面观）

初级飞羽：这一列飞羽最长，通常为9~11枚，着生于掌骨及第二、第三指骨。其着生在翼的外侧的称为外侧初级飞羽；着生在内侧的称为内侧初级飞羽；其计数顺序，我国学者通常由外向内数起，国外有些学者由内向外数起（这与换羽顺序一致）。有些鸟类外侧第一枚初级飞羽甚小，小于初级覆羽，称退化飞羽，尖翼和方翼的鸟类多有之。外侧初级飞羽的内外翈有切刻（或称缺刻），如鹰科鸟类。

次级飞羽：形稍短，位于初级飞羽内侧，着生于尺骨。

三级飞羽：即次级飞羽的最内侧部分，也着生于尺骨上。鹡鸰、百灵、鹤类、螺纹鸭雄性等三级飞羽比较发达。

（2）覆羽。覆于飞羽的基部，翼的上下两面均有，在上面的称为翼上覆羽，在下面的称为翼下覆羽。翼上覆羽依其排列次序又可分为下列几种：

初级覆羽：覆于初级飞羽基部。

次级覆羽：或称内侧覆羽，覆于次级飞羽基部。可再分为以下3种：

①大覆羽：为覆于次级飞羽基部的一列大羽毛，展翼时位于初级覆羽内侧。

②中覆羽：介于大覆羽和小覆羽之间的1~2列中等大小的覆羽。

③小覆羽：中覆羽前缘至翼角的数列成鳞片状排列的小羽毛，位于翼的最前部。以白胸翡翠为例：初级覆羽翠蓝色，大覆羽蓝绿色，中覆羽黑色，小覆羽棕色。

（3）小翼羽。通常4枚，由小到大依次排列，位于初级覆羽前外侧（近翼缘处），着生于第一指骨上，有助于转弯飞翔。

（4）翼角。翼收拢时的前角，即前肢的腕关节。

（5）翼缘。翼的前外缘，从翼角到初级飞羽基部。

（6）翼镜。翼上具有特殊色彩的块状斑，在鸭类由次级飞羽的外翈所构成（不含三级飞羽），如绿头鸭。

（7）翼斑。翼覆羽上的1~2道横带斑，由大覆羽（或/和中覆羽）的端斑组成，如黄腰柳莺。

（8）翼端。翼的末端，由初级飞羽构成，依其形状不同可分为下列3种（见图4-5）：

①圆翼：通常第三、四枚初级飞羽最长，甚至第五、六枚最长，因而形成圆形的翼端，如喜鹊、画眉科鸟类。

②尖翼：最外侧第一枚或第二枚初级飞羽（退化飞羽不计入）最长，向内依次变短，形成尖形的翼端，如家燕、鲣鸟、鸥类。

③方翼：最外一枚初级飞羽（退化飞羽不计入）与内侧数枚几乎等长，形成方形翼端，如八哥、池鹭。

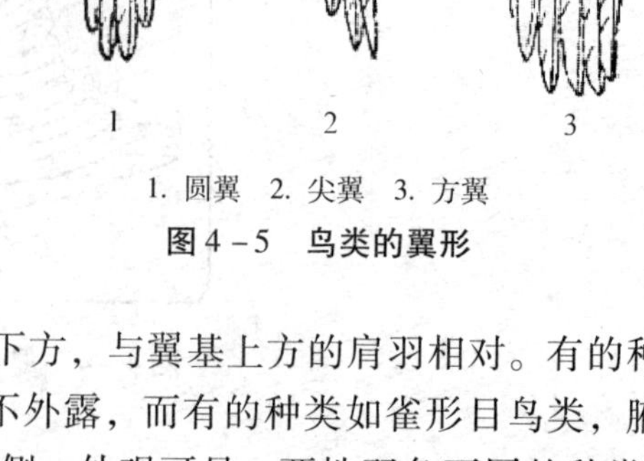

1. 圆翼　2. 尖翼　3. 方翼

图4-5　鸟类的翼形

（9）腋羽。着生于翼的肘关节前缘翼膜的下方，与翼基上方的肩羽相对。有的种类如鸭类，腋羽长直成束，收翼时夹在腋下而不外露，而有的种类如雀形目鸟类，腋羽柔软而短，呈弧形弯曲，收翼时贴在翼缘内侧，外观可见。两性羽色不同的种类，其腋羽或为两性同色（如黑嘴松鸡），或为两性异色（如角雉属）。

（10）飞羽式。初级飞羽羽端之间的相对长度可以数学式表达（不计退化飞羽）。如飞羽式 2 =9/10，意为初级飞羽第二枚的长度介于第九枚、第十枚之间，而不是等于第十枚。

（11）第四枚、第五枚次级飞羽间断排列与正常排列。某些鸟类次级飞羽第四枚之后留有较大的空隙，犹如缺失一枚飞羽，而与之相对应的大覆羽却存在，这称为第四枚、第五枚次级飞羽间断排列。从发生上看，这是由于飞羽与覆羽在发生上排列不同所致，而不是脱落了一枚飞羽，如隼形目等大多数的目。

与此相反，第四枚、第五枚次级飞羽间无较大空隙，称为第四枚、第五枚次级飞羽正常排列，如鸡形目、鹃形目、咬鹃目、佛法僧目、鹭形目、雀形目（见图 4 –6）。

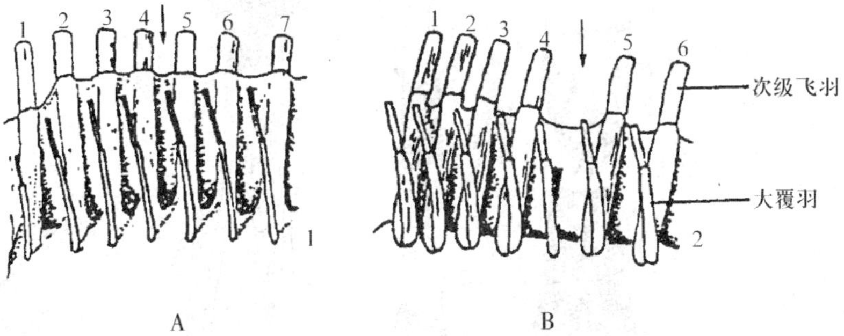

A. 正常排列；B. 间断排列

图 4 –6　第四、五枚次级飞羽的排列方式（背面观）

6. 尾。

（1）尾羽或称舵羽。左右成对着生，故尾羽均为偶数（8 ~26 枚），大多数鸟类为 12 枚。其计数顺序是从中央到外侧，即中央尾羽为第一对，这与大多数种类的换羽顺序一致。

中央尾羽：位居尾中央，覆于其余尾羽上方。

外侧尾羽：位于中央尾羽的两侧，其最外侧一对称为最外侧尾羽。

（2）尾部覆羽：覆于尾羽的基部。

尾上覆羽：覆于尾背面，前接腰部。

尾下覆羽：位于下体肛孔两侧。

尾侧覆羽：位于尾基的两侧，如螺纹鸭的雄性。

（3）尾形。尾展开后的形状，鸟类的尾形可分为 3 类 8 种（见图 4 –7）。

外侧尾羽和中央尾羽近等长，尾端平齐，称为平尾或方尾，如池鹭、灰头麦鸡。

中央尾羽较外侧尾羽为长，依其长短相差的程度，可分为下列 4 种：

①圆尾：从中央到最外侧长短相差不显著，尾端近圆形，如螺纹鸭。

②凸尾：长短相差较显著，尾端显著突出，呈凸形，如大杜鹃、喜鹊。

③楔尾：长短相差较显著，尾端呈楔形（单枚尾羽端亦呈楔形），如黑枕绿啄木鸟、褐鲣鸟。

④尖尾：中央两枚尾羽特别延长，且相邻尾羽级差甚显著，如蜂虎、毛腿沙鸡。

以上尾形中央尾羽与相邻尾羽之级差不甚显著。

中央尾羽较外侧尾羽短，亦依其长短相差的程度可分为下列3种：

①凹尾：从中央到最外侧相差甚小，尾端稍凹，如树鹨、黑鸢。

②叉尾：长短相差较显著，凹形较深呈叉状，如灰卷尾、燕鸻。

③铗尾：长短相差极为显著，最外侧一对尾羽甚狭长，如金腰燕、家燕、燕鸥。

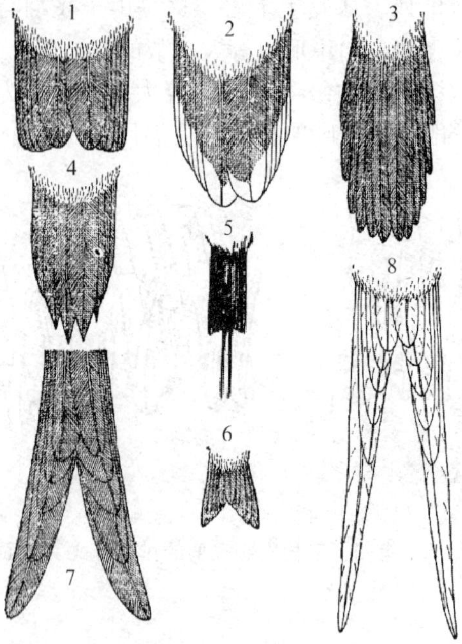

1. 平尾 2. 圆尾 3. 凸尾 4. 楔尾 5. 尖尾 6. 凹尾 7. 叉尾 8. 铗尾

图4－7 鸟类的尾形

（4）尾脂腺。

尾脂腺被翎：尾脂腺乳突上有一撮短羽丛，如雁形目、鹭形目等。

尾脂腺裸出：尾脂腺乳突上无羽丛，如鸮形目、雀形目等。

7. 脚和腿。

（1）股或大腿。后肢的最上部，被体羽掩盖，外观上看不见。

（2）胫或小腿。在股之下，跗蹠之上，全部被羽或下部裸出（被鳞）。

（3）跗蹠部。在胫之下，趾之上，常被误认为小腿。大多数种类被鳞，少数种类被羽，个别种类无鳞（如翠鸟）。跗蹠后缘多具网鳞，雀形目常具两整片盾鳞，少数种类具盾鳞（如鹬科、百灵科）。跗蹠前缘被鳞情况有以下几种（见图4－8）：

①盾鳞：鳞片呈方形，纵向排列，如池鹭、雉鸡、伯劳。

②网鳞：鳞片呈六角形或近圆形，交错排列，似网眼，如鹈鹕、白鹳、大鸨。

③靴鳞：基本上属于盾鳞，但鳞片间界限不清因而互相连成一整片，似靴筒状（下端仍呈现盾鳞状），如鸫科鸟类。

(4) 距：跗蹠后缘固着不动的犄角状突起，1~2 枚或更多，通常为雄性雉类所特有，如马鸡属、雉鸡。有的雌性也有距，如白鹇。

(5) 趾。鸟类通常有 4 趾，后趾或称大趾为第一趾，其趾骨只有一节（不计爪节，以下同）；内趾为第二趾，由两节趾骨构成；中趾为第三趾，由三节趾骨构成；外趾为第四趾，由四节趾骨构成（夜鹰类外趾仅三节）。

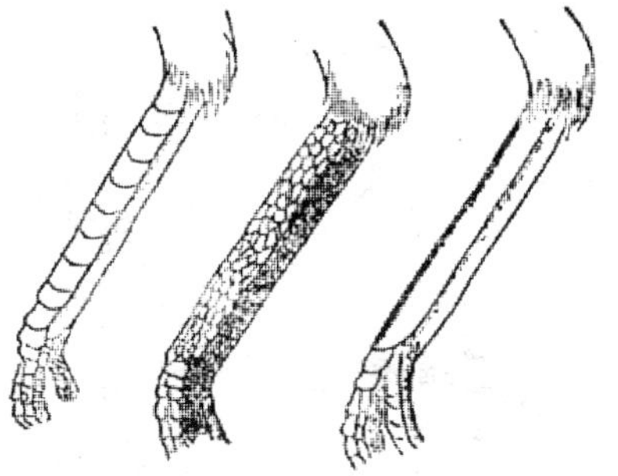

1 2 3

1. 盾鳞 2. 网鳞 3. 靴鳞

图 4－8 跗蹠部鳞片类型

按趾的组合情况，足型分为下列几种（见图 4－9）：

①不等趾足：或称常态足，第一趾向后，向前 3 趾互相分离，为最常见的一种，如鸡类。

②对趾足：第二、三趾向前，第一、四趾向后，如绿啄木鸟、大杜鹃、绯胸鹦鹉。

③异趾足：第三、四趾向前，第一、二趾向后，如红头咬鹃。

④并趾足：第一趾向后，其余三趾向前，但向前的趾基尤其是第三、四趾的基部互相并着，如双角犀鸟、冠鱼狗、普通翠鸟。有的则是向前 3 趾的基部以微蹼相连，如夜鹰。

⑤前趾足：四个趾全向前，有的第一趾可逆转向后，如白喉针尾雨燕、楼燕。

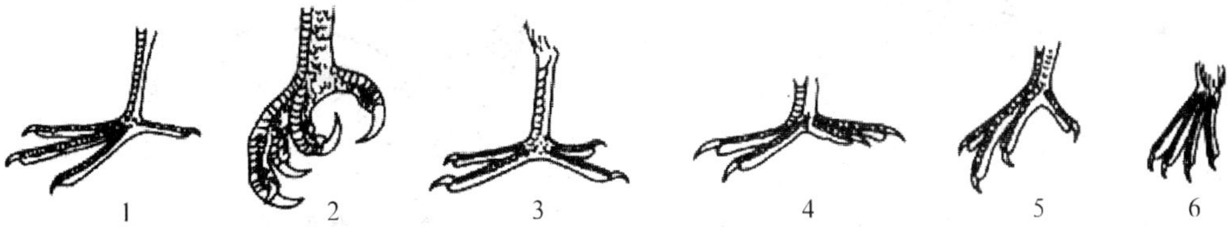

1 2 3 4 5 6

1. 常态足 2. 常态足 3. 对趾足 4. 异趾足 5. 并趾足 6. 前趾足

图 4－9 陆生种类足趾的类型

(6) 蹼。大多数水禽及涉禽具蹼，可分为以下几种（见图 4－10）：

①全蹼：第一至四趾，趾间均有蹼相连着，如鹈鹕、鸬鹚。

②满蹼：前三趾间具有满平的蹼，后趾游离，如鸭类、红喉潜鸟、红嘴鸥、普通燕鸥。

③凹蹼：前三趾间蹼膜较小，中部显著凹入，蹼的凹缘与外趾第二节末端齐平，如浮鸥属、火烈鸟。

④微蹼或半蹼：前趾间仅于基部连蹼，蹼的凹缘仅及外趾基节末端（中趾外侧蹼比内侧蹼发达），如白鹳、丹顶鹤、池鹭。

⑤瓣蹼：趾的两侧附有瓣状蹼，如凤头䴙䴘、白骨顶。

(7) 爪。着生于趾末端，有些鸟类有爪栉（中爪内侧梳齿状突出物，如草鹭、鸬鹚、夜鹰）。爪栉多见于游禽、涉禽，攀禽和猛禽很少（夜鹰、草鸮有之），鸣禽仅河乌微现，陆禽未见。燕鸻和红脚鲣鸟仅成鸟有爪栉。

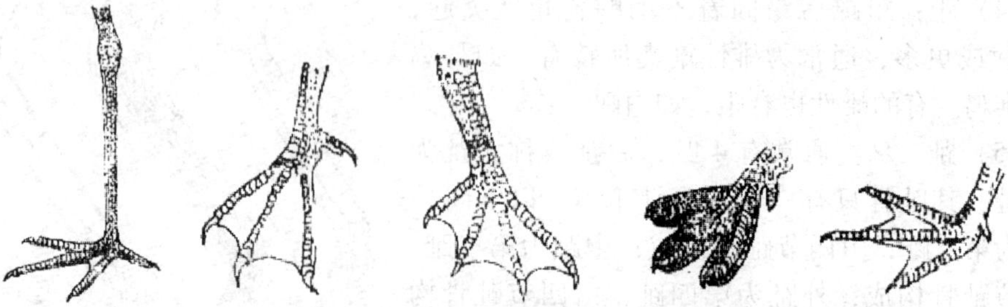

1　　2　　3　　4　　5

1. 微蹼　2. 满蹼　3. 全蹼　4. 瓣蹼　5. 凹蹼

图 4－10　鸟类的各种蹼形

（二）鸟体的量度

通常用于鸟类鉴定上的量度（mm）有以下几项（见图 4－11）：

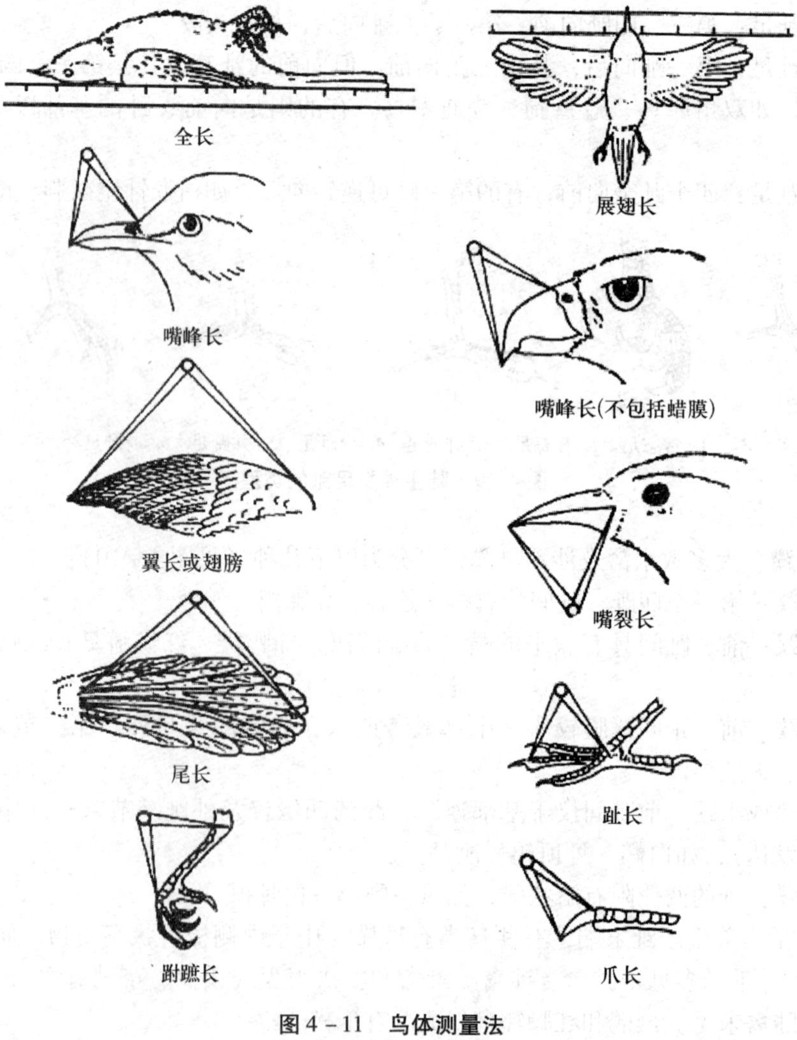

图 4－11　鸟体测量法

1. 全长（体长）：使鸟体自然仰卧，自嘴端至尾端的长度（是剥制前的量度）。

2. 嘴峰长：自嘴峰基部生羽处（有时深入额羽区数毫米）至上喙先端的直线距离（有蜡膜的种类从蜡膜前缘量起）。

3. 翼长或翅长：自翼角（腕关节）至最长飞羽末端的直线距离。

4. 尾长：自尾羽基部至最长尾羽末端的直线距离。

5. 跗蹠长：胫跗关节后面的凹处至跗蹠最下端之整片鳞的下缘，或量至中趾基的关节处。

6. 嘴裂长：从嘴尖到嘴角（上下嘴的交汇处）的直线距离。

除了上述各项外，还有翼展、趾长、爪长、中趾连爪长等。

二、鸟类的常用识别特征

（一）体形

鸟类身体为流线形（或纺锤形），具有迅速飞翔的能力，能借助主动迁徙来适应多变的环境条件。

鸟类身体呈纺锤形，减小了飞行的阻力，躯干坚实和尾骨退化有利于飞行的稳定；前肢变为有飞羽的翼，用于打击空气并承受空气的反作用力，尾端着生有扇状的尾羽，飞翔中起舵的作用，降落时也可帮助减速。

（二）神经和感官

鸟类具有发达的神经系统和感官，以及与此相联系的各种复杂行为，能更好地调节体内外环境的统一。

鸟类的脑在很多方面像爬行类，与哺乳类有很大不同，大脑和小脑的表面都比较平滑。鸟类有 12 对脑神经，但第 11 对不甚发达。

鸟类的感官中以视觉最为发达，听觉次之，嗅觉最为退化。

鸟眼相对较大，其眼睑和瞬膜（极薄近于透明的膜，飞翔时遮覆眼球，避免干燥气流和灰尘对眼球的伤害）可保护眼球。鸟类视觉特别灵敏，其调节视觉的横纹肌具有三重调节功能，可以调节晶状体的曲度，角膜的曲度，还可以调节晶状体和角膜之间的距离，能够在短时间内完成将扁平的“远视眼”到“近视眼”的转换，这样就可以使鸟类能够高空视物，低处捕食。

鸟类的嗅觉退化，一般认为这也是飞行生活的产物。少数种类（如兀鹫）嗅觉相当发达，已成为一种嗅觉寻食的定位器官。

鸟类的听觉器官基本上似爬行类，具有单一的听骨和雏形的外耳道。夜间活动的种类，听觉器官尤为发达。

（三）呼吸

鸟类具有肺和气囊，能进行双重呼吸。

鸟类具有非常发达的气囊系统与肺气管相连通，鸟类的每一次吸气及呼气，肺内总有连续不断富含氧气的气体通过，这是与其他脊椎动物不同的。除辅助呼吸外，还有助于减轻身体的比重，减少内脏间以及肌肉间的摩擦，是快速热代谢的冷却系统。

（四）皮肤

鸟类的皮肤薄松而且缺乏腺体，唯一的皮肤腺是尾脂腺［能分泌油脂以保护羽毛不致变形，并可防水，因而水禽（鸭、雁等）的尾脂腺特别发达]。

羽毛是皮肤的衍生物，与爬行类的鳞片同源，其包括以下功能：一是构成飞翔器官的一部分。二是使外形呈流线形，减少阻力。三是形成隔热层，保持体温。四是形成屏障，保护皮肤。五是在水中增加浮力。六是感觉，鸟类的嘴缘及眼周大多具须，为一种变形的羽毛。七是炫耀（如孔雀开屏）。八是形成不易被天敌发觉的保护色（如地栖性鸟类及大多数雌鸟孵卵）。九是性别识别等。

根据羽毛的构造和功能，可分为正羽、绒羽和纤羽（见图 4－12）。

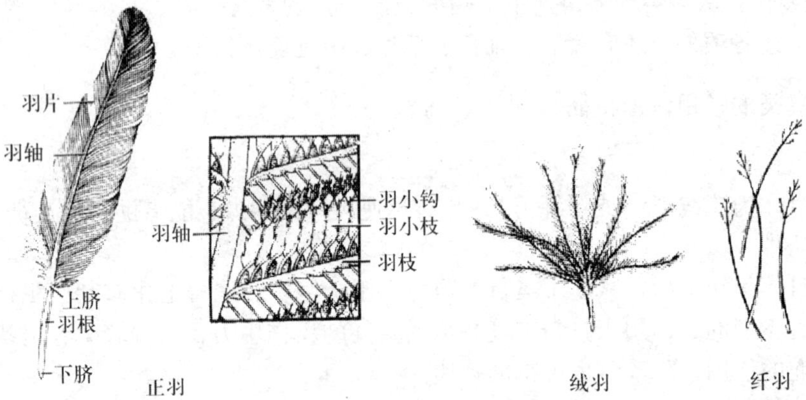

图 4－12　鸟类羽毛的分类及结构

正羽分为飞羽和尾羽，其形状和数目可作为分类依据。正羽由羽轴和羽片构成。羽轴下段不具羽片的部分称为羽根，插入皮肤中。羽片由许多细长的羽枝构成，羽枝两侧又密生成排的羽小枝，羽小枝上着生钩突，使相邻的羽小枝互相钩连起来，构成坚实而具弹性的羽片，以扇动空气和保护身体。

绒羽：位于正羽下方，棉花状，构成松软的隔热层。水禽的绒羽特别发达，有重要经济价值的鸭绒就是这种羽毛。羽轴纤弱，羽小枝的钩状突起不发达，不能构成坚实的羽片。

纤羽：又称毛状羽，外形如毛发，杂生在正羽和绒羽之中，基本功能为触觉。

具孵卵斑（雌鸟在孵卵期间，腹部羽毛大量脱落）可判断在野外所采集的鸟类是否进入繁殖期。

换羽：鸟类有定期（一年两次）换羽的习性。繁殖结束后换的新羽称冬羽，冬季及早春所换的羽称夏羽。大多是逐渐更替的，是在换羽不影响飞翔力的情况下进行的。但雁鸭类的飞羽更换则为一次全部脱落。丧失飞翔能力。

（五）骨骼

鸟类的骨骼轻而坚固，骨骼内具有充满气体的腔隙。鸟类骨骼见图 4－13。

脊柱及胸骨：由颈椎、胸椎、腰椎、荐椎及尾椎五部分组成。第一枚颈椎呈环状，称寰椎，第二枚颈椎称枢椎，寰椎与头骨相联结，可与头骨一起在枢椎上转动，扩大了头部活动的范围。因而鸟类头部活动灵活，转动范围可达 180 度，猫头鹰甚至可转 270 度。

胸椎 5 ~ 6 枚，借具钩状突的肋骨与胸骨联结，构成了牢固的胸廓。胸骨的中央处特别突出，向后延伸至骨盆，称为龙骨突，增大了胸肌的固着面，有益于飞行。

综荐骨是鸟类特有的结构，是由少数胸椎、全部腰椎和荐椎以及一部分尾椎愈合而成，而且它又和宽大的骨盆（髂骨、坐骨、耻骨）相愈合，使鸟类在地面上步行时获得支持体重的坚实支架。鸟类的尾骨退化，最后几枚尾骨愈合成一块尾综骨，以支撑扇形的尾羽。鸟类脊椎骨的愈合以及尾骨的退化，使躯体重心集中在中央，有助于在飞行中保持平衡。

头骨：薄而轻，既轻便又坚固；上下颌骨极度前伸，构成鸟喙，无牙齿，减轻体重。

带骨和肢骨：有愈合和变形现象，是对特殊生活方式的一种适应。

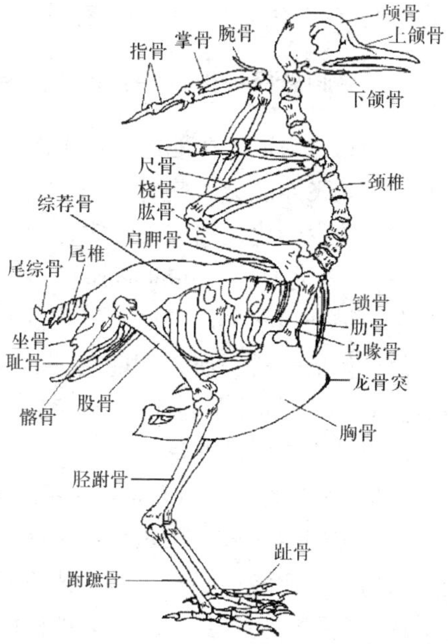

图 4 – 13 鸟类骨骼图

肩带由肩胛骨、乌喙骨和锁骨构成。三骨的联结处构成肩臼，与翼的肱骨相关节。前肢特化为翼，主要表现在手部骨骼（腕骨、掌骨、指骨）的愈合消失现象，使翼的骨骼构成一个整体，扇翅才能更有力。

鸟类的腰带（髂骨、坐骨及耻骨）愈合成薄而完整的骨架。后肢强健，股骨与腰带的髋臼相关节。下腿骨骼有较大的变化：腓骨退化成刺状；相当于一般四足动物的胫骨，与其相邻的一排退化的跗骨相愈合，构成一细长的腿骨，称为胫跗骨，远端一排的退化跗骨与其相邻的蹠骨相愈合，构成一细长的腿骨，称为跗蹠骨，这对鸟类的起飞和降落起缓冲作用。多数鸟类具 4 趾，拇指向后，适应树栖生活。

（六）消化

鸟类前伸的喙可捕食，无齿。喙的形状是对其食物类型和取食方式的适应，是长期进化的结果。口腔内有唾液腺，主要分泌物是黏液，仅在食谷的燕雀类唾液腺内含有消化酶。在鸟类中以雨燕目的唾液腺最为发达，其内含有黏的糖蛋白。燕窝（就是金丝燕的巢，用唾液杂以小鱼、海藻等筑成）。食谷鸟类食道下端膨大为嗉囊，用以储存和软化食物。胃分为两部分：前胃（腺胃），可分泌蛋白酶和盐酸；肌胃（砂囊），外壁为强大的肌肉层，内壁为坚硬的革质层（中药鸡内金就是这个部分），在沙砾的配合下研磨食物。直肠极短，粪便可随时排出，并具有吸收水分的作用，有助于减少失水和减轻体重。主要消化腺是肝脏和胰腺，分泌胆汁和胰液，注入十二指肠，功能上与其他动物无本质区别。

第二节 鸟类的分类识别

鸟类的种类繁多，在脊椎动物中仅次于鱼类，全世界的鸟类约有 9021 种，我国所产的鸟类有1200多种。现对现存的主要目、科介绍一下。

一、平胸总目（Ratutae）的识别特征

平胸总目为适于在地面上行走的走禽。全为大型的鸟类。具有一系列原始的特征：翼退化，无飞翔能力，胸骨不具龙骨突起，羽毛均匀分布，无羽区和裸区之分，羽毛不发达，缺少分化，羽枝无小钩，因而不形成羽片。

（一）鸵鸟目（Struthionformes）的识别特征

在动物分类学上是鸟纲古腭总目下的一个目，包括很多巨大不能飞的鸟，如鸵鸟。这一目只包括一科一属，即鸵鸟属，鸵鸟是现代生存的最大的鸟类，身高可达2.5m，体重达135kg，卵重超过1.3kg。鸵鸟主要产于非洲，但在史前时期曾经出现在中国。鸵鸟擅长奔跑，腿部裸露，足具2趾。人类已经开始驯化它们，以获取羽毛和肉、卵。

（二）美洲鸵鸟目（Rheiformes）的识别特征

只有美洲鸵鸟科（Rheidae）一科，分大美洲鸵和小美洲鸵两种。大美洲鸵是美洲最大的鸟，但比鸵鸟要小得多，体重只有25kg。小美洲鸵体型更小，是体型最小的大型走禽。美洲鸵鸟足具3趾，又被称做三趾鸵鸟，虽然也不会飞，翼却比较发达。

（三）鹤鸵目（Casuariiformes）的识别特征

鹤鸵目鸟类是世界上第二大鸟类，仅次于鸵鸟，翼非常退化，比鸵鸟和美洲鸵鸟的翅膀更加退化。鹤鸵目和美洲鸵鸟一样，也有三个脚趾。鹤鸵目分布于澳大利亚和巴布亚新几内亚等地，有2科4种。

1. 鹤鸵科（Casuariidae）：可分为鹤鸵、单垂鹤鸵和侏鹤鸵三种，栖息于热带森林中，其中鹤鸵（*Casuarius casuarius*）分布于新几内亚岛南部和澳洲东北部以及附近岛屿，另外两种分布限于巴布亚新几内亚。鹤鸵又叫食火鸡，头顶上有角质盔，内趾有一长而锋利的爪，据说可以踢死人。

2. 鸸鹋科（Dromaiidae）：只有鸸鹋（*Dromaius novaehollandiae*）一种，也是人们比较熟悉的种类，栖息于开阔地带，也以擅长奔跑而著名。鸸鹋也被称做澳洲鸵鸟，是澳洲的特产，并成为澳大利亚国徽的图案。

（四）无翼鸟目（Apterygiformes）的识别特征

无翼鸟又叫几维鸟或鹬鸵，是古腭总目中体型最小的，仅无翼鸟科（Apterygidae）一科三种。几维鸟是新西兰的特产，也是新西兰的象征和国鸟。几维鸟是鸟类中最奇特的一类：几维鸟的翼高度退化，外观上不可见；几维鸟的羽毛看起来就像兽毛；几维鸟像兽类一样在夜间活动，并且有发达的嗅觉，嘴边还有灵敏的触须；几维鸟的卵重达0.5kg，占体重的1/4。

（五）鴂形目（Tinamiformes）的识别特征

鴂形目仅1科，即鴂科（Tinamidae），翼短圆，具有硬而弯曲的初级飞羽，飞翔笨拙，有声响，通常在地面奔跑。心、肺较小，胸骨具龙骨突，胸肌像其他鸟类一样发达，但其腭型属于平胸总目。足具4趾，后趾高位或缺失。尾很短，尾综骨短小。雌体稍大，色较鲜艳，产卵于地上，由雄鸟孵卵，孵卵期约21天。体长不超过55cm，分布于南美大部分地区。例如，红翅鴂（*Rhynchotus rufescens*）。

二、企鹅总目（Impennes）的识别特征

企鹅总目，是善于游泳和潜水的中、大型海鸟。只有企鹅目（Sphenisciformes）一目，统称企鹅。身体具有一系列适于潜水的特征：前肢变为鳍足，后肢短，靠近躯体后方，趾间具蹼，不能飞翔而适于划水游泳，上陆行走身体近于直立，行动缓慢，左右摇摆。羽毛呈鳞片状均匀覆盖全身，无裸区。皮下脂肪甚发达，有利于在水中保持体温。分布局限于南半球，主要是在南极大陆沿岸。代表动物如皇企鹅（*Aptenodytes forsteri*），是企鹅中体型最大的，体长达120cm，体重达40kg。

三、突胸总目（Carinatae）的识别特征

我国共有21目89科，均属于突胸总目，分别是潜鸟目、䴙䴘目、鹱形目、鹈形目、鹳形目、雁形目、隼形目、鸡形目、鹤形目、鸻形目、鸥形目、鸽形目、鹦形目、鹃形目、鸮形目、夜鹰目、雨燕目、咬鹃目、佛法僧目、䴕形目、雀形目，这21个目可分为6个生态类群：游禽、涉禽、猛禽、陆禽、鸣禽和攀禽。

（一）潜鸟目（Gaviiformes）的识别特征

本目仅1科——潜鸟科（Gaviidae），属游禽，目的特征也就是科的特征。

嘴直尖而稍侧扁，嘴峰较平直，嘴底上翘，上下喙缘均向内侧包卷。鼻孔狭，鼻沟不显。眼先被羽。尖翼，初级飞羽11枚。第一枚较小。外侧初级飞羽着生处近翼长之半，前臂甚短。小翼羽不发达，翼下覆羽发达。第四、五枚次级飞羽间断排列。尾短圆，尾羽16~20枚。腿偏于身体后部，步行艰难。跗蹠甚侧扁，具网鳞。4趾，后趾细小，其蹼连于跗蹠。外趾长于中趾。前3趾间具满蹼。两性羽色相似，大多背黑腹白，冬羽与夏羽不同。

主要栖息在森林、苔原的湖泊地带，善潜水和游泳，不常飞，仅生殖期到陆地荒岛，冬迁南方沿海。单个或成对活动，偶见成小群。食鱼，因其在海上追随鱼群活动，故渔人可借以发现鱼群。此外也吃甲壳类、软体动物和昆虫。属早成鸟。潜鸟目种类少，数量也不多，经济意义不大，羽毛可制成女帽、领子等装饰品。全世界1属5种，我国产4种，如红喉潜鸟（*Gavia stellata*）。该种已被列入国家林业局2000年8月1日发布的《国家保护的有益的或者有重要经济、科学研究价值的陆生野生动物名录》。

（二）䴙䴘目（Podicipediformes）的识别特征

本目只1科——䴙䴘科（Podicipedidae），属游禽。

嘴形似潜鸟，鼻沟可见。眼先有狭裸区。翼短，近方形，不善久飞。第四、五枚次级飞羽间断排列，初级飞羽12枚，第一枚微小。尾极短，全由绒羽构成，无真正尾羽。脚位于身体极后方。跗蹠甚侧扁，具盾鳞。4趾，向前3趾平扁，外趾最长，趾侧具瓣蹼。后趾小而高起，趾和蹼上皆覆有盾鳞，各趾端具扁阔而薄的爪，中爪内缘具爪栉。两性羽色相同，冬夏有别。繁殖季节体侧有棕色，有些种类还有冠羽、翎领、耳羽簇等，有的喉、颈部带有棕红色。

本目鸟类善游泳和潜水，在水面似葫芦状，有时仅鼻尖和眼露出水面似鳖，故俗称“王八鸭子”。不善飞翔，潜水性强，遇敌则潜水，一般不轻易起飞，起飞时先在水

面奔跑，常溅起一列浪花。食鱼类、甲壳类、水生昆虫、软体动物和水草，还吃自己的羽毛，雏鸟胃中也有羽毛。属早成鸟。遇危险时，亲鸟背着雏鸟游泳，而在潜水时把它夹在腋下。我国分布很广。本科共20种，我国有5种。

䴙䴘科的代表动物：

1. 角䴙䴘（*Podiceps auritus*），为国家二级保护动物，嘴蓝灰色，尖端灰白；眼后有棕黄色羽簇；眼先、前颈、上胸和体侧呈栗色；翼基前缘有三角形白斑。在我国繁殖于新疆西北部的天山谷地，越冬于长江下游和东南沿海一带，偶尔也到台湾，迁徙时途经东北、华北等地。在国外繁殖于欧洲、亚洲和北美洲北部；越冬在欧洲南部、亚洲东部和北美洲南部等地，共分化为2个亚种，我国仅有指名亚种，分布于北京、河北、辽宁、吉林、黑龙江、上海、江苏、浙江、福建、台湾、山东、河南、湖南、新疆等地。

2. 赤颈䴙䴘（*Podiceps grisegena*），国家二级保护动物。嘴黑，基部黄；前颈、上胸栗红，飞翔时，翼前缘有白色横带斑（背面观）。以水生生物为食，如两栖动物、鱼类、软体动物和水生昆虫。分布于我国黑龙江（繁殖鸟），在河北、内蒙古、福建、广东越冬。

（三）鹱形目（Procellariiformes）的识别特征

本目均为海鸟，属游禽。鼻孔呈管状，亦称管鼻目。上下喙由数枚角质片构成，各片间有沟缝为界。上喙尖端有钩；前3趾间具满蹼，后趾缺失或退化，跗蹠被网状鳞。翼尖长，初级飞羽11枚。前臂部特别长。第四、五枚次级飞羽间断排列。头部具有发达的鼻腺，为泌盐器官。受惊扰时，从嘴和鼻孔流出油状物（腺胃分泌物——胃油）。两性羽色相似。

本目鸟类飞翔力强，大部分时间在开阔的海洋上飞翔和游泳，能在海面逐波飞翔，飞翔姿态如燕。晚上在陆地荒岛、岩石上过夜。捕食鱼类、乌贼、甲壳类等水生动物。属半晚成鸟。

本目共4科，我国有3科。

1. 信天翁科（Diomedeidae）：为本目之大型者，喙大于头长，上嘴钩曲；鼻管短，鼻孔半圆形，分别位于嘴峰之两侧；无后趾。翅长，善飞翔，腿短位于身体后部，飞翔时伸直，置于体两侧。在水面上或陆地上起飞时先步行奔驰一段，然后才能展翅升空，善翱翔，能长时间尾随船只飞翔。分布于山东烟台、澎湖群岛和台湾附近岛屿。

信天翁科的代表动物：短尾信天翁（*Diomedea albatrus*），为国家一级重点保护动物。嘴淡色，长度超过115mm，成鸟背部白色。分布于澎湖列岛及台湾省附近岛屿（繁殖鸟）；山东烟台（旅鸟）；我国沿海一带（旅鸟，冬候鸟）。白色成鸟和褐色幼鸟有显著区别。是大洋鸟类，善于飞翔，随轮船能遇到。在台湾省澎湖列岛的渔翁岛及基隆市东北方的钓鱼岛有繁殖记录。

2. 鹱科（Procellariidae）：两鼻孔并列于嘴峰基部，两鼻孔间有中隔显露。后趾残存。第一枚初级飞羽最长或与第二枚等长，尾多为楔形。通常贴水面飞行，飞行中从水面捕食，也在游泳时捕食。本科共63种，我国有8种，如暴风鹱（*Fulmarus glacialis*）。

3. 海燕科（Hydrobatidae）：小型海鸟，翅长小于170mm。嘴峰基部两鼻孔合为一孔，无中隔外露。翼长，尾稍长，多为叉形，似燕。腿细，中等或较长，有后趾；第二枚初级飞羽最长。飞翔于海面上时常用脚击水。在陆上不能行走，只能双翼支持身体，用腹部移动。本科共21种，我国产2种，如白腰叉尾海燕（*Oceanodroma leucorhoa*），夜间活动，白天成对隐藏在洞内。该种已被列入国家林业局2000年8月1日发布的《国家保护的有益的或者有重要经济、科学研究价值的陆生野生动物名录》。

（四）鹈形目（Pelecaniformes）的识别特征

大中型游禽，有的是海鸟。嘴多近圆锥形（鹈鹕科例外），上嘴由数枚角质片组成（鸬鹚下嘴亦如此）。成鸟鼻孔封闭，以嘴角呼吸，但红脚鲣鸟鼻孔在某些成体有小裂缝状开口。舌退化，颌下皮肤有的扩大成喉囊。翼圆或尖，第四、五枚次级飞羽间断排列。尾形不一。跗蹠短，被以网状鳞。全蹼足，拇指发达，与前三趾平位。外趾最长（如鸬鹚）或与中趾等长（如鹈鹕、鲣鸟）。两性羽色相同，仅军舰鸟科两性有别。属于晚成鸟。

群居性较强。常在海岛、荒岛及海岸上营巢繁殖。有的种类飞翔力强，可随军舰飞翔，随波浪起伏。也有的种类生活在内湖，潜水性强，是捕鱼能手，食鱼和其他动物。

本目共6个科，我国有5科：

1. 鸬鹚科（Phalacrocoracidae）：体型稍细长，嘴长，近圆锥形，稍侧扁，上嘴端具钩，喙缘平滑。鼻孔呈线状，多隐蔽在沟内。眼先、眼周和颏部裸出。喉囊不显。圆尾，形长，尾羽12~14枚，羽轴挺硬。脚位于身体后部，跗蹠侧扁，趾稍平扁，外趾最长，中爪具爪栉。幼鸟腹面白色，成鸟除夏羽胁部白斑和某些种的头颈部有白斑外，全为黑褐色。群栖于海滨和淡水水域，起飞先奔驰于水面上，善游泳和潜水，站立时身体近垂直，借硬尾着地支撑。不适于陆地生活。飞行姿势似鸭。营群巢，置于水边岩石上、芦苇间或树上。两性育雏，喂雏时，雏鸟探头入亲鸟口腔内，从食道啄食半消化食物。本科共29种，除两种外遍布全球，高纬度地区的种类迁徙。我国产5种，以东南沿海各省为多，在东北和西北繁殖。

鸬鹚科的代表动物：

（1）海鸬鹚（*Phalacrocorax pelagicus*），国家二级保护动物。大型水鸟，体长为700mm~770mm，尾羽12枚，翼长不及300mm，具2个短羽冠，一个在头顶，一个在颈项，额被羽，肩羽和覆羽呈铜绿色。全身羽毛呈黑色，头、颈部具有紫色光辉，其他部分有绿色光辉。在繁殖期间，头顶和枕部各有一束铜绿色的冠羽，而且额部被有羽毛，肩羽和覆羽为铜绿色，另外两胁各具一个大的白斑，喉部和眼周的裸露皮肤呈暗红色。虹膜为绿色。嘴较为细长而稍微侧扁，嘴槽的两边如同镶嵌着两把利刃，锋利无比，呈黑褐色，脚短而粗，为黑色。黑色的尾羽共有12枚，呈圆形。冬季的羽色和夏季的羽色基本相似，但头上没有羽冠，颈部也没有白色的细羽，嘴基和眼周裸露皮肤的红色较为暗淡而不明显。在我国繁殖于东部的山东沿海岛屿，冬季迁飞至东南部的福建省、台湾省沿海一带越冬。

（2）黑颈鸬鹚（*Phalacrocorax niger*），国家二级保护动物。尾羽12枚，翼长不及

300mm，无羽冠。栖息于滇西高原海拔500m～1500m的河谷地带。常见5～6只小群在田坝区的沼泽地、水库、坝塘及河滩中活动，以鱼、虾及昆虫等为食。分布于我国云南西部德宏、保山、怒江等地区为留鸟，云南东南部蒙自为夏候鸟。

2. 鹈鹕科（Pelecanidae）：大型游禽，嘴平扁而特长，先端有钩形嘴甲。下嘴下方有能伸缩的大喉囊（平时收缩微露），临时储存食物。颈长而脚短，眼先和围眼裸出。尾短圆，尾羽20～24枚。翼特宽大。外趾与中趾等长。生活于沿海、河川及湖泊等地。缩颈飞翔。游泳时常张开巨嘴，兜着水前进，获鱼后即闭嘴收缩喉囊，挤出余水而吞下，忙于捕鱼时，鱼都存在喉囊中，上岸后才吞下。成群游泳时，长排成形，潜水动作常是集体同步进行。在树上或堤岸上筑巢。喂雏方式同鸬鹚。本科共6种，我国产3种，均是国家二级保护动物。

鹈鹕科的代表动物：

（1）白鹈鹕（*Pelecanus onocrotalus*），额羽区向前形成逐渐狭尖的带状，初级飞羽羽干淡色，尾羽24枚，脚粉红或黄色。栖息于河川、湖泊和沿海，喜集群和游泳。飞行速度快，常俯冲入水捕鱼，或在湖河边等待鱼群；饥饿时常集群进入水中，用翅膀不断拍击水面，将鱼群赶到水边吞食，也食两栖类、甲壳动物或鸟类。营巢于高大的乔木上，巢由小的树枝、水草等构成。通常每窝产卵3枚，有时4枚。分布于新疆西部天山、青海湖，为冬候鸟，有资料报道新疆罗布泊有繁殖鸟，夏季还见于喀拉沙尔河（开都河）和博斯腾湖，冬季偶见于海南和福建。

（2）卷尾鹈鹕（*Pelecanus crispus*），额羽前缘中部稍凹，初级飞羽羽干端部暗色，尾羽22枚，脚灰色，翅长约640mm，上嘴无蓝黑色斑。栖息于湖泊、江河、沿海水域，喜群居和游泳，但不会潜水。以鱼为主食。成年鹈鹕一般配对生活，在地面营巢产卵。每窝产1～3枚。两性孵卵并喂雏。刚出蛋壳的小鹈鹕体色灰黑，不久就生出浅浅的白绒毛。亲鸟以半消化的鱼肉喂雏鸟，等雏鸟长大后，把头伸进亲鸟张开的嘴巴的皮囊里，啄食带回的小鱼。分布于我国新疆、青海及山东以南沿海等地。

（3）斑嘴鹈鹕（*Pelecanus philippensis*），额羽前缘中部稍凹，初级飞羽羽干端部暗色，尾羽22枚，脚灰色，翅长不及640mm，上嘴两侧具若干蓝黑色点斑。嘴下有喉囊；趾具全蹼；体长约50cm；全身几乎纯白；肩羽、翅上的大覆羽、背羽和尾上覆羽的羽轴均黑色；初级飞羽黑色。成群栖息于大湖和河流中。常在海滩上捕食鱼类和贝类，先把捕到的食物储存于嘴下的喉囊中，然后徐徐吞下。游泳时双翅紧闭于背上。叫声沙哑。飞行时头部向后紧缩，大嘴向前直伸，速度快。迁徙时多集群成列飞行。在海岛上营巢。每产3～4卵。主要分布于东洋界。在我国主要繁殖于西北部的新疆维吾尔自治区，迁徙及越冬时见于新疆、河北、山西、江苏、浙江、福建、台湾、广东等地。

3. 鲣鸟科（Sulidae）：嘴圆锥状，尖端不明显钩曲。成鸟嘴缘有锯齿状缺刻。喉囊甚小。眼先和围眼裸出。嘴角伸到眼后很远（鸬鹚也是如此）。楔尾，尾羽12～18枚。翼尖长（第一枚初级飞羽最长），前臂几达翼长之半。外趾连爪与中趾连爪等长，成鸟有爪栉。多数种类除翼、尾黑或褐色外，通体概白。在海岛的小乔木、灌木或地面上营群巢繁殖。由空中直投水中捕食。亲鸟反刍胃内食物以喂雏。分布于热带和温带海洋，我国主要分布在西沙群岛。本科共 9 种，分布于热带、亚热带和温带海洋，高纬度地区迁徙，我国产 2 种，均是国家二级重点保护动物。

鲣鸟科的代表动物：

（1）红脚鲣鸟（*Sula sula*），成鸟除两翅外，余羽白色，脚红色（幼鸟近黄），嘴峰小于 90mm，跗蹠小于 40mm。嘴粗壮，嘴缘锯齿状。为西沙群岛繁殖鸟。国外分布于印度洋、太平洋和澳大利亚等温带、热带地区附近的岛屿。营海洋生活，两翅尖长，善于飞行，常低飞于近离海面的空中，一旦发现猎物，立即收翅，迅速直插水中捕食猎物，而后返回空中，主要捕食鱼类。结群营巢于石滩或岛屿上的矮灌木或小乔木上，有时一棵树上有 4 ~5 个巢。巢大而简单，呈平台状或盘状，以数根树枝或野草、海草支搭铺垫而成。每窝产卵 1 ~2 枚，一般仅 1 枚。育雏期内，亲鸟不以捕得之鱼喂雏，而是以反吐胃内食糜喂之。分布于西沙群岛一带，是当地最常见的一种海鸟，常成千上万只栖息于西沙群岛最东部的东岛上。

（2）褐鲣鸟（*Sula leucogaster*），外形似红脚鲣鸟，但嘴缘不具锯齿；头、颈、上胸部、背部、飞羽及尾羽呈棕褐色；嘴呈淡黄色，眼周有黄绿色裸露皮肤，脚也是黄绿色，嘴峰大于 90mm，跗蹠大于 40mm。我国浙江洞头、西沙群岛为繁殖鸟。栖息于海洋小岛上，常成群结队在海面上低飞。善于飞翔，常出没于离岸不远的海面上，但很少着落于陆地上。主要以鱼类和各种水生动物为食。

4. 鹲科（Phaethonthidae）：中型鸟类，除头、翼上有黑斑外，体羽主为白色。翼尖长，尖尾，中央 2 枚尾羽呈线状，约与躯体等长。嘴呈黄色或橙红色，稍尖长微拱曲，嘴缘有锯齿形缺刻，跗蹠和趾均短小，步行艰难，但可用脚在地面挖掘作巢。栖息于热带海洋，很少集群。主要吃鱼和乌贼。本科共 4 种，我国产 3 种。主要区别特征如下：红尾鹲（*Phaethon rubricauda*）：细长的中央尾羽为红色；白尾鹲（*Phaethon lepturus*）：细长的中央尾羽为白色，嘴大都呈黄色，背无横斑；红嘴鹲（*Phaethon aethereus*）：细长的中央尾羽为白色，嘴大都呈红色，背具黑色横斑。其中白尾鹲已被列入国家林业局 2000 年 8 月 1 日发布的《国家保护的有益的或者有重要经济、科学研究价值的陆生野生动物名录》。

5. 军舰鸟科（Fregatidae）：体呈黑色，尖翼狭长，掌、指骨特延长。铗尾。嘴细长，上下嘴端均向下钩曲。嘴基部喉部裸出，雄性喉呈红色，繁殖期膨大成半球状喉囊。跗蹠极短而被羽（跗蹠被羽为游禽特例），趾间仅基部具蹼。中爪具爪栉。雌性大于雄性，雄性腹部呈黑色，雌性腹部呈白色。亚成体头白色。白天飞翔于海面，很少降落。有时集群，啄食海面鱼类。夜间栖息于海岸灌木林中。属掠夺性鸟类，尤其在育雏紧张时，以其快速敏捷的飞行夺取鲣鸟、鹈鹕、鸬鹚和鸥类等嘴上所衔的鱼类，当他鸟不堪啄击而张口时，军舰鸟可在瞬间啄住将要落水的食物。

军舰鸟科的代表动物：

（1）白腹军舰鸟（*Fregata andrewsi*），国家一级保护动物。全长约 95cm。为大型热带鸟类，喉部有喉囊，用以暂时储存所捕食的鱼类。上体呈黑色，具绿色光泽。喉、颈、胸呈黑色，具紫色光泽。腹白。嘴呈黑色，喉囊呈红色。雌鸟和雄鸟相似，但胸和腹呈白色，嘴呈玫瑰色。白腹军舰鸟的分布范围不大，我国国内偶见广东沿海岛屿。

（2）小军舰鸟（*Fregata minor*），体长95cm，雄鸟体羽几乎全黑，仅翼上覆羽具浅色横纹，喉囊呈绯红色。雌鸟颏及喉灰白，上胸呈白色，翼下基部无或极少白色，眼周裸露皮肤呈粉红色。常见于我国南海。偶见于我国南部沿海至江苏及河北。极少至我国台湾兰屿岛。该物种已被列入国家林业局2000年8月1日发布的《国家保护的有益的或者有重要经济、科学研究价值的陆生野生动物名录》。

（3）白斑军舰鸟（*Fregata ariel*），体长76cm，雄鸟通体呈黑色，上体具蓝绿色光泽。肩部羽毛呈披针形。下体呈暗黑色，羽毛亦呈披针形，微具蓝绿色光泽。腹两边的羽毛具白色斑点。雌鸟体色较雄鸟为暗，上体少黑色而具更多的褐色，亦少光泽，小翅覆羽褐色。后颈有一栗色领圈。胸和上腹呈白色而缀有栗红色。额、喉、下腹至尾下覆羽呈黑色。腋羽呈白色。在我国南海、西沙群岛及南沙群岛较常见。该物种已被列入国家林业局2000年8月1日发布的《国家保护的有益的或者有重要经济、科学研究价值的陆生野生动物名录》。

（五）鹳形目（Ciconiiformes）的识别特征

本目为典型的涉禽，一般具有“三长”的特点：嘴长、颈长、腿长。眼先和围眼大多裸出，鼻孔近嘴基，不超过嘴峰长的1/5。圆翼，第四、五枚次级飞羽间断排列。胫下部和跗蹠裸露无羽，四趾细长，拇趾向后发达，与前三趾在一个平面上或稍高，可与前趾对握，适于树栖，趾间微蹼（唯红鹳科凹蹼）。尾较短，平尾或圆尾。尾脂腺被翮。

栖息于河湖沿岸或沼泽地带，主要在水中摄取动物性食物，以鱼、鳖、蛙、田螺及软体动物等为食。筑巢于高大的杨树、松树、栗树树杈上，距离地面5m～10m，巢大，以枯枝筑成，很简陋。为半晚成鸟。全球分布，除两极外遍布各地，尤以热带为多。本目共6科，我国分部的有4科。

1. 鹭科（Ardeidae）：体形纤瘦。嘴直尖而略侧扁，上嘴端微具缺刻，嘴缘有些小锯齿（夜鹭 *Nycticorax nycticorax* 例外）。鼻孔狭缝状，位于鼻沟中。眼先及围眼裸出。颈椎19～20枚。颈部有“己”字形弯曲，伸缩灵活，通常限于垂直面活动，而拙于转动。翼近尖形，具11枚初级飞羽（第一枚为退化飞羽）。平尾，较短，尾羽10枚或12枚。跗蹠前缘被盾鳞（多为大型盾鳞，夜鹭为小型盾鳞）。后趾发达，与前趾平位，爪尖细而长，后爪最长，中爪内缘具发达的爪栉。胸具粉翮（能不断生长并破碎成粉末，借以清除羽毛上粘着的污物，也有防止羽毛被水浸湿的作用）。背上有羽枝成丝状的蓑羽，胸前细长的毛状羽也称蓑羽。蓑羽和粉翮为本科所特有。栖息于河流、湖泊、沼泽等地。飞时缩颈伸腿，栖止时也常呈单脚站立的缩颈状态，故称“缩脖老等”。通常在浅水地带捕食鱼类、两栖类、爬行类、昆虫、甲壳类等，不能消化的食物成团呕出。本科共62种，除极地外几乎遍布全球，除热带种类外均不迁徙。我国有20种，遍布各地，尤以东南沿海各省为多。

鹭科的代表动物：

（1）黄嘴白鹭（*Egretta eulophotes*），国家二级保护动物。体羽全白，外趾长于内趾，尾羽12枚。胫的裸出部较内趾连爪长或近等长，翅长不及290mm，有冠羽和胸前蓑羽，趾黑杂以黄色，嘴黄。分布在我国辽宁东沟、金县、大连、旅顺（蛇岛和海猫岛），河南信阳、大别山北坡和淅川丹江口水库，江苏连云港和苏州以及广西北部湾北部沿海地区，为夏候鸟。

（2）岩鹭（*Egretta sacra*），国家二级保护动物。体羽全白（额、喉白色，余为暗灰色的岩鹭暗灰型除外），外趾长于内趾，胫的裸出部较内趾连爪短。尾羽12枚。终年留居在我国海南省到白沙群岛和台湾省的恒春半岛、离岛礁岸和澎湖列岛、彭佳屿、绿岛、兰屿等地，浙江宁波和乐清县，广东上川岛和陆丰。

2. 鹳科（Ciconiidae）：大型涉禽，嘴粗壮，长而略侧扁，末端尖或钝，有的头有裸露部。颈椎17枚。眼周裸露，眼先裸出或半裸出，鼻沟不发达。翼长而宽圆，具11～12枚初级飞羽。尾短圆，尾羽12枚。胫裸出部和跗蹠全被网鳞。后趾与中趾平位或略高。爪短宽而钝，无爪栉。大多无声带，故不能鸣叫，但上下嘴相击却能发出嗒嗒响声。两性羽色相同。是草原、森林、山地以及沼泽的干燥地方的居住者。捕食蛇、蜥蜴、蛙、软体动物、昆虫等。飞翔时伸颈伸腿。本科共17种，遍布全世界的温热带地区。高纬度地区的种类迁徙。我国3属5种。

鹳科的代表动物：

（1）白鹳（*Ciconia ciconia*），国家一级保护动物。大型涉禽，全长约120cm。体羽为白色，翼上大覆羽、初级飞羽及飞羽均为黑色，有紫色或绿色金属光泽。最内侧飞羽较长，能遮住白色覆羽。下颈羽毛细长，略飘散成蓑状。雌鸟羽色与雄鸟羽色相似，体形略小些。虹膜为淡黄色，外圈黑色，眼周眼先及颏囊裸出皮肤为玫瑰色，嘴的尖端角色沾黄。脚为暗红色。头颈背为白色，嘴形直，为红色。东方白鹳（*Ciconia boyciana*）与其很相似，但其嘴为黑色。主要分布于我国黑龙江和乌苏里江以及长江中下游地区。

（2）黑鹳（*Ciconia nigra*），国家一级保护动物。大型涉禽，全长约100cm。上体从头至尾包括翼羽呈黑褐色有金属紫绿色反光，颏、喉至上胸为黑褐色，下体余部为纯白色。虹膜为暗褐色，嘴、围眼裸区、腿及脚均为朱红色。幼鸟的头颈及上胸均为褐色，颈及上胸羽端为棕褐色，呈点斑状，翼羽及尾端微缀以淡棕色，胸腹中央微沾棕色，嘴及脚为褐灰色。头颈背为黑褐色，嘴形直。分布于我国新疆、青海、甘肃、内蒙古、辽宁、陕西、山西、河南、河北；在长江以南越冬；在东北、河北、新疆及甘肃北部繁殖。

3. 鹮科（Threskiornithidae）：通常头部甚至连颈部都有裸露部。嘴长而较钝，稍拱曲，或形直而平扁，末端扩大成匙状。嘴峰两侧各有一细狭的鼻沟伸达嘴端。颈椎17枚。繁殖季节三级飞羽长于初级飞羽，并形成散羽状（黑鹮 *Pseudibis papillosa* 例外）。尾长适中，尾羽12枚。跗蹠前缘被网鳞（白头鹮鹳 *Mycteria leucocephala* 除外为盾鳞）。两性羽色相同。个体生态（食性、飞翔、营巢、栖息地等）与鹳类相似。本科共28种，我国6种，均为珍稀种类，列为国家重点保护动物。

鹮科的代表动物：

（1）朱鹮（*Nipponia nippon*），国家一级保护动物。全长约79cm，头的前半部裸露无羽，为橙朱红色。有颈冠，体羽为白而沾粉红色，初级飞羽的粉红色尤著。腿脚为亮红色。栖息筑巢在高树上。在水田、溪流、沼泽地上觅食。分布于我国陕西洋县。

（2）白鹮（*Threskionrnis aethiopica*），国家二级保护动物。全长约75cm。体型中等大小，体羽全白。头与颈部裸出，裸出部皮肤黑色。翼下覆羽有一条棕红色带斑。腰与尾上覆羽具淡灰色丝状饰羽。嘴长而下弯，黑色。脚黑色。嘴形拱曲，跗蹠前缘具网鳞。此鸟如同鹭类一样，栖息于树上，并在沼泽地、苇塘、河口、湖泊边缘或海边等浅水水域活动。常与白鹭类混群，为群居性，成群活动，但目前数量已稀少，变为零星出现。以软体动物、甲壳类、昆虫、小鱼和两栖类为食。分布于天津、河北、内蒙古、辽宁、吉林、黑龙江、上海、江苏、浙江、台湾、山东、河南、广东、香港、海南、四川、云南等地；繁殖于黑龙江、吉林和辽宁；部分越冬在广东和福建，迁徙期间见于其他地区，偶尔见于云南。

（3）白琵鹭（*Platalea leucorodia*），国家二级保护动物。全长85cm左右。全身羽毛为白色。眼先、眼周、颏、上喉裸皮为黄色。嘴长直、扁阔似琵琶，故而得名。胸及头部冠羽为黄色（冬羽纯白）。颈、腿均长，腿下部裸露呈黑色。栖息于沼泽地、河滩、苇塘等处。涉水啄食小型动物，有时也食水生植物。夏季繁殖于我国新疆西北部天山至东北各省。冬季南迁经我国中部至云南、东南沿海各省份、台湾及澎湖列岛。冬季有过千只成群于鄱阳湖（江西）越冬的记录。

（4）黑脸琵鹭（*Platalea minor*），国家二级保护动物。大型涉禽。体羽为白色。后枕部有长羽簇构成的羽冠；额至面部皮肤裸露，呈黑色。嘴为黑色，长约20cm，先端扁平呈匙状。腿长约12cm，腿与脚趾均为黑色。雌鸟和雄鸟羽色相似，冬羽与夏羽有别；冬羽为纯白色，羽冠较短；夏羽羽冠及胸羽翈为黄色。栖息于湖泊、沼泽及沿海滩涂等处。涉水觅食小鱼、虾、蟹及螺类等动物。种群数量越来越少。迁徙时见于我国东北，于近辽东半岛东侧的小岛上近期有繁殖记录。春季在我国内蒙古东部曾有记录。冬季南迁至我国江西、贵州、福建、广东及海南省。世界上仅存600余只，多数在我国台湾及香港越冬。

4. 红鹳科（Phoenicopteridae）：嘴部较高，嘴基部很厚，嘴中央部突然向下屈曲，上、下嘴缘列生似鸭齿状板形齿。舌肉质，很发达。直肠很长。颈长，有18～19枚颈椎。翼长，尾短，有14枚尾羽。趾比较短，前三趾完全以蹼连着（凹蹼）。群巢，水中涉行，食物为水生植物、鱼、蛙和贝类。营群巢于水边地面上。雏鸟为早成鸟。本科共5种，我国1种，即大红鹳（*Phoenicopterus ruber*），俗称火烈鸟，近年在我国新疆乌鲁木齐市附近发现分布。该种已被列入国家林业局2000年8月1日发布的《国家保护的有益的或者有重要经济、科学研究价值的陆生野生动物名录》。

（六）雁形目（Anseriformes）的识别特征

属游禽，嘴大多数平扁，少数近圆锥形。嘴缘有栉状突（角质齿棱）或锯齿。嘴端有嘴甲。喙表面被覆皮质膜，具有大量的感觉窝，舌厚大而富肉质。翼较宽大，呈尖形，初级飞羽11枚，第一枚甚小（退化飞羽）。某些种类有色彩鲜艳的翼镜，也有的翼镜呈黑白色或不显。第四、五枚次级飞羽间断排列。身体被羽稠密，廓羽下密生绒羽，裸区不显。跗蹠短而稍侧扁，前三趾具满蹼，后趾小而高起，具瓣蹼。尾短圆（极少数尖长），尾羽12～26枚。尾脂腺被翈，机能发达。

通常群居，营巢多在沼泽、水边灌丛、芦苇等水草丛中或在近水地面上，有的用嘴掘土成窝。早成鸟。集中换羽（时间集中、地点集中），飞羽同时脱落，丧失飞翔能力，经2~3周至新飞羽长好后才能飞翔。以后逐渐脱落体羽。换羽时群集于僻静安全的地方。大多栖居淡水水域，以植物为主食，亦兼杂食性，包括杂草种子，水藻类和其他水生植物、水生昆虫、贝类、甲壳类等。也有的吃蛙、鱼或禾本科、莎草科植物等。雁形目种类多，数量达，肉味肥美，羽毛（主要是彩羽和绒羽）具有很高的经济价值，是重要的狩猎鸟类。

本目除南极外，广布于全球，共150种，分属于2个科，我国仅有1科——鸭科，19属47种。

1. 天鹅属（*Cygnus*）：天鹅属是本科体型最大者，头颈长等于或超过躯体（连尾）长，颈椎20~25枚。成体眼先裸出。尾羽20~24枚。两性同色，我国天鹅为纯白色，幼鸟大多为灰色，2岁后才变纯白色，4岁性成熟。栖息于生有芦苇和其他植物丛的偏僻而不流动的大水域中，在较浅水域中觅食，掘食植物的根和茎，不会潜水。天鹅属终生配偶制，雄鸟守护在巢的附近而不参与孵卵。我国有3种，均为国家二级重点保护动物。

天鹅属的代表动物：

（1）大天鹅（*Cygnus cygnus*），眼先、嘴基的块斑为橙黄色，嘴大都为黑色，嘴基上方无疣状突，外侧尾羽短于中央尾羽在60mm以下。眼先黄斑沿嘴缘前伸达鼻孔之下。常栖息于多芦苇、水草丰盛的大型湖泊，池塘、水库有时也可见到，一般雌雄成对活动，迁徙时常组成10~20只的小群，排成“一”字形或“V”字形飞翔，停息时颈成“S”形，飞行时，颈向前伸，脚伸于腹部后方。越冬区常结成50~100只的大群。主要食物为水生植物的根、茎、叶和种子，还食一些软体动物、昆虫、蚯蚓等。繁殖期营巢于芦苇深处，底部是烂泥潭。每窝产卵4~9枚，孵化期31天左右，有雌鸟孵卵，雄鸟在邻近水面游荡或在滩地高处守护。冬季分布于我国长江流域及附近湖泊；春季迁经华北、新疆、内蒙古到黑龙江、蒙古人民共和国及西伯利亚等地繁殖。

（2）小天鹅（*Cygnus columbianus*），眼先、嘴基的块斑为橙黄色，嘴大都为黑色，嘴基上方无疣状突，外侧尾羽短于中央尾羽在60mm以下。嘴基黄斑不伸达鼻孔之下。栖息于多芦苇和水草的湖泊、水库和池塘，常结群活动，性活泼而机警。选择取食地时，总有一对天鹅在空中盘旋，稍有惊扰就不再来此地取食，有其他水禽时，距其他水禽稍远的地方降落。以水生植物的根、茎、叶和种子为食，兼食少量水生昆虫、软体动物及沙砾等。小天鹅每年3月下旬惊蛰后开始北迁，11月霜降后飞抵越冬区。分布于东北、内蒙古、新疆北部及华北一带，南方越冬，偶见于我国台湾地区。

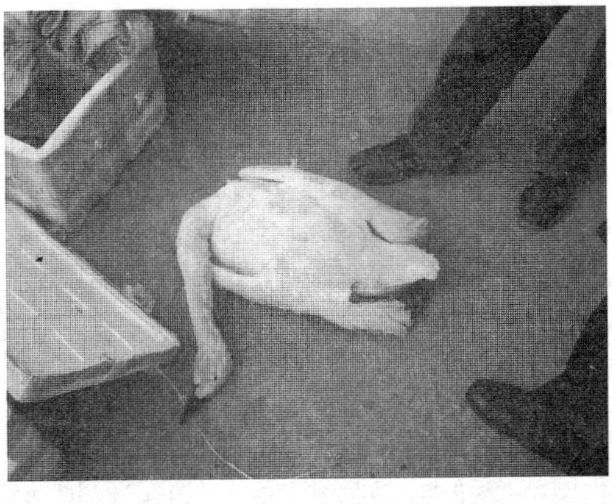

图4-14 案件中查获的小天鹅

（3）疣鼻天鹅（*Cygnus olor*），眼先、嘴基的块斑为黑色，嘴大都为橙红色，嘴基上方具黑色疣状突，外侧尾羽短于中央尾羽60mm以上。疣鼻天鹅多栖息于水草丰盛的河湾、湖泊、湖边沼泽地或草地。性机警。食物主要是水生植物的茎叶和果实及沙砾，如蒲、金鱼藻、杉叶藻、眼子菜等。营巢于苇滩的深处，由蒲苇的茎叶搭成。每窝产卵4~9枚，孵卵主要由雌鸟担任。9月底至10月中旬南迁，3月中旬至4月初迁至北方。在我国新疆、青海、甘肃、内蒙古繁殖；在长江中下游一带越冬。

2. 黑雁属（*Branta*）：中等大小的雁，比绿头鸭稍大，羽色以黑色和白色为主。雌鸟和雄鸟羽色相同，嘴短小而厚，侧面呈锥状，上嘴的齿突相互平行，上下嘴闭合时齿突不显，嘴甲大而圆，几乎占上嘴先端的全部。鼻孔位置介于嘴基和嘴突之间，呈纵长状。翅长而尖。尾短而稍圆，尾羽16~18枚，上下覆羽几乎与尾等长。跗蹠相当长而强，中趾较跗蹠甚短。嘴、脚、趾均为黑色。

黑雁属的代表动物：红胸黑雁（*Branta ruficollis*），上嘴边缘齿突不明显可见，初级飞羽羽轴为茶褐色。前颈至胸为栗棕色，眼先有白斑，眼后有一镶白边的棕红色斑块。为典型的冷水性海洋鸟，耐严寒，喜栖于海湾、海港及河口等地，以植物嫩茎叶、种子等为食。分布于我国湖南洞庭湖及广西南宁等地。

3. 雁属（*Anser*）：次于天鹅的大型种类。头颈长小于躯体长，颈椎不超过21枚。眼先被羽。体多为灰色和褐色，两性相同。腿位于身体中部，适于步行，跗蹠被网鳞，尾羽16~18枚，少有20枚者。迁飞时呈“一”字形或“人”字形排列。途中休息时，有一只雁“打更”。秋冬喜啄食麦苗和其他谷物。雁是较大程度上营陆栖生活的鸭类，在陆地上觅食青草和草根，到水边饮水和休息。善游泳，不会潜水。

雁属的代表动物：白额雁（*Anser albifrons*），上嘴边缘齿突明显可见，初级飞羽羽轴白或黄白色。嘴主要为粉红色，嘴甲为白色，额基具宽阔白横斑，向后不伸达两眼间（此点有别于小白额雁），足为橙黄色，腰为褐色。以植物为食。分布于我国新疆、西藏、辽宁、山西、河南、山东及长江以南沿海各省。

4. 秋沙鸭属（*Mergus*）：嘴近圆锥形，嘴缘列生有伸向后方的锯齿，是鸭科中一个独特的分支。嘴甲占据整个嘴端，且向下弯曲，鼻孔前缘至嘴中部。腿偏于体后，后趾具宽蹼。多具羽冠，两性羽色不同，不同种的雌鸭体色相似。体形较长，近于流线型，适于追捕鱼类。主食鱼、虾等水生动物。大都是北方鸟类，主要见于森林地带。

秋沙鸭属的代表动物：中华秋沙鸭（*Mergus squamatus*），嘴瘦长，近圆锥形，边缘具锯齿，嘴甲大、锐而具钩。雌雄均具有或多或少延长的头羽或项羽，组成羽冠。鼻孔位于嘴峰基部1/3处，胁具鳞状斑。栖息在我国东北，活动于阔叶林或针阔混交林的溪流、河谷、草甸、水塘、草地等处。性机警，稍有惊动就昂首缩颈不动，随即起飞或急剧游至隐蔽处。常结成3~5只小群活动，有时和鸳鸯混在一起。觅食多在缓流深水处，捕到鱼后先衔出水面而后吞食。主食鱼类，此外还食石蚕科的蛾及甲虫等。是我国特产种类，列为国家一级重点保护动物。

5. 鸳鸯属（*Aix*）：体形中等。雌雄异色。雄鸟头具羽冠，翅上初级飞羽外缘银灰色。嘴短，嘴峰近平直。前颈的羽毛颇为延长，形成明显的翎领。内侧的次级飞羽形稍扩大，而具金属光泽。跗蹠短，两脚位于鸟体前方。雌鸟大都灰褐色，头无羽冠。

我国仅1种，即鸳鸯（*Aix galericulata*）：雄鸟头具羽冠，翅上的初级飞羽的外缘银灰色，翼上具一帆状饰羽。嘴短，嘴峰近平直。前颈的羽毛延长，形成明显的翎领。内侧的初级飞羽稍扩大，而具金属光泽。雌鸟大都灰褐色，头无羽冠。栖息于山地的河谷、溪流；常见于阔叶林和针阔混交林的沼泽、芦苇塘及湖泊等。4 月初迁至繁殖地，9 月末至 10 月初南迁。夜间单独宿于河边的柳树丛下和河岸的土窖中，迁来前已成对。5 月中旬在大树洞中营巢，5 月中下旬产卵，每窝卵 7 ~ 12 枚，孵化期 28 ~ 29 天。鸳鸯以动物性食物为食，也吃一部分植物性食物。动物性食物中有蚂蚁、石蝇、蝗虫、蚊子、甲虫，也食蝼蛄、虾、蜗牛、蜘蛛以及小型鱼类和蛙等其他动物。植物性食物则主要是青草、草籽、水生苔藓类等。繁殖结束后还食玉米、稻谷、草根等。分布于我国内蒙古、黑龙江、吉林、辽宁，在长江以南越冬。

6. 鸭属（*Anas*）：多有鲜艳的翼镜。足稍偏于体后，跗蹠前面多少被盾鳞，后趾具有狭窄的蹼。大多两性羽色不同［斑嘴鸭（*Anas poecilorhyncha*）和棕颈鸭（*Anas luzonica*）例外］，叫声也各异，雌鸭叫得更嘹亮。本属广布于全球，共有 38 种，我国有 10 种，如绿头鸭（*Anas platyrhynchos*）是我国鸭属中体形最大的一种，是家鸭的祖先。该种已被列入国家林业局 2000 年 8 月 1 日发布的《国家保护的有益的或者有重要经济、科学研究价值的陆生野生动物名录》。

7. 麻鸭属（*Tadorna*）：体形较雁小，比河鸭略大。嘴短，基部较厚，中部凹陷，端部平扁而上翘。鼻孔至嘴基的距离小于嘴长的 1/3。翅长而尖，一般长于 280mm。尾羽 14 枚，尾呈圆形。雌雄两性的羽色基本相似。本属我国有 2 种，即赤麻鸭（*Tadorna ferruginea*）和翘鼻麻鸭（*Tadorna tadorna*），均已被列入国家林业局 2000 年 8 月 1 日发布的《国家保护的有益的或者有重要经济、科学研究价值的陆生野生动物名录》。

8. 潜鸭属（*Aythya*）：脚偏于体后部，后趾具宽蹼。腋羽为白色，尾羽 14 枚。善潜水，也能从水面直升飞翔。为水下摄食者，常以深水植物为食。两性羽色有差别。本属我国共 5 种，如凤头潜鸭（*Aythya fuligula*），该种已被列入国家林业局 2000 年 8 月 1 日发布的《国家保护的有益的或者有重要经济、科学研究价值的陆生野生动物名录》。

9. 海番鸭属（*Melanitta*）：嘴形大而宽阔，较头稍短，嘴的端部扁平，嘴的两侧边缘具有显著的栉状突，嘴甲占着整个嘴尖全部。鼻孔位于上嘴中部之后。雄鸟的上嘴基部具有膨大的瘤状突。尾形短尖，尾羽 14 ~ 16 枚，呈楔形，多少稍硬。后趾具宽阔瓣蹼。雄鸭羽色辉黑色，雌鸭暗褐色。本属我国有 2 种，即黑脸番鸭（*Melanitta nigra*）和斑脸海番鸭（*Melanitta fusca*）。后者翅上和头部两侧有白色块斑。二者均已被列入国家林业局 2000 年 8 月 1 日发布的《国家保护的有益的或者有重要经济、科学研究价值的陆生野生动物名录》。

（七）隼形目（Falconiformes）的识别特征

肉食性猛禽，嘴强健，上嘴嘴缘锋利，先端钩曲，覆盖下嘴，适于扯食。嘴基有蜡膜，鼻孔裸露，开口于蜡膜上。上眼眶有骨质突起，防止追击猎物时被树枝碰伤。翼强善飞，脚强健，跗蹠前缘上端被羽，某些种类跗蹠完全被羽。4 趾，3 趾向前 1 趾向后，后趾较发达。趾端钩爪强大而锋利，通常后爪最长。尾脂腺被䎃。晚成鸟。

本目鸟类性凶猛，嗜肉食。多独居，仅少数集群，多栖息于高山、田野、住宅区。

营巢多在树上、悬崖上或岩洞内，少数在地面。大多利用旧巢，逐年加大，有些种类自己不筑巢而侵占别种鸟的巢（如隼占鸦巢、鹊巢）。飞翔力强，活动范围广泛，换羽不影响飞翔，不丧失捕食能力。都是白天活动，吃动物性食物，视觉敏锐，体力强，用脚捕食，能捕获大于自身的猎物，其趾、爪的构造大多适于抓握不适于步行，只有少数种类（如兀鹫和秃鹫），脚适于地面活动，以尸肉为食，成为自然界的清扫工。

隼形目鸟类除极地和个别海岛外，遍布全球，尤以热带种类最多，大部分种类迁徙，共4科，我国有2科，所有种类均为国家重点保护动物。

1. 隼科（Falconidae）：体中小型。上喙临端左右各具一明显的齿突，下喙对应处有缺刻。鼻孔圆形，内有骨质突出物（柱状物）。翼形尖长。多数种具有明显的髭纹。跗蹠被网鳞（小隼属为盾鳞）。隼科鸟类大多栖息于开阔地或疏林地区，而避开大片稠密的森林。隼科飞翔极快，并能迎风振翅在空中停留巡视，发现猎物即急冲捕获。食物大都是昆虫、中小型鸟类及啮齿动物等。隼科鸟类广泛分布于全球（仅南极和某些大洋岛屿没有分布），共58种，我国有12种，大多为候鸟。所有种类均为国家二级保护动物。

（1）隼属（*Falco*）：嘴缘齿突具大型缺刻，另有一钝缺刻在后方。翅长而尖，初级飞羽最长，尾羽中等长度，而稍呈圆形。趾较长并覆盖有横的鳞片，比小隼长，但后趾较短而有力，爪特别弯曲有力而锐利。

隼属的代表动物：

①猎隼（*Falco cherrug*），嘴为黄褐色，尖端蓝黑，蜡膜为暗黄，脚为淡黄褐，头顶为褐色，羽缘为白色，上体、翼覆羽和尾为灰褐色。栖息于丘陵荒坡和草原，停息山顶悬崖，捕食鼠、兔、鸟、蛇、蛙等。营巢于峭壁下平台、崖隙或树上。不常见季候鸟。亚种 *milvipes* 繁殖于新疆阿尔泰山及喀什地区、西藏、青海、四川北部、甘肃、内蒙古及至呼伦池，有记录经辽宁及河北；越冬在中部及西藏南部。隼类的贸易驱使人们捕捉而导致种群数量下降。亚种 *altaicus* 为甚罕见季候鸟。繁殖于新疆西北部的天山，越冬于新疆西部喀什地区、青海湖周围及内蒙古中部。

②游隼（*Falco peregrinus*），中型猛禽。全长约40cm～48cm。上体为深蓝灰色，具黑褐色横斑，羽端为白色，羽干纹为黑色。头颈部为黑色，带蓝色光泽。飞羽为黑褐色；尾羽为蓝灰色，具黑色横斑。下体为污白色，带淡棕色，具黑色羽干纹，至腹部以后渐转为长三角形横斑。嘴为铅黑色。脚为黄色。栖息于开阔的农田、草地、河谷或山丘地区。单独活动，飞行迅捷。以鸭雁等为主要食物，也吃小型兽类。筑巢于悬崖峭壁的缝隙中，偶尔利用鸦、鹰等的旧巢。3月下旬开始产卵，每窝3～4枚，黄白色具红褐色及黄褐色斑。雌雄共同孵卵，孵卵期28～29天，育雏期35～40天。为新疆繁殖鸟，迁徙及越冬时遍及各地。

③红隼（*Falco tinnunculus*），比利时国鸟，小型猛禽。体长314mm～360mm。雄鸟头顶、后颈、颈侧为蓝灰色，具黑褐色羽干纹，额基、眼先和眉纹为棕白色，耳羽为灰色，髭纹为灰黑色，背、肩及上覆羽为砖红色，各羽具三角形黑褐色横纹，腰和尾上覆羽为蓝灰色，尾羽为蓝灰色，具黑褐色横斑及宽阔的黑褐色次端斑，下体为棕白色，颊近白色，上胸和两胁具褐色三角形斑纹及纵纹，下腹黑褐色纵纹逐渐减少，覆

腿羽和尾下覆羽为黄白色，尾下面为银灰色。雌鸟上体为深棕色，头顶具黑褐色纵纹，上体其余部分具黑褐色横纹，其他部分与雄鸟相同。虹膜为暗褐色，嘴为蓝灰色，先端为黑色，嘴和腊膜为黄色，跗蹠和趾深为黄色，爪为黑色。我国主要分布在北京、河北、山西、内蒙古、辽宁、吉林、黑龙江、上海、浙江、安徽、福建、江西、山东、河南、湖北、广东、广西、海南、四川、贵州、云南、西藏、陕西、甘肃、青海、宁夏、新疆、台湾、香港等地。

（2）小隼属（*Microhierax*）：嘴短而强大，但微扁，有一个大型齿突，有时也有第二枚齿突。第二、三枚初级飞羽最长，第一枚和第四枚等长。跗蹠部和趾都强壮，跗蹠部的上半部被羽。本属我国 2 种，即红腿小隼（*Microhierax caerulescens*）和黑白小隼（*Microhierax melanoleucus*）。

2. 鹰科（Accipitridae）：上喙无齿突而具弧状垂（圆垂突），鹃隼属具双齿突。鼻孔绝大多数非圆形（椭圆形），内无骨质柱状物。跗蹠前缘大多数被盾鳞或被羽，少数被网鳞。翼形宽大而圆，多善于翱翔，不如隼科飞行迅速。本科鸟类羽毛（主要是飞羽和尾羽）可供制羽扇、箭尾和装饰之用。全世界 218 种，我国 47 种。除 7 种为国家一级保护动物外［金雕（*Aquila chrysaetos*）、白肩雕（*Aquila heliaca*）、白尾海雕（*Haliaeetus albicilla*）、玉带海雕（*Haliaeetus leucoryphus*）、虎头海雕（*Haliaeetus pelagicus*）、胡兀鹫（*Gypaetus barbatus*）、拟兀鹫（*Gyps bengalensis*）］，其余均为国家二级保护动物。

（1）鹃隼属（*Aviceda*）：嘴强，特别弯曲，上嘴缘有两个齿突。鼻孔有瓣膜遮盖，蜡膜小而窄。尾长，多呈方形。跗蹠部短而强。本属我国 2 种，黑冠鹃隼（*Aviceda leuphotes*）上体主为黑色；褐冠鹃隼（*Aviceda jerdoni*）上体主为褐色。

鹃隼属的代表动物：褐冠鹃隼，体长约 47cm。头顶淡红褐色杂黑纹；具长羽冠，羽冠有 2～3 道黑纵纹，羽端白色。上体褐色，背和肩羽缘棕色，飞羽具宽阔的暗灰色和黑色横斑，尾淡褐色，间以黑色横斑及宽阔的近端斑。喉白，正中有一条黑色纵纹，下体余部满缀宽阔的淡红褐色和白色横斑。栖息于丘陵、山地或平原森林，多在晨昏活动。以蜥蜴及大型昆虫为食，有时也吃蝙蝠。

（2）鹰属（*Accipiter*）：上嘴的弧状垂甚发达。跗蹠较长，与胫近等长（二者之差小于后爪长），且等于或大于嘴长（含蜡膜）的 2 倍。跗蹠前后缘被盾鳞，但鳞片间常分界不清而呈平滑的靴状（见于小型种类）。成体腹面多横纹，幼鸟或具纵纹。飞羽式 $1 \leqslant 8$，小翼羽发达，其羽端几达翼长之半。都是林栖鸟类。

鹰属的代表动物：

①苍鹰（*Accipiter gentilis*），中型猛禽，全长约 55cm。上体为苍灰色，头顶、枕和头侧为黑褐色；枕部有白羽尖，眉纹白杂黑纹；背棕为黑色；胸以下密布灰褐和白相间横纹；肩羽和尾上覆羽有污白色横斑。飞羽为暗灰褐色，尾灰褐，有 4 条宽阔黑色横斑，尾方形。下体为污白色，胸、腹及覆腿羽均有黑褐色横斑。嘴为黑色，基部沾蓝色。脚为绿黄色，爪为黑色。飞行时，双翅宽阔，翅下为白色，但密布黑褐色横带。分布广泛，对维护自然界生态平衡有重要作用。为民间驯鹰的主要对象。除西藏外，遍布全国。偶见于我国台湾地区。

②松雀鹰（*Accipiter virgatus*），中等体型（33cm）的深色鹰。似凤头鹰但体型较小并缺少冠羽。成年雄鸟上体为深灰色，尾具粗横斑，下体为白色，两胁为棕色且具褐色横斑，喉为白色而具黑色喉中线，有黑色髭纹。雌鸟及亚成鸟两胁棕色少，下体多具红褐色横斑，背褐，尾褐而具深色横纹。亚成鸟胸部具纵纹。虹膜为黄色；嘴为黑色，蜡膜为灰色；腿及脚为黄色。栖息于海拔2800m以下的山地针叶林、阔叶林和混交林中，冬季时则会到海拔较低的山区活动。性机警，人很难接近，常单独生活。喜在6m~13m高的乔木上筑巢，以树枝编成皿状。主要捕食鼠类、小鸟、昆虫等动物。国内分布于内蒙古东北部、东北山地、西藏南部至陕西、四川、云南、广西、广东、福建。

③雀鹰（*Accipiter nisus*），中等体型（雄鸟32cm，雌鸟38cm）而翼短的鹰，上体呈苍灰色，头顶及后颈部为乌灰色，颏和喉部为白色，虹膜为橙黄色，嘴为暗铅灰色，尖端呈黑色，基部呈黄绿色，蜡膜为黄色或黄绿色，脚和趾为橙黄色，爪为黑色。幼鸟胸腹部具三角形或椭圆形黄褐色斑纹。亚成体鸟与*Accipiter*属其他鹰类的亚成体鸟区别在于胸部具褐色横斑而无纵纹。雄鸟的上体几乎呈纯青灰色，后颈羽基为白色，常裸露；胸腹部具赤褐色横斑纹。白色的下体上多具棕色横斑，具有细密的红褐色横斑，尾羽有4~5道黑色横斑，飞翔时翅膀的后缘略为突出，翅膀下面的飞羽具数道黑褐横带，前端逐渐变为白色，羽干则沾有棕色。翅通常短于300mm，飞羽呈暗褐色，内翈杂以白斑，第6枚初级飞羽的外翈有缺刻；翅膀阔而圆，尾羽较长。下体为白色，并有浓密的茶栗色横斑。喉部有黑色细纵纹。嘴部为暗灰蓝色。脚和趾均呈黄色，蜡膜为绿黄色，爪为黑色。脸颊棕色为识别特征。雌鸟体型较大，上体褐色，头后夹杂有少许白色，下体为白或淡灰白色，胸、腹部及腿上有灰褐色横斑，喉部分布有褐色细纹，没有喉中线，脸颊棕色较少。主要分布于西部的新疆、青海、四川、西藏、云南等省区和东北地区，冬季南迁至黄河以南的广大区域。

（3）鹞属（*Circus*）：跗蹠细长，前缘被盾鳞，似鹰属。雌体腹面具纵纹，两性异色，雄性背面常具银蓝灰色。体中型，翼较大，飞羽式1≥7。颈具有一圈小羽毛构成的翎领。地面营巢。

鹞属的代表动物：

白尾鹞（*Circus cyaneus*），又叫灰鹰、白抓、扑地鹞、灰泽鹞和灰鹞等，是中型猛禽，体长41cm~53cm，前额为污灰白色，头顶灰褐色，而且具暗色的羽干纹，后头为暗褐色，具棕黄色的羽缘，耳羽的后下方向下至颏有一圈蓬松而稍微卷曲的羽毛所形成的翎领，后颈微蓝灰色，常缀以褐色或黄褐色的羽缘，上体的背部、肩部和腰部等都是蓝灰色，有时稍微沾褐色，翅膀的尖端为黑色。尾上覆羽为纯白，中央尾羽为银灰色，上面的横斑不明显，紧接着的两对尾羽为蓝灰色，具有暗灰色横斑，外侧的尾羽则是白色，杂以暗灰褐色的横斑，尾上覆羽为白色，所以被叫做白尾鹞。下体的颏部、喉部和上胸部均为蓝灰色，其余部分为纯白色。虹膜为黄色，嘴为黑色，基部为蓝灰色，蜡膜为黄绿色，脚和趾为黄色，爪为黑色。我国仅产指名亚种，分布几乎遍及全国各地。

（4）鵟属（*Buteo*）：体中型，跗蹠粗壮且明显短于胫，跗蹠后缘被盾鳞或网鳞，种内还有差异。没有真正的幼体羽毛，幼鸟和成鸟仅下体和尾羽的斑纹稍有不同，而个体羽色变异却相当大。翼下面翼角外侧有黑褐色块斑。

鵟属的代表动物：普通鵟（*Buteo buteo*），为中型猛禽，体长51cm~59cm，上体为深红褐色；脸侧皮黄具近红色细纹，栗色的髭纹显著；下体主要为暗褐色或淡褐色，具深棕色横斑或纵纹，尾羽为淡灰褐色，具有多道暗色横斑，飞翔时两翼宽阔，在初级飞羽的基部有明显的白斑，翼下为肉色，仅翼尖、翼角和飞羽的外缘为黑色（淡色型）或者全为黑褐色（暗色型），尾羽呈扇形散开。在高空翱翔时两翼略呈"V"字形。另外，它的鼻孔的位置与嘴裂平行，而其他鵟类的鼻孔则与嘴裂呈斜角。虹膜为黄色至褐色；嘴为灰色，端黑，蜡膜为黄色；脚为黄色。繁殖于东北西北部呼伦贝尔盟、东北部小兴安岭和中部长白山，越冬于长江以南，西达四川巴塘、云南西北部和贵州，南至西藏南部、云南南部、广西、广东、福建和海南岛，迁徙期间经过东北南部辽东半岛、河北、山东、河南、甘肃、新疆等省。

（5）鵟鹰属（*Butastur*）：雌雄大小相同。嘴峰从嘴基部开始向下弯曲，颌部有明显突起。翅长，第三枚初级飞羽最长，第一、二、三、四枚内缘有缺刻。跗蹠部裸出，其上鳞片覆瓦状，前缘较大。

鵟鹰属的代表动物：灰脸鵟鹰（*Butastur indicus*），中等体型（45cm）的偏褐色鵟鹰。颏及喉为明显白色，具黑色的顶纹及髭纹。头侧近黑；上体为褐色，具近黑色的纵纹及横斑；胸为褐色而具黑色细纹。下体余部具棕色横斑而有别于白眼鵟鹰。尾细长，平型。虹膜为黄色；嘴为灰色，蜡膜为黄色；脚为黄色。在东北北部小兴安岭至南部旅顺、西南部朝阳及河北为夏候鸟或旅鸟，河北沿海以至福建、海南和台湾中部的南投山区、八卦山、大肚山脉，南部的绿春半岛等为旅鸟，长江以南地区，南抵广东沿海岛屿与云南南部西双版纳为冬候鸟。

（6）雕属（*Aquila*）：头上无羽冠，嘴强并有平圆的突起，但上、下颌无相应的缺刻。鼻孔耳形或圆形。第一枚初级飞羽短于第二枚，第四、五枚初级飞羽除外，其余均在飞羽内翈具缺刻。跗蹠部覆羽可达趾。爪尖而弯曲。

雕属的代表动物：

①金雕（*Aquila chrysaetos*），大型猛禽，全长约为86cm。头顶为黑褐色，后头至后颈羽毛尖长，呈柳叶状，羽基为暗赤褐色，羽端为金黄色，具黑褐色羽干纹。上体为暗褐色，肩部较淡，背肩部微缀紫色光泽；尾上覆羽为淡褐色，尖端近黑褐色，尾羽灰褐色，具不规则的暗灰褐色横斑或斑纹和一宽阔的黑褐色端斑；翅上覆羽为暗赤褐色，羽端较淡，为淡赤褐色，初级飞羽为黑褐色，内侧初级飞羽内翈基部为灰白色，缀杂乱的黑褐色横斑或斑纹；次级飞羽为暗褐色，基部具灰白色斑纹，耳羽为黑褐色。下体颏、喉和前颈为黑褐色，羽基为白色；胸、腹亦为黑褐色，羽轴纹较淡，覆腿羽、尾下覆羽和翅下覆羽及腋羽均为暗褐色，覆腿羽具赤色纵纹。幼鸟和成鸟大致相似，但体色更暗，第一年幼鸟尾羽为白色，具宽的黑色端斑，飞羽

图4-15　案件中查获的金雕

内翈基部为白色，在翼下形成白斑；第二年以后，尾部白色和翼下白斑均逐渐减少，尾下覆羽亦由棕褐色到赤褐色到暗赤褐色。虹膜为栗褐色，嘴端部为黑色，基部为蓝褐色或蓝灰色（雏鸟嘴铅灰色，嘴裂黄色），蜡膜和趾为黄色，爪为黑色。多栖息于高山草原和针叶林地区，平原少见。性凶猛而力强，捕食鸠鸽雉鹑和野兔，甚至幼麝等。繁殖期在2～3月间，多营巢于难以攀登的悬崖峭壁的大树上，每窝产卵1～2枚，为青白色，带有大小不等的深赤褐色斑纹。孵卵期为44～45天，育雏时雌雄鸟共同参加，雏鸟77～80天离巢。遍布于我国东北及西部山区，为留鸟；偶见于安徽滁州、江苏镇江、浙江温州等地。

②白肩雕（*Aquila heliaca*），也叫御雕，大型猛禽，体长为75cm～84cm，体羽为黑褐色，头部和颈部较淡，特别是肩部具有明显的白斑，在黑褐色的体羽上极为醒目，与其他雕类不同，并因此而得名。滑翔时两个翅膀平直，滑翔和翱翔时两翅也不像金雕那样上举呈“V”字形，同时尾羽收得很紧，不散开，因而显得较为窄长。虹膜为红褐色，嘴为黑褐色，但基部为铅蓝灰色，蜡膜和趾为黄色，爪为黑色。分布于我国大部分地区，但各地均较为罕见，在新疆为留鸟或繁殖鸟，在甘肃、青海、陕西、长江中下游和福建、广东、香港、台湾等地为冬候鸟，其余各地均为旅鸟。

③乌雕（*Aquila clanga*），也叫花雕、小花皂雕，体型比金雕小，全长为63cm（雄）～70cm（雌）。体羽为暗褐色，背面有金属光泽；尾上和尾下覆羽缀以白色或淡棕色。嘴为黑褐色，鼻孔圆形有别于其他种。趾为黄色，爪为黑色，跗蹠下部羽毛近白色。栖息于草原及湿地附近的林地，多在飞翔中或伏于地面捕食，取食鱼、蛙、鼠等动物，也食金龟子、蝗虫。在高山岩石或乔木上筑巢，每窝产卵1～3枚，孵化期为42～44天。分布于我国东北、华北、华东、中南及新疆。

（7）海雕属（*Haliaeetus*），嘴圆钝，嘴峰基部开始弯曲，嘴缘缺刻不明显。翅很长，第四枚初级飞羽最长，尾部圆形，中央尾羽长，两侧逐短。跗蹠部被羽部分只达其1/3，其余2/3裸露。

海雕属的代表动物：

①白尾海雕（*Haliaeetus* albicilla），大型猛禽，全长约为90cm。体羽为暗褐色，各羽具淡色羽缘，头颈为淡黄褐色；尾楔形，为纯白；翼羽为褐色；嘴腿及脚为黄色。幼鸟体羽斑驳尾淡黄褐具杂斑。见于华中及华东的多种栖息环境如河边、湖泊周围及沿海。繁殖于内蒙古东北部呼伦湖周围，可能在中国东北的其他地区还有繁殖。

②虎头海雕（*Haliaeetus pelagicus*），别名虎头雕，属于鹰科，属大型猛禽。全长约为100cm。体羽大部为黑褐色，具灰褐色纵纹。额、肩、腰、尾上及尾下覆羽、腿覆羽及尾羽为白色。幼鸟这些白色羽毛大多具有暗褐色斑纹。嘴、脚为深黄色。栖息于近海的河沼地区高树上。主食鱼类，也捕食水禽、啮齿动物和腐尸。在崖壁或大树上以枯枝编巢，每窝产卵2枚，为白色。产于我国黑龙江、辽宁、河北、山西、台湾。本种在黑龙江洪河沼泽国家级自然保护区有分布，但无繁殖确证。其余大部地区均为旅鸟，偶在台湾越冬。

③玉带海雕（*Haliaeetus leucoryphus*），又叫黑鹰、腰玉，也是大型猛禽，体长为76cm～84cm，头部和颈部沙皮为黄色，喉部皮为黄白色，颈部的羽毛较长，呈披针

形，上背为褐色，其余上体为暗褐色，初级飞羽为黑色，下体为棕褐色。尾羽为圆形，特点也很明显，主要在暗褐色，但是在中间具有一个宽阔的白色横带，并因此而得名。虹膜为淡灰黄色到黄色，嘴为暗石板黑色或铅色，蜡膜和嘴裂为淡色，脚和趾为暗白色、黄白色或暗黄色，爪为黑色。玉带海雕没有亚种分化，在国外分布于亚洲中部、蒙古、尼泊尔、巴基斯坦、伊拉克、印度、缅甸等地；在我国分布于北京、河北、山西、内蒙古、吉林、黑龙江、上海、江苏、四川、西藏、甘肃、青海、新疆等地；但各地均罕见，其中在新疆为留鸟或繁殖鸟，黑龙江、内蒙古、青海、甘肃为夏候鸟，吉林、北京、河北、山西、四川为旅鸟，上海为冬候鸟。

（8）秃鹫属（*Aegypius*）：头部有绒羽，颈部裸出，有领丛。鼻孔圆形。嘴短，从蜡膜前缘开始向下弯曲。为全国常见种，俗称“坐山雕”。体形较大的鸟类，为食腐鸟类。

秃鹫属的代表动物：秃鹫（*Aegypius monachus*），体形大，全长约为 110cm，是高原上体格最大的猛禽，它张开两只翅膀后整个身体大约有 2m 长，0.6m 宽。成年秃鹫头部为褐色绒羽，后头羽色稍淡，颈裸出，呈铅蓝色，翎领为白褐色。上体为暗褐色，翼上覆羽亦为暗褐色，初级飞羽为黑色，尾羽为黑褐色。下体为暗褐色，胸前具绒羽，两侧具矛状长羽，胸、腹具淡色纵纹，尾下覆羽为白色，覆腿羽为黑褐色。虹膜为褐色，嘴端为黑褐色，蜡膜为铝蓝色，跗蹠和趾为灰色，爪为黑色。罕见，但在分布区的北部较常见。繁殖在我国新疆西部喀什及天山、青海南部及东部、甘肃、宁夏、内蒙古西部、四川北部，在西藏南部、华中、华东、东南及台湾有零星出现。

（9）兀鹫属（*Gypaetus*）：头裸出，但领丛很大，颈侧无肉垂，嘴较细且较长，尾羽 14 枚。

兀鹫属的代表动物：

①胡兀鹫（*Gypaetus barbatus*），大型猛禽，全长为 105cm ~ 133cm，上体呈黑色而有银灰色光泽，额及头顶覆以淡灰褐色绒状羽。下体为淡棕色，尾羽银灰色而沾黑。体型一般是雌鸟比雄鸟稍大。嘴角下生有一小簇黑黝黝的刚毛，形如胡须而得名。胡兀鹫体形巨大，体长在 1m 以上，明显的楔状尾羽甚长，窄而尖长的翅膀展开后可达 2.7m ~ 3m。由于胡兀鹫嗜食腐肉，所以长有铁钩的脚有所退化，但高而侧扁的嘴反而变得格外强大，先端钩曲成 90°，像钢钳一样。虹膜为黄色或红色；嘴为灰色；脚为灰色。分布于我国新疆西部、青海、甘肃、宁夏、四川西南部及西藏，为留鸟。

②拟兀鹫（*Gyps bengalensis*），也叫做白背兀鹫，全长为 83cm ~ 120cm。头被黄白色状羽和绒羽；头、颈为灰色，有裸露区，颈基具白色绒羽组成的翎领。上体为沙白色或茶褐色，具矛状条纹及淡色羽缘，下背为白色，翅下具白色带。头和上颈裸露，具稀疏的黄色纤毛状羽；后颈有一簇污白色绒羽；肩、两翼和尾为暗黑色；下背及腰为白色；胸、腹及尾下覆羽为暗褐色并具淡色羽干纹。嘴为灰绿色或铅灰色。脚为暗绿灰色。栖息于干燥而严寒的高山。1 月至 4 月繁殖，每窝产卵 1 枚，为白色，一般无斑点。分布在我国新疆、青海、甘肃、宁夏、四川、云南、西藏等地。

③高山兀鹫（*Gyps himalayensis*），大型猛禽。全长为 90cm ~ 120cm，上体为沙白色或茶褐色，具矛状条纹及淡色羽缘。2 龄幼鸟上体羽缘为桂红色，下体为桂红色但有白

色条纹，头部的绒羽渐为丝状羽替代，颈部有很长的矛状羽；3 龄幼鸟与成鸟相似，但翎领有桂红色羽缘。成鸟两性羽色相似。头被黄白色毛状羽和绒羽；头侧、颏、喉为毛状羽，短而稀疏；颈细而裸露，基部具明显而宽阔的灰白色长翎羽，有淡褐色轴纹。翅和尾为黑褐色。下体为淡黄褐色，具淡色纵纹。嘴形高大而侧扁，先端弯曲。嘴为灰绿色或铅灰色。脚为暗绿灰色。额和头顶有淡黄色绒状羽，颏下有一小簇黑羽，形长如须。栖息于干燥而严寒的高山。常翱翔于 6000m 高空、长时间在空中寻找动物尸体或动物病残体，发现后落地撕食。1 月至 4 月繁殖，多筑巢于悬崖边缘上，旧巢多修复后继续使用。每窝产卵 1 枚，为白色，一般无斑点。分布在我国内蒙古、四川、云南、西藏、甘肃、青海、宁夏和新疆等地。

图 4－16　案件中查获的高山兀鹫

（10）蛇雕属（*Spilornis*）。

蛇雕（*Spilornis cheela*），别名大冠鹫、白腹蛇雕，国家二级保护动物，大中型鹰类。全长为 61cm～73cm，头顶具黑色杂白的圆形羽冠，覆盖后头。上体为暗褐色，下体为土黄色，颏、喉具暗褐色细横纹，腹部有黑白两色虫眼斑。飞羽为暗褐色，羽端具白色羽缘；尾为黑色，中间有一条宽的淡褐色带斑；尾下覆羽为白色。喙为灰绿色，蜡膜为黄色。跗蹠及趾为黄色，爪为黑色。喜在林地和林缘活动，多成对活动。每年 3 月至 5 月繁殖，产卵 1 枚，卵色乳白或黄白色杂以红棕色污渍。营巢于高树上，用树枝搭成平台式的巢，内铺绿叶。以小型两栖类、爬行类以及鸟类为食。分布于我国辽宁、华东、中南、西南等地。

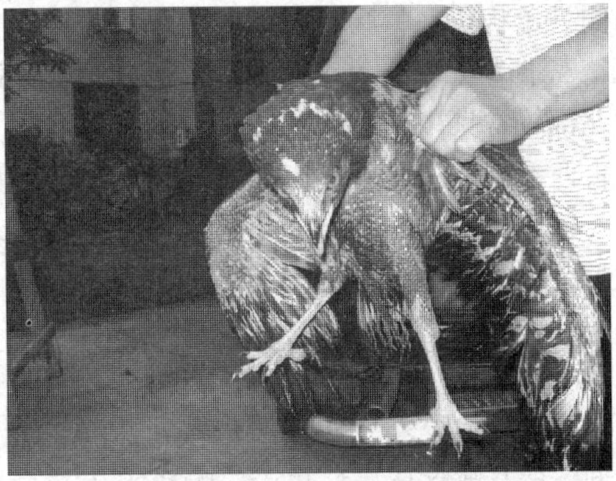

图 4－17　案件中查获的蛇雕

（八）鸡形目（Galiformes）的识别特征

属陆禽，嘴粗壮而略拱曲。鼻孔被鳞片或被羽，无鼻沟。颈椎通常为 16 枚。翼短圆，飞翔力不强，初级飞羽为 10 枚。尾或长或短，尾羽多为 12～20 枚（蓝胸鹑最少，仅 8 枚；蓝马鸡最多，达 24 枚），后肢强壮善走，通常后趾较小而略高起，前趾基具微蹼，爪盾而稍曲。多数种类雌雄异形显著，雄性大，常有彩羽。嗉囊大，肌胃发达。尾脂腺大都被羽。第四、五枚次级飞羽间断排列，体羽大都具有发达的副羽。

鸡类大多群居生活，栖息于冻原、森林、山地、农田、草原等地，多为留鸟。多数地面活动，少数树栖。杂食性，以植物性为主，常见用脚在地上搔刨，用嘴啄食。吞食沙砾是鸡类的一个重要特性，幼鸟喜欢吃动物性食物。为中、小型种类，一年就能达到性成熟，但大型种类需较长时间，繁殖期雄鸟好斗，并有发情姿态，一是侧面型发情姿态（具有侧扁或细长尾羽的种类），都是站在雌鸟头侧，此时雄鸟内侧的翅膀下垂，背和另一侧的翅膀向上扩展，显示背部的艳美，同时尾羽扭向另一方竖起，头部的冠、裙、角肉垂、翎领也都耸起，颈部膨胀起来；二是正面发情姿态（尾平扁的种类），发情时，便直追雌鸟，至雌鸟前方，面朝雌鸟，嘴直向下，胸部膨起，几乎与地面接触，同时扩张两翅，尾竖起如扇，显露上体艳美。有的出现集体发情姿态，如松鸡科有些种类，就有所谓的跑圈现象。多数地面营巢，巢形简陋。

本目共 7 科，我国 2 科。

1. 松鸡科（Tetraonidae）：除上眼睑裸露呈鲜红色外，头全部被羽。鼻孔被羽掩盖。跗蹠全部或局部被羽（榛鸡属种类仅跗蹠上端被羽）。秋冬季趾侧密生有角质的栉状突，在雪地上行走时，足不深陷，便于冬季寻食或钻雪窝过夜时迅速扒雪，栖止在树上时借以抓牢结冰光滑的树枝。春夏季栉缘消失（雷鸟趾被密羽而无栉缘）。跗蹠无距。尾羽为 16 ~ 18 枚，雌雄异色或近同色，有的有季节性变化。为树栖的寒带或寒温带鸟类，喜栖于桦树、落叶松林以及柳丛中。非繁殖季节成群活动。杂食性，主要吃木本植物的叶、芽、花序、浆果、种子、枝条等，也吃昆虫和蠕虫等动物性食物，幼鸟主要以动物性食物为主，成长中逐渐变为植物性。冬天在雪窝里过夜。本科共 18 种，遍布于全北区，我国有 8 种。

（1）松鸡属（*Tetrao*）：松鸡属是我国松鸡类中体形最大的鸟类。雌雄两性羽色区别很大，雄性体形也较大。嘴短而强，雄鸟的上嘴覆盖下嘴，犹如隼嘴。翅短而圆，初级飞羽第四枚最长，第一枚较第二枚短甚，几等于第八枚；尾很长，呈圆尾或楔尾状，尾羽 18 枚，中央一对较外侧长甚。跗蹠被羽至趾，冬季趾上具有栉状突。腋羽甚长，纯白或白而杂以黑色和棕色。

松鸡属的代表动物：细嘴松鸡（*Tetrao parvirostris*），体型似家鸡。全长为 70cm（雌）~ 90cm（雄），雄鸟头颈部有青紫色闪光。肩部、初级飞羽，以及翅和尾上的一些覆羽尖端部分为鲜白色；尾长大，其长度略短于翅长，外形似楔状；下体黑褐色，杂以白斑，尾下覆羽的尖端有宽达 2cm ~ 2.5cm 的白色端斑。雌鸟上体大致为棕色，但具黑褐色闪蓝光的横纹，在头顶上又常形成圆点状；尾及尾上覆羽为黑褐色，有红棕色细纹；翅及尾上的覆羽也有白色端斑。两性的嘴均为黑褐色。脚与趾为黑色。在两眼的上方有红色裸皮。细嘴松鸡为亚寒带针叶林带典型代表性鸟类，以往在我国广泛分布于大、小兴安岭，在大兴安岭的南端阿尔山，小兴安岭的带岭均有分布，冬季在河北兴隆县偶尔亦能见到。如今，细嘴松鸡在大兴安岭主要分布在宾州铁路线以北地区，在小兴安岭地区，则主要沿黑龙江流域分布。国家一级重点保护动物。

（2）琴鸡属（*Lyrurus*）：体形中等。嘴短而强。翅短而强，初级飞羽的第一枚远较第二枚为短，其长度介于第七枚与第八枚之间，第四枚最长；尾羽 18 枚，外侧尾羽较中央尾羽为长或长甚，雌性尾叉裂不深，雄性的尾羽向外或向下弯曲，腋羽长而纯白色。跗蹠被羽，趾裸露，趾上覆羽盖着三列鳞状斑，两侧具有角质栉状突。雌雄两性的羽色、尾羽和体形等差别很大。

琴鸡属的代表动物：黑琴鸡（*Lyrurus tetrix*），也叫黑野鸡，属中等鸡类。全长为

55cm 左右。雄鸟全身体羽为黑色，头颈喉下背具蓝绿色金属光泽。翅上具白色翼镜。尾呈叉状，外侧尾羽长而向外卷曲成琴状。嘴为暗褐色。脚裸皮为橘红色。雌鸟全身体羽为黄褐色，具黑褐色斑；颏喉为棕红色；翅上翼镜不明显；尾羽叉状，不向外弯曲。为山地森林鸟类，栖息于开阔地附近的松林、桦树林和混交林中。主要以植物嫩枝、叶、根、种子等为食，兼食昆虫。3 月末至 4 月初发情，雌鸟 5 月初在发情地筑巢产卵。在树下的地面营巢。每窝产卵 6 ~ 8 枚，淡赭色，具深褐色斑点。孵卵期 19 ~ 25 天，育雏期约为 60 天。为黑龙江、吉林、河北、内蒙古、新疆等地留鸟。分布区日见狭窄，数量稀少，应严加保护。为国家二级重点保护动物。

（3）雷鸟属（*Lagopus*）：体形中等大小，比黑琴鸡小。翅短而圆，翅式为 3 > 4 > 2 > 5 > 6 > 1，第三枚和第四枚初级飞羽最长，第一枚比第二枚短甚；除第一枚外，初级飞羽的基部均有缺刻。尾羽为 16 枚，尾长适中，末端稍圆，中央尾羽较其他尾羽稍高。腋羽很长。雌雄性的冬羽大为白色。跗蹠被羽到趾，夏季趾均裸露，仅具短而不规则的毛。例如，柳雷鸟（*Lagopus lagopus*），分布于黑龙江流域；岩雷鸟（*Lagopus mutus*），分布于新疆等地。二者均为国家二级重点保护动物。

（4）镰翅鸡属（*Falcipennis*）：体形适中，比榛鸡稍大。翅短圆，初级飞羽第四枚最长，第一枚极短，长度介于第七枚和第八枚之间，前四枚端部变狭，呈镰刀状，尤其是雄鸟。腋羽长，暗灰而杂以白色。尾羽 16 枚，外侧尾羽稍短于中央尾羽。跗蹠被羽，其长度较中趾连爪短，趾具栉状突。例如，镰翅鸡（*Falcipennis falcipennis*），分布于黑龙江流域。为国家二级重点保护动物。

（5）榛鸡属（*Bonasa*）：体形适中，比鸽大。体羽棕灰色，具暗色斑纹。雌雄羽色差异极小。头上具羽冠。翅短圆，组成翅尖的为第四枚初级飞羽，第一枚较第二枚短甚，长度介于第七枚和第八枚之间。腋羽稍长，呈黑白相杂状或具黑白两色相间的横斑。尾羽 16 枚，外侧尾羽稍短于中央尾羽。跗蹠被羽 2/3，各趾两侧具栉状突。

榛鸡属的代表动物：

①花尾榛鸡（*Bonasa bonasia*），也叫飞龙。小型森林鸟类。全长为 35cm 左右。雄鸟上体为棕灰色，具栗褐色横斑。头上有短羽冠；颏喉部为黑色。飞羽为褐色；尾羽为灰褐色，具一条宽阔的黑褐色次端斑，羽端为灰白色；中央一对尾羽具棕黄色横斑。下体为棕褐色，具白色弧形横斑。嘴雄鸟为黑色，雌鸟为淡黄色。趾为黑褐色。栖息于寒温带森林中，尤以浆果灌丛中为多。以野生植物的嫩尖、芽苞、花序为食，特别嗜食松子、橡子、榛子等。4 月下旬至 5 月初发情交配。筑巢于多杂木林、灌丛的地面，挖穴为巢，内铺以细草茎叶等。每窝产卵 7 ~ 14 枚，为浅黄褐色，具稀疏红褐色细斑。孵卵由雌鸟承担。孵卵期为 21 ~ 25 天，雏鸟孵出几天后即可独立觅食，3 个月左右即达成鸟阶段。为我国黑龙江、吉林、辽宁、内蒙古、河北等地留鸟。为传统猎禽，肉食中之上品。由于过猎，种群数量显著下降，需加以保护。国家二级重点保护动物。

②斑尾榛鸡（*Bonasa sewerzowi*），为国家一级重点保护动物。形小而满布褐色横斑的松鸡，体长为 310mm ~ 320mm。具明显冠羽，黑色喉块外缘白色。上体多褐色横斑而带黑。外侧尾羽近端黑而端白。眼后有一道白线，肩羽具近白色斑块，翼上覆羽端

白。下体胸部为棕色，及至臀部渐白，并密布黑色横斑。雌鸟色暗，喉部有白色细纹，下体多皮为黄色。仅分布在我国的甘肃、青海和四川。

2. 雉科（Phasianidae）：头常有裸区或肉垂、肉冠。鼻孔裸出，有的种类有角质盖膜（如雪鸡属）。跗蹠多裸出（雪鹑属和雪鸡属跗蹠前缘上端被羽），跗蹠前缘被两纵列盾鳞（孔雀属和孔雀雉属种类被单列盾鳞）。雄鸟每足常有距1枚（孔雀雉常有2枚距），但有的种类两性皆有（鹇属和石鸡属），有的种类雌雄均无距（鹌鹑属和山鹑属）。尾形不已，有的特长，如白冠长尾雉。两性羽色不同（马鸡属和鹑族某些属例外），尾羽数常有变异，如鹌鹑为10～12枚。食物为果实、种子、昆虫、蠕虫等。雄性好斗，尤其在发情期。是重要的经济鸟和观赏鸟。在我国的53种雉类中，有20种是我国特产种或主要分布在我国。

（1）雪鹑属（*Lerwa*）：翅短而尖。初级飞羽通常第二枚最长，第一枚较第三枚稍短。跗蹠短，较中趾连爪为短，最上部前面被羽。雄鸟有距，形短而钝，有时尖而锐。尾羽14枚，末端稍圆。两性相似。我国1种，即雪鹑（*Lerwa lerwa*）。

（2）雪鸡属（*Tetraogallus*）：翅形稍圆，初级飞羽第一枚与第六枚等长，第二枚至第四枚几等长。尾呈凸尾状，尾羽一般22枚，有时仅20枚，长度只及翅的2/3。跗蹠短，仅与中趾连爪等长，基部被羽。成年雄鸟具短而钝的距。雌雄相同或略有不同。

雪鸡属的代表动物：暗腹雪鸡（*Tetraogallus himalayensis*），体形较大，体长为52cm～60cm，通体呈土棕或红棕色，密布黑褐色虫蠹状斑。头顶至后颈灰褐色，头侧有一缘以栗色的白带。初级飞羽白色，具暗色羽端，并杂以黑褐色斑纹；次级飞羽为暗褐色，具灰褐色虫蠹状细斑；尾羽为棕色，中央尾羽为淡棕色，各羽杂以暗褐色虫蠹状斑。颏、喉白色，额、眼线、眉纹、脸、耳羽为土黄色，胸部为浅棕具黑褐色斑，趾为赤橙色，爪为黑色，下腹和腹部为暗灰而杂以砖红色粗纹。在我国主要分布在西藏、新疆、青海、甘肃等地区，是濒危物种，同时也是国家二级重点保护动物。具有很高的药用价值和观赏价值。

（3）雉鹑属（*Tetraophsis*）：两性相似。翅短圆，初级飞羽第四枚至第六枚等长，第一枚介于第八枚和第九枚之间。尾羽18枚，尾呈楔状，约为翅长3/4。嘴大，上嘴缘覆过下嘴。跗蹠长，较中趾连爪为长，成年雄鸟跗蹠具强而钝的距。本属我国1种，即雉鹑（*Tetraophsis rufipectus*），国家一级保护动物，为我国特产。

（4）石鸡属（*Alectoris*）：中型鹑类。两胁具显著的黑色和栗色斑。黑色领圈显著。尾圆，尾长约为翅长的2/3，尾羽14枚，例外的具16枚。雄鸟具微小的瘤状距。嘴和足红色。雌雄在体色上一样，仅在大小上有些不同。本属我国2种，如石鸡（*Alectoris chukar*），眼先白色，具白色眼上纹，领圈单层，黑色。该种已被列入国家林业局2000年8月1日发布的《国家保护的有益的或者有重要经济、科学研究价值的陆生野生动物名录》。

（5）鹧鸪属（*Francolinus*）：体形似山鹑。尾羽14枚，尾短于翅，约为翅长的1/2。翅短圆。跗蹠长而强，较中趾连爪为长。雄性跗蹠具距，有时甚小，甚至缺如，一般为一个距，少数为2个距。雌雄相似或几乎相似。本属我国1种，即中华鹧鸪（*Francolinus pintadeanus*）。该种已被列入国家林业局2000年8月1日发布的《国家保护的有益的或者有重要经济、科学研究价值的陆生野生动物名录》。

（6）山鹑属（*Perdix*）：中型鹑类。尾圆，长度多少超过翅长之半，尾羽为16～18枚，最外侧尾羽仅略短于中央尾羽。跗蹠约与中趾连爪等长，不具距。雌雄相同或略有不同。

山鹑属的代表动物：斑翅山鹑（*Perdix Dauuricae*），全长为250mm～310mm。雄鸟体背以灰褐色及棕褐色为主，杂以栗色横斑及不规则细纹。头顶、枕和后颈为浅褐色，具棕白色羽于纹；额、眉纹、颊为桂黄色；耳羽为栗色；眼下有一白斑，下缘为黑色；喉侧羽为淡棕色具黑羽于纹，各羽呈须状；中央尾羽为淡棕色，满布黑色细斑；外侧尾羽为深栗色；飞羽及翼上覆羽与背羽同色，但色较深、横斑较宽并具白色羽干纹；下体为淡棕色，下胸部具有黑色马蹄形块斑；胸、胁羽具栗色横斑。雌鸟羽色似雄鸟，但上胸无黑色块斑，上体杂斑较多。栖于低山丘陵地带的灌木、杂草丛生地区。常成小群活动。以植物种子及嫩芽为食。广布于北部山区（留鸟）。肉卵均可食用，是一种驰名中外的狩猎鸟。该物种已被列入国家林业局2000年8月1日发布的《国家保护的有益的或者有重要经济、科学研究价值的陆生野生动物名录》。

（7）鹌鹑属（*Coturnix*）：翅较长而尖，第一枚初级飞羽最长，或与第二枚几乎等长。腋羽形长而尖。尾羽柔软，计10～12枚，被尾上覆羽遮盖着，尾短于翅长之半。嘴小而细长。跗蹠强但不很长，与中趾连爪几乎等长，不具距。雌雄通常在羽色上略有不同。本属我国1种，即鹌鹑（*Coturnix coturnix*），该物种已被列入国家林业局2000年8月1日发布的《国家保护的有益的或者有重要经济、科学研究价值的陆生野生动物名录》。

（8）蓝胸鹑属（*Excalfactoria*）：外形与鹌鹑相似，曾归入鹌鹑属。两性差别甚大，雄者羽色特别鲜明。

蓝胸鹑属的代表动物：蓝胸鹑（*Excalfactoria chinensis*），又名蓝胸鹌鹑，全长为12cm。雄鸟头顶和整个背面羽毛为棕褐色，散布亮黄色纵纹、黑色横纹和横斑，头顶中央具浅黄色中央冠纹；前额、头顶两侧、胸部和胁部灰蓝色，腹部和尾下覆羽为深栗红色；喉绒黑，颚纹白，下喉至上胸部具宽阔的白色领环。雌鸟和幼鸟上体为淡棕褐色，并满布淡棕白色纵纹及黑色斑纹；下体为淡棕白，胸部和两胁具黑色波状横纹。虹膜为朱红（雄性）或褐色（雌性）。嘴为黑色，脚为鲜黄色。分布于我国南部。该物种已被列入国家林业局2000年8月1日发布的《国家保护的有益的或者有重要经济、科学研究价值的陆生野生动物名录》。

（9）山鹧鸪属（*Arborophila*）：体形肥壮，大小似鹧鸪。嘴与头等长或几乎等长，较纤细。鼻孔长而几乎成直形。喉和颈前部通常稀被以羽毛或几乎裸露。翅短圆。第四、五枚初级飞羽最长。尾短圆，尾羽柔软，计14枚，中央一对尾羽较外侧为长，相当于翅长的一半。

山鹧鸪属的代表动物：四川山鹧鸪（*Arborophila rufipectus*），雄鸟体长为29cm～32cm，前额为白色，头顶为栗棕色；眉纹和两颊为黑色，耳羽为栗色；上体以暗绿色为主，具较宽的黑色横斑和不规则的细纹；喉为白色，上喉具黑色纵纹。上胸和两胁灰色，杂以栗斑；胸部的栗斑连成一大块栗色的胸带；下胸和腹为白色，尾羽为茶绿色，具4~5道黑色横斑。雌鸟的额基和眉纹黑色，具浅黄色纵纹，头顶和枕部为橄榄褐色；上体为橄榄褐色，具黑色横斑，上喉为淡黄色，具卵圆形黑色端斑，下喉为淡赭橙色；胸为棕灰色，腹为白色，两胁灰色，具窄的灰白色和锈栗色纹。虹膜为灰褐色，嘴为黑色，腿、脚为赭褐色。是我国的特产鸟类，没有亚种分化，仅分布在四川中部的沐川、马边、峨边、屏山、甘洛和雷波等几个县境内。为国家一级保护动物。

（10）竹鸡属（*Bambusicola*）：嘴中等长。翅圆形，初级飞羽第五枚最长。尾为楔形，尾羽14枚，较长，为翅长的3/4或更长，外侧尾羽只及中央尾羽的2/3。跗蹠长而强，较中趾连爪长甚，雄鸟具强而钝的距，雌鸟有时也有距。趾弱，较山鹑属的为长，爪适中，弯度小。两性相似。

竹鸡属的代表动物：灰胸竹鸡（*Bambusicola thoracica*），小型雉鸡类，全长为274mm~350mm。翅长不超过150mm，尾较翅短。背部棕褐色，杂有栗红色大斑和白色点斑；额与眉纹灰色；头、颈栗红色，胸部有一半环形灰色宽带，往后转为棕黄色，胁有黑褐色斑。我国南方特有种。

（11）血雉属（*Ithaginis*）：体形中等，介于鹧鸪与雉鸡之间。头有羽冠。体羽大都细长而松软，雄鸟大多为矛状。尾羽及有些冠羽和翅羽等的羽枝还呈离散状。嘴形短厚而稍曲，眼周有很小的裸出部。两翅短圆，第五枚、第六枚约等长，且是最长的。尾羽14枚，略呈圆尾状，最外侧一对尾羽比中央尾羽短约3cm。雄鸟具有更多的短距，雌鸟无距，或仅具不发达的距，很像瘤状。雌雄异色。

血雉属的代表动物：血雉（*Ithaginis cruentus*），也叫血鸡、松花鸡，国家二级保护动物。中小型鸡类。全长约为40cm。雄鸟羽衣彩色斑斓，上体为灰褐色，有白色羽干纹；额、眼先、眉纹及在眼下的一宽条纹为黑褐色，上有若干羽毛染以绯红色；头顶有些羽毛向后延伸与头侧向后延伸的羽毛共同形成羽冠；飞羽为褐色，有白色羽干纹；尾羽为灰白色，尾下覆羽绯红色；上胸为淡灰黄色；下胸和两胁为草绿色。雌鸟体羽主要为暗褐色，具不规则褐斑；嘴为黑色，脚绯红橙色。栖息于高山近雪线的冷杉林、针阔混交林。随季节垂直迁移，常集群生活。以植物种子为主要食物，兼食昆虫等。繁殖期在4月下旬至6月。筑巢于冷杉林基部的树洞中，以干树叶铺于枯枝上而成。每窝产卵2~6枚，为黄白色，有血色斑点。为西部和西南部留鸟。主要分布在我国青藏高原东部至甘肃的祁连山和陕西的秦岭山脉，国外仅见于印度东北部、尼泊尔、锡金、不丹和缅甸西北部。

（12）角雉属（*Tragopan*）：体形较家鸡稍大，嘴形粗短。两翅短圆，第一枚初级飞羽较第十枚为短，较第二枚短甚，第四枚和第五枚几乎等长，而且也是最长。尾稍长，具18枚尾羽，呈凸尾状，外侧尾羽约为中央尾羽长度的2/3。尾几乎与翅等长。脚强。跗蹠与中趾连爪几乎等长或稍长些。雄性具有一个粗短的距。雌雄异色。雄鸟羽色艳丽，大都有很多灿烂的鲜红色。雌鸟大都为浓淡不同的褐色。雄鸟头上具冠羽。两眼上方各有一个肉质的角状突（角突），喉下还有帷状的肉裙。在繁殖季期发情活动时，这些肉裙和肉角都膨胀竖展起来。特别艳丽。除红胸角雉以外，脸和喉均裸出，或仅被以稀疏的细毛。

角雉属的代表动物：

①灰腹角雉（*Tragopan blythii*），国家一级保护动物，雄鸟全长为53cm～68cm。额、头顶和耳羽为黑色，脸的裸出部分为金黄色，头顶有一对蓝色肉角，发情时能膨胀突出；颈为红色，上体为栗红色，布满白色带栗红色边缘的眼斑；下体为烟灰色，带暗色羽纹；尾为黑色。雌鸟上体为褐色，布满白色圆斑及黑色杂纹，下体及两胁为暗褐色并杂有棕色和灰白色斑纹，尾为暗棕色。栖息于海拔1800m～3300m的山地针阔混交林内，生活于林下的灌木丛中。筑巢在树上，食物以树叶、浆果、种子和昆虫为主。分布于我国西藏东南部、云南西北部。

②黄腹角雉（*Tragoan caboti*），又叫角鸡、吐绶鸟，国家一级保护动物，全长约50cm（雌鸟）～65cm（雄鸟）。雄鸟上体为栗褐色，满布具黑缘的淡黄色圆斑；头顶为黑色，具黑色与栗红色羽冠；飞羽为黑褐色带棕黄斑；下体为棕黄。脸部裸皮为朱黄色；由翠蓝色及朱红色组成的艳丽肉裙及翠蓝色肉角，于发情时向雌鸟展示。雌鸟为棕褐色，密布黑、棕黄及白色杂斑。栖息于海拔600m～1600m的亚热带针阔混交林内。以蕨类及植物的根茎叶花果为食，尤对交让木的果实及叶有依赖性。繁殖期为3月至6月，雄鸟有复杂的求偶炫耀。在树上筑巢，十分简陋。每窝产卵3～4枚，由雌鸟孵卵28天出壳，雏鸟早成。黄腹角雉为我国特产鸟。分布于浙江、江西、福建、广东、广西、湖南。

③红腹角雉（*Tragopan temminckii*），又叫受鸡、灰斑角雉，国家二级保护动物，全长约为60cm。雄鸟体羽及两翅主要为深栗红色，满布具黑缘的灰色眼状斑，下体灰斑大而色浅；头部、颈环及喉下肉裙周缘为黑色；脸，颏的裸出部及头上肉角均为蓝色；后头羽冠为橙红色；嘴角为褐色，脚为粉红色，有距。雌鸟上体为灰褐色，下体为淡黄色，杂以黑棕白斑；尾羽为栗褐色，有黑色和淡棕色横斑；无距。栖息于海拔1600m～3000m之间的冷杉、赤桦等林中，隐匿于稠密的杜鹃、箭竹丛间或密被苔藓的树上。主要食植物种子、果实、幼芽、嫩叶等。多单独活动。繁殖期为4月至6月。多筑巢于华山松主干侧枝叉处，由松萝、干枝、藤条、枯叶等构成。每窝产卵3～10枚，为土黄色，密布以黄褐色斑点。孵卵期为26～30天。分布于我国西藏、云南、四川、陕西、湖北。

（13）虹雉属（*Lophophorus*）：雄鸟以羽毛闪着金属辉亮为著，故名虹雉。体形肥大，犹如雪鸡。嘴虽长而稍曲，上嘴较下嘴略大而覆盖下嘴。脸或多或少的裸出。雄鸟头或具冠羽，或无冠羽。但头羽都卷曲着。两翅短圆，第一枚初级飞羽最短，较第十枚短甚，第二枚约与第八枚等长，第五枚和第六枚几乎等长，而且是最长的。尾较翅短，宽阔扁平，而雄性末端几乎呈方形，雌性稍圆形，并具18枚尾羽。跗蹠粗强，较中趾连爪为短，极上部被羽，雄鸟具一短距。

虹雉属的代表动物：

①绿尾虹雉（*Lophophorus lhuysii*），又叫贝母鸡，国家一级保护动物，大型鸡类。全长约为80cm。雄鸟头顶有一簇青铜色至红铜色的羽冠。上体羽毛多呈紫铜、蓝绿等色，具金属光泽；下背及腰部羽为白色；飞羽为黑褐具绿缘，尾羽为蓝绿色；下体为黑色，嘴角为灰色，脚为黄灰色。雌鸟体羽为暗褐色，背为白色，飞羽及尾羽具褐色

横斑。栖息于海拔3300m～4400m的灌丛、草甸及裸岩处。食植物根茎叶花及昆虫，嗜食贝母根茎，故又称“贝母鸡”。3月至4月开始繁殖，筑巢于陡峭的岩洞中。每窝产卵3～5枚，为黄褐色，具大小不同的紫褐色斑。分布于我国青海、四川、甘肃等地。

②棕尾虹雉（*Lophophorus impejanus*），国家一级保护动物，大型鸡类。全长约为70cm。雄鸟通体羽色艳丽，头为铜绿色，羽冠长，具匙状羽端；上体羽呈铜绿色、紫色及蓝绿色。尾羽为棕红色；下体为黑褐色；嘴角为褐色，脚为黄绿色以至暗褐绿色。雌鸟体羽为棕褐色，有黑色、棕色及黄色纹；颏、喉及下背为白色；尾羽为棕色和黑色相杂，具白端。栖息于海拔2500m～4600m的针阔混交林、针叶林、灌丛、草甸及裸岩地带。喜食植物根茎。筑巢在灌丛、岩石下或大树洞中。每窝产卵4～5枚。孵卵期为26～29天。分布于我国西藏南部、四川等地。

（14）马鸡属（*Crossoptilon*）：本属最典型的特征在于耳羽簇特别发达，形长而稍硬，而且往往突出于颈项，故又称“角鸡”。头顶被以软而卷曲的短羽如绒，头侧裸出，满布以红色疣状突。体羽形长，而呈毛发状。两翅稍圆。尾略侧扁或平扁。具20～24枚尾羽，中央尾羽比最外侧尾羽约长一倍。中央尾羽的羽枝大都披散下垂，犹如马尾，故有马鸡之称。跗蹠较中趾连爪显著较长。两性同色，雄与雌的区别在于雄鸟具有钝距，同时体形较大，两脚较强，两脸的裸出部也较扩大。

马鸡属的代表动物：

①白马鸡（*Crossoptilon crossoptilon*），国家二级保护动物。大型鸡类，全长为96cm左右。体羽主要为白色。头顶具短曲黑色绒状羽；耳羽为白色，呈短角状，面部裸露为鲜红色。飞羽为灰褐色。尾羽20枚，特长，基部灰白，向后转为紫铜色，末端呈深蓝色，均具金属光泽。嘴粉红色，脚鲜红色。雄鸟有距。栖息于海拔3000m～4000m的针阔混交林及高山灌丛林中，常集群活动。以蕨类、草叶、草根、云杉球花、青稞种子等为食，5月至6月上旬繁殖，筑巢于林中枯朽倒木下面，用枯枝、苔藓、枯草等铺成，内垫残羽。每窝产卵6～9枚，土黄色或青灰色，纯色无斑，孵卵期至少22天。为我国四川、青海、西藏、云南等地留鸟。

②蓝马鸡（*Crossoptilon auritum*），又叫角鸡，松鸡，国家二级保护动物，大型鸡类。全长约为90cm。体羽为青灰色，具金属光泽，披散如毛发状。头顶及枕部密布黑色绒羽；两簇白色耳羽呈短角状；面部裸皮为鲜红色。飞羽带为褐色，具金属紫蓝色外缘。尾羽24枚，中央尾羽特长而上翘，羽枝披散下垂如马尾，两侧尾羽基部为白色，其余为紫蓝色。嘴为淡红色，脚为珊瑚红色。栖息于高寒山区，常集群活动于树林及灌丛间。主要吃植物性食物，也吃昆虫。4月至6月间繁殖，此期间成对活动。产卵于荫蔽树丛下的地面上，每窝6～12枚，为灰褐色或淡青绿色，有淡棕色斑点。孵卵期为26～27天。本种在甘肃已建成饲养繁殖基地。分布于我国青海、甘肃、宁夏、四川。

③褐马鸡（*Crossoptilon mantchuricum*），国家一级保护动物。全身羽毛为浓褐色，头和颈为灰褐色，两颊无羽呈鲜红色，耳后有一簇白色羽毛，朝头后伸出，似角状，故又称角鸡。尾羽发达，长而蓬松，共22枚。栖息于山地林区，白天活动于灌草丛中，晚上栖息在大树的树杈上。善奔跑，不善飞翔，遇敌迅速钻入极密灌丛中。分布

于我国山西宁武、岢岚一带及河北西北部小五台山区。

④藏马鸡（*Crossptilon harmani*），体长为70cm～80cm，通体为蓝灰色，头顶为纯黑色；眼下、颏、喉、前颈中央、耳羽簇、颈环带均为白色；上背及翅上内侧覆羽为灰蓝色；下背至尾上覆羽为淡灰色；小翼羽为暗褐色，局部有紫蓝色金属光泽；白色耳羽簇不发达；尾羽20枚，两枚中央尾羽下垂平拖。为我国特产，仅分布于西藏。一般认为是白马鸡的一个亚种。

（15）鹇属（*Lophura*）：体形似马鸡。羽冠或有或无。脸部裸出，在繁殖期被以细小的疣状突。嘴强，大小适中。翅短圆，第五、六枚初级飞羽最长。尾长而侧扁，似屋脊状。跗蹠强，较中趾连爪长约一倍。雄性具有尖锐的长距，雌性仅偶然具距。雌雄异色。雌鸟的尾没有镰刀状的长羽，尾羽有16枚，有的种仅有14枚，有的种多至32枚。尾羽换羽从外向内侧进行。

鹇属的代表动物：

①白鹇（*Lophura nycthemera*），又叫银鸡，国家二级重点保护动物。白鹇的雄鸟体长约110cm。头上所具有的长冠以及下体的羽毛，全部呈纯蓝黑色而泛辉光。上体和两翼的羽毛均为白色，满布整齐的“V”字形黑斑。尾羽很长，大都白色。头的裸出部分和足呈红色。雌鸟通体为橄榄褐色，枕冠近黑色。下体为灰褐而带灰白色斑纹。白鹇见于中国南部各省，也见于缅甸东部、泰国北部和中部及中南半岛。白鹇多栖息于林木茂密的山地，尤其喜欢在林木下层浓密的竹林间活动。食物主要为昆虫幼虫，各种浆果、种子、苔藓等。自四月开始繁殖，一雄配多雌，常结群觅食。巢就筑在灌木丛间的地面凹处，极简单，产卵于其中。每窝产卵4～6枚不等。

②蓝鹇（*Lophura swinhoii*），又叫蓝腹鹇，国家一级保护动物，体型似白鹇，但尾部较短。羽冠和背部呈白色。上体其余部分以及下体的羽毛，大都呈黑色而闪烁蓝色辉光。尾羽除中央的一对为白色外，余皆为黑色而带蓝色。蓝鹇为中国特产，分布仅限于台湾山地，常在海拔2000m～2300m山地原始阔叶林底层栖息，有时可在海拔3000m高处活动，偶尔也见于海拔很低的稠密丛林间。繁殖期在4月至6月间；每窝产卵5～8枚不等。因大规模砍伐原始阔叶林，破坏蓝鹇的栖息地，加上滥捕，蓝鹇正濒于灭绝，在我国台湾地区已建议列为保护动物。

（16）原鸡属（*Gallus*）：雄鸟羽色华丽，头顶具肉冠，喉下有一个或一对肉垂。脸和喉几乎完全裸出。颈和腰的羽毛形长而呈矛状，特称矛翎。两翅短圆，第一枚初级飞羽较第十枚短甚，第二枚介于第八枚和第十枚之间，第五、六枚最长。尾大都具14枚或16枚尾羽，呈侧扁状，中央一对尾羽特别延长，较第二对约长一倍，较最外侧尾羽几乎长约三倍，其羽干易曲，因而呈镰刀状而下垂。最长的尾上覆羽与其相似，不过较短。脚长而强，跗蹠较中趾连爪为长，并具一长而曲的锐距。雌鸟体形较小，羽毛较暗，脸仅局部裸出，肉垂和肉冠均不发达，体羽正常，无矛翎，尾羽较短，跗蹠无距，余与雄鸟同。

原鸡属的代表动物：原鸡（*Gallus gallus*），又叫茶花鸡，是家鸡的远祖。为国家二级重点保护动物，一般体型近似家鸡。雄鸟体长约为60cm，雌鸟较小。原鸡是热带林区的鸟类，栖息在山区密林中，也见于稀疏林和灌木林中，特别喜欢在灌木丛间活动。

雄原鸡的鸣声宛如“茶花两朵”，因此云南当地俗称原鸡为“茶花鸡”。杂食性，以吃植物种子、谷物和嫩芽为主，也兼吃昆虫及蠕虫。在春夏繁殖季节，大多一雄配一雌，在树根旁的地面上营巢。巢稍凹，巢内垫有落叶，产卵于其中。每年产一两窝卵。每窝卵数一般为 6～8 枚，少则 4 枚，多可达 12 枚。除在繁殖季节外，原鸡多结群生活，大都六七只至一二十只结成小群，很少有雌雄成对或单独活动的。飞行距离不远，一般不超过 200m。原鸡在我国仅分布于云南和广西的南部，以及广东海南岛。在云南南部的部分地区，原鸡的数量已在逐渐减少。现已列为保护鸟，在春夏繁殖期间禁止拾取原鸡卵和捕杀雏鸡。

（17）勺鸡属（*Pucrasia*）：体形适中，较雉鸡稍短些。雌雄两性的头部（包括脸部在内）完全被羽，无裸出部，并且有枕冠。雄性枕冠非常发达，并在枕冠左右各具一束更长的羽簇，从耳羽上面向后延伸，在发情活动时能竖立起来。两翅较尖，第一枚初级飞羽较第二枚短甚，第二枚与第六枚等长，第四枚较第三枚稍长，同时也是最长的。雄性体羽大都呈矛状，甚至在雌性也是这样。较长的尾上覆羽，其羽色及排列方式极为相似。尾羽 16 枚，呈楔状，中央尾羽较外侧的约长一倍；尾羽换羽从居中对开始。跗蹠较中趾连爪稍长，雄性具有一长度适中的钝形距。雌雄异色。

勺鸡属的代表动物：勺鸡（*Pucrasia macrolopha*），又叫柳叶鸡，国家二级重点保护动物，中型鸡类。全长约为 60cm。雄鸟头部暗辉绿色，头顶有棕黑色的长冠羽；颈侧在耳羽下各有一大白斑。背羽灰色，具“V”字形黑色纵纹，羽片披针形。飞羽为暗褐色。尾羽为褐灰色，具杂斑，末端为白色。下体胸部为栗色，越向腹部羽色越淡，杂有白纹。嘴为黑色，脚为暗红色。雌鸟上体为棕褐色，背羽也具“V”字形黑纹。下体为淡栗褐色。栖息于海拔 1500m～4000m 的高山针阔叶混交林中。以植物根、果实及种子为主食。终年成对活动，秋冬成家族小群活动。4 月底至 7 月初繁殖，在地面以树叶、杂草筑巢。每窝产卵 5～7 枚，为乳黄色，带不规则浅红或茶褐色的粗斑。孵卵以雌鸟为主，孵卵期为 21～22 天，雏鸟出壳后能独立活动。广布于辽宁省以南至西藏东南部的中部地区。

（18）长尾雉属（*Syrmaticus*）：头形正常，不具羽冠或肉冠；腰羽稍圆，羽缘从不离散，与雉属区别明显；尾平扁，尾羽有 16～20 枚，中央一对尾羽形宽而特长，并具显著横斑；尾羽的羽缘也不离散，与雉属不同；在兴奋时，无论雌雄鸟，尾羽都能向左右展开；脚相当长而强，具有尖距。雌鸟的背羽具有白色矢状斑；外侧尾羽主要为棕色；胸部满杂以斑点；腹部大都为棕白色。跗蹠有时具瘤状突。

长尾雉属的代表动物：

①白颈长尾雉（*Syrmaticus ellioti*），国家一级保护动物，体型大小约与雉鸡相似。雄鸟头部羽毛颜色深暗，颈部为白色。上背、胸部及两翼均呈栗色，但翼羽具白斑。下背和腰羽黑而具白斑，腹为白色，尾羽为灰色而具宽阔的栗色斑纹。雌鸟体羽大都为棕褐色，上体满缀以黑色斑纹，背部具白色斑纹，腹部呈棕白色。这种长尾雉栖息在崎岖山地及山谷间的丛林中，也见于稀疏松林中的茂密竹丛及下木间。依季节的不同，或成对或结小群活动。性怯懦，很少鸣叫，不易见到。既善奔走，也善飞翔，很少与其他雉类相混杂。食物以豆荚、种子、浆果、嫩叶等为主。分布于我国安徽南部、

浙江西部、福建西北部、江西东部及广东北部，是一种留鸟。

②白冠长尾雉（*Syrmaticus reevesii*），国家二级保护动物，体型大小似雉鸡，但尾羽要长得多。雄鸟的头顶和颈部均为白色，而尾羽又特别长，最长可达150cm，故有白冠长尾雉之名。这种长尾雉栖息在海拔600m高的山区，有时可达2000m左右高处。平时多在长有松柏之类树木的崖谷间活动。杂食性，取食橡实、野柿子、豆类、野百合的球茎、谷粒、蔬菜等，甚至还取食昆虫。冬天，白冠长尾雉结小群活动。大地回春便各自分开，通常一雄一雌相配，偶尔也有一雄配二三雌的。繁殖期间，雄雉相斗剧烈，且斗且跳，能跳起达2m以上。巢极简单，卵产在草地上呈浅盘状的窝内。是分布在我国北部及中部山地的留鸟。

③黑长尾雉（*Syrmaticus mikado*），又叫帝雉，国家一级重点保护动物，为我国特有，体型和大小与其他长尾雉相似，但羽色则有明显的特征。雄鸟身体羽毛几乎完全呈紫蓝色，尾上覆羽为黑色而具显著白色横斑。雌鸟的体羽大都呈橄榄褐色，尾羽则大都呈栗色或棕色，具黑色横斑。分布于海拔2000m～3000m的原始针叶林草原混生地带。栖息在阳坡山岩稀树之间，早晨和黄昏多从栖息处越过山顶而下，在阴坡密林间觅食，主要吃绿色植物。黑长尾雉是一种珍贵的观赏鸟，仅产于我国台湾地区中部及东部山地，数量稀少，已列入濒于灭绝名单。

④黑颈长尾雉（*Syrmaticus humiae*），国家一级重点保护动物。全长约70cm（雌）～160cm（雄）。雄鸟头顶为橄榄褐色，颈至上胸为蓝黑色；上背、翅及腹部为深栗红色，肩羽和大覆羽端部白色，形成翼斑；下背至尾上覆羽灰白而饰亮蓝黑色三角形横斑；尾羽修长，呈灰白色，具有黑色和栗红色相杂的横斑。雌鸟体羽主要呈棕褐色，上背部有黑白相间的横斑，下背和两翅浓染黑色块斑和虫慕状细纹；下体的棕褐色较浅淡，颏、喉及下腹为纯淡棕白色，胸及上腹部和两胁渲染棕褐色横斑，并具黑色波状横纹；中央一对尾羽满布灰褐色细纹，具6～7道黑色和栗红色相杂的横斑，外侧尾羽浓染栗红色，贯以黑色横斑，羽端为白色。虹膜为褐色，眼周裸皮为深红色，嘴、脚为黄褐色。分布于我国云南维西、永平、腾冲、潞西、永德、楚雄、景东、镇源、德宏、保山、大理、迪庆、思茅、武定，广西西林、隆林、田林、凌云、乐业、天峨、百色为留鸟。

（19）锦鸡属（*Chrysolophus*）：体形较雉鸡稍小。雄鸟头上具有发丝状冠羽，向后披及后颈，颈具有由长阔的羽毛所形成的翎领，也称为披肩，可竖立呈扇状，而围着头和颈部。两翅短圆。尾形特长而曲，具18枚尾羽，中央尾羽较最外侧尾羽约长四倍，形稍侧扁。跗蹠瘦长，较中趾连爪稍长，并具短距。雌性成鸟羽冠和翎领均不发达。脸裸出部被以细羽，而无肉垂。体羽形正常，尾羽较短，跗蹠无距，余与雄者同。

锦鸡属的代表动物：

①红腹锦鸡（*Chrysolophus pictus*），又叫金鸡，为国家二级重点保护动物，是我国特产的鸟类。雄鸟上体，除上背的羽毛为深绿色外，主要为金黄色，下体通红，故有金鸡和红腹锦鸡之名。夏季，红腹锦鸡单独或成对栖息在山间的台地或岩坡，在矮树丛和竹林间活动，善奔走。夜间在大树较低的枝丫上栖息。冬季雪后，山间缺少食物，便结群到雪已溶化的较低地方觅食，晚间再回到山上，在高树枝上过宿。分布只限于

我国青海东南部，甘肃和陕西南部，四川北部、中部及东部，贵州，湖北、湖南西部及广西东部。

②白腹锦鸡（*Chrysolophus amherstiae*），也叫铜鸡、笋鸡，国家二级重点保护动物。雄鸟头顶、背、胸等部位的羽毛均为金属翠绿色。枕冠为紫红色；披肩白色而具黑色羽缘；下背和腰羽为棕色，向后转朱红色。尾羽修长，上有黑白相间的云状斑纹；腹部羽毛为白色。雌鸟上体及尾部大都为棕褐色，缀满黑斑；腹部为纯白色。白腹锦鸡栖息在海拔2000m～4000m的山地，栖息地多岩石而荒凉，经常在多荆棘的灌木丛和矮竹间出没。单独或成对地活动，有时一雄与二雌在一起。至秋冬季节，通常二三十只结群活动。一年中有季节性垂直迁徙。夏季栖息于高山，冬季则迁到山麓地带。雌鸡春夏间产卵于沙地稍凹陷处，每窝产卵10～20枚不等。白腹锦鸡取食坚果、草籽。因嗜吃竹笋，在四川一带俗称其为“笋鸡”。

图4-18 案件中查获的红腹锦鸡

（20）孔雀雉属（*Polyplectron*）：雄鸟头上常具羽冠，脸部多少裸出，体羽松软，一般呈褐色或灰褐色，散布以皮黄色细点，两翅及尾还具金属光泽的眼状斑，尾羽有20～24枚，中央尾羽较最外侧尾羽约长一倍，因而呈凸尾状，两翅的次级飞羽几乎与初级飞羽等长，跗蹠长而强，较中趾连爪为长，雄鸟具距，通常两个，有时一个或三个。雌鸟体形较小，羽色较简单，较暗，眼状斑较少，跗蹠及尾较短，无距。

孔雀雉属的代表动物：孔雀雉（*Polyplectron bicalcaratum*），国家一级保护动物，体型皆较雉鸡为小。雄鸟全身羽色近于乌褐色，密布几乎纯白的细点和横斑；背部、两翼及尾羽等处，均具绿蓝带紫而发金属光泽的眼状斑。雌鸟体型较小，羽色暗淡，眼状斑并不很显著。孔雀雉于海拔1500m高处山林及竹丛中栖息，常单独活动。多以昆虫和蠕虫为食。孔雀雉共有5个亚种，我国占其中2个，分别见于云南南部和西南部，以及广东海南岛。

（21）孔雀属（*Pavo*）：雄鸟具直立的枕冠，羽色华丽，尾上覆羽特别长，远超过尾羽。尾羽有20枚，形长而稍呈凸尾状，尾下覆羽为绒羽状，两翅稍圆，跗蹠长而强，远较中趾连爪为长，雄鸟具距。

孔雀属的代表动物：绿孔雀（*Pavo muticus*），国家一级保护动物。雄鸟羽色以翠绿、亮绿、青蓝和紫褐等色为主，许多部分都带有金属光泽。尾上覆羽延伸成尾屏，长度可达1.5m，羽上饰有五色金翠钱纹，开屏时显得更加艳美妖娆。雌孔雀的尾上覆羽甚短，不延长成尾屏，背面的羽毛主要为褐色，并带有绿色辉光，其余羽色近似雄鸟，但远不及雄鸟华丽。通常栖息在海拔2000m高度以下开阔的稀疏草原，长有灌丛、竹薮、针叶和阔叶树木的开阔高原地带，以及山脚溪河沿岸或农田附近。绿孔雀是杂食性，主要吃浆果、谷物种子、草籽等，有时也兼吃蟋蟀、蚱蜢、小蛾等昆虫，以及蛙类、蜥蜴。在我国境内，仅分布于云南南部。

（九）鹤形目（Gruiformes）的识别特征

该目各科的体形结构相差较远，生态习性也相差较大（有陆禽和涉禽）。概括起来，这个目的特征是：嘴形通常直尖而无多大变化（虽然长短不一）。鼻孔狭长，裸露不被羽。跗蹠长或稍长，不被羽。胫下部裸出（三趾鹑科例外），跗蹠前缘被盾鳞（鸨科例外）。趾间无蹼或仅具微蹼，拇趾或长或短或缺失，仅秧鸡科发达。尾脂腺被翈或退化缺失。翼大多圆钝，尾短圆。大多数种类两性相似（鸨科例外）繁殖时均在地面营巢，雏为早成鸟。除红骨顶、董鸡等见有树栖外，一般非树栖。

本目共12科，我国有4科。

1. 三趾鹑科（Turnicidae）：体形似鹌鹑，最早被列入鸡形目。喙似鸡嘴而稍细。翼较短钝，翼端近方形，初级飞羽10枚，翼缘向外侧突出。尾短而柔软，尾羽12枚。胫全被羽，跗蹠前后缘均被盾鳞。足仅具3趾，后趾缺失。雌体大于雄体。性隐蔽，栖息于草地灌丛而不上树，奔跑迅速，少见飞行。若突然受惊则立即起飞，飞行笨拙，两翼鼓动很急，并发出声响，每次飞行二三十米，但迁徙时可以过海。大多食植物种子和无脊椎动物。一雌多雄，雌鸟可连产几窝卵，每窝4枚，几乎固定不变，且卵在巢内呈尖端向里钝端向外排列。孵卵和育雏均由雄鸟担当。雏为早成鸟。繁殖时雌鸟异常好斗常因争夺雄鸟而致头破羽损。

三趾鹑科的代表动物：黄脚三趾鹑（*Turnix tanki*），体型小，体长为16cm，棕褐色，上体及胸两侧具明显的黑色点斑。飞行时翼覆羽淡皮黄色，与深褐色飞羽成对比。与其他三趾鹑区别在腿为黄色。雌鸟的枕及背部较雄鸟多栗色。夏天在我国东北、华北繁殖，冬季迁徙至华南以至东南亚。除分布在我国外，其他地方的黄脚三趾鹑均不迁徙。

2. 鹤科（Gruidae.）：本目中最典型的涉禽，成鸟头有红色的裸区或饰羽。嘴长直而略尖。鼻孔上缘被膜。翅阔而强，初级飞羽有11枚，三级飞羽长于次级飞羽，收翼时覆于尾上，尾羽12枚。跗蹠前缘被盾鳞，后缘被网鳞。胫下部裸出。4趾，后趾小而高于前3趾，站立时后趾不着地，这是鹤与鹳的主要区别。中、外趾间具微蹼。尾脂腺被翈。鹤的气管在胸骨的龙骨突起内盘曲，鸣声格外响亮。两性羽色相同。栖息于广阔的沼泽和草原，极少树栖。食嫩草、种子、昆虫和鱼类等。飞翔时头颈腿均伸直，两翼与身体垂直，呈“十”字形，且飞且鸣，时而滑翔。多数种类常年可见有明显的求偶舞蹈动作。某些种类幼鸟会游泳，换羽时丧失飞翔能力。鹤科全世界共有15种，我国有9种，占60%。

鹤科的代表动物：

(1) 黑颈鹤（*Grus nigricollis*），也叫藏鹤，国家一级重点保护动物。全长约为

120cm。头顶和眼先裸出部分呈暗红色，头和上颈为黑色。飞羽为黑褐色，内侧次极飞羽延长呈弓形，覆于尾上。肩羽为浅灰黑色，先端灰白，上背至腰为灰白色，尾羽为灰黑色。下体为灰色，羽缘沾棕色。虹膜为黄色，嘴角为黄色。脚为黑色。栖息于海拔2500m~5000m的高原，是世界上唯一生长、繁殖在高原的鹤。通常生活在沼泽地、湖泊及河滩地带。以绿色植物的根、芽为食，兼食软体动物、昆虫、蛙类、鱼类等。在我国繁殖于西藏、青海、甘肃和四川北部一带，越冬于西藏南部、贵州、云南等地。

（2）白头鹤（*Grus monacha*），也叫修女鹤、玄鹤、锅鹤，国家一级重点保护动物。全长约为100cm。雌雄羽色相似。头顶前部红色，包括眼先均被以黑色发状羽。初级和次级飞羽、尾羽及尾上覆羽为黑色，内侧次极飞羽尖长并下垂。嘴腿和脚均为灰黑色，虹膜为棕黄色。未成年鸟头及上颈为淡棕黄色，以后转为污白色，嘴的端部为暗灰绿色，其余大部分为橘黄色。据记载，这种鹤主要在我国东北乌苏里江流域繁殖；每年迁徙时，从东北的南部、内蒙古东部以及河北等省经由北部沿海各省，到长江下游越冬。但近年来，很少发现白头鹤在黑龙江省的乌苏里江流域地区繁殖。

（3）丹顶鹤（*Grus japonensis*），也叫仙鹤，国家一级重点保护动物。体长为120cm以上。成鸟除颈部和飞羽后端为黑色外，全身洁白，头顶皮肤裸露，呈鲜红色。幼鸟体羽为棕黄，喙为黄色。亚成体羽色暗淡，2岁后头顶裸区红色越发鲜艳。过去在我国东北部、俄罗斯西伯利亚、日本、朝鲜等地数量颇多，现日渐稀少。我国嫩江和松花江流域一带是丹顶鹤主要繁殖地之一，现已建立面积达42万公顷的扎龙水禽保护区，并在野外进行人工驯养丹顶鹤获得成功。这些驯养的丹顶鹤已留在扎龙越冬。

（4）白枕鹤（*Grus vipio*），也叫红面鹤，国家二级重点保护动物。大型涉禽，全长约120cm。雌雄羽色相似。额部、前顶、眼先和眼周围的皮肤裸露无羽，只有黑色的须。后顶、后颈、颏和喉皆为白色。喉部的白色羽毛部分，其宽度越向下越狭，呈“V”字形。身体其余部分的羽毛为灰色。在我国的繁殖地是黑龙江省呼伦贝尔盟扎兰屯雅鲁河中游和乌裕尔河下游以及吉林省通榆县。五月产卵，每窝产2枚。卵为灰褐色，有深褐色斑点。孵化期为28~30天。雏鸟出壳时，全身被绒羽，不能站立，但第三天即能蹒跚行走。深秋迁飞，经由我国北部沿海各省到长江下游越冬。迁徙时曾见于辽宁旅顺、朝阳和河北等地。在江苏为冬候鸟，偶有在福建、台湾地区越冬的。

（5）白鹤（*Grus leucogeranus*），也叫黑袖鹤、西伯利亚鹤，国家一级重点保护动物。大型涉禽，全长约为120cm。雌雄羽色相同，但雌鹤略小。自嘴基、额至头顶以及两颊皮肤裸露为砖红色，并生有稀疏的短毛，此特征为其他鹤类所不具有。虹膜为土黄色，嘴和脚为浅肉红色。秋季南迁的幼鸟的头、颈为黄色，背腹部呈黄色和白色的斑纹，越冬后的亚成体除颈、肩部尚存有黄色绒羽外，其余羽色类似成体。国内主要分布于江西鄱阳湖自然保护区。

（6）赤颈鹤（*Grus antigone*），国家一级保护动物。全长约为110cm。头顶光滑无毛呈灰绿色，脸和颊的上部裸露，皮肤粗糙，满布橙红色疣状突起，并散布稀疏的黑色针毛，全身羽毛除初级覆羽和初级飞羽呈黑色外，余部均呈浅灰色。虹膜为橙黄色，嘴为淡绿色，脚为红色。成鸟头部及上颈裸露红色的皮肤。两翼的初级飞羽及初级覆羽为黑色；白色的三级飞羽修长而垂盖着尾部。赤颈鹤的主要分布区为印度及东南亚地区，亦产于澳大利亚、南非和中非。在我国仅分布于云南南部和西部中缅边境地区。这种鹤栖息在多草的平原、泽地、水田以及有时四周围有森林的小块采伐迹地。取食谷粒、莓果、植物的根、昆虫和小型脊椎动物，特别是鱼类和蛙类。7 月到 10 月繁殖。营巢于沼泽地带成团的植物丛中。通常每窝产 2 枚卵，由雌鸟孵卵，雄鸟守卫。约经 30 天孵化，由双亲共同照料幼雏。

（7）蓑羽鹤（*Anthropoides virgo*），也叫闺秀鹤，国家二级重点保护动物。全长约为 90cm。上体及尾羽大都呈石板灰色，头颈及上胸为灰黑色，下体余部为灰色。虹膜为红色。嘴为黄绿色，尖端为橙红色，腿及脚为灰黑色。亚成体体羽似成体，但白色耳羽不向后延伸。主要在西北、东北、内蒙古以及新疆西部天山繁殖。秋季迁徙时，经华北各省、青海省及西藏，出国境西抵缅甸、印度，而达非洲东部越冬。

（8）灰鹤（*Grus grus*），国家二级重点保护动物。大型涉禽。全长约为 110cm。体羽为灰色。头顶裸皮为朱红色，并有稀疏的黑色短羽；两颊至颈侧为灰白色；喉及前、后颈为灰黑色。初级、次级飞羽为黑色；内侧飞羽延长弯曲成弓状，羽端、羽枝分离成毛发状。嘴为青灰色，先端略淡，呈乳黄色。脚为灰黑色。栖息范围较广，近水平原、草原、沙滩、丘陵地等地都可见。以水草、嫩芽、野草种子、谷物、昆虫以及水生动物为食。繁殖期在 4 月至 5 月，筑巢于未耕过的田地上或沼泽地的草丛中，多选择离水较远而干燥的土地。巢很简陋，每窝产卵 2 枚，为淡棕色或红褐色。雌雄亲鸟轮流孵卵，孵卵期约 1 个月。雄鸟夏天长大后随双亲游荡，秋天南迁越冬。在江苏省盐城自然保护区越冬的灰鹤，最多一年达 1100 多只。繁殖于新疆、内蒙古；越冬于长江流域及以南地区；迁徙时广泛见于内陆湿地。

（9）沙丘鹤（*Grus canadensis*），国家二级重点保护动物。大型涉禽，体长为 100cm ~ 110cm。通体的羽色均为灰色而缀有褐色，下体稍淡。前额、眼先和头顶的前部都有裸露的皮肤，呈鲜红色，被有稀疏的像头发一样的刚毛。颏部和喉部为白色。初级飞羽为 11 枚，第三枚最长，飞羽的内为黑褐色，三级飞羽延长成弓状，羽端的羽枝分离，覆盖在尾羽上。尾羽为 12 枚，短而直。长腿几乎为黑色。国内分布数量极少，江苏北部和江西鄱阳湖等地仅有少量记录，属于罕见迷鸟。

3. 秧鸡科（Rallidae）：中小型涉禽。体稍侧扁，适于在植物丛中穿行。嘴长适中，侧扁稍尖，有的种类有额甲。趾长，爪尖，多无蹼，个别种类有瓣蹼，善游泳。胫下部裸出，跗蹠前缘被盾鳞，后趾较发达，4 趾平置或后趾略高（站立时 4 趾均着地）。翼短圆，第四、五枚次级飞羽间断排列。尾短而软，尾羽 10 ~ 14 枚，多为 12 枚。尾脂腺被翮。常见于沼泽、水田、池塘附近，食嫩草、种子、无脊椎动物，为水田之益鸟。地面营巢，双亲孵卵育雏，有时先窝雏鸟带领后窝雏鸟觅食。雏为早成鸟。本科共 130 种，几乎遍布全球，大多数种类迁徙。

秧鸡科的代表动物：普通秧鸡（*Rallus aquaticus*），体长约为 23cm，略似小鸡，但嘴、腿和趾均甚细长，适于涉水；体羽松软，上体大致为橄榄褐色并满布褐黑色纵纹；头、颈和前胸发灰色，脸侧有栗色过眼纹；下体为暗褐色，杂以白横纹；嘴为暗褐色，基部为橙红色，嘴长等于腿长甚或更长；腿和脚为褐色，趾间无蹼；翅和尾均短。雌雄羽色相似。飞行时头颈前伸，双腿下垂。主要取食植物嫩芽和种子，兼食昆虫和小型水生动物。在距水面不高的密草丛中以蒲草和芦苇叶筑巢。巢略呈盘状。每窝产卵 6～7 枚。卵为粉棕色，上布稀疏的暗褐色细斑。雌雄共同孵卵。雏鸟出壳后满被黑褐色绒，为早成性。秧鸡属大多夜行，习性隐蔽。普通秧鸡在我国东北部以及西部的广大地区繁殖。该种已被列入国家林业局 2000 年 8 月 1 日发布的《国家保护的有益的或者有重要经济、科学研究价值的陆生野生动物名录》。

4. 鸨科（Otidae）：嘴略平扁，较头为短或与头等长。颈长，有的种类喉部具长而粗的饰羽，有些种类雄鸟在生殖期有喉囊。足仅存 3 趾，后趾消失。跗蹠和裸出的胫部都具网鳞。趾基联合处很宽，形成“脚掌”。爪钝而平扁。初级飞羽有 11 枚，第三、四枚最长。第四、五枚次级飞羽间断排列。尾较短，尾羽有 16～20 枚。无尾脂腺。栖居于干旱草原地区，稍集群，脚强善走，飞翔力强，但不常飞，遇险则蹲伏不动。食物主要为植物种子及嫩芽等，亦兼食昆虫甚至小型脊椎动物。雌性或两性孵卵，雏为早成鸟。全世界共 24 种，分布在东半球各大洲。我国有 3 种。

鸨科的代表动物：

（1）大鸨（*Otis tarda*），大型陆栖鸟类。雄鸟和雌鸟的体形相差悬殊，是现生鸟类中体重差别最大的种类。雄鸟体长为 75cm～105cm，两翼展开达 2m 以上，体形粗壮，颈长而粗，腿粗而强，脚上有 3 个粗大的趾，很适于奔走。头和颈都是灰色，后颈的基部至胸前两侧有宽的棕栗色横带，形成半圆的领圈。上体为淡棕色，并具有细的黑色横斑，形成斑驳的保护色，在沙漠中不易被天敌发现。下体为灰白色，两翅的覆羽均为白色，在翅上形成大形白斑，同黑色的飞羽形成鲜明对比，飞翔时极为醒目。雄鸟下颏的两侧还生有细长而突出的白色羽簇，状如胡须，所以被当地牧民称为羊须鸨。雌鸟体形较小，体长不足 50cm，喉侧也无胡须状物，常被称为石鸨。在我国分布较广（东北、华北、内蒙古、新疆均有分布）。

图 4－19　案件中查获的大鸨活体

图4-20 案件中查获的大鸨残体

（2）小鸨（*Otis tetrax*），大型鸟类，但体形比大鸨小，体长为40cm～45cm。雄鸟在夏季上体为灰黄褐色，具黑色的细斑。颊部和喉部为石板灰色，颈部为黑色，但具有一条白色的横带和“V”字形的斜带，斜带在上，横带在下，是它与其他鸨类区别的主要特征之一。其余下体均为白色。飞羽主要为白色，外侧飞羽的尖端和羽缘为黑色，飞翔时极为明显。雌鸟的颊部没有灰色，颈部也不是黑色，而与背部和整个上体同为黄褐色，并具有黑色斑纹。雄鸟的冬羽则与雌鸟的羽色相似。虹膜为亮黄色，嘴为灰黑色，灰绿色或蓝灰色，脚和趾为黄色、绿黄色或黄褐色。国内仅分布于新疆并在此繁殖。

（3）波斑鸨（*Chlamydotis undulata*），波斑鸨是大型陆栖鸟类。体长为55cm～70cm。体形介于大鸨和小鸨之间，而且雄鸟和雌鸟的羽色相似。上体为沙皮黄色，头部和颈部的颜色较淡，背部具有黑色斑点，头上具有黑白二色的长形羽冠。颈侧具有垂直向下的黑色和白色长形饰羽悬挂于胸前，而大鸨和小鸨均没有这种饰羽。胸部至尾下覆羽为白色。飞羽为黑色，初级飞羽的基部有大块的白斑，飞翔时极为明显。幼鸟斑纹较多。虹膜为金黄色，上嘴为黑色，下嘴为绿色或角黄色。脚和趾为绿色、铅色或褐黄色。国内分布于新疆北部和西部天山（繁殖鸟，旅鸟），内蒙古巴彦卓尔盟乌拉特后旗也有少量分布并繁殖；此外，偶尔还见于河北博野、内蒙古乌拉特后旗等地，可能是迷鸟或夏候鸟。

（十）鸻形目（Charadriiformes）的识别特征

体中小型的涉禽类，羽色多灰、褐而不艳丽。头形多浑圆，喙形多变，长短不一，但大都细长，上下嘴端近于平齐，无钩（彩鹬、燕鸻嘴端稍曲）。短嘴者多有隆端，长嘴者形直或向上向下弯曲，有的嘴端稍柔软。翼尖而较长，尾短圆，尾羽大多为12枚。脚长，胫下部裸出，四趾者后趾多细小高位，不能与前趾对握，站立时大多后趾不着地（雉鸻科、燕鸻科、彩鹬科、瓣蹼鹬科除外），有些种类仅3趾，缺后趾。趾间具微蹼或无蹼，个别为瓣蹼（善游泳）。爪细小（雉鸻除外）。尾脂腺被翮。大都两性羽色相似（彩鹬科、瓣蹼鹬科除外）。主要栖息于水边、沼泽地、开阔地带。多数地面营巢，多为早成鸟（石鸻科和燕鸻科为晚成鸟）。食昆虫及其他无脊椎动物、鱼、蛙等，也吃种子、浆果、细根等。绝大部分迁徙。

该目主要分布在北半球，共分为12科，我国有9科，其中鹬科和鸻科种类较多。

1. 雉鸻科（Jacanidae）：四趾和爪皆特别延长，且后爪长于后趾。跗蹠前后缘皆被盾鳞，趾间无蹼。翼角有一翅距。后颈常有黄斑。两性羽色相同，雌体较大。涉行在漂浮的水生植物（如荷花）叶上，故有“莲脚鸟”之称。食种子和昆虫等无脊椎动物。能潜水和游泳而不善飞。雄鸟孵卵育雏。本科共8种，我国有2种，如水雉（*Hydrophasianus chirurgus*），尖尾，产于长江流域以南。该种已被列入国家林业局2000年8月1日发布的《国家保护的有益的或者有重要经济、科学研究价值的陆生野生动物名录》。

2. 彩鹬科（Rostratulidae）：上体斑纹和色彩在本目中是比较鲜艳的，故名彩鹬。嘴细长，端部略向下弯曲且稍膨胀，上下喙均较尖，嘴端光滑无小凹窝。鼻沟几乎延伸达嘴端。颈短，翼宽（次级飞羽较长），翼缘外突。尾短，尾羽14枚。跗蹠前后缘皆被盾鳞，趾间无蹼，后趾发达而高位。雌大于雄，且羽色更为艳丽，幼鸟羽色似雄鸟。独居，晨昏活动，吃昆虫、软体动物、蠕虫、谷物。巢隐于植物丛中，一雌多雄，雄鸟孵卵育雏。为早成鸟。本科2种，我国产1种，即彩鹬（*Rostratula benghalensis*），分布于我国辽宁以南的季风区，在长江以南越冬。该种已被列入国家林业局2000年8月1日发布的《国家保护的有益的或者有重要经济、科学研究价值的陆生野生动物名录》。

3. 蛎鹬科（Haematopodidae）：嘴长，尖端侧扁而略平齐。跗蹠被网状鳞，足仅具前3趾，趾底皮肤向两侧扩张，中、外趾间有微蹼。翼尖形，第一枚初级飞羽最长。栖息于海岸沙地，直线飞翔，鸣声嘈杂，单个或小群觅食牡蛎和其他贝类、沙蚕等。两性孵卵育雏。本科共7种，我国产1种，即蛎鹬（海喜鹊）（*Haematopus ostralegus*），体羽黑白对比分明，嘴脚均红色，善潜水和游泳，在我国东北繁殖，在华南和印度越冬。该种已被列入国家林业局2000年8月1日发布的《国家保护的有益的或者有重要经济、科学研究价值的陆生野生动物名录》。

4. 鸻科（Charadriidae）：嘴短而直（嘴短于头长），上嘴端膨胀而坚硬，称为隆端。通常3趾，少数4趾。跗蹠前后缘常被网鳞（麦鸡属为盾鳞）。趾基多有蹼。主要栖息于海岸、河口、沼泽，单个、成对或小群活动，迁徙时成大群沿海岸快速飞行。营巢于石砾间，或在杂草丛生的小凹窝内。为早成鸟。本科共58种，我国产15种，如凤头麦鸡（*Vanellus vanellus*），头上有反曲的长羽冠。该种已被列入国家林业局2000年8月1日发布的《国家保护的有益的或者有重要经济、科学研究价值的陆生野生动物名录》。

5. 鹬科（Scolopacidae）：体羽暗淡而富有条纹。嘴细长，大多数形直，有的翘曲或拱曲，嘴端多为革质所包覆，钝而不尖。颈较长。4趾者居多，个别种类缺后趾。跗蹠前后缘常被盾鳞，趾基有微蹼或无蹼。两性羽色相似。栖息于海岸、沼泽、河川等地，迁徙时成群沿海岸飞行。吃各种小型动物。选草丛中凹处为巢。

鹬科的代表动物：

（1）青脚鹬（*Tringa nebularia*），全长约为32cm。上体为灰黑色，有黑色轴斑和白色羽缘。下体白色，前颈和胸部有黑色纵斑。嘴微上翘，腿长近绿色。背部和腰白色，飞行时尤其明显。翼下具有深色细纹。尾端具有黑色细斑，飞行时脚伸出尾端甚长。

冬羽背上颜色变的较暗，喉、胸的纵斑消失。该种已被列入国家林业局 2000 年 8 月 1 日发布的《国家保护的有益的或者有重要经济、科学研究价值的陆生野生动物名录》。

（2）小杓鹬（*Numenius borealis*），小型涉禽，体长为 30cm 左右，体重为 100g ~ 250g。嘴长而向下弯曲，呈肉红色，前头、头顶和后头为黑褐色；眉纹和中央冠纹为淡黄色。头侧和颈为黄灰色，散布暗褐色条纹。具黑褐色的冠眼纹。上体为黑褐色，羽缘有沙黄色缺刻。下背、腰和尾上覆羽为黑褐色，有灰白色横斑。飞羽、初级覆羽、小覆羽为黑褐色；尾羽为灰褐色，有黑褐色横斑。颏和喉为白色或沾土黄色。胸部充满沙黄色，多褐色斑纹；腹部及尾下覆羽为奶白色，或略沾黄色；胁具黑褐色横斑。翼下覆羽、腋羽为黄色，密布黑褐色细斑纹。雌雄羽色相同，雌性体型大些。亚成鸟通体更多土黄色杂斑；胸前的褐色条纹和胁的暗斑不显著或者消失。虹膜为黑褐色。嘴端为黑色，下喙基部为肉色。腿为黄色或染灰蓝色，跗蹠具盾状鳞。主要分布于北部的内蒙古、黑龙江以及南部的福建、台湾、广东等地区。此种为国家二级重点保护动物。

图 4－21 案件中查获的小杓鹬死体

6. 反嘴鹬科（Recurvirostridae）：嘴细长（长于 50cm），直或向上、向下弯曲。腿中等长乃至甚长。跗蹠前后缘皆被网鳞，后趾退化或缺失，前趾基有微蹼，但反嘴鹬有较发达的蹼。体色有显著的大块黑斑，与灰、白部分成鲜明对比，无细斑纹。为早成鸟。群居活动，有的善游泳，结群繁殖，巢是在沙或泥中的一个浅窝，有的衬以鹅卵石或草，有的成为一个庞大树枝筑成的高台。北部种类迁徙。例如，黑翅长脚鹬（*Himantopus himantopus*），高挑、修长（37cm）的黑白色涉禽。细长的嘴为黑色，两翼为黑色，长长的腿为红色，体羽为白色。颈背具黑色斑块。幼鸟褐色较浓，头顶及颈背沾灰色。该种已被列入国家林业局 2000 年 8 月 1 日发布的《国家保护的有益的或者有重要经济、科学研究价值的陆生野生动物名录》。

7. 瓣蹼鹬科（Phalaropodidae）：体小型，喙中等或长，细而柔软。翼尖长，尾中等长。跗蹠稍侧扁，被盾状鳞，前 3 趾具瓣蹼。繁殖羽有橙色或红色斑块。雌性较鲜艳且大于雄性，雄性孵卵育雏。为早成鸟。水栖，游泳轻快、灵活，常绕小圈快速游泳，觅食水中搅动起来的甲壳类、昆虫等小动物，也吃某些植物。本科共 3 种，我国产 2 种。例如，红颈瓣蹼鹬（*Phalaropus lobatus*），体非常小（18cm），嘴细长，体为灰色和白色，常见游泳于海上。头顶及眼周为黑色；上体为灰色，羽轴色深；下体偏白；飞行时深色腰部及翼上的宽白横纹明显。飞行似燕。夏羽色深，喉为白色，棕色的眼纹至眼后而下延颈部成兜围，肩羽为金黄色。该种已被列入国家林业局 2000 年 8 月 1 日发布的《国家保护的有益的或者有重要经济、科学研究价值的陆生野生动物名录》。

8. 石鸻科（Burhinidae）：头较大，嘴稍粗壮，直或微翘曲。眼大。翅中等到长而尖。跗蹠关节较粗，跗蹠较长，全被网鳞。后趾缺失，前3趾基部有微蹼相连。凸尾。雌鸟孵卵，两性羽色相似。栖息在半开阔地区的石质或砂质地面，某些中气息在海岸。稍集群，晨昏和夜间活动，奔跑迅速，飞翔短暂且不经常，但飞翔力强，两性育雏。本科共9种，我国产2种，如大石鸻（*Esacus recurvirostris*），冬季偶见于云南和海南。该种已被列入国家林业局2000年8月1日发布的《国家保护的有益的或者有重要经济、科学研究价值的陆生野生动物名录》。

9. 燕鸻科（Glareolidae）：嘴短阔，嘴裂较深，鼻孔卵圆形，半遮以膜，位于嘴基凹处，无鼻沟。脚短，跗蹠前后缘被盾鳞。后趾高位，中爪有爪栉（灰燕鸻例外）。翼狭长，折合时翼端达尾端、凹尾或叉尾。飞行快速如燕，成群追捕飞行中的蝗虫，是蝗虫等害虫的天敌。雌鸟孵卵。

燕鸻科的代表动物：

（1）［普通］燕鸻（*Glareola maldivarum*），体长约为220mm，翅长约为182mm；上体和头顶为褐灰色，尾上覆羽为白色；下体前棕后白，腋羽为栗红色；喉部和上胸为淡灰色而带1条黑色半环，向后由淡棕黄渐转白色。地区性常见鸟。指名亚种繁殖于华北、东北、华东、新疆及海南岛。留鸟见于我国台湾地区。该物种已被列入国家林业局2000年8月1日发布的《国家保护的有益的或者有重要经济、科学研究价值的陆生野生动物名录》。

（2）灰燕鸻（*Glareola lactea*），国家二级保护动物。小型的水边鸟类，体长为16cm~19cm。上体为淡灰色，前额和头顶略微缀有沙色和褐色，眼先和从嘴基到眼睛有一条黑色的线。耳羽为皮黄灰色。后颈部为灰褐色或淡灰褐色。腰部和尾上覆羽为白色。尾羽略微呈叉状，为白色，中央尾羽上具有黑色的次端斑。喉部为淡皮黄色，胸部缀有灰色，腹部为白色。初级飞羽、腋羽和翼下覆羽为黑色。次级飞羽为白色，但羽端为黑色，在翅膀上形成一条宽阔的白色带斑，飞翔时极为明显。虹膜为褐色，嘴大呈黑色，基部具一个小的红色斑。脚为黑褐色或灰黑色。在国内仅分布于云南，不常见，为夏候鸟。繁殖于云南南部及西南部。

（十一）鸥形目（Lariformes）的识别特征

该目种类是有蹼善飞的游禽。体羽多为灰色、白色、黑或褐色。嘴长适中，上嘴尖端略下曲覆盖下嘴而嘴形侧扁，或上下嘴近等长而嘴形直尖。脚短，鸥类胫下部裸出，海雀不然。跗蹠前缘被盾鳞，后缘被网鳞，前趾具满蹼或凹蹼，拇趾小而高起，海雀科大多缺后趾。鸥科、海雀科有退化飞羽，初级飞羽有11枚；贼鸥科无退化飞羽，初级飞羽有10枚。翼尖长，初级飞羽第一枚最长或第一、二枚等长（不计退化飞羽）。收翼时，翼端多达到或超过尾端（海雀科有的翼端不及尾端）。第四、五枚次级飞羽间断排列。平尾、圆尾、楔尾或叉尾，或长或短，尾羽多为12枚。尾脂腺被翮。副羽存在。羽色两性相同而冬夏有别。半早成鸟（发育上被绒羽，有视力，能走动，但习性上靠亲鸟喂养）。

栖息于河流、沼泽、海岸等地，喜集群，不会潜水。食物为鱼、鼠、雏和卵以及水生无脊椎动物等，兼食各种废弃物和尸体，在自然界物质循环中起一定作用。雌雄单配，多营群巢，两性或雌性孵卵，大都产下第一枚卵即开始孵卵，两性育雏。

本目遍及全球，共4科，我国均有分布。

1. 贼鸥科（Stercorariidae）：上嘴端甚为钩曲，嘴基有蜡膜，嘴尖侧扁。颈黄色或带有黄条纹。趾底有刺突，爪尖锐而稍钩曲。尾近楔形或为尖尾，中等或很长。雌雄羽色相似或雌体较大。海鸟，在北极地区繁殖，迁徙到南极越冬。具掠夺性和捕食性，常追逐口中衔鱼的燕鸥和其他海鸟，当衔食者不堪被啄击而松口时，贼鸥能迅速捡起行将落下的食物。有的捣毁雁鸭的巢，也捕食小型鸟类和飞行中的昆虫，有时也啄食自己的卵和雏，也吃腐肉、垃圾及某些植物性食物。两性孵卵和育雏。共4种，我国均有记录。例如，长尾贼鸥（*Stercorarius longicaudus*）中央尾羽长于外侧尾羽，见于福建沿海。

2. 鸥科（Laridae）：嘴基无蜡膜，嘴形直而尖或上嘴尖端下曲成钩状覆盖下嘴。铗尾、叉尾或方尾，个别为楔尾。中趾长于外趾。大部分种类翼端为黑色。栖息于海洋沿岸和江河湖泊，营巢于岩石上或池沼岸边。常在浅水中倒立取食，很少潜水，但某些种类能从飞翔转为潜水寻食。食物为鱼类、甲壳类、软体动物、昆虫腐肉、浆果和其他植物性食物。

本科共88种，遍布全球水域，我国有33种。

（1）鸥属（*Larus*）：嘴强而侧扁，上嘴大都长于下嘴，尖端向下钩曲。鼻孔前宽后狭。后趾小，足具满蹼。尾方形。体为中型或大型。成鸟大都无细小斑纹，但幼鸟大多为呈现细小斑纹的褐色。遍及东北、长江流域以及沿海一带。

鸥属的代表动物：遗鸥（*Larus relictus*），为国家一级重点保护动物。中型的水禽，体长为40cm左右。上体为灰色。头、上颈为黑色；眼上下各有一半圆形白斑；颈项、腰、尾为白色。初级飞羽，以白色为主，具黑斑，次级飞羽为银灰色。嘴和脚都是暗红色，前额扁平，夏季头部纯黑，就像围着一块黑色的头巾。眼睛后缘的上、下方各具一个星月型的白斑。背部、肩部为淡灰色，腰部、尾羽和下体为白色。飞翔时翅膀的尖端呈黑色，而且具有白色的斑。冬季头部变为白色，只是在耳区有一个暗色的斑，甚为醒目。另外，在头顶至后颈也有较暗的颜色。遗鸥为世界濒危物种，近年在内蒙古鄂尔多斯发现比较稳定的繁殖种群，为世界已知最大的群体之一。

（2）燕鸥属（*Sterna*）：嘴形尖而细长，上、下嘴几等长，翅甚尖长，初级飞羽第一枚最长。尾深叉状（铗尾），由外侧尾羽延长部分而构成，尾长超过翅长之半。足具满蹼［看似凹蹼，是由于中爪太长（约与第三趾等长）所造成的假象］。遍及全国。

燕鸥属的代表动物：黄嘴河燕鸥（*Sterna aurantia*），为中型水禽，体长37cm～43cm。夏羽的前额、头顶、枕部，包括冠羽和眼下缘至耳区的整个头顶部为黑色，并且具有绿色的金属光泽，与鸥属和浮鸥属种类明显不同。眼的下缘有星月形的白斑。背部、肩部和翅上的覆羽为暗灰色。腰部、尾上覆羽和尾羽的颜色呈淡灰色，外侧两对尾羽几乎为白色。外侧尾羽特别延长，而且很尖，使尾羽呈深叉状，与浮鸥较短的尾羽不同。眼睛以下的头侧部、颈侧部、颏部、喉部和整个下体均为白色。冬羽前额为暗白色。头顶和枕部为暗灰色，具白色的纵纹，眼区和耳覆羽为黑色。其余部分和夏羽非常相似。虹膜深褐色或蓝黑色。嘴黄色，冬季较暗并且带有黑色的尖端，脚和趾为红色，爪黑色，但趾间的蹼不呈深凹状，与浮鸥属鸟类不同。分布于云南西部盈江、潞西、高黎贡山南段西坡的大盈江和陇川江河谷，以及南部的西双版纳地区。为国家二级重点保护动物。

（3）浮鸥属（*Chlidonias*）：嘴较短，稍侧扁。尾短，叉尾，尾长不及翅长之半。趾间蹼深凹状（凹蹼）。

浮鸥属的代表动物：黑浮鸥（*Chlidonias niger*），小型水禽，体长为 24cm ~ 27cm，夏羽的头部、颈部和下体为黑色，但额部、喉部颜色较淡，背部和尾羽为石板灰色，与鸥类以灰白色为主的羽色差别较为明显。翅下覆羽为淡灰色。尾呈叉状，与鸥类不同。冬羽的颜色同鸥类近似，额部和头顶前面为白色，头顶为灰色，头顶后面、耳区和枕部为黑色，具窄的淡色羽缘，是冬羽的主要特征之一。上体、尾羽和飞羽同夏羽相似。眼睛的前面有一个暗色斑。下体为白色，胸部的两侧有一个暗色斑。翅下覆羽为淡灰色。虹膜为暗褐色，嘴较长而尖，呈黑色，脚为红褐色。分布于我国新疆西部的天山，在内蒙古东部的呼伦池地区也有分布。天津、北京、河北（北戴河）及江苏盐城等地有迷鸟记录。为国家二级保护动物。

3. 剪嘴鸥科（Rynchopidae）：嘴（红、橙、黄色）直长而尖端侧扁如剑，上喙短于下喙（雏鸟上下喙等长）、眼之瞳孔狭长等特征均为鸟中之特例。翼特尖长。凹尾，较短。脚短，凹蹼足，红色。中趾短于外趾。两性羽色相似，但雌性较小。捕食时，下嘴张开插入水中贴水面飞行，遇鱼则抬头将鱼抛出水面，再张口吞下。雏为早成鸟，被绒羽，孵出后不久就离巢，并会游泳。雏鸟最初吃亲鸟呕吐出的食物，以后吃双亲带回的鱼。

本科共 3 种，栖居大洋沿岸、大河和湖泊，部分迁徙。我国产 1 种，即［白领］剪嘴鸥（*Rynchops albicollis*），见于闽广沿海。

4. 海雀科（Alcidae）：中型海鸟，体羽大多为黑、白两色，体躯短而肥壮，颈部不显。嘴侧扁而高或稍细长。尖翼较短，折翼时翼端不及尾端，初级飞羽有 11 枚。脚位于身体后部，站立时身体几近垂直，缺后趾，前趾间具满蹼，跗蹠被网鳞或盾鳞。某些种繁殖期头部有饰羽，嘴常有角质突起物。尾短，尾羽有 12 ~ 18 枚。

在海面上常与鸥类集成大群，善潜水和游泳，翼能飞翔又能划水游泳。集大群繁殖，雌雄单配制，在陡峭的岩石上或岩洞中产卵。以水生植物和藻类为食。为北半球特有，有的迁徙。本科共 22 种，我国产 4 种，如扁嘴海雀（*Synthliboramphus antiquus*）。该种已被列入国家林业局 2000 年 8 月 1 日发布的《国家保护的有益的或者有重要经济、科学研究价值的陆生野生动物名录》。

（十二）鸽形目（Columbiformes）的识别特征

属陆禽，体中型，头小，嘴形短细或甚短。胸骨发达，龙骨突很高，胸骨后缘左右两侧通常各具两个缺刻，其内侧的一对有时呈孔状。初级飞羽 11 枚，第四、五枚次级飞羽间断排列。足短，无蹼。尾发达，尾脂腺裸出或退化。副羽形小或缺失。两性孵卵育雏。群栖。吮吸式饮水。为森林或荒漠地带鸟类。

该目共 2 科，我国均有分布。

1. 沙鸡科（Pteroclidae）：喙甚短，喙基无软膜，脚甚短，有的内外趾与中趾合并，呈合生趾。后趾退化或缺失。跗蹠前缘全部被羽，趾或被羽。鼻孔被羽，无鼻沟。翼长尖（第一枚初级飞羽特尖长）。爪短钝，趾下有肉垫，适于在沙漠上行走。尖尾，尾羽有14~16枚，中央尾羽多显著长于外侧尾羽。羽色具有沙黄保护色，副羽甚小，雌雄羽色差异较显著。尾脂腺裸出而不甚退化。

沙鸡生活于亚洲、非洲的沙漠和草原上，常结成大群飞翔和觅食，飞翔急速且有声。在地面觅食各种植物的种子、嫩芽及昆虫等。每日定时成群远飞饮水。为早成鸟。

沙鸡科的代表动物：黑腹沙鸡（*Pterocles orientalis*），国家二级重点保护动物，中型鸟类。嘴的形状与家鸡相似，但小而弱。后趾存在，但非常短小。尾羽短而尖，雄鸟的头顶、颈部和上背为灰色，颏部、喉部为栗色，并向颈侧延伸，形成颈环。喉的下部有一个三角形的黑斑，并延伸至颈部。胸部为灰色，其后紧接一个黑色横带，并向两侧延伸至肩部的两侧，黑色横带之后还有一个宽阔的浅黄灰色带。胸部、两胁、腿覆羽的上部和肛区等均为黑褐色。雌鸟通体为淡沙黄色，头顶有细的黑褐色纵纹，背部、腰部和尾上覆羽有黑褐色的斑纹或横斑。中央尾羽的颜色与背部相同，外侧尾羽较暗，均具有白色的端斑。额部、喉部为灰黄色而近白色，有细的黑褐色羽干纹。头侧及眼先也有细的黑褐色羽干纹。胸部为淡赭色，腹部为珠灰色或污白色，两胁黑褐色，形成大块的腹斑，尾下覆羽、覆腿羽以及跗蹠上的羽毛均为白色。虹膜为褐色，嘴为灰褐色，先端较暗，趾灰为褐色，爪为黑色。尾羽短而尖，不延长。黑腹沙鸡栖息于山脚、平原、草地、荒漠和多石的原野。在我国仅分布于新疆北部的阿勒泰、哈巴河、和丰、博乐、福海、托里和西部喀什、天山等地。

2. 鸠鸽科（Columbidae）：喙较细而稍长，喙基有软膜，鼻孔开在软膜上，有鼻沟。跗蹠前缘被盾鳞，四趾在同一平面上。体无绒羽，体羽的粉末可帮助羽被防水。圆尾或凸尾，尾羽有12~14枚，最多可达20枚。脚短而强，常在地面上小步疾行。尾脂腺不发达或缺少。嗉囊很发达，育雏期两性亲鸟均能分泌出乳汁状物（鸽乳）以哺育幼鸟。雌雄羽色相同。

鸠鸽类几乎遍布全球，栖息于多树木的地方和多岩石的山区或建筑物上。植食性（种实）为主。栖息于低纬度地区的为留鸟，高纬度地区的为候鸟。本科共302种，我国分布的有8属31种。

（1）绿鸠属（*Treron*）：树栖鸠鸽类。嘴形较厚，体羽为绿色或主要部分为绿色。翅上具1~2道黄色横斑，第三枚初级飞羽的中部膨大，呈剪刀形。尾羽14枚，呈凸尾形，中央尾羽长，向两侧依次渐短，少数种类中央尾羽延长，尾覆羽很长，能超过外侧尾羽的长度。嘴基部、眼前部和周围无羽而裸出。分布于我国南部省份。

绿鸠属的代表动物：针尾绿鸠（*Treron apicauda*），国家二级保护动物。体长为32cm~37cm。头部和颈部为草绿色并沾有黄色，颈后部至背上部呈灰绿色。上体呈暗草绿色，并具有蠹状细斑，上体后部缀有黄色。两翅及大覆羽为黑色，初级飞羽和次级飞羽的羽缘均为黄色。尾羽为暗灰色，中央尾羽沾有绿色。下体呈绿黄色，胸部为棕橙色。针尾绿鸠通常栖息于低海拔地区的阔叶林中，喜结群活动。主要以榕树的果实和各种酱果为食。主要分布于我国西部云南省的西部、南部以及四川省的西南部地区。

（2）皇鸠属（*Ducula*）：体形较大，翅长为200mm以上。体羽不为绿色为褐色。

初级飞羽斜切形。嘴形长而基部有扩张。嘴基柔软部分较长。脚短。尾羽有14枚。两性相似。分布于我国南部省份。

皇鸠属的代表动物：山皇鸠（*Ducula badia*），也叫灰头南鸠、绿背皇鸠等，国家二级保重点护动物。体长为38cm~45cm，体形与绿皇鸠差不多，但体色完全不同。它的雄鸟和雌鸟的羽色相似。前额、头顶和头侧为浅灰色，后颈为淡紫红色。肩部、上背、翅上小覆羽和中覆羽呈紫红褐色或紫栗色，下背、腰部和尾上覆羽灰褐色。尾羽为黑褐色，具有宽的灰褐色端斑。飞羽为黑色。颏部、喉部为白色。头部的两侧和前颈为灰色，胸部、腹部为淡葡萄灰色。两胁和腋羽为灰色。尾下覆羽为皮黄色或淡棕白色。虹膜为灰白色，嘴为橙红色或暗橙红色，尖端为暗褐色。脚为橙红色或淡紫橙红色。分布于我国云南西南部的潞西、南部的西双版纳以及海南省等地。

（3）鹃鸠属（*Macropygia*）：上下通体具黑色的细横斑。翅很长超过尾，似杜鹃。跗蹠部分被羽，趾长并有宽的脚掌，适于树栖。腰羽尖而呈刺状。尾羽较翅长，并呈凸尾状，尾覆羽延长。分布于南部省份。

鹃鸠属的代表动物：斑尾鹃鸠（*Macropygia unchall*），国家二级重点保护动物。中型鸟类，体长为32cm~41cm。上体大都黑褐色而具栗色细横斑，尾较长，亦具黑色和栗色横斑。前额、眼先、喉为皮黄色，头顶、后颈和颈侧为金属绿色。上胸为红铜色，腹为棕白色。嘴为黑色，脚紫红色。国内分布于华南一带，北抵四川宝兴及福建西北部，西抵云南，南至海南省。

（4）鸽属（*Columba*）：翅长而尖几乎达尾尖，第一枚或第二枚初级飞羽最长，或更圆，尾短或居中。跗蹠部裸出，两脚适于步行。鼻孔狭斜，斜置在软膜上。遍及全国。

鸽属的代表动物：斑尾林鸽（*Columba palumbus*），国家二级重点保护动物。体长为40cm~45cm，雄鸟和雌鸟的羽色相似，整个头部和颈部为暗灰色，额部和喉部颜色稍淡，后颈的下部具绿色或紫铜色的金属光泽。颈的侧部有一个皮黄色斑，是其独有的特征之一。皮黄色斑的下面的颈部及下方为金属绿色，并具有紫色光泽，上背、肩部和翅上覆羽为淡土褐色，翅膀为灰褐色，上面有两个斜行的白色带。下背、腰部和尾上覆羽为暗灰色，尾羽为暗褐色，中部具有一个宽阔的灰色横带，胸部为葡萄粉红色，往下逐渐变淡，到腹部为鸽灰色，两胁和尾下覆羽也是鸽灰色，尾羽的下表面为黑色，中部具有一个白色横带，也是它的主要特征之一。虹膜为淡黄白色到淡黄色，嘴基为橙色或橙红色，中央为白色，端部为橙黄色，蜡膜为白色，眼周为洋红色。脚和趾为珊瑚红色，爪为黑色。我国仅有新疆亚种，分布于新疆西部喀什和天山一带。

（5）斑鸠属（*Streptopelia*）：体形较小，头也较小，颈部细。狭的嘴和比较狭的长翅，第二枚和第三枚初级飞羽最长，尾超过翅长的2/3。趾和跗蹠部适于行走，趾狭，跗蹠短而强。雌雄同色，都为灰色，在颈部也常有其他色羽毛。

斑鸠属的代表动物：山斑鸠（*Streptopelia orientalis*），中等体型（32cm）的偏粉色斑鸠。与珠颈斑鸠的区别在于颈侧有带明显黑白色条纹的块状斑。虹膜为黄色，嘴为灰色；上体有深色扇贝斑纹，体羽缘为棕色，腰为灰，尾羽近黑，尾梢浅灰。下体多偏粉色，脚为粉红色。常见且分布广泛。该种已被列入国家林业局2000年8月1日发布的《国家保护的有益的或者有重要经济、科学研究价值的陆生野生动物名录》。

（十三）鹦形目（Psittaciformes）的识别特征

属攀禽，体中小型，嘴短厚，上嘴缘有缺刻，上嘴向下钩曲而覆盖下嘴。嘴基有蜡膜，有的甚狭而不显。上嘴与头骨相连处有可动关节，上嘴可上下左右活动，上嘴内面有锉状密棱，加之颌肌有力，适于吃厚皮种实。舌大而多肉质，具有角质匙状末端。鸣肌发达，经驯养后能模仿人语和其他鸟的鸣声。跗蹠短健，被粒状网鳞。爪尖锐而弯曲，适于攀树。对趾足，前两趾基节的基部并连，有的可在地上步行，澳大利亚的夜鹦鹉（*Geopsittacus occidentalis*）及地栖鹦鹉（*Pezoporus wallicus*）等几乎无飞翔能力。翼形尖，初级飞羽有 10 枚，第四、五枚次级飞羽间断排列。尾长短不一，凸尾或圆尾，尾羽有 12 枚。羽毛稀疏而硬，副羽存在，体色艳丽，有绿色、蓝绿色、红色、黄色等。有的头具冠羽。大多两性羽色相差不大，幼鸟羽色与雌性成鸟相似。

多结群，树栖性，用脚和嘴攀树。主食果实、种子、花蜜等植物性食物，有时也兼食昆虫。雌性或两性孵卵。晚成鸟。本目主要产于澳洲、南亚、非洲、中美的热带和亚热带，为重要的观赏鸟类。我国该目鸟类属鹦鹉科（Psittacidae），产于两广、云南、海南等地，均为国家二级重点保护鸟类。

鹦鹉科的代表动物：

1. 大绯胸鹦鹉（*Psittacula alexandri*），是我国所有鹦鹉科鸟类中体形最大的一种，全长约为 46cm。头部为亮紫蓝而稍沾绿色，前额基部有一道黑色狭纹，向两侧伸达眼先，背羽及翅呈亮翠绿色；两翅覆羽为渲染黄绿色；喉部两侧具宽阔的黑斑；胸和腹部呈灰紫红色，雄鸟浓艳，雌鸟浅淡；中央尾羽特别修长，羽片中央为渲染亮蓝色。雄鸟嘴为红色，下嘴为黑色；雌鸟上嘴为黑色。脚为灰绿色。栖息于海拔 2000m ~ 3700m 的温带和寒温带山地常绿阔叶林、针阔混交林、松林和山林地带。啄食松树、杉树的种子，嗜食胡桃和板栗。分布于我国西藏、四川、云南。

2. 绯胸鹦鹉（*Psittacula alexandri*），体长约为 33cm，羽色艳丽、上绿下红，有长长的楔状尾，十分漂亮。雄鸟上嘴为红色、下嘴为褐色，头顶为蓝灰色，额基至两眼有一条黑纹，下嘴基部至颈两侧有宽阔黑带，眼围为绿色，喉和胸为红色。雌鸟上、下嘴均为黑褐色，喉和胸为橙红色。常在山麓常绿阔叶林间，罕至 2000m 以上的山地，喜成群活动。平时觅食浆果、坚果和其他各种果实、幼芽和嫩枝等，秋季结群游荡田间，掠食成熟或将要成熟的谷物。善攀登树木，飞行循直线而甚急速。夜间常与八哥和鸦类等相混栖宿树上。3 月至 5 月间在落叶树林或常绿林中的树洞中营巢，常结群繁殖，一棵树上可有数对营巢，每巢产 3 ~ 4 枚白色有光泽的卵。分布于我国云南南部、广西、广东及海南岛。

（十四）鹃形目（Cuculiformes）的识别特征

属攀禽，嘴形适中，尖而微拱曲。圆翼，或长或短，初级飞羽有 10 枚，第四、五枚次级飞羽正常排列。大多为凸尾，尾长多超过体长之半，尾羽有 10 枚［犀鹃属（*Crotophaga*）为 8 枚］。身体皮肤很薄，尾脂腺裸露。足呈对趾足，趾较细弱。跗蹠前缘被盾鳞。大多两性羽色相同［噪鹃（*Eudynamys scolopacea*）例外］，幼鸟与成鸟羽色不同。无副羽。

大多为森林鸟类，树栖性，独居而不结群。雌雄两性鸟均较孤独，即使在繁殖期也很少成对活动，交配杂乱。主食昆虫、果实，能大量消灭毛虫，特别是能啄食大毛虫，为重要森林益鸟。多数种类为候鸟。杜鹃独特的生物学特性是巢寄生，相当多的杜鹃自己不营巢，也不孵卵育雏，而是把卵产在他种鸟巢中由巢主代孵代育。

本目2科，蕉鹃科（Musophagidae）分布于非洲；杜鹃科（Cuculidae），除亚洲和北美洲的高纬度地区外，几乎遍及全球。

杜鹃科的代表动物：

1. 小鸦鹃（*Centropus bengalensis*），也叫小毛鸡，头、颈、上背及下体全部为黑色，具金属蓝反光；两翅及肩、背部为栗褐色。下背至尾上覆羽、尾羽均为黑色。常见于山坡、山谷间草灌丛浓密生长的处所或竹林里，偶见于山村中住家附近。善于在地面上行走；翅短圆，不善高飞。性机警，遇惊即潜入草灌丛中，平时多单独在草灌丛中觅食，很少到空旷或无隐蔽物的地方活动。食物主要有蝗科种类，还有金龟子、甲虫、毛虫、蝼蛄、白蚁和鳞翅目昆虫等，也啄食其他小动物。国内见于云南西北部至南部西双版纳，贵州西南部、广东、广西和海南，安徽南部、中部，河南南部罗山，福建及台湾等地，均为留鸟。为国家二级重点保护动物。

2. 褐翅鸦鹃（*Centropus sinensis*），中型的鸟类，体长为40cm～52cm，体重为250g～392g。嘴为黑色，较粗厚，尾羽呈长而宽的凸状。雄鸟和雌鸟的羽色很相似，通体除翅和肩部外全为黑色，头、颈和胸部有闪耀紫蓝色的光泽，胸、腹、尾部等逐渐转为绿色的光泽。两翅为栗褐色，肩和肩的内侧为栗色。由于有较高的药用价值，被大肆捕杀，现已濒临绝种。分布于我国浙江、江苏、江西、福建、湖南、广西、广东、云南、贵州、海南等地。为国家二级重点保护动物。

图4-22 案件中查获的褐翅鸦鹃

（十五）鸮形目（Strigiformes）的识别特征

所有种类均为国家二级重点保护动物。

夜行性猛禽。头宽大，颈短，但转动灵活。某些种类头顶两侧具有一对突出的羽簇，称为耳突，安静时竖立，受惊或活动时倒伏。嘴短而钩曲，张嘴时上下嘴均动。嘴基蜡膜多少被硬羽所遮，鼻孔开在蜡膜前缘之后。眼大，向前，周围硬羽呈放射状排列，形成面盘。上眼睑能活动，瞬膜极发达。耳孔外被以皮肤褶，形成很大的伪耳孔。翼大都宽圆，初级飞羽有11枚（仅10枚发达），某些种类最外侧次级飞羽外翈有栉缘。第四、五枚次级飞羽间断排列。尾长中等或较短，尾羽有12枚，间或10枚。跗蹠全被羽，许多种趾亦被羽，外趾能反转。爪强锐弯曲，通常内爪最长。羽色单调，某些种有深浅不同的色型。廓羽松散，飞翔无声。成鸟无绒羽，副羽缺如或甚小。尾脂腺裸出。鸮类视网膜中的视杆细胞丰富，特别是有反光色素层，适于夜视。听觉十分灵敏，内耳大。脑部的听觉神经细胞丰富。

鸮类是重要的森林鸟类。树栖性。多为留鸟。大都雌雄单配，巢期成对，秋、冬季独居，不结群。大多在树洞、岩隙营巢，有的用鹰和乌鸦的旧巢，也有的在地面上、洞穴中、建筑物里筑巢，没有或只有少量衬垫物。雌性孵卵，生下第一枚就开始孵卵，以后边产边孵。两性育雏。食物为鼠类、昆虫、小鸟等动物，也吃种子。

本目共2科，我国均有。

1. 草鸮科（Tytonidae）。头骨狭长，宽不及长的2/3，面盘完整呈心形。脚较长，跗蹠被羽，趾稀疏被须状羽，中爪具爪栉，中趾第二节长于基节。尾短，初级飞羽内翈无缺刻。收翅时，翅端达到或超过尾端。雌性孵卵，两性育雏。本科共12种，我国产3种。

草鸮科的代表动物：草鸮（*Tyto capensis*），别名猴面鹰，中型猛禽。全长35cm左右。上体暗褐，具棕黄色斑纹，近羽端处有白色小斑点。面盘灰棕色，呈心脏形，具有暗栗色边缘，飞羽黄褐色，有暗褐色横斑；尾羽浅黄栗色，有四道暗褐色横斑，下体淡棕白色，具褐色斑点。嘴黄褐色。爪黑褐色。栖息于山麓草灌丛中，以鼠类，蛙、蛇、鸟卵等为食。筑巢于隐蔽的草丛间。每窝产卵2~4枚，乳白色。雌鸟孵卵，孵卵期22~25天，雏鸟两个月后离巢自行生活。分布于河北南部，山东至长江以南各省都是留鸟。

2. 鸱鸮科（*Strigidae*）：头骨较宽阔，宽约等于长的2/3，面盘或存或缺，存在时几乎呈圆形。某些种类有耳突。无爪栉。尾圆形。中趾第一、二趾节长度大致相等[黄嘴角鸮（*Otus spilocephalus*）例外，同草鸮]。脚强，常全部被羽。初级飞羽至少第一枚的内翈有缺刻。雌性或两性孵卵，两性育雏。本科共134种，我国11属26种。

（1）角鸮属（*Otus*）。小型鸮类，具发达的耳突，面盘不完整。体羽很美丽，呈虫蠹状和火花状羽毛。头较大。嘴很小。圆形的鼻孔在蜡膜边缘上。翅长但形状不一，尾羽中等而端部为圆形。跗蹠全部或部分被羽。雌雄鸟相似。

角鸮属的代表动物：

①红角鸮（*Otus scopus*）：又叫棒槌鸟，小型猛禽。全长约为20cm。上体为灰褐色（有棕栗色），有黑褐色虫蠹状细纹。面盘为灰褐色，密布纤细黑纹，领圈为淡棕色；耳羽基部为棕色；头顶至背和翅覆羽杂以棕白色斑。飞羽大都为黑褐色，尾羽为灰褐，尾下覆羽为白色。下体大都为红褐至灰褐色，有暗褐色纤细横斑和黑褐色羽干纹。嘴为暗绿色，先端近黄色。爪为灰褐色。栖息于山地林间。以昆虫、鼠类、小鸟为食。筑巢于树洞中，每窝产卵约多为4枚，为白色。在我国大陆分布较广为留鸟，在我国台湾地区为旅鸟。

②领角鸮（*Otus bakkamoena*），小型猛禽。全长为25cm左右。上体及两翼大多为灰褐色，体羽多具黑褐色羽干纹及虫蠹状细斑，并散有棕白色眼斑。额、脸盘为棕白色；后颈的棕白色眼斑形成一个不完整的半领圈。飞羽、尾羽为黑褐色，具淡棕色横斑。下体为灰白色，嘴为淡黄染绿色。爪为淡黄色。栖息于山地次生林林缘。以昆虫、小鸟、鼠类为食。筑巢于树洞中。每窝产卵3～4枚，为白色。分布于我国东北北部至河北，山西、陕西南部，四川、云南东部及海南、台湾等地。

（2）雕鸮属（*Bubo*）：雕鸮属为鸮类中最大种类之一。耳突发达。面盘不完整。跗蹠完全被羽，趾亦被羽。脚特别强健，爪特弯曲，第二爪最长。第三枚初级飞羽最长，第三枚和第四枚几乎等长，第一枚初级飞羽外翈边缘呈梳齿状。尾羽中等而稍圆形。大多数体形较大。体羽大都为褐色或灰色和黑褐色。

雕鸮属的代表动物：普通雕鸮（*Bubo bubo*），也叫恨狐，大型猛禽。全长约为70cm，上体为沙棕色杂以黑褐色纵纹。面盘为浅棕色；眼先和前缘密布白毛，杂以黑端，眼上方有一大形黑斑。飞羽大都为暗褐色，具棕色横斑。尾羽为棕色，具暗褐色横斑。下体为浅棕色，具黑褐纵纹。嘴为暗铅色，爪为铅褐色。栖息于山地林间，主要以啮齿动物为食。筑巢于悬崖峭壁的缝隙间。以枯枝、叶、羽等铺垫。每窝产卵2～5枚，为白色。为全国大部分省区留鸟。

图4－23　案件中查获的普通雕鸮

（3）渔鸮属（*Ketupa*）：本属外形与雕鸮相似。耳突长而尖。嘴弯曲而长。面盘不完整，特别是上部更不明显。跗蹠部分被羽或完全裸出。趾底部被有弯曲的鳞片覆盖，爪长大而弯曲，每爪下面具有缺刻缘，而中趾连爪内侧也有弯曲突起。翅比较短而圆。第一枚初级飞羽外翈边缘不呈梳齿状。

渔鸮属的代表动物：

①黄腿渔鸮（*Ketupa flavipes*），体长约为62cm。喉部有一大型白色斑。上体较多橙棕色，下体为橙棕色。飞羽为暗褐色，有橙棕色横斑和羽端斑。以鱼、蛙、鸟、蟹、鼠、昆虫为食。分布于我国甘肃、四川、贵州、台湾、江苏、陕西、安徽、浙江、湖北、广东、四川、贵州等地。

②毛腿渔鸮（*Ketupa blakistoni*），大型鸟类。体长为71cm～77cm，耳羽长而尖，长度约为90mm～108mm。面盘不明显，面部羽毛松散，羽枝分离，呈灰褐色，羽干和羽端为黑褐色。头顶的中央有白斑。趾不被羽，底部有鳞片和细的刺突。通体大都为暗褐色，具黑色羽干纹。虹膜为橙黄色，嘴角为灰色或灰白色，基部沾蓝色。在我国分布于内蒙古、吉林、和黑龙江。

（4）鸺鹠属（*Glaucidium*）：本属与小鸮属区别在于上体羽毛具横斑，蜡膜膨胀，而鼻孔管状。跗蹠被羽而趾弯曲有刺。翅比小鸮属还圆。

鸺鹠属的代表动物：斑头鸺鹠（*Glaucidium cuculoides*），小型鸟类，但却是我国鸺鹠类中体形最大的，体长为20cm～26cm。面盘不明显，没有耳羽簇。体羽为褐色，头部和全身的羽毛均具有细的白色横斑，腹部为白色，下腹部和肛周具有宽阔的褐色纵纹，喉部还具有两个显著的白色斑。虹膜为黄色，嘴为黄绿色，基部较暗，蜡膜为暗褐色，趾为黄绿色，具刚毛状羽，爪近黑色。分布于我国上海、江苏、浙江、安徽、福建、江西、山东、河南、湖北、湖南、广东、广西、四川、重庆、贵州、云南、陕西、甘肃、云南、西藏、海南等地。

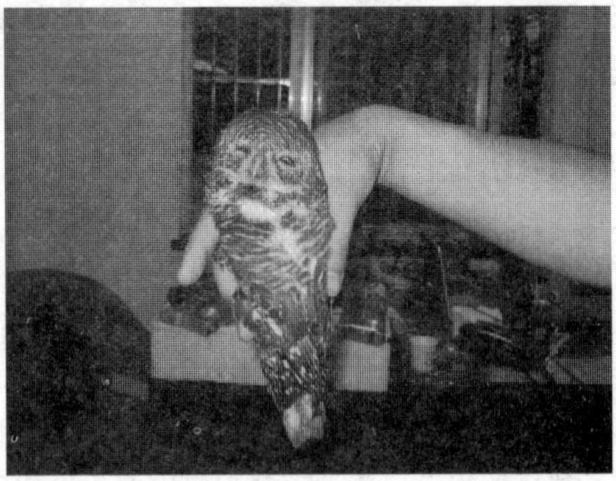

图4－24 案件中查获的斑头鸺鹠

（5）林鸮属（*Strix*）：中大型鸮类。本属无耳突，翎领长但上部断开有缺口，面盘完整，圆形。嘴弯曲。跗蹠部被羽很密，并有很弯的爪。翅短而圆，第三、四、五枚初级飞羽几乎等长。尾羽中等而圆型。虹膜常褐色，不为黄色。

林鸮属的代表动物：

①褐林鸮（*Strix leptogrammica*），中型猛禽。全长约为50cm。上体为棕褐色，上背中间杂以淡色细横斑。头顶为纯褐色，面盘为棕褐色；眼周为黑褐色，眉纹近白色。下体为淡棕黄色，具褐色或淡褐色横纹，嘴角为绿色基部暗蓝色。爪为紫灰褐色。栖息于山地森林中。以鼠类、昆虫为食。筑巢于栎树等天然树洞中。为浙江以南至云南、海南、台湾等地留鸟。

②长尾林鸮（*Strix uralensis*），也叫夜猫子。中型猛禽。全长约为45cm～60cm。面盘显著，眼先为黑褐色，余部灰白。背部为褐色；尾羽为淡褐色，飞羽为深褐色，杂以灰褐横斑。腹部为淡灰黄色，杂有褐色羽干纹。腿上有污灰色绒羽，并有铅褐色斑点。嘴为黄色，爪为褐色。雌雄羽色相似。栖息于针阔混交林中。独居，夜间活动。食物以鼠类为主，也食小鸟、蛙和昆虫等。每年5月至6月繁殖，在树洞营巢，雌雄成对活动。分布于我国东北、青海东南部、四川西部。

（6）耳鸮属（*Asio*）：中等大小鸮类，体长为280mm～460mm。耳突存在，但大小不一。嘴短而强，被蜡膜覆盖部分比嘴峰部分还长。跗蹠和趾的上部密被羽毛。具完整的圆形面盘。翅长而尖，第二枚初级飞羽最长，与第三枚近乎等长。尾居中而圆形。虹膜黄色。

耳鸮属的代表动物：

①长耳鸮（*otus*），也叫长耳猫头鹰、夜猫子。中型猛禽。全长为38cm左右，体羽为棕黄色，上体密布黑褐色粗羽干纹和虫蠹状细斑。面盘中部为白色而缀黑，侧部为棕黄色；耳突黑褐色，长约5cm，飞羽为黑褐色或灰褐色，尾羽基部为棕黄色，胸、上腹及两胁杂以黑褐色羽干纹。嘴为铅褐色，先端为黑色。爪为黑色。栖息于山地森林或平原树林中。主要以鼠类或昆虫为食。3月中旬至5月繁殖，筑巢于沼泽地面、杂草

沙丘上，有时也占用弃巢。每窝产卵 4～5 枚，多至 8 枚，纯白色。在我国分布较广，在越冬地常集成大群活动，对于控制鼠害有积极作用，应大力保护。为新疆、青海、内蒙古、东北夏候鸟，河北、山东、甘肃及长江以南冬候鸟。

②短耳鸮（*Asio flammeus*），体长为 35cm～38cm，体形与长耳鸮很相似，但耳突比长耳鸮短得多，很不明显，黑褐色，具棕色羽缘。面盘显著，眼周为黑色，眼先及内侧眉斑白色，面盘余部为棕黄色而杂以黑色羽干纹。翎领为白色。上体为棕黄色，有黑色和皮黄色的斑点及条纹，下体为棕黄色，具黑色的羽干纹，但羽干纹不分支形成横斑。跗蹠和趾被羽为棕黄色。虹膜为金黄色，嘴和爪为黑色。在我国繁殖于内蒙古东部、黑龙江和辽宁，越冬时几乎见于全国各地。

（十六）夜鹰目（Caprimulgiformes）的识别特征

属攀禽，头大颈短，体为树皮色，具蠹状斑（模糊的细斑纹）。羽毛松软，飞行无声，成体无绒羽。眼大，侧位。嘴短弱而基部宽阔，嘴端略具钩，口裂深，达后眼角。口须发达，或虽无口须而眼先羽毛特化成须状，形成“捕虫网”。鼻孔圆管状或狭缝状，裸露或被丛羽掩盖。翅狭长或短圆，初级飞羽有 10 枚，第四、五枚次级飞羽间断排列。尾较长，尾羽有 10 枚。跗蹠短，有的被羽。向前 3 基部以微蹼相连，中趾特别延长，外趾大多仅具 4 节趾骨（含爪节）。中爪的爪栉或有或无。尾脂腺裸出或退化消失。副羽存在。两性相似。

本目为森林里的夜行性食虫鸟类，白天隐伏于树干上，大多顺枝栖止，故称“贴树皮”。晚成鸟，初出被绒羽。本目鸟有“休眠”现象，以度过缺食的寒冷季节。

本目分布广，共有 5 科 93 种，其中 2 个主要的科我国有分布。

1. 蟆口鸱科（Podargidae）：嘴特宽阔而较强，形平扁，嘴裂宽大，上嘴端显著钩曲。无嘴须，但嘴基有长的须状羽，掩覆狭缝状的鼻孔。有的有耳突。翼圆，第四、五枚初级飞羽最长。尾中等或长，腿脚短小。无尾脂腺。两性羽色相似，雌多少沾有红色。夜行性，不活泼。通常成对活动。纵向栖树，遇惊扰则呈僵直状态，似一断枝。从地面或树枝上捡食昆虫（甲虫、蛾等），也吃小型鼠类。两性孵卵育雏。本科产于南亚和大洋洲，共 13 种，我国仅 1 种，即黑顶蛙嘴夜鹰（*Batrachostomus hodgsoni*），产于滇西。该种已被列入国家林业局 2000 年 8 月 1 日发布的《国家保护的有益的或者有重要经济、科学研究价值的陆生野生动物名录》。

2. 夜鹰科（Caprimulgidae）：嘴短弱而软，嘴裂稍小，嘴须长而多［毛腿夜鹰（*Eurostopodus macrotis*）例外］。鼻孔圆形，略突出呈管状。翼狭长，通常第三枚初级飞羽最长，某些种类有极长的尾羽或内侧初级飞羽。翼和尾有白块斑（展开时可见）。尾脂腺裸出，跗蹠被羽或裸出，趾和爪短小，趾基有微蹼，归类于并趾足。中爪有爪栉。两性羽色不同。

本科鸟类独居，有的种类在迁徙时成松散的群。主要在夜间或晨昏活动，飞行捕食蚊类和其他飞虫，两性孵卵和育雏。雏为半留巢鸟。本科 75 种，我国产 7 种，如［普通］夜鹰（*Caprimulgus indicus*），该种已被列入国家林业局 2000 年 8 月 1 日发布的《国家保护的有益的或者有重要经济、科学研究价值的陆生野生动物名录》。

（十七）雨燕目（Apodiformes）的识别特征

本目包括雨燕和蜂鸟两大类。属攀禽，体型小或特小。嘴宽阔平扁或纤细如针肱骨短小，尖翼狭长，次级飞羽短而少，适于快速飞行（雨燕）和悬停（蜂鸟）。尾形多变，主要为深叉形，尾羽10枚。腿甚短弱，有些种类跗蹠被羽。飞翔力强，完全空中生活而不落到，不会步行和跳跃。

本目共3个科，428种，我国产2科。

1. 雨燕科（Apodidae）：嘴短阔平扁，嘴尖稍下曲，无口须。颈短，体羽短而紧凑。前肢臂短掌长［楼燕（*Apus apus*）和棕雨燕（*Cypsiurus parvus*）只有6枚次级飞羽］。翼尖长，折翅时，翅端超过尾端，次级飞羽很短，其最长者仅及翼长的1/3。第四、五枚次级飞羽正常排列或间断排列。平尾、凹尾或叉尾，尾羽10枚。前趾足，四趾均向前。第二、三、四趾近乎等长（大多第三、四趾靠近，第二趾远离中趾）。爪弯曲而极侧扁，中爪内缘无锋利而内突的“刮刀”（其他鸟类大多都有）。雌雄羽色相同。尾脂腺裸出。副羽发达，体羽大都为黑色或黑褐色，稍有光泽。唾液腺发达，无盲肠。雨燕在空中飞捕活虫为食，甚至收集巢材、交配也可在空中进行。休息时都挂在垂直的岩壁上而不落在树冠上，也不落地。楼燕起飞时，自高处向下栽坠，趁机展翅起飞，若不幸跌落地面，则起飞较困难。在岩壁、树洞、建筑物上营巢，以唾液胶结植物碎屑为巢材，金丝燕的巢只用唾液（有时杂以小鱼、海藻等）筑成，特称燕窝。两性孵卵育雏，初出裸露无羽。本科共84种，我国产9种，如灰喉针尾雨燕（*Hirundapus cochinchinensis*）分布于海南及云南等地。已被列为国家二级保护动物。

2. 凤头雨燕科（Hemiprocnidae）：头有耸起的羽冠，嘴形同雨燕科。眼大。翼甚尖长。铗尾特长，最外侧尾羽特纤细，胁部有一块银色绒羽。跗蹠短弱，趾细长，后趾不能逆转向前。两性羽色不同，成幼羽色不同。空中飞捕昆虫，飞翔有力、迅速、转弯灵活，常栖止在树上。两性孵卵育雏，初出被绒羽。本科共4种，我国产1种，即凤头雨燕（*Hemiprocne longipennis*），分布在滇南和滇西。已被列为国家二级保护动物。

（十八）咬鹃目（Trogoniformes）的识别特征

本目只1科：咬鹃科（Trogonidae），属攀禽。

嘴粗短，基部宽，上下嘴端微钩曲并均有缺刻。口须发达，着生在下嘴基部，副须也发达。围眼裸露，眼睑有睫毛。翼短圆，翼腹凹陷，初级飞羽有10枚。凸尾形长（大于翼长），尾羽有12枚，羽端截平，外侧3对尾羽呈梯状排列，尾羽末端白斑明显外露。脚较短，跗蹠被羽。异趾足（本目特有），第三、四趾基部并连。体羽厚密而松散，腰羽有刺手感。羽色艳丽，大都两性不同。密林中生活，群栖，攀树，波浪状飞翔，快而不持久，罕见步行或跳跃。吃昆虫、蜗牛、两栖、爬行动物和果实。树洞营巢，初生裸露无羽。不迁徙。本科共37种，分布于全球的热带森林中。我国产3种，如红头咬鹃（*Harpactes erythrocephalus*），产于滇南、广东、广西、福建和海南。该种已被列入国家林业局2000年8月1日发布的《国家保护的有益的或者有重要经济、科学研究价值的陆生野生动物名录》。

（十九）佛法僧目（Coraciiformes）的识别特征

属攀禽，本目最重要的特征是并趾足，4趾3前1后，前趾基部多少并连。跗蹠短，前缘被盾鳞，后缘被网鳞。鼻孔位于喙基与羽区交界处，而别于前述大多数的目。绝大多数无嘴须（棕胸佛法僧例外，有短的嘴须）。树栖性，土洞或树洞营巢，无或少有衬垫物。晚成鸟，初生裸露无羽。羽色鲜艳明快，大多两性同色（犀鸟科有例外）。第四、五枚次级飞羽正常排列或间断排列。

本目共9科201种，我国有5科25种。

1. 翠鸟科（Alcedinidae）：羽色艳丽或黑白斑驳醒目。头大，颈短，嘴直长而粗壮，先端尖。翼较短圆，飞翔时鼓翼频繁。初级飞羽有11枚，第一枚甚小。尾中等或短，尾羽有12枚。外趾和中趾大部分相并连，内趾和中趾仅在基节相并连。中爪长于其余各爪。跗蹠前缘被盾鳞，后缘被网鳞，某些种类跗蹠鳞片不显，似无鳞。尾脂腺被羽。本科鸟类为既非游禽又非涉禽的水滨鸟类，常在林间小溪附近活动。飞翔快而不持久，独居而不结群，常站在水边的树桩或石块上守候，或在水面上急速掠过。能飞捕昆虫，并具有从空中钻入水面下捕鱼并迅即飞离水面的本领，有时突然袭击地面上的大昆虫和小脊椎动物。在岸边掘土洞为巢，巢内常以鱼骨做衬垫物，为晚成鸟。因吃虫而对农、林有益，因吃鱼而对养鱼业有害。翠鸟羽毛可供装饰。分布几乎遍全球，高纬度地区的种类迁徙。

翠鸟科的代表动物：蓝翡翠（*Halcyon pileata*），体大（30cm）的蓝色、白色及黑色翡翠鸟。头黑。翼上覆羽为黑色，上体其余为亮丽华贵的蓝色或紫色。两胁及臀沾棕色。飞行时白色翼斑显见。虹膜为深褐色，嘴为红色，脚为红色。在华东、华中及华南，从辽宁至甘肃的大部分地区以及东南部广大地区繁殖，部分地区为留鸟。该种已被列入国家林业局2000年8月1日发布的《国家保护的有益的或者有重要经济、科学研究价值的陆生野生动物名录》。

2. 蜂虎科（Meropidae）：羽色艳丽，大都有黑色的贯眼纹［夜蜂虎（*Nyctyornis athertoni*）例外］。嘴细长而拱曲，上下嘴等长而末端尖细，嘴峰的棱脊显著。嘴须甚短，夜蜂虎无嘴须。胫下部裸出或稀疏被羽，有的种类［如黑胸蜂虎（*Merops leschenaulti*）］跗蹠后缘无鳞。第三趾和第四趾大部分并连，第二趾和第三趾基节并连。中爪最长。尖翼（夜蜂虎例外），初级飞羽10枚，第一枚甚短小。尾羽12枚，中央尾羽大都延长（有2种例外）。尾脂腺裸出。栖息于林缘。飞翔如燕，空中捕食或在大动物背上啄食，或在蜂箱处捕食蜂类和其他昆虫。结群繁殖，掘土洞为巢，巢内无衬垫物。两性孵卵育雏，食虫，有益，但不利于养蜂业。本科分布于旧大陆的热带和温带地区（非洲及欧亚大陆的南部）。

蜂虎科的代表动物：黑胸蜂虎（*Merops leschenaulti*），国家二级保护动物。是小型鸟类，体长约为20cm。头顶至背上部呈棕栗色。背下部、两翼和尾部均为绿色，翼端部为褐黑色。三级飞羽、中央尾羽沾有蓝色。腰部呈灰白色，并缀有淡蓝色。尾上覆羽为浅绿蓝色。颏部呈淡黄色，至胸上部逐渐变为淡栗棕色。胸部有一道黑黄色的狭形带斑，与浅绿色的下体相间。主要以各种昆虫为食。在我国分布于西南部的云南省境内。

3. 佛法僧科（Coracidae）：体色艳丽（主要为蓝绿色），但不甚斑杂。嘴强，基部较宽阔，上嘴先端微钩曲。嘴须存在或缺失。跗蹠短强，前缘被盾鳞，后缘被网鳞。前3趾互相分离，貌似常态足，但趾间离动程度小，内外趾间夹角仅达45°左右，远不及90°。中爪长于余爪。翼长而阔，初级飞羽有10枚。平尾、凹尾或叉尾，尾羽有12

枚。副羽存在。尾脂腺裸出。单独活动而不结群。树栖，也在地上跳跃。营巢于树洞、堤岸、岩缝中，很少或无衬垫物。两性育雏。主要食物是昆虫。本科大部分是热带种类，分布于欧亚大陆南部、非洲及大洋洲等。某些种类迁徙。

佛法僧科的代表动物：三宝鸟（*Eurystomus orientalis*），中等体型（30cm）的深色佛法僧。具宽阔的红嘴（亚成鸟为黑色）。整体色彩为暗蓝灰色，但喉为亮丽蓝色。飞行时两翼中心有对称的亮蓝色圆圈状斑块。虹膜为褐色；嘴为珊瑚红色，端黑；脚为橘黄色或红色。分布广泛，但并不常见，多于林缘地带，高至海拔1200m。亚种 *calonyx* 繁殖于我国的东北直至西南及海南岛，偶见于台湾地区。北方的鸟南迁越冬，南方的鸟为留鸟。亚种 *cyanicollis* 繁殖于西藏东南部。

4. 戴胜科（Upupidae）。本科仅1种，即戴胜（*Upupa epops*），分布在非洲和欧亚大陆的大部分地区。羽色斑驳，头上有美丽的折扇状羽冠。嘴长而拱曲，舌短，近正三角形。跗蹠短，前缘被盾鳞，后缘被网鳞，仅中、外趾基部并连，内趾游离。后爪长于余爪。方尾，尾羽有10枚。翼宽圆，初级飞羽有10枚，次级飞羽较长。某些亚种雌体较暗和（或）较小。尾脂腺被翮。

本科鸟类独居或成小群活动。地栖，但在树上休息和过夜，偶见飞捕昆虫鼓翼缓慢飞翔微呈波浪形。平时羽冠平伏，受惊则展开。叫声若“呼～哱～哱”，三声一度，每叫必点头，同时羽冠耸动一次，颇有风趣。食昆虫、蠕虫、蜘蛛、种子。营巢于坟地、树洞、材堆、墙壁、土堤洞或白蚁巢中，巢内无衬垫物，又不常清理内务，加之雌鸟在孵卵期尾脂腺分泌一种鱼腥味的棕黑色液体，所以巢中又脏又臭。雌鸟孵卵，两性育雏。

5. 犀鸟科（Bucerotidae）。嘴形特大而拱曲，中空质轻，喙缘大多具锯齿状缺刻，嘴峰基部多具盔突。翼宽大。尾长阔，初级飞羽有11枚。尾长阔，尾羽有10枚。跗蹠短强，上端被羽，前缘被盾鳞，后缘被网鳞。中趾基节趾节与内趾并连，基、中两节趾骨与外趾并连。围眼裸露，眼睑有发达的睫毛。鼻孔位于眼的前上方。羽色雌雄不同（幼鸟像雄鸟）或雌雄相同。栖息于热带森林，成对或家族式群居。树栖性，地犀鸟属（*Bucorvus*）例外。飞翔缓慢而轻盈，杂食性，有的以果实为主。树洞为巢。以斑犀鸟（*Anthracoceros coronatus*）为例，雌鸟产卵前潜入一个树洞将自己的粪便和种子、腐木等混合堆积在洞口，同时雄鸟在外面也用湿土、果实残渣等将树洞封闭起来，只留下一条垂直缝，以允许雌鸟伸出嘴尖接受雄鸟喂食。雄鸟将自己肌胃的最内一层呕出形成薄囊，用以携带果实喂雌鸟。雌鸟被囚禁在洞内产卵、孵卵、育雏和自由换羽，直到雏鸟快要飞出时，雌鸟才破洞而出。地犀鸟属（*Bucorvus*）没有这个过程。本科46种，产于非洲、亚洲南部及马来群岛一带，不迁徙。我国有4种，分布于云南、广西，是重要的观赏鸟，均为国家二级重点保护动物。

犀鸟科的代表动物：双角犀鸟（*Buceros bicornis*），大型鸟类，是我国所产犀鸟中体形最大的一种，体长约为120cm。雄性成鸟嘴长约30cm，嘴基具有宽大的盔突，盔突的上面微凹，前缘形成两个角状突起，如同犀牛鼻子上的大角，又好像古代武士的头盔，非常威武，因此得名双角犀鸟。上嘴和盔突顶部均为橙红色，嘴侧为橙黄色，下嘴呈象牙白色。它的颊、颏和喉等部位均为黑色，后头、颈部为乳白色，背、肩、腰、胸和尾上的覆羽都是黑色，腹部及尾下的覆羽为白色。翅膀也是黑色，但翅尖为白色，还有明显的白色翅斑，极为醒目。尾羽为白色，但靠近端部有黑色的带状斑。腿为灰绿色并沾有褐色，爪几乎为黑色。雌鸟的羽色和雄鸟相似，只是盔突较小。雄鸟眼睛内的虹膜为深红色，雌鸟是白色，在它们的眼睛上还生有粗长的睫毛，这是其他鸟类所少见的。主要以植物果实和种子为食，也吃大的昆虫、爬行类、鼠类等动物性食物。主要在树上觅食，有时也到地上觅食。主要栖息于海拔1500m以下的低山和山脚平原常绿阔叶林，尤喜林中沟谷地带。国内分布于云南南部西双版纳，国外分布于印度、缅甸、泰国、中南半岛、马来西亚和印度尼西亚。

上述5科，并趾程度由浅而深的顺序是：佛法僧科——前3趾不明显并连；戴胜科——内趾游离，中、外趾基节并连；犀鸟科、翠鸟科和蜂虎科——内趾基节和中趾并连，中、外趾基并连部接近或达到中趾端节趾骨的近端（但夜蜂虎并趾较浅）。

（二十）䴕形目（Piciformes）的识别特征

中小型树栖鸟类，属攀禽。对趾足，跗蹠上端被羽，前缘被盾鳞。爪甚侧扁，两侧各有一条浅的纵沟。翼大多短圆，初级飞羽有10枚。楔尾，少数为圆尾、平尾，尾羽多为12枚，少数为10枚。第四、五枚次级飞羽正常排列。尾脂腺被翮。树栖，树洞为巢，巢内无衬垫物。两性孵卵育雏，雏为晚成鸟，初出时裸露无羽。主要食虫。大都在树间飞行，较少做长距离飞行。在树干上跳跃活动，而非步行。绕树干下行时头朝上倒退而下，而不是头朝下活动。

该目共有6科，我国产3科。

1. 须䴕科（Capitonidae）：头大颈短，色泽鲜艳，体羽大都为绿色，并缀以蓝、红、黄等艳色。嘴宽厚，上嘴略长于下嘴，嘴尖不显著侧扁。嘴须发达，鼻须几乎与嘴须等长。圆翼。平尾或圆尾，尾羽有10枚。跗蹠前后缘皆被盾鳞，前二趾并连部延及中趾第二节中部（比啄木鸟科并连程度深）。多数种类两性羽色相同。

本科鸟类树栖，杂食性（果实、种子、昆虫等）。飞行笨缓，通常独居，常在一个地方久停不动。在自己凿的树洞中营巢。全部分布于热带和亚热带。本科共81种，我国产7种。例如，大拟啄木鸟（*Megalaima virens*），该种已被列入国家林业局2000年8月1日发布的《国家保护的有益的或者有重要经济、科学研究价值的陆生野生动物名录》。

2. 啄木鸟科（Picidae）：嘴呈角锥状，多数种类上下嘴端截平而侧扁如楔，鼻孔上缘有鼻脊。嘴基羽毛的羽枝成须状，无真正的嘴须。颈稍长，适于凿啄运动。舌细长而能伸缩自如，舌尖角质化，有倒钩和黏液，用以钩取树干中昆虫的幼虫（此时舌从口中伸出的长度比嘴尖到后头部还长）。跗蹠前盾后网鳞，前2趾基节并连。多为楔尾，羽轴粗硬，羽毛末端羽枝坚挺，中央1~3对尾羽羽端呈叉形，凿木时有支撑身体的作用。极少数为圆尾。尾羽多为12枚，其最外侧一对尾羽甚小，隐于次外侧尾羽背面的外侧。极少数尾羽为10枚。两性鸟羽色相似。啄木鸟是沿树干攀缘的林栖鸟类，主食昆虫及其幼虫。攀树时采取一系列的急跃动作，也能急跃向下（但不能头朝下攀树）。边攀边用嘴敲击树干，敲击频率极高（头不怕震），一旦发现有虫就取出为食，有时也在地面觅食。飞时鼓翼缓慢，略呈波浪状。每年都在心材腐朽的树上凿新洞为巢，而且只利用自己凿的洞，不用或很少用人造的洞。用过的巢让给别种鸟，有助于益鸟招引。啄木鸟对控制森林害虫有重要作用，号称森林医生，特别是能消灭树干害虫，为其他鸟类所不及，也是其他杀虫方法难以奏效的。秋冬吃针叶树种子和其他种子、果实，有利于种子扩散。本科 204 种，我国 29 种。例如，大斑啄木鸟（*Picoides major*），该种已被列入国家林业局2000 年 8 月 1 日发布的《国家保护的有益的或者有重要经济、科学研究价值的陆生野生动物名录》。

3. 向蜜鴷科（Indicatoridae）：本科共 17 种，我国仅 1 种，即黄腰向蜜鴷（*Indicator xanthonotus*），近年在云南发现分布。

（二十一）雀形目（Passeriformes）的识别特征

属鸣禽，本目是鸟纲中数量最多的一个目。全世界雀形目鸟类共 5300 余种，占现存鸟类总数的一半多。这些鸟类分布广泛，个体数量也甚多。本目在我国有 694 种，占我国鸟类 1244 种的 58.8%（郑作新，1994 年）。本目鸟类多为小型种类，少数为中型（当然本目内也有大、中、小之分）。嘴形直或稍拱曲，先端尖或略具钩，没有翘曲或末端膨大等形状。鸣管和鸣肌复杂，善鸣啭。足较细弱，4 趾 3 前 1 后（常态足），均在一个平面上。后趾发达，后爪较粗壮，常大于中爪，前趾各趾节骨以端节最长，或与基节等长（非雀形目大多以基节最长）。外趾基节很短，通常与中趾并连，趾间无蹼。跗蹠前缘多被盾鳞，少数为靴鳞，无网鳞，跗蹠后缘大多为靴鳞，呈棱脊状，但百灵科例外，为圆棱，被盾鳞。尾脂腺裸出。晚成鸟。雄体大于雌体，羽色也多较艳丽，也有些种类雌雄同色。

多为树栖，地栖者较少。在地面活动时，大都跳跃而不善步行。大都善于鸣叫，而且巧于营巢。大都雌雄单配，常单独营巢，少数种集群营巢（鸦科、椋鸟科等）。夏季多以昆虫、蠕虫为食，秋冬兼食浆果和种子。绝大多数在繁殖期以昆虫喂雏。多为候鸟，对农林有益。许多种有观赏价值，被养为笼鸟。

本目共分为59 科，我国28 科：阔八百燕鹡山椒，鹎和太平与伯劳，黄鹂卷尾椋燕鸥，乌鸦河乌小鷦鹩，岩鹨山雀鳾旋木，攀啄太绣文雀了（鹟科、画眉科、莺科）。

1. 阔嘴鸟科（Eurylaimidae）：嘴宽阔略扁平，嘴峰稍拱曲，口裂深达眼下（口裂长达嘴峰长的 2 倍）。无嘴须，鼻孔不被须。眼大，头宽。翼圆，初级飞羽有 10 枚。凸尾，尾羽有 12 枚。跗蹠短，上端（有的仅在内侧）被羽。足呈并趾形，中趾基部 2 节与外趾并连。大多数两性羽色不同。栖息于热带森林，不迁徙。树栖性，常呈昏睡状态，不善鸣啭和跳跃，借短促飞行捕食昆虫，也吃种子、果实、芽、花以及蛙、蜥蜴等。本科分布于旧大陆，共 14 种，我国 2 种。例如，长尾阔嘴鸟（*Psarisomus dalhousiae*）、银胸丝冠鸟（*Serilophus lunatus*），均为国家二级重点保护动物。

2. 八色鸫科（Pittidae）：嘴强，稍侧扁和拱曲。颈短，体粗壮。翼短圆，初级飞羽有 10 枚。尾很短。跗蹠长而强，大于中趾长之 1.5 倍。中趾基节和外趾并连。两性羽色相同或不同。无真正嘴须。栖息于热带森林或灌丛，有的迁徙。单独活动，地栖性，但在树上休息和鸣叫，在地面上活动时跳跃前进。食昆虫和其他无脊椎动物。本科分布限于东半球，共 27 种，我国 8 种，均为国家二级保护动物。例如，蓝翅八色鸫（*Pitta nympha*）。

3. 百灵科（Alaudidae）：跗蹠后缘呈圆棱，覆以盾鳞。后爪直长，长于或等于后趾。鼻孔上具悬羽掩盖。尖翼，初级飞羽有 9 枚或 10 枚，三级飞羽较长。尾长短于翅长。上体大多为斑杂的褐色，两性相同。栖息于开阔地，属草原、荒漠鸟类，通常结群活动，很多种迁徙，地栖性，能步行，在地面觅食种子、根、芽、昆虫、软体动物等，不上树。本科鸟类鸣声清脆，是常见的笼养鸟类。世界各大洲均有分布。例如，云雀（*Alauda arvensis*），常自底面朝天直飞，边飞边鸣，直至高空，故名云雀，也叫告天子，该种已被列入国家林业局 2000 年 8 月 1 日发布的《国家保护的有益的或者有重要经济、科学研究价值的陆生野生动物名录》。

4. 燕科（Hirundinidae）：嘴形短阔而弱，从背面看近似正三角形，嘴裂深，口开得大，适于飞捕昆虫。鼻孔裸露，嘴须短弱。翼尖长，飞行迅速，初级飞羽有 9 枚，第二枚几与最长的第一枚等长，次级飞羽甚短，最长羽端仅及翼长之半。凹尾或铗尾，跗蹠细弱而短，不适于地面活动，某些种类跗蹠被羽。两性羽色相同。世界性分布（北极附近和某些大洋岛屿除外）。本科 77 种，我国 11 种。例如，家燕（*Hirundo rustica*），该种已被列入国家林业局 2000 年 8 月 1 日发布的《国家保护的有益的或者有重要经济、科学研究价值的陆生野生动物名录》。

5. 鹡鸰科（Motacillidae）：体形修长，嘴较细长，上嘴先端具缺刻，嘴须不甚发达，鼻孔不被羽。初级飞羽有 9 枚，第二、三、四枚几乎等长（方翼）。三级飞羽长，几乎达（有的甚至超过）翼端。平尾，有的尾长大于翅长，最外侧尾羽有白斑或几乎纯白。脚细长，跗蹠前缘具盾鳞，后趾与爪均较延长，较适于地栖，既能跳跃也能步行。飞行时呈波浪状，叫声较单调，栖止时尾常上下摆动不已。雌雄羽色相同，有的略有差异。世界性分布（北极附近和某些大洋岛屿除外），多数种类迁徙。本科 54 种，我国 18 种。例如，白鹡鸰（*Motacilla alba*），该种已被列入国家林业局 2000 年 8 月 1 日发布的《国家保护的有益的或者有重要经济、科学研究价值的陆生野生动物名录》。

6. 山椒鸟科（Campephagidae）：上嘴端具钩或缺刻，嘴基稍阔，嘴形似伯劳，但较弱。鼻孔被疏羽。圆翼，初级飞羽有 10 枚。凸尾、圆尾或平尾。腰羽羽轴的基半部粗硬，端半部突变细软，手触折羽轴时有刺手感，是本科的特征。跗蹠短而细，前缘具盾状鳞。两性羽色有些差别，有的羽色截然不同。树栖，常结群。分布于旧大陆的温暖地区，多数为留鸟，某些种迁徙。本科 70 种，我国有 11 种。例如，灰山椒鸟（*Pericrocotus divaricatus*），该种已被列入国家林业局 2000 年 8 月 1 日发布的《国家保护的有益的或者有重要经济、科学研究价值的陆生野生动物名录》。

7. 鹎科（Pycnonotidae）：嘴长适中而稍细，或较粗短稍弯曲，有的嘴端钩曲或兼有缺刻。口须发达。枕部多具有发状纤羽，颈羽稀少。跗蹠较短，前缘被不清晰盾鳞。圆翼，适中或较短，初级飞羽有 10 枚，大多第一枚长于第二枚之半。方尾或圆尾，尾长大于或近等于翼长。大多体羽松软，尤其下背。雌雄鸟羽色相同，多数种类幼鸟与成鸟相似，少数较成鸟苍淡或深暗。善鸣啭。分布于亚洲和非洲，我国主要分布于长江流域以南，大多为留鸟。例如，白头鹎（*Pycnonotus sinensis*），该种已被列入国家林业局 2000 年 8 月 1 日发布的《国家保护的有益的或者有重要经济、科学研究价值的陆生野生动物名录》。

8. 和平鸟科（Irenidae）：与鹎科有些相似，但两性羽色不同，雄性较鲜艳，体羽为蓝、绿、黑、黄等色，枕部无发状纤羽（和平鸟属例外）。嘴稍长而下曲，略具钩，有的兼有缺刻。嘴须弱。圆翼，短或适中。尾方形或稍圆，尾长短于翼长，某些种尾覆羽很长。跗蹠短［除黑翅雀鹎（*Aegithina tiphia*）外均短于或等于嘴峰长］，前缘被靴鳞或不明显的盾鳞。分布于亚洲南部，不迁徙。结群，树栖，飞翔快，性活泼，本科14种，我国6种。例如，橙腹叶鹎（*Chloropsis hardwickei*），该种已被列入国家林业局2000年8月1日发布的《国家保护的有益的或者有重要经济、科学研究价值的陆生野生动物名录》。

9. 太平鸟科（Bombycillidae）：体羽柔软，淡褐或葡萄灰色。头部有一簇柔软的尖形羽冠。嘴短厚，基部宽，尖端微曲并有缺刻。鼻孔被须羽覆盖。尖翼，初级飞羽有10枚，第一枚极少，为退化飞羽。次级飞羽的羽轴末端延长成红色蜡片状突起［小太平鸟（*Bombycilla japonica*）例外］。方尾，较短，各尾羽具红或黄色的端斑。尾覆羽长。跗蹠短，前缘被盾鳞。两性羽色相似。群居，特别是在非繁殖季节更是如此，飞行轻快而优美，有时显得迟钝而不活泼。树栖，飞捕昆虫，也在地上、树上取食，吃果实（特别是浆果）、昆虫和花。分布于北半球的近北极地区和温暖地区。本科8种，我国2种，为东北、内蒙古、华北的冬候鸟。例如，太平鸟（十二黄）（*Bombycilla garrulus*），该种已被列入国家林业局2000年8月1日发布的《国家保护的有益的或者有重要经济、科学研究价值的陆生野生动物名录》。

10. 伯劳科（Laniidae）：嘴强健，嘴尖侧扁，上嘴尖端钩曲，并有缺刻和齿突。鼻孔圆，口须发达。翅短圆，初级飞羽有10枚，第一枚长约为第二枚之半。凸尾，狭长，跗蹠强健，前缘具盾鳞，爪尖锐，头侧大都具黑色贯眼纹，雌雄体色相同或不同，独居，栖于开阔处守候猎物，性凶猛善斗，除1种分布在北美洲外，其余分布在欧、亚、非洲，北部种类迁徙，如红尾伯劳（*Lanius cristatus*），该种已被列入国家林业局2000年8月1日发布的《国家保护的有益的或者有重要经济、科学研究价值的陆生野生动物名录》。

11. 黄鹂科（Oriolidae）：嘴约与头等长，形较粗厚，嘴峰稍拱曲，上嘴先端微具缺刻。嘴须甚短，鼻孔被以盖膜。圆翼，形长，初级飞羽有10枚，第一枚长于或等于第二枚之半。圆尾，跗蹠稍短，前缘具盾鳞。爪甚曲，体羽大都黄色、橄榄绿色，杂有黑块斑，少数种为紫红色。两性略有差别。雌鸟较苍淡，幼鸟具黑纵纹，大部分种头全部或局部、尾局部有黑斑。独居，树栖，波浪状飞行，性机警。食昆虫、果实。例如，黑枕黄鹂（*Oriolus chinensis*），该种已被列入国家林业局2000年8月1日发布的《国家保护的有益的或者有重要经济、科学研究价值的陆生野生动物名录》。

12. 卷尾科（Dicruridae）：嘴形强健，嘴峰稍曲，通常上下嘴端均有缺刻，嘴须发达。眼（虹膜）多为红色。鼻孔全部或部分为垂羽掩盖，翅长而圆，初级飞羽有10枚，第一枚约为第二枚长度之半。叉尾，较长，尾羽有10枚，某些种类最外侧尾羽向上扭曲或延长呈球拍状，跗蹠短健，前缘具盾鳞，趾和爪强壮。体羽纯色无斑，黑色或灰色，黑色者有绿、蓝色或紫色金属光泽。雌雄鸟羽色相同，幼鸟像成鸟，但满杂以白斑。独居，树栖，好争斗，食虫（飞捕）和花蜜。分布于东半球，少数种迁徙。

共20种，我国7种，如发冠卷尾（*Dicrurus hottentotus*），该种已被列入国家林业局2000年8月1日发布的《国家保护的有益的或者有重要经济、科学研究价值的陆生野生动物名录》。

13. 椋鸟科（Sturnidae）：嘴形近直尖而较细长或嘴峰拱曲，有的上嘴先端具缺刻。嘴须有或无，鼻孔裸露或为垂羽掩盖。尖翼或方翼，初级飞羽有10枚，第一枚特短小。尾短，平尾或圆尾，尾羽有12枚。跗蹠粗长，前缘被盾鳞，爪钝。雌雄鸟羽色相似。栖息于开阔地，在地面上跳跃或步行。喜结群活动，甚至繁殖时也如此。有的能模仿他种鸟和的鸣声和人语，如八哥（*Acridotheres cristatellus*）和鹩哥（*Gracula religiosa*）等是著名的观赏鸟。杂食性，食昆虫、果实和谷粒、碎肉、鸟卵、甲壳类、蜥蜴类等。本科分布于东半球，大部分种类迁徙，共112种，我国18种，如灰椋鸟（*Sturnus cineraceus*），均已被列入国家林业局2000年8月1日发布的《国家保护的有益的或者有重要经济、科学研究价值的陆生野生动物名录》。

14. 燕鵙科（Artamidae）：嘴粗短似雀，末端尖而略下曲。嘴须较短，鼻孔显露。翼长而尖，折翅时翅端长过尾端。尾长适中或短，方尾或凹尾。脚短壮。雌雄鸟羽色相同或相似。栖息于林间空旷地或开阔地区，尤其是近水地带，喜结群，树栖，滑翔姿势优美，安静休息时呆在显露的地方。通常飞行捕食昆虫，也吃少量种子。有时结群繁殖。分布于亚洲、大洋洲的热带地区，共10种，有的种迁徙。我国仅1种，即灰燕鵙（*Artamus fuscus*）。

15. 鸦科（Corvidae）：为本目之大型者。嘴、脚均粗壮，嘴几乎与头等长，有的种上喙有小缺刻。鼻孔圆，被羽掩盖［秃鼻乌鸦（*Corvus frugilegus*）例外］。翼圆，初级飞羽有10枚，第一枚长于第二枚之半。平尾、圆尾或凸尾，长短不一。跗蹠前缘被盾鳞。羽毛为黑、黑白色或鲜艳色：蓝色、绿色、黄色、紫色或褐色，常具大块斑。雌雄鸟羽色相同，幼鸟同成鸟。留鸟，集群活动，大胆而富于侵略性，大都树栖，有的可在地面跳行和步行，杂食性，有的盗食他种鸟的卵、雏，有的有储存食物的习性。世界性分布，以北半球为主。大部分种类不迁徙。例如，喜鹊（*Pica pica*），该种已被列入国家林业局2000年8月1日发布的《国家保护的有益的或者有重要经济、科学研究价值的陆生野生动物名录》。

16. 河乌科（Cinclidae）：体羽紧实，体色为灰色、褐色（稍沾栗色）或黑色。纯色、杂以白色或有白块斑（头、背、下体或翼下面）。嘴直而稍细长，侧扁，上嘴临端具缺刻，嘴缘近端部有细密的锯齿形缺刻。鼻孔被膜掩盖，无嘴须。方翼，稍短，翼腹凹陷。初级飞羽有10枚，第一枚约与初级覆羽等长。尾短，方形或稍圆，尾羽有12枚。脚粗长，跗蹠前后缘被靴鳞。中爪或具栉缘（波状褶），雌雄鸟羽色相同，幼鸟有横斑。独居。是本目水栖性最强的鸟类，主要栖息于水质清洁的山溪急流地带。飞翔直而快，常近水面飞行。能潜水，善游泳（用翼），又能在水底步行，甚至可逆水行走。活动频繁，有时在巨石上停歇，并上下抖动。在水中捕食，主食水生昆虫，也吃小甲壳类、软体动物、鱼、扁虫以及植物性食物。分布于欧洲、亚洲、美洲，不迁徙，但有的有高度变迁。本科有5种，我国有2种，如褐河乌（*Cinclus pallasii*）。

17. 鹪鹩科（Troglodytidae）：嘴形纤细较长，无嘴须。鼻孔被膜，翼短圆，初级飞羽有10枚，第一枚约为第二枚长度之半，尾或短或长，尾羽数不定。脚强，跗蹠前缘被盾鳞，爪长，两性羽色相同或相似。幼鸟有点斑或纵纹。独居于阴暗潮湿地，性活泼，到处察看。鸣声嘹亮而动听，许多种雌性也鸣叫。飞翔力弱。尾常高翘竖立。食昆虫、蜘蛛等。本科绝大多数种分布在美洲，有一种遍布于欧洲、亚洲和非洲（极北部除外）。共60种，我国仅1种，即鹪鹩（*Troglodytes troglodytes*）。

18. 岩鹨科（Prunellidae）：嘴形略似鸫科鸟类，但嘴基部向两侧扩大而中部明显下缩，狭缩处位于嘴峰前2/5或1/3。嘴端不甚尖，嘴须不发达。鼻孔大多斜形，向外侧膨胀，有盖膜，不被须。翅端大都近方形，初级飞羽有10枚，第一枚为退化飞羽。尾长短于翼长，尾末端稍凹或为平尾。跗蹠前缘被盾鳞。雌雄鸟羽色相同。栖息于山岩和森林草丛间。大多结群。主要为地栖，在地面上或近地面取食，但有的种栖息于树上，特别是鸣叫时。大多飞行迅速而有力，但飞得不甚高，呈直或波浪状。在地面上步行或跳跃。食昆虫和其他小无脊椎动物、浆果，冬天吃种子。分布于北非、欧、亚各洲，为古北界特有种，除1种外，都栖于欧亚的高原和高山上。迁徙性，有的仅垂直方向的迁徙。例如，棕眉山岩鹨（*Prunella montanella*），该种已被列入国家林业局2000年8月1日发布的《国家保护的有益的或者有重要经济、科学研究价值的陆生野生动物名录》。

19. 鸫科（Turdidae）：嘴长适中，或细或粗，上嘴端常具小缺刻。鼻孔不被羽，其上缘被盖膜（有些种不显）。圆翼或尖翼，形长而平，初级飞羽有10枚，第一枚短或极短。尾短而平以至长而凸，少数种呈深叉状，尾羽为12枚。跗蹠较长而强壮，前缘被靴鳞（少数例外）。体色多样，但绿和黄色少见，两性相同或不同，幼鸟常具点斑或鳞斑。独居，但有的在非繁殖季节结群。树栖或地栖，飞翔力或强或弱，鸣声多样，大都悦耳动听。食物多样，主要食昆虫、浆果和种子，多数种主要在地面取食，在灌丛、树上、地面上或树洞、岩隙中营巢。此科广布于全世界（极北部、新西兰和某些大洋岛屿除外），大多迁徙，某些种是著名的笼鸟。例如，斑鸫（*Turdus naumanni*），该种已被列入国家林业局2000年8月1日发布的《国家保护的有益的或者有重要经济、科学研究价值的陆生野生动物名录》。

20. 画眉科（鹛科）（Timaliidae）：大都嘴强，嘴缘光滑或临端具缺刻。鼻孔大多局部被羽或刚毛所覆盖，嘴须发达，翅短圆而稍凹，初级飞羽有10枚，通常第五、六、七、八枚近等长，为最长。展翼时，从初级飞羽到次级飞羽，羽端连线平直而不出现折曲。平尾或凸尾，或短或长。足强健，善跳跃。跗蹠前缘具盾鳞，但有时鳞片间分界不显。体羽较松散而柔软，腰羽尤甚。雌雄鸟羽色相同或不同。单独或集群在灌丛间活动，树栖，有些种以地栖为主。不善远飞，多为留鸟，有的有季节性垂直迁徙。食昆虫和其他小动物、果实。本科分布限于东半球，主要在温暖地区，共282种，我国135种，占我国鸟类种数的1/10，是我国鸟类种数最多的科，我国号称鹛类之国，如画眉（*Garrulax canorus*），该种已被列入国家林业局2000年8月1日发布的《国家保护的有益的或者有重要经济、科学研究价值的陆生野生动物名录》。

21. 莺科（Sylviidae）：体形稍纤细。嘴形较细，上嘴或具缺刻。翼短圆，初级飞羽有10枚。凸尾居多，尾羽有12枚，少数种为10枚。跗蹠稍细，前缘具靴鳞，偶或具盾鳞。多数种羽色单调而不斑杂，通常两性羽色相同。幼鸟无斑纹。独居或结群，树栖性，活泼好动，飞翔力强。鸣声大都较单调。食昆虫、蜘蛛、蜗牛等。本科主要分布于东半球，大多迁徙。例如，大苇莺（*Acrocephalus arundinaceus*），该种已被列入国家林业局2000年8月1日发布的《国家保护的有益的或者有重要经济、科学研究价值的陆生野生动物名录》。

22. 鹟科（Muscicapidae）：嘴较平扁，基部宽阔，上嘴微有缺刻，嘴峰有脊。嘴须甚发达。鼻孔多被垂羽掩盖。初级飞羽有10枚，第一枚短小，通常不超过跗蹠的长度。尾形不一。跗蹠细而短，前缘被盾鳞。趾细弱。体羽大都褐、灰、棕褐或蓝色，常有块斑或带斑，两性羽色相同或不同，幼鸟多斑杂。栖息于森林、灌丛。独居。脚弱，不适步行。有的有悦耳的鸣声。食昆虫和蜘蛛，主要由枝上栖止处突袭而捕得，有的在地面取食。遍布东半球，大都迁徙。例如，寿带鸟（*Terpsiphone paradisi*），该种已被列入国家林业局2000年8月1日发布的《国家保护的有益的或者有重要经济、科学研究价值的陆生野生动物名录》。

23. 山雀科（Paridae）：嘴短壮（显较头为短），略呈圆锥状，上下嘴端近平齐，无缺刻，嘴须存或缺。鼻孔多为垂须所掩盖。翅短圆，初级飞羽有10枚，第一枚小于或等于第二枚之半。方尾、圆尾或凸尾，跗蹠前缘被盾鳞。羽毛松散，头部（或连下体）有黑色大块斑，通常体羽无细纵纹、横斑和点斑，两性相似。幼鸟似成鸟，但较苍淡。栖息于密林以至沙漠灌丛，大多不迁徙。结小群，树起，飞翔力弱，性活泼好动。多在树上觅食昆虫和其他无脊椎动物，也吃坚果、种子。分布于北美洲（极北部除外，向南到危地马拉）和旧大陆（亚洲极北部、马达加斯加、新几内亚、波利尼西亚除外）。例如，大山雀（*Parus major*），该种已被列入国家林业局2000年8月1日发布的《国家保护的有益的或者有重要经济、科学研究价值的陆生野生动物名录》。

24. 鳾科（Sittidae）：嘴形直而较长，无缺刻，嘴须短而柔软。鼻孔无盖膜，部分被前伸的羽毛所覆盖。翼端圆形，初级飞羽有10枚，第一枚略大于初级覆羽而小于第二枚之半。平尾或圆尾，形短而柔软，常有白斑。足强健，适于攀援。后趾长于外趾而略短于中趾，后趾连爪长度等于或长于中趾连爪长度。体羽松散，上体灰色、灰蓝色或蓝色，常有暗色贯眼纹，下体无条纹，常有些棕色。大多独居和树栖，以短的急跳可以头朝上或朝下攀树。波浪状飞翔，食昆虫、坚果、种子。分布于北美和欧亚大陆（极北部除外）、马来西亚、菲律宾、日本等国，如普通鳾（*Sitta europaea*）。

25. 旋木雀科（Certhiidae）：嘴较细长，侧扁而拱曲（适于在树皮缝下探寻食物）。翼圆或尖，初级飞羽有10枚，第一枚小于第二枚长度之半。凸尾，形长，羽尖强韧（攀树时用以支撑身体）或短圆而软。脚细长以至粗壮。跗蹠约与嘴等长。跗蹠长，后趾连爪大于中趾连爪。爪（尤其是后爪）长而尖锐。体形稍纤细，雌雄鸟羽色相同或相似。独居，大多树栖，飞翔力强，绕树干、树枝、岩石、绝壁攀援，在裂缝中搜寻食物，食昆虫、蜘蛛、种子。分布于全北区、非洲、印度等地，有的迁徙，如普通旋木雀（*Certhia familiaris*）。

26. 攀雀科（Remizidae）：大都是很小的鸟。嘴端甚尖，几乎呈细锥状。鼻孔为短的硬羽掩盖。无嘴须，翼端近方形，初级飞羽有10枚，第一枚为退化飞羽（与初级覆羽几乎等长）。通常跗蹠长大于嘴长，前缘被盾鳞。凹尾。栖息于树木、沼泽的半开阔地区。而不在森林里。世界性分布（南美洲和大洋洲除外），如攀雀（*Remiz pendulinus*），该种已被列入国家林业局2000年8月1日发布的《国家保护的有益的或者有重要经济、科学研究价值的陆生野生动物名录》。

27. 啄花鸟科（Dicaeidae）：嘴短而基部较宽，嘴缘先端具均匀细密的锯齿。鼻孔显露，不完全被膜。嘴须短，着生于下嘴基部。翼短，初级飞羽有9枚或10枚，9枚者第一枚初级飞羽甚长，几乎达翼端；10枚者第一枚初级飞羽极短小，翼端方形。尾短，尾羽有12枚。脚短，外趾基部2节与中趾并连。两性羽色不同，有些种两性相似。幼鸟羽色似雌鸟。性活泼，常结成小群或单独活动，栖息于园圃或开阔的林内，喜跳跃于开花的树冠高层。鸣声尖细，有时低颤。食昆虫、蜘蛛、花蜜、浆果等。本科仅分布于亚洲南部、南洋群岛和大洋洲，不迁徙，如红胸啄花鸟（*Dicaeum ignipectus*）。

28. 太阳鸟科（Nectariniidae）：体纤小，嘴细长而拱曲，先端尖细，嘴缘具细密的锯齿［紫颊太阳鸟（*Anthreptes singalensis*）例外］。无嘴须，舌呈管状，尖端分叉，富伸张力。圆翼，初级飞羽有10枚，第一枚小于第二枚长度之半而大于初级覆羽。方尾或尖尾。跗蹠具盾鳞，外趾基约1节半趾骨与中趾并连。雌雄鸟羽色大多不同，雄鸟羽色华丽，富金属光泽（体羽具红色、橙色、黄色、褐色、黑色和金属绿色、蓝色、紫色块斑），雌鸟羽色暗淡，而捕蛛鸟（*Arachnothera*）例外，雌雄鸟同色，体羽无金属光泽。幼鸟与雌鸟同色。分布于东半球的热带地区。大多不迁徙。例如，叉尾太阳鸟（*Aethopyga christinae*），该种已被列入国家林业局2000年8月1日发布的《国家保护的有益的或者有重要经济、科学研究价值的陆生野生动物名录》。

29. 绣眼鸟科（Zosteropidae）：小型，上体几乎纯绿，喉部黄色，因眼周有小羽片构成的白色眼圈而得名。嘴小，为头长之半。嘴缘平滑，有的略具缺刻。嘴须不显，鼻孔有盖膜。舌尖具角质硬纤维两簇，适于伸入花中捕捉昆虫。近似圆翼或方翼，初级飞羽有10枚，第一枚甚小或无（很难认定）。平尾。跗蹠较长，但不适于地栖，跗蹠前缘被盾鳞。两性羽色相同，幼鸟酷似成鸟。树栖，性活泼好动，常与他种鸟结成小群活动，食花丛中的昆虫、花蜜和果实。分布于东半球的热带和温带地区，大都不迁徙。本科共84种，我国3种，如暗绿绣眼鸟（*Zosterops japonica*），该种已被列入国家林业局2000年8月1日发布的《国家保护的有益的或者有重要经济、科学研究价值的陆生野生动物名录》。

30. 文鸟科（Ploceidae）：嘴粗短呈圆锥形，嘴缘平滑而无缺刻［麻雀（*Passer*）例外］。角质腭两侧纵棱的后端左右互并呈“U”字形或“V”字形。鼻孔裸出（麻雀例外），靠近甚至进入额羽区内。初级飞羽有9枚或10枚。尾短以至极长。脚强，跗蹠具盾鳞。多数种类两性羽色相同。树栖或地栖，大多终年结群。食谷物及其他种子，仅在繁殖期食昆虫。常结群繁殖。仅分布在东半球，少数种类迁徙。例如，［树］麻雀（*Passer montanus*），该种已被列入国家林业局2000年8月1日发布的《国家保护的有益的或者有重要经济、科学研究价值的陆生野生动物名录》。

31. 雀科（Fringillidae）：嘴呈短而粗的圆锥形，嘴缘平滑，末端尖。角质腭两侧纵棱几相平行，其后端左右不相并连。翼短圆以至于长而稍尖，初级飞羽有9枚［朱鹀（*Urocynchramus pylzowi*）例外］。平尾或凹尾，或短或长。跗蹠前缘被盾鳞。雌雄鸟羽色常有不同。幼鸟第一年秋季末未完成换羽。独据或结群（尤其在非繁殖季节）。地栖或树栖，飞翔力强或弱。鸣声多样，很多种有悦耳的鸣声。食物多为谷类和野生植物种子，因而有残害农作物和除灭杂草的双重作用。本科种类繁多，共436种，我国85种，是鸟类中最大的科。除大洋洲、巴布亚新几内亚、马达加斯加外，广布世界各地。多数种迁徙，通常分为3个亚科：雀亚科（Fringillinae）［如燕雀（*Fringilla montifringilla*）］、锡嘴亚科（Coccothraustinae）、鹀亚科（Emberizinae）。

第三节　鸟类的繁殖和迁徙

繁殖是鸟类种群延续的基础，繁殖也是鸟类生活史中最为复杂的环节。表现在有复杂的行为，如占区、筑巢、孵卵、育雏等。由于这些行为，使得鸟类环境对胚胎和雏鸟发育的影响，从而大大地提高了后代的成活率。

一、鸟类的繁殖

（一）占区

鸟类在繁殖期常各自占有一定的领域，不允许其他鸟类侵入，这一行为称为占区现象。占区的生物学意义主要表现在以下几个方面：

1. 保证营巢鸟类能在距巢最近的范围内，获得充分的食物供应，即较少的消耗，就能获得充足的食物。

2. 调节营巢地区内鸟类种群的密度和分布，以便有效利用自然资源。

3. 减少其他鸟类对配对、筑巢、交配以及孵卵、育雏等活动的干扰。

4. 对附近参加繁殖的同种鸟类心理活动产生影响，起着社会性的兴奋作用。

（二）筑巢

绝大多数鸟类都有筑巢的行为。鸟类的巢是多种多样的，如田野和路旁的杂草丛、沼泽地、水域的沿岸和沙滩、芦苇丛、苔原丛（塔头）、水面（浮巢）、灌木、乔木、山巅岩壁或岩隙、建筑物、树洞等。总之，几乎任何地方都有这种或那种鸟巢。根据巢的位置可分为以下几类：

1. 地面巢。地面巢，是指筑在地面上的巢。

（1）巢在平坦的地面上：在林中的有鹀类、某些柳莺类、雉类和松鸡等；在干草地上的有百灵科、鹑类、沙鸡、鸨等；在岸边地面上的有鸥、鹬、鸻、雁、鸭等。

（2）巢在小丘或高岗上：栖于潮湿地的鸟类，如沙锥、白腰草鹬、黑水鸡的巢，在被包围的高岗上或植物从中；铁爪鹀、流苏鹬等的巢在干的高岗上。大型水域中漂筏上的水鸟也视为此类。

（3）巢在断壁和山崖上，如海鸟的巢、游隼的巢。

2. 浮巢。鸊鷉在芦苇丛中营浮巢，巢在水上漂浮却不会被风吹走。

3. 洞巢。洞巢，是指巢在洞穴中。

（1）土洞中：佛法僧、沙燕、蜂虎、翠鸟等多在断崖处的土洞中营巢。

（2）岩隙中：原鸽、岩鸽、红隼、寒鸦、白腰雨燕等。

（3）树洞中：啄木鸟、山雀、椋鸟、三宝鸟、鸮等。山雀、椋鸟也利用水泥电柱顶端洞口做巢。

4. 建筑物上的巢。位于建筑物的墙壁、墙角及其他部位。楼燕、金腰燕、麻雀等均是这样。

5. 树冠巢。树冠巢，是指巢在树（或高草茎）上。

（1）巢位于树干：鹰、鸠、松鸦、鸫等。

（2）巢位于细枝上、灌木上或高草茎上：黄鹂、红尾伯劳、大苇莺等。

（3）悬巢：巢系于枝（叶）端，悬在空中，如长尾山雀、攀雀、织布鸟等。

（三）孵卵

雌鸟一般在筑巢完成之后的1～2天内产出第一枚卵，通常在最后一枚卵产出之后半天到一天之内开始孵卵，少数种类于第一枚卵产出后即开始孵卵，因而各卵的胚胎发育程度有明显差别。绝大多数的鸟卵是椭圆形和卵圆形的，啄木鸟、猫头鹰、翠鸟等是球形卵，燕鸥及一些海鸟是陀螺形卵，因为这种卵在巢内所占的空间面积小，一头钝圆，另一头尖小，便于在巢内集中，有利于孵化。卵壳多带有颜色、斑点或花纹，形成保护色，不易被敌害发现。斑纹常在卵的钝端密集，并有时构成深色的环轮。

产卵的数目（窝卵数）以及色泽，通常在同一种鸟类是比较稳定的，存在着种的特异性，少数在色泽上有变异。一般小型鸣禽产4～6枚卵，企鹅每次只产1～2枚卵，鹤类、鸠鸽产2枚卵，鸡类、野鸭产卵多达一二十枚。产卵的时间多在清晨。雄鸟羽色特别鲜艳的鸟类多由羽色暗淡的雌鸟孵卵，雌雄鸟羽色区别不大的鸟类一般雌雄都参加孵卵。鸟体和卵体接触的部分，羽毛脱落形成孵卵斑，这里的微血管发达，皮肤温度高，能促使卵的孵化。

卵的孵化期，小鸟为13～15天，中型鸟类要3～4个星期，大型鸟类需要的时间更长。例如，大山雀约需15天，鸠鸽约需17天，鹑、鸡约需21天，野鸭约需24～28天等。

孵卵活动主要有三种形式：第一种是由雌雄鸟两性轮流承担，或雌雄鸟两性轮流但以雌鸟为主；第二种是全部由雌鸟孵卵；第三种是全部由雄鸟承担。其中，前两种较为常见，在这两种情况下，雄鸟通常主要负责保卫巢区并捕食饲喂孵卵的雌鸟。不同种类的孵化期长短不一，但同一种鸟类的孵化期是较为固定的。

某些鸟类具有巢寄生现象，是指鸟类将卵产在其他鸟类（寄主）的巢中，由寄主代孵或育雏的繁殖方式。例如，杜鹃就具有这种行为，寄主多是比杜鹃略小的雀类。大杜鹃卵的大小和颜色常酷似寄主。

（四）育雏

鸟类的雏鸟可分为早成鸟和晚成鸟。早成鸟在孵出时已经充分发育，眼已睁开，腿脚有力，全身披着丰富的绒羽，在绒羽干燥后，就能跟随亲鸟啄食。大多数地栖鸟或游禽，如鹑、鸡、鹤、雁、鸭等的幼鸟均属早成鸟。晚成鸟出壳时尚未充分发育，眼不能睁开，不能行走，全身光裸或只有少数绒羽，需由亲鸟喂养，继续在巢内完成发育过程。雀形目鸟类和攀禽、猛禽等的幼鸟属于晚成雏。

鸟类抚育幼雏的行为是一种本能。亲鸟在育雏期间十分紧张，每天喂食活动要用16～19个小时，每天喂食往返如大山雀近百次、斑啄木鸟达到120次。亲鸟衔食归来踩动树枝或巢时，幼雏就产生伸头张口反应，显示口腔内特别鲜明的颜色（红色或黄色），以激发亲鸟的喂食本能。不张口的雏鸟，亲鸟不喂食。食虫鸟喂食时，亲鸟直接把食物送到雏鸟的口中，海鸥、信天翁等大型海鸟，用反刍出来消化的粥状食物来饲喂雏鸟。

雏鸟留巢的时间，鸣禽几乎和孵卵期相同，一般在15～17天离巢，离巢后仍需亲鸟喂食，至第28天左右方能独立生活。离巢的雏鸟，嘴和跗蹠几乎达到了全长，体重已接近于成年雌鸟，体色也和雌鸟相似，但仍保留一些幼鸟的特征，如嘴角为黄色、尾较短、羽色较深暗等，又常结成小群，鸣叫声也较为尖细。

二、鸟类的迁徙

鸟类有季节性的长距离更换住处的现象，称为迁徙。迁徙具有定期、定向和集群的特点。

（一）鸟类的居留类型

根据鸟类的居留情况，将鸟类分为留鸟、候鸟和迷鸟。

1. 留鸟。留鸟是那些没有迁徙行为的鸟类，它们常年居住在出生地，大部分留鸟甚至终身不离开自己的巢区，有些留鸟则会进行不定向和短距离的迁移，这种迁移在有的情况下是有规律的，如乌鸦会在冬季向城市中心区域聚集，而在夏季则会分散到郊区或者山区，这种规律性的短距离不定向迁移被叫做“漂泊”；还有一些物种如雪鸡会根据季节的变化在高海拔和低海拔之间进行迁移，这种迁移叫做“垂直迁徙”，虽然名为迁徙，但仍然是留鸟的一种行为；有些物种的短距离迁移则是完全没有规律的，仅仅是随着食物状况的改变而游荡，这种鸟类实际上是留鸟与候鸟之间的过渡类型。

2. 候鸟。候鸟是那些有迁徙行为的鸟类，它们每年春秋两季沿着固定的路线往返于繁殖地和避寒地之间。在不同的地域，根据候鸟出现的时间，可以将候鸟分为夏候鸟、冬候鸟、旅鸟、漂鸟。如果鸟类，在它避寒地则视为冬候鸟，在它的繁殖地（或避暑地）则为夏候鸟，在它往返于避寒地和繁殖地途中所经过的区域则为旅鸟。在一定广域范围，或是夏居山林，冬居平原处的则视为漂鸟。

3. 迷鸟。迷鸟是那些由于天气恶劣或者其他自然原因，偏离自身迁徙路线，出现在本不应该出现的区域的鸟类，如曾经在中国湖南省东洞庭湖自然保护区发现的大红鹳就是迷鸟。

候鸟和留鸟之间的区别并不是绝对的，同一鸟种，可能因为各种原因，在不同的地区甚至在同一地区表现出不同的居留类型，决定一个鸟种在一地的居留类型的因素有当地气候、食物状况、生境等。例如，繁殖于日本北海道的丹顶鹤原为夏候鸟，由于当地人士持续在冬季定期投喂给予其稳定的食物来源，部分丹顶鹤已经放弃迁徙的本能，成为当地的留鸟；又如，雀形目鸟类黑卷尾，在我国南部的海南、云南等地为留鸟，而在长江流域和华北则为夏候鸟，而在欧洲则为漂鸟。

（二）迁徙的方向和途径

鸟类迁徙的方向决定于越冬地和繁殖地之间的位置关系，通常是南北走向的，但是环志研究显示，一些大型鸟类的迁徙途径是东西走向的，如德国北部的鸟差不多都严格地东西迁徙。鸟类的迁徙方向有很大的扩散角，一个种的扩散角往往可达90°，如家燕和大杜鹃，有向西南和南方飞的，也有向东南飞的，有时扩散角甚至可达180°。

迁徙途径，是指由越冬地到营巢地之间的路径。在迁徙图上一般都是将环志地点和回收地点用直线联结起来，成为理论上的或理想的迁徙途径。按照鸟类迁徙途径覆盖的面积可以将鸟类的迁徙途径分为宽面迁徙和窄面迁徙两类。所谓宽面迁徙，是指那些本身分布范围很广泛的鸟类，在迁徙过程中，朝着基本一致的方向向目的地迁徙，不同个体之间迁徙的途径相距很远，整个迁徙途径覆盖的面积很大；所谓窄面迁徙，是指那些栖息于广阔范围的鸟类在迁徙过程中沿着基本相同的路线迁徙，整个迁徙途径所覆盖的面积很小。窄面迁徙的鸟类大多对生境有一定的要求，如濒海涉禽只能沿着海岸线的走向迁徙，以便获得途中的补给站点。宽面迁徙的鸟类，由于地表特征的变化会在某些地点转变为窄面迁徙，这样的地点常被称做鸟道。鸟道在鸟类保护方面有着重要的意义，如中国河北的北戴河，处于燕山山脉与渤海湾的交汇点，海与山脉将鸟类的迁徙途径在这一区域急剧收缩，使得北戴河成为东亚非常重要的一条鸟道。

（三）迁徙的集群

迁徙中的鸟一般会结成群体，在迁飞时有固定的队形。一般有“人”字形队（西文称为“V”字形队）、“一”字形队和封闭群。“一”字形队又分为纵一“字”形和“横一”字形两类。这种方式的结群中鸟类之间是有相互关系的，有的群体具有一定的社会结构。迁飞中，保持一定的队形可以有效地利用气流，减少迁徙中的体力消耗。一般雁形目的鸟、鹭、鹳、鹤等体形较大的鸟通常采用“人”字或者“一”字的队形；雀形目等体形较小的鸟在迁徙中常采用封闭群，封闭群的个体数量大小不一，多者如虎皮鹦鹉、灭绝前的旅鸽等，结群达上万只，迁徙时铺天盖地，经日不绝。

猛禽在白天迁飞，通常不结群迁徙，也会相对比较集中，但个体之间保持一定的距离。某些种的猛禽还会组成数量不等的混合群体进行迁徙。

（四）迁徙的时间

不同的鸟类迁徙的时间也各自不同，大型鸟类以及猛禽由于体形较大或由于性情凶猛天敌很少，因而常常在白昼迁徙，夜间休息，以便利用白天由于日照引起的上升气流节省体力；但是更多的候鸟，包括体形较小的食谷鸟类、涉禽、雁鸭类等，则多选择夜间迁徙，白昼蛰伏、觅食的方式，选择夜间迁徙的鸟类会在凌晨异常活跃，在一些鸟道，迁徙季节时候凌晨鸟类的喧闹声甚至能够吵醒熟睡的人。研究显示，白昼迁徙的鸟类多利用太阳或者地面景观导航定位，夜间迁徙的鸟类则利用月光和星座导航。部分鸟类在穿越沙漠和大洋时由于没有落脚点会采取昼夜兼程的迁徙方式。

（五）迁徙的影响因素

影响鸟类迁徙的因素有很多，其中即有外在的气候、日照时间、温度、食物等，也有鸟类内在的生理因素。

1. 气候。在纬度较低的热带、亚热带地区候鸟较少而留鸟较多，而在中高纬度地区候鸟较多而留鸟较少。其主要原因低纬度地区气候变化较小，每年间各项气候指数相对稳定；而中高纬度地区季节鲜明气候变化较大。

2. 日照时间。有相当一部分候鸟，每年开始迁徙时间非常稳定，据室内实验的验证，这与日照时间有关，当日照时间达到一定长度以上或以下之后，会触发鸟类体内的某种反应机制，诱发其迁徙行为。

3. 温度。温度不仅仅影响了鸟类本身的感受同时也会影响鸟类的食物来源，当高纬度地区温度降低时，鸟类便会随之迁徙，而由于地形等因素的影响中高纬度地区也会有一些区域会保持相对较高的温度，生活在这里的候鸟就有可能转变为留鸟。

4. 食物。食物状况是影响鸟类迁徙一个重要因素，有学者认为，由于鸟类是恒温动物，本身对环境温度的变化较不敏感，因而温度因素对鸟类迁徙的影响主要就是通过食物来实现的，温度降低不仅食物本身的活动停止，而且鸟类的觅食活动也受到很大限制，正是这一因素迫使鸟类开始迁徙。

5. 鸟类生理因素。根据对笼养鸟类的观察，每到繁殖季节鸟类会出现所谓“迁徙不安”的行为，部分物种会终日朝向迁徙方向站立；或不断试图起飞，一些夜间迁徙的物种会颠倒昼夜节律，在夜间显示出异常的活跃，由于在笼养条件下，气候、温度、光照、食物的条件终年不变，因而笼养鸟在迁徙季节的“迁徙不安”行为说明至少对部分物种而言，迁徙是其生命本能的一部分，受到其内在生理因素的调节。

第五章 哺乳纲动物的识别基础

哺乳动物是全身被毛、运动快速、恒温、胎生和哺乳的脊椎动物。它是脊椎动物中躯体结构、功能和行为最复杂的一个高等动物类群。哺乳动物具有高而恒定的体温（约为25℃～37℃），对环境的依赖性较小。哺乳动物具有高度发达的神经系统和感官，能协调复杂的机能活动和适应多变的环境条件。哺乳动物出现口腔咀嚼和消化，大大提高了对能量的摄取。哺乳动物具有在陆上快速运动的能力，能够快速、准确地捕食猎物，迅速躲避天敌。

哺乳动物发展了完善的在陆上繁殖的能力，使后代的成活率大为提高，这是通过胎生和哺乳而实现的。胎生方式为哺乳动物的生存和发展提供了广阔前景。它为发育的胚胎提供了保护，营养以及稳定的恒温发育条件，是保证酶活动和代谢活动正常进行的有利因素，使外界环境条件对胚胎发育的不利影响降低到最低程度，保证了后代较高的成活率。

野生哺乳动物是生命系统的重要组成成分，由于它与人类生存有着十分密切的关系，早期人类曾赖以为生。时至今日，人们仍在以获取肉食、药材、毛皮、工艺品、娱乐和体育活动而直接猎杀它们或捕捉饲养它们。人类活动的加剧，动物栖息环境的改变，促使濒危物种越来越多，而大中型哺乳动物更是首当其冲。保护野生动物是全球文明国家的共识，识别哺乳动物对动物的保护有很重要的意义。

第一节 哺乳纲动物的主要识别特征

一、哺乳纲动物主要识别特征的常用名词

1. 异型齿：哺乳动物的牙齿，分化为形态、大小各异、功能不同的牙齿，以适应取食和咀嚼的需要。依其形态和着生位置不同，分为门齿、犬齿、前臼齿、臼齿四种。

2. 一出齿：牙齿自萌出后一生中永不脱换，如有袋类、齿鲸亚目以及食虫目、啮齿目的若干种类的齿终生维持幼生状态。

3. 再出齿：萌出后终生只换一次的牙齿称再出齿。见于大多数哺乳动物和人类。未脱换以前称为乳齿，更换以后称恒齿，通常门、犬、前臼齿属更换齿，臼齿则终身不换。

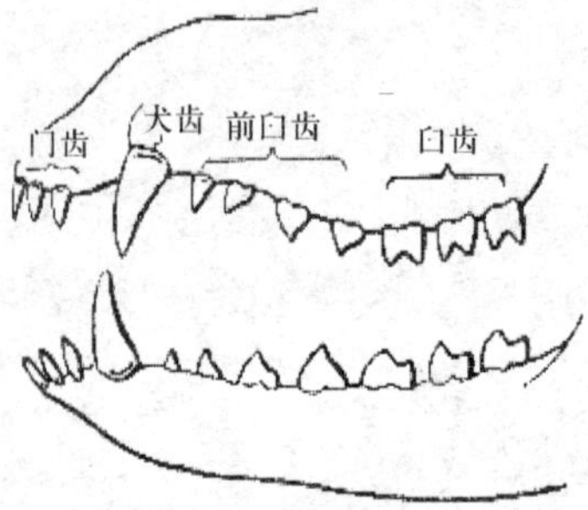

图5－1 哺乳动物的牙齿

4. 裂齿：食肉目动物上颌最后一颗前臼齿和下颌第一颗臼齿特别发达锋利，上下咬合呈剪刀状，有利

于撕裂肉类食物，故称裂齿，也称食肉齿。

5. 颊齿：因哺乳动物的前臼齿和臼齿着生于面颊部，故将其统称为颊齿。

6. 齿式：将哺乳动物牙齿的一侧上下颌各种齿型的数量按分数的形式列写出来形成的等称齿式。

7. 虚位：哺乳动物齿与齿之间的空隙称为虚位。

8. 封闭式骨盆：哺乳动物腰带中的髂骨与荐骨相关节，左右坐骨与耻骨在腹中线缝合而构成的骨盆，称封闭式骨盆。它加强了后肢的牢固性。

9. 胎盘：由胚体的绒毛膜之绒毛和尿囊与母体子宫内膜结合形成的胎儿与母体交换营养物质和代谢废物的场所。

10. 实角：也称鹿角。通常雄兽的实角较发达，是由额骨的突起形成的骨质角，分叉，且每年脱换一次。是由真皮骨化后，穿出皮肤而成，如梅花鹿的角。

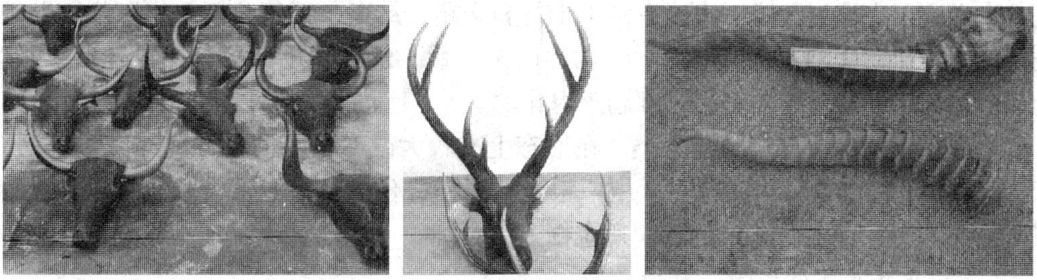

图 5－2　案件中查获的实角和洞角

11. 洞角：也称虚角、牛角。由表皮产生角鞘和额骨上的骨质角突紧密结合而成，一般称角鞘为角。其内中空，终身不更换，不分叉，如牛、羊的角。

12. 犀牛角：又称表皮角或纤维角，是毛的特化产物。由表皮产生的角质纤维交织形成，无骨心，不脱换，但断落时能长出新角。一般长在犀科动物鼻骨上或前后着生于鼻骨、额骨上。

13. 叉角羚角：介于牛羊角和鹿角之间的角，其角心同牛羊，而角鞘又分小叉，角鞘在生殖季节要脱换。雄性发达，雌性有很小的角心，无角鞘，仅北美分布的叉角羚有此种角。

14. 瘤角：又称长颈鹿角，骨质角外终生包有毛被，不脱换。

15. 椎间盘：哺乳动物两椎体之间具有一个由弹性纤维组成的可减缓震荡，使椎体之间具有一定活动度的软骨垫，这种软骨垫称椎间盘。

16. 趾行性和趾行足：以足趾着地的运动方式称为趾行性，趾以上部分全升离地面，这样的足称趾行足，如猫、犬。

17. 蹄行性和蹄行足：以蹄着地的运动方式称蹄行性。行走时蹄着地的足称蹄行足，如马、牛等。

18. 蹠行性和蹠行足：以全部足蹠（掌部）着地的行走方式称为蹠行性。这样的足称蹠行足，如猿、猴、熊的足。

19. 腹式呼吸：哺乳动物的呼吸是通过膈肌的作用使胸腔容积增大或缩小导致气体

出入肺进行气体交换。这种呼吸方式称腹式呼吸。

20. 栖息地：指具有某一种动物维持其生存需要的所有条件的地方。栖息地范围因种而异，可大可小。

21. 分布区：是指某一种或某一类群动物所占有的，能够充分地进行个体发育和繁衍后代的地域或者空间。

22. 种群：是指在一定地域或者空间内同种生物个体的自然组合。

二、哺乳纲动物的常用识别特征

（一）外形

哺乳动物外形最显著的特点是体外被毛。其躯体结构与四肢的着生均适于在陆地快速运动。前肢的肘关节向后转、后肢的膝关节向前转，使四肢紧贴于躯体下方，从而大大提高了支撑力和跳跃力，有利于步行和奔跑，结束了低等陆栖动物以腹壁贴地，用尾巴作为运动辅助器官的局面。哺乳类的头、颈、躯干和尾等部分，在外形上颇为明显。尾为运动的平衡器官，大都趋于退化。

适应于不同生活方式的哺乳类，在形态上有较大改变。水栖种类（如鲸）体呈鱼形，附肢退化呈桨状。飞翔种类（如蝙蝠）前肢特化，具有翼膜。穴居种类（如鼹鼠）体躯粗短，前肢特化如铲状，适应掘土。

（二）皮肤及其衍生物

与低等陆栖脊椎动物的皮肤相比，哺乳动物的皮肤不仅结构致密具有良好的抗透水性，而且具有敏锐的感觉功能和控制体温的功能。致密的皮肤还能有效地抵抗张力和阻止细菌侵入，起着重要的保护作用。因而皮肤是脊椎动物皮肤中结构和功能最为完善、适应于陆栖生活的防卫器官。

哺乳动物的皮肤在整个生命过程中是不断更新的，在不断更新中保持着相对稳定，使之具有一定的外廓。皮肤的质地、颜色、气味、温度以及其他特性，能够与环境条件相协调。这是由物种的遗传性决定的，并在神经、内分泌系统的调节下完成，以适应多变的外界条件。

哺乳动物的皮肤具有以下特点：

1. 表皮和真皮均较厚，表皮的角质层发达。小型啮齿类动物的表皮只有几层细胞，人有几十层厚，象、犀牛、河马及猪有几百层厚，称硬皮动物。真皮为致密的纤维性结缔组织构成，内含丰富的血管、神经和感觉末梢，能感受温、压及疼觉。真皮的坚韧性极强，为制革的原料。表皮及真皮内有黑色素细胞，能产生黑色素颗粒，使皮肤呈现黄色、暗红色、褐色及黑色。在真皮下有发达的蜂窝组织，能储蓄丰富的脂肪，构成皮下脂肪层，起着保温和隔热作用，也是能量的储备基地。

2. 被毛。毛为表皮角质化的产物，由毛干及毛根构成。毛根埋在皮肤深处的毛囊里，外被毛鞘，毛根末端膨大部分为毛球。毛球基部即为真皮构成的毛乳突，内有丰富的血管，能供应毛生长所需的营养物质。在毛囊内有皮脂腺的开口，所分泌的油脂能滋润毛和皮肤。毛囊基部有竖毛肌附着。竖毛肌是起于真皮的平滑肌，收缩时可使毛直立，有辅助调节体温的作用。哺乳类皮肤的少毛区域（如鼻、唇及生殖孔周围）

富含血管，起着调节体温的冷却作用。

毛具有保温功能。水生哺乳动物（如鲸）的毛退化、皮下脂肪层发达。毛的颜色还使有机体与所栖息的环境相协调。这些功能都与毛的结构相联系。毛干是由皮质部和髓质部构成的，其内具有黑色素，色素主要集中于皮质内。髓质部内含空气间隙。髓质部愈发达的毛，保温性能愈强。

毛具有重要的触觉功能，很多种类（如猫、鼠）吻端的触毛，是特化的感官。有人认为毛的基本功能为触觉，在进化过程中发展了保温及调温功能。毛的形态、长短和疏密等，均与保温的效能有关。

根据毛的结构特点，可分为针毛（刺毛）、绒毛和触毛。针毛长而坚韧，依一定的方向着生（毛向），具保护作用。绒毛位于针毛的下层，无毛向，毛干的髓部发达、保温性强。触毛为特化的针毛。

毛在春秋季有季节性更换，称为换毛。

3. 皮肤腺特别发达。哺乳动物皮肤腺来源于表皮的生发层，为多细胞腺，种类繁多、功能各异，主要有四种类型，即皮脂腺、汗腺、乳腺和味腺（臭腺）。

皮脂腺为泡状腺，多开口于毛囊基部。

汗腺为管状腺，下陷入真皮深处，盘卷成团，外包以丰富的血管。血液中所含的一部分代谢废物（如尿素），从汗腺管经渗透而达于体表蒸发（即通常所说的出汗）。体表的水分蒸发散热，是哺乳动物调节体温的一种重要方式（哺乳动物散热的主要方式为出汗、呼吸加速以及饮水排尿），从这种意义上说，哺乳动物的皮肤还具有排泄和调温的功能。汗腺不发达的种类（如狗），体热散发主要靠口腔、舌和鼻表面蒸发。哺乳动物皮肤内还有一种顶泌腺，其结构似汗腺，开口于近毛囊处。哺乳动物的各种香腺及麝香腺，可能是一种变形的顶泌腺。

乳腺为哺乳动物所特有的腺体，是一种管状腺与泡状腺复合的腺体，也可认为是特化的汗腺。乳腺常丛聚开口于躯体的特异部位，如鼠蹊部（牛、羊）、腹部（猪）和胸部（猴）。乳腺借乳头开口于体表，乳头数目因种类而异，一般乳头对数与所产幼仔的数目相当，如猪为 4 ~ 5 对、牛羊为 2 对、猴与蝙蝠为 1 对。低等哺乳动物（如鸭嘴兽）不具乳头，乳腺分泌的乳汁沿毛流出，供幼兽舐吮，且其乳汁内仅含蛋白质和脂肪。

味腺为汗腺或皮脂腺的衍生物（如麝的麝香腺、黄鼠狼的肛腺），对于哺乳动物（特别是社会性集群种类）同种的识别和繁殖配对有重要作用。味腺的出现，与哺乳动物以嗅觉（化学感受器）作为主要的猎食方式相联系。在以视觉作为主要定位器官的类群（鸟类和哺乳动物的灵长目），嗅觉以及味腺均大为退化。

哺乳动物的皮肤衍生物，除了上述的毛和皮肤腺以外，还有爪和角。哺乳动物的爪与爬行动物的爪同源，皆为指（趾）端表皮角质化的产物，为陆栖步行时指（趾）端的保护器官。常见的类型除爪以外，尚有蹄和指甲，均为爪的变形。

角为头部表皮及真皮部分特化的产物，为有蹄类的防卫利器。常见的有洞角（牛角）及实角（鹿角）。洞角不分叉，终生不更换，为头骨的骨角外面套以由表皮角质化形成的角质鞘构成。实角为分叉的骨质角，通常多为雄兽发达，且每年脱换一次。它是由真皮骨化后穿出皮肤而成。刚生出的鹿角外包富有血管的皮肤，此期的鹿角称鹿茸，为贵重的中药。长颈鹿的角终生包被有皮毛，是另一种特殊结构的角。犀牛角则为毛的特化产物。

（三）骨骼

哺乳动物的骨骼系统十分发达，使支持、保护和运动的功能进一步完善化。表现在脊柱分区明显，结构坚实而灵活。四肢下移至腹面，出现肘和膝，将躯体撑起，适应在陆上快速运动。头骨因脑与嗅囊（鼻囊）的高度发达而有较大特化。从形态解剖特征来看，颈椎 7 枚、下颌由单一齿骨构成，头骨具 2 个枕骨髁和牙齿异型，都是哺乳动物骨骼的鉴别性特征。

哺乳动物骨骼系统的演化趋向是：骨化完全，为肌肉的附着提供充分的支持；愈合和简化，增大了坚固性并保证轻便；提高了中轴骨的韧性，使四肢得以较大的速度和范围（步幅）活动；长骨的生长限于早期，与爬行动物的终生生长不同，提高了骨的坚固性并有利于骨骼肌的完善。

(1) 脊柱、肋骨及胸骨。脊柱分为颈椎、胸椎、腰椎、荐椎及尾椎 5 部分。水栖动物由于后肢退化而无明显的荐椎。颈椎数目大多为 7 枚，这是哺乳动物特征之一。

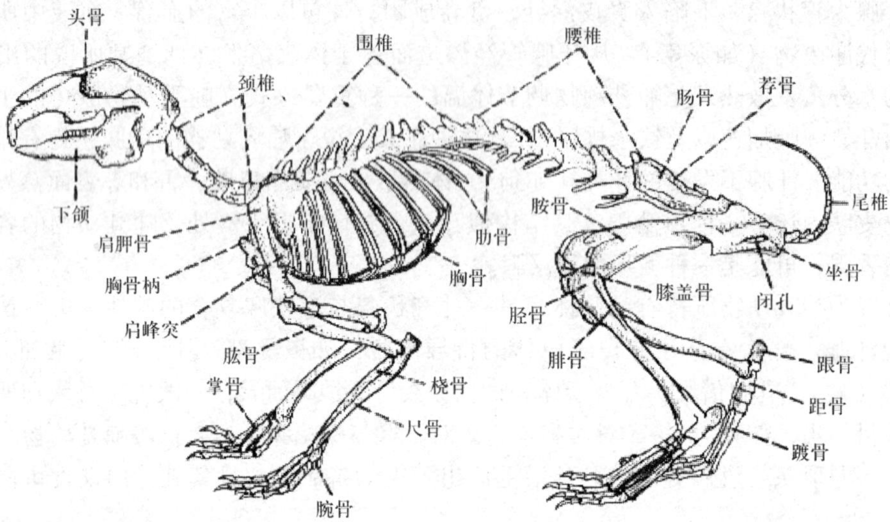

图 5-3　哺乳动物的全身骨骼（以兔为例）

第一、二枚颈椎特化为寰椎和枢椎，这种结构使寰椎与头骨间除可作上下运动外，寰椎还能与头骨一起在枢椎的齿突（枢突）上转动，更提高了头部的运动范围，这对于充分利用感官、寻捕食物和防卫，都是有利的适应。胸椎 12~15 枚，两侧与肋骨相关节。胸椎、肋骨及胸骨构成胸廓，是保护内脏、完成呼吸动作和间接地支持前肢运动的重要器官。荐椎多 3~5 枚，有愈合现象，构成对后肢带骨（腰带）的稳固支持。尾椎数目不定而且退化。

哺乳动物的脊椎骨借宽大的椎体相联结，称双平型椎体，这种椎体类型提高了脊柱的负重能力。相邻的椎体之间具有软骨构成的椎间盘。椎间盘内有一髓核，是脊索退化的痕迹。坚韧而富有弹力的椎间盘，能缓冲运动时对脑及内脏的震动，提高了活动范围。

(2) 头骨。哺乳动物的头骨由于脑、感官（特别是鼻囊）的发达和口腔咀嚼的产生而发生显著变化。脑颅和鼻腔扩大和发生次生腭（假腭），使头骨的一些骨块消失、变形和愈合。所余留下的骨骼因而获得扩展的可能性，使头骨有较大的变形：顶部有明显的“脑杓”以容纳脑髓，枕骨大孔移至头骨的腹侧。

头骨骨块的减少和愈合，是哺乳动物的一个明显特征。例如，哺乳动物的枕骨、蝶骨、颞骨和筛蝶骨等，均系由多数骨块愈合而成的。骨块愈合是解决坚固与轻便这一矛盾的途径。

哺乳动物头骨的一个标志性特征是下颌由单一的齿骨构成。

(3) 带骨及肢骨。哺乳动物的四肢主要是前后运动，肢骨长而强健，与地面垂直，指（趾）朝前。疾走种类的前后肢均在一个平面上运动，与屈伸无关的肌肉退化，以减轻肢体重量。

肩带呈薄片状，由肩胛骨、乌喙骨及锁骨构成。肩胛骨十分发达，乌喙骨已退化成肩胛骨上的一个突起（称乌喙突）。锁骨多趋于退化，仅在攀缘（如猴）、掘土（如鼹鼠）和飞翔（如蝙蝠）等类群发达。在单孔目尚有前乌喙骨及间锁骨。哺乳动物肩带的简化与运动方式的单一性有密切关系。前肢骨的基本结构与一般陆生脊椎动物类似，但肘关节向后转，提高了支撑和运动的能力。

腰带由髂骨、坐骨和耻骨构成。髂骨与荐骨相关节，左右坐骨与耻骨在腹中线缝合，构成关闭式骨盘。哺乳动物的腰带愈合，加强了对后肢支持的牢固性。后肢骨的基本结构与一般陆生脊椎动物类似，但膝关节向前转，提高了支撑和运动的能力。

陆栖哺乳动物适应于不同的生活方式，在足型上有跖行、趾行和蹄行性。其中以蹄行性与地表接触最小，是适应于快速奔跑的一种足型。

(四) 肌肉

哺乳动物的肌肉系统基本上与爬行动物相似，但结构与功能均已进一步复杂化，特别表现在四肢肌肉强大以适应快速奔跑。此外，还具有以下特点：

(1) 具有特殊的膈肌。膈肌起于胸廓后端的肋骨缘，止于中央腱，构成分隔胸腔与腹腔的膈。在神经系统的调节下发生运动而改变胸腔容积，是呼吸运动的重要组成部分。

(2) 皮肤肌发达。灵长目动物颜面部有很发达的肌群，通过皮肤肌的运动能做出各种表情，表达它们的喜、怒、哀、乐、惊恐等情绪。

(3) 咀嚼肌强大。具有粗壮的颞肌和嚼肌，分别起自颅侧和颧弓，止于下颌骨（齿骨）。这与口为捕食和防御的主要武器以及用口腔咀嚼密切相关。

(五) 消化

哺乳动物消化系统从结构和功能方面看，主要表现在消化管分化程度高、出现了口腔消化，进一步提高了消化力。哺乳动物开始出现肉质的唇（lip），有颜面肌肉附着以控制运动，为吸乳、摄食及辅助咀嚼的重要器官。草食种类的唇尤其发达，有的在上唇还具有唇裂（如兔）。

哺乳动物的口裂已大为缩小，在两侧牙齿的外侧出现了颊部（cheek），使咀嚼的食物碎屑不致掉落。某些种类（特别是树栖生活类群，如松鼠、猴）的颊部还发展了袋装构造，称为颊囊（cheek pouch），用以暂时储藏食物。

哺乳动物的前颌骨、颌骨及下颌骨（齿骨）上着生有异型齿。它与某些爬行动物同为槽生齿，但齿型有分化现象，即分化为门牙（切牙，i－incisor）、犬牙（尖牙，c－canine）和臼齿（磨牙，m－molar）。门牙有切割食物的功能，犬牙具撕裂功能，臼齿具有咬、切、压、研磨等多种功能。由于牙齿与食性的关系十分密切，因而不同生活习性的哺乳动物，其牙齿的形状和数目均有很大变异。齿型和齿数在同一种类是稳定的，这对于哺乳动物分类学有重要的意义。通常以齿式来表示一侧牙齿的数目，如猪为3·1·4·3/3·1·4·3＝44；牛为0·0·3·3/4·0·3·3＝32；鼠为1·0·0·3/1·0·0·3＝16；猴与人的齿式均为2·1·　·2·3/2·1·2·3＝32。

哺乳动物的牙齿从发育特征看，有乳齿与恒齿的区别。乳齿脱落以后即代以恒齿，恒齿终生不再更换。此种生齿类型称为再出齿。它与低等种类动物的多出齿不同，后者牙齿易脱落，一生中多次替换，随掉随生。哺乳动物的前臼齿（premolar）和门牙、犬牙有乳齿。臼齿无乳齿。

牙齿是真皮与表皮（齿的釉质）的衍生物。由齿质（dentine）、釉质（珐琅质）（enemel）和齿骨质（白垩质）（cement）所构成。齿质内有髓腔，充有结缔组织、血管和神经，供应牙齿所需营养。釉质是体内最坚硬的部分，覆盖于齿冠部分。齿骨质覆于齿根外周，与颌骨的齿槽相联合，它的成分以磷酸钙为主。象的门牙不具釉质，为艺术雕刻的优质原料。啮齿类的门牙，仅在前面覆以釉质。齿根外有齿龈包被，仅齿冠露出齿龈之外。

哺乳动物胃的形态与食性相关。大多数哺乳动物为单胃。食草动物中的反刍类则具有复杂的复胃（反刍胃）。反刍胃一般由4室组成，即瘤胃、网胃（蜂巢胃）、瓣胃和皱胃。

反刍的简要过程是：当混有大量唾液的纤维质食物（如干草）进入瘤胃以后，在微生物（细菌、纤毛虫和真菌）作用下发酵分解（有时也能进入网胃）。存于瘤胃和网胃内的粗糙食物上浮，刺激瘤胃前庭和食道沟，引起逆呕反射，将粗糙食物逆行经食道入口再行咀嚼。咀嚼后的细碎和比重较大的食物再经瘤胃与网胃的底部，最后达于皱胃。这种反刍过程可反复进行，直至食物充分分解为止。

消化腺除口腔的唾液腺以外，在小肠附近尚有肝脏和胰脏，分别分泌胆汁和胰液。

（六）循环

哺乳动物和鸟类一样，心脏分为四腔（完全的双循环、动静脉血不在心脏内混合）。但哺乳动物具左体动脉弓，这一点与鸟类根本不同。此外，哺乳动物的大静脉主干趋于简化、肾门静脉消失。

哺乳动物红血细胞呈双凹透镜形（骆驼为卵圆形），成长后无核，与其他脊椎动物不同。

（七）生殖

雄兽有一对睾丸，通常位于阴囊中，阴茎为交配器官，某些哺乳动物阴茎内会有阴茎骨，是不与身体其他骨骼相连的异型骨骼。阴茎骨见于食虫目、啮齿目、翼手目、食肉目和猿猴类动物，常用做分类的特征之一。

雌兽有一对卵巢。子宫有多种类型，原始类型为双体子宫（如啮齿类动物），较高等种类动物则为分隔子宫（如猪）、双角子宫（如有蹄类、食肉类动物）和单子宫（如蝙蝠、灵长目）。单子宫一般产仔数目较少。

第二节　哺乳纲动物的分类识别

哺乳动物能够适应各种各样的环境条件，分布几乎遍布全球，广泛适应辐射，形成了陆栖、穴居、飞翔和水栖等多种生态类群，现存哺乳动物约有4000种。我国疆域辽阔，地形、地质及气候条件复杂，植被类型丰富。已知生存的野生哺乳动物多达14目、56科、235属、607种968亚种，约占全球种类的13%，是世界上野生哺乳动物资源最丰富的国家之一。

根据其躯体结构和功能，哺乳纲可被分为原兽亚纲、后兽亚纲和真兽亚纲。

一、原兽亚纲的特征及代表动物

原兽亚纲是现存哺乳类动物中的最原始类群。具有一系列接近于爬行动物和不同于高等哺乳动物的特征。主要表现在：卵生，产具壳的多黄卵，雌兽具孵卵行为。乳腺仍为一种特化的汗腺，不具乳头。肩带结构似爬行类（具有乌喙骨、前乌喙骨及间锁骨）。有泄殖腔，因而本类群又称单孔类。雄兽尚不具高等哺乳动物那样的交配器官（阴茎）。大脑皮层不发达、无胼胝体。成体无齿，代以角质鞘。

原兽亚纲的典型代表为：鸭嘴兽（*Ornithorhynchus anatinus*）及针鼹（*Tachyglossus aculeateus*）。前者嘴形宽扁似鸭，无唇而具角质鞘，尾扁平，指（趾）间具蹼，无耳壳。这些均是对游泳生活的适应。栖居于河川沿岸，穿洞为穴，以软体动物、甲壳类、蠕虫及昆虫为食。每年10月至11月繁殖，每产1~3卵（卵径16mm×l4mm），经14天孵出。孵出的幼仔舐食母兽腹部乳腺分泌的乳汁，4个月后开始独立生活。针鼹体型略似刺猬，全身被有夹杂着棘刺的毛。前肢适于掘土，吻部细尖，具有长舌，嗜食蚁类等昆虫。穴居于陆上，夜间活动。每产一卵，母兽在繁殖期间腹部皮肤皱成育儿袋，用嘴将卵移入袋内，约10天孵出。幼兽再继续舐食乳汁发育。

二、后兽亚纲的特征及代表动物

后兽亚纲是比较低等的哺乳动物类群，主要特征为：胎生，但尚不具真正的胎盘，胚胎借卵黄囊（而不是尿囊）与母体的子宫壁接触，因而幼仔发育不良（妊娠期约为10~40天），需继续在雌兽腹部的育儿袋中长期发育。因而本类群又称有袋类。泄殖腔已趋于退化，但尚留有残余。肩带表现有高等哺乳动物的特征（前乌喙骨与乌喙骨均退化，肩胛骨增大）。具有乳腺，乳头位于育儿袋内。大脑皮层发达，无胼胝体。异型齿，但门牙数目较多（常为5/3，3/2），属低等哺乳动物性状。

澳洲大陆的有袋类动物适应于各种不同的生活方式，发展了类似有胎盘类的各种生态类群。例如，以肉食为生的袋狼、袋鼬；草食类的袋鼠（生活方式似有胎盘类的鹿、羊和羚羊）以及类似于啮齿类（旱獭、松鼠、兔）生活方式的袋熊、袋貂和袋兔。

三、真兽亚纲的特征

真兽亚纲又称有胎盘类，是高等哺乳动物类群。其种类繁多，分布广泛，现存哺乳类动物中的绝大多数种类的动物（95%）属于此，我国的哺乳动物均属于此亚纲。本亚纲的主要特征是：具有真正的胎盘（借尿囊与母体的子宫壁接触），胎儿发育完善后再产出。不具泄殖腔。肩带为单一的肩胛骨所构成。乳腺充分发育，具乳头。大脑皮层发达，有胼胝体。异型齿，但齿数趋向于减少，门牙数目少于5枚。有良好的调节体温的机制，体温一般恒定在37℃左右。

真兽亚纲的现存种类有19个目，即贫齿目、食虫目、树鼩目、翼手目、皮翼目、灵长目、食肉目、鳍脚目、鲸目、海牛目、长鼻目、奇蹄目、偶蹄目、蹄兔目、管齿目、鳞甲目、啮齿目、兔形目和象鼩目，约4300余种；其中食虫目、树鼩目、翼手目、灵长目、食肉目、鳍脚目、鲸目、海牛目、长鼻目、奇蹄目、偶蹄目、鳞甲目、啮齿目和兔形目共14个目在我国有分布，我国种类约有600余种。

（一）食虫目的识别特征

本目因多数种类有食虫的习性而得名，为比较原始的有胎盘类。体形小，最小的体重仅为2g。外形很像小型鼠类，但吻部尖长，上颌明显长于下颌。外耳和眼均很小。四肢短，通常五趾，均具钩状爪，拇指不退化。体毛细软而致密或特化为棘刺状。多数有长尾，地栖生活的种类尾极退化。头骨低平、脑颅小。异齿型牙齿，各型牙齿齐备，齿数44，第一、二枚门齿特大，犬齿小或退化消失。为夜行性动物，营地栖或地下穴居，部分种类营半水栖生活，以动物性食物为主，尤喜食昆虫和蠕虫。广泛分布于欧洲、亚洲、非洲和北美洲以及南美洲西北部。现存食虫目计有7科66属428种，我国有3科23属69种。该目的所有种类均未被列入国家重点保护动物名录和CITES附录。

1. 猬科的特征。体背覆以棘刺或软毛，头、尾和腹面被毛，吻较长而略尖细，尾短。眼耳大小适中，鼻面部长。前后足均具5趾，蹠行，少数种类前足4趾。齿数36～44枚，第一枚门齿最为长大，犬齿甚小，均具尖锐齿尖，适于食虫。受惊时，全身棘刺竖立，卷成如刺球状，头和四肢均不可见。分布于亚洲、欧洲、非洲的森林、草原和荒漠地带，营地面洞穴生活。全球现存9属16种，中国有6属8种。栖山地森林、草原、农田、灌丛等，昼伏夜出，取食各种小动物，兼食植物，有时为害瓜果。有些猬科动物不能稳定地调节体温，使其保持在同一水平，因此具有冬眠现象。

猬科的代表动物：刺猬（*Erinaceus europaeus*）。

识别特征：身体矮小而肥胖。体长为16cm～29cm，尾长为1.5cm～3cm，体重为350g～900g，头宽，头顶刺细而短，嘴尖，眼小，耳短。齿式为3·1·3·3/2·1·2·3。身体背面密被棕色、白色相间的硬刺毛，腹面被淡黄色绒毛。四肢短，生有细而密的软毛，前后肢各具5指，指、趾端具锐爪，尾甚短。

生活习性：刺猬生活于山地、丘陵、平原、农田中，也到城郊农村菜园中活动。

它用锐利的爪在树根下、石隙、枯木下挖掘洞穴，内铺以干草、树枝、叶即可。它们胆小，而且怕光，又喜欢安静，白天就在洞中睡觉，有时还会打呼噜。每当夜幕降临，它便缓缓地移动身体出来活动。它会爬树，还会游泳。视觉退化，但嗅觉和听觉很灵敏。它是大型的食虫动物，食谱包括蚯蚓、昆虫、蜗牛、青蛙、小蛇、蜥蜴、老鼠。也吃植物的根、茎、果实等，还特别喜欢吃蟑螂，它对蝮蛇也有很强的抵抗力，能吞食小蛇。黄鼬、狐狸是它的天敌，遇到其他动物向它发起进攻时，它便把身体蜷缩成一团，身体的硬刺全部竖起，好像一个刺球儿，以此办法来迎敌；但是，如果被翻过身来，防卫能力就会大大降低。每年的 6 月至 8 月为繁殖期，年产 1 ~2 胎，怀孕期为 35 ~37 天，每胎产 3 ~7 仔。初生幼仔全身粉红色，生有白色的软刺毛，双眼紧闭，体重为 13g ~15g，20 小时左右毛开始竖立起来，并发出吱吱的叫声，10 天后才开始睁眼，20 天后开始长牙，哺乳期约为 40 天。1 年左右性成熟；寿命长达 10 年左右。

分布范围：刺猬分布于我国的东北、华北及浙江、福建等地区；国外分布于欧、亚、非洲。

图 5 –4　刺猬

2. 鼹科的特征。形态多适于地下生活，躯体覆以细绒、密的短毛并有光泽，细长的吻部裸露无毛，眼、耳甚小但可见或者眼、外耳壳退化不可见。锁骨及肱骨发达，前肢 5 趾，均具强爪。鼩鼹类前后掌稍有扩大，尾较长，约等于体长；鼹类前掌特别扩大，向外翻转，爪特别粗壮、强大，尾甚短，明显短于体长之半。头骨狭长，吻鼻部尖长，颧骨完全。齿式为 2 –3 · 1 · 3 –4 · 3/3 · 1 · 2 –4 · 3 =36 –44，第一上门齿向内斜生，上臼齿有“W”形齿尖。属营地下生活的种类，前足掌心向外。本科动物分布于北美洲、欧洲和亚洲。性畏阳光，常在潮湿和多草的林地，穿土造环状的窝，营地下生活。本科全球 16 属、30 种，我国分布有 7 属 16 种。

鼹科的代表动物：缺齿鼹（*Mogera robusta*）。

图 5 –5　缺齿鼹

识别特征：为我国常见的一种鼹鼠，也是我国 4 种缺齿鼹中体形最大的一种。体重为 212g ~214g，体长为 170mm ~220mm，尾长 22mm ~25mm，后足长为 20mm ~23. 5mm，颅全长 40mm ~43mm。无耳壳，耳孔隐于毛被之下，颈粗短，前肢粗壮。指掌扁阔，具扁宽的强爪，掌心外翻。后肢较细弱。尾长比后足略长。被毛细而密，柔软带光泽。体背呈棕褐色，毛基为深灰色。喉部为黄色，腹毛短，呈棕灰色。腹中央杂有深棕黄色毛。尾毛粗硬而密，呈棕褐色。足背毛稀，呈浅棕灰色。雄性毛色较雌性暗深。头骨狭长而扁，脑颅扁平。齿式为 3 · 1 · 4 · 3/3 · 0 · 4 · 3 =42。上门齿弧形，犬齿强大，直立如刀，其高度超过上门齿的 3 倍以上。第一、三枚前臼齿等大，第二枚较小，第四枚发达。

生活习性：栖息于山区丘陵森林地带和林缘，在土质疏松、潮湿、肥沃的地方挖洞穴居，洞道距地表较近，常使地面隆起呈带状。洞道交织成网，窝在洞道较深处。冬季进入较深的洞道中活动。以蚯蚓、昆虫为主食。每年 5 月至 6 月为繁殖期，怀孕期约为 1 个月，每胎产 2 ~ 10 仔。

分布范围：在我国分布于黑龙江、吉林、辽宁和内蒙古。国外分布于俄罗斯、蒙古、朝鲜和日本。

3. 鼩鼱科的特征。体型纤小、肢短，一般体长为 3.5cm ~ 18cm，尾长为 0.9cm ~ 12cm。形状如鼠类而吻部尖长。覆毛细短而密，多数呈褐灰色，有些种类体侧有臭腺，繁殖季节其味更浓。眼细小，视觉甚差，但听觉与嗅觉发达。外耳壳不显著。部分水生种类的足下具毛栉或蹼（如蹼足鼩），均为适应水栖生活的性状。臼齿齿冠具发达的齿尖，呈“W”形排列，适于食虫。现生哺乳动物中体型最小的 1 种臭鼩，体重仅 2g。地栖者居多，亦有半水栖或穴居者。昼夜活动或仅夜间活动，不冬眠。平时独栖，繁殖期配对。食虫或其他小动物。其唾液腺中常含麻醉剂，可使俘获物麻醉。温带 3 月至 11 月繁殖，热带终年繁殖。孕期为 17 ~ 28 天。年产数胎，每胎产 2 ~ 10 仔。野外寿命为 12 月至 18 个月。全球约 23 属 312 种，除极地附近、澳大利亚、新西兰和一些大洋岛屿外，各大陆均有分布，但南美洲只见于北部。中国境内有 10 属 47 种，最普通的是各种鼩鼱和麝鼩。绝大部分种类栖于湿润地带。

鼩鼱科的代表动物：小鼩鼱（*Sorex minutus*）。

图 5 – 6 小鼩鼱

识别特征：体重为 4g ~ 11g，体长为 46mm ~ 52mm，尾长为 35mm ~ 36mm，后足长为 10mm ~ 11mm，颅全长为 16mm。尾端长毛形成笔状毛束。体背棕褐色，腹面为灰白，毛基为乌灰色，足背呈棕白色。尾上呈棕褐，尾下呈白色。齿式 3・1・3・3/1・1・1・3 = 32，齿尖呈栗红色较浅，上门齿强大，第 2 上单尖齿小于第 1 和第 3 上单尖齿，后两枚上单尖齿接近相等；末磨损的上单尖齿其基部的长度长于高度。下门齿平直，突出于吻前，有 3 个较浅的齿突。

生活习性：栖息于海拔 2700m 的山地云杉林，常在多苔藓、地衣和枯枝落叶的潮湿阴坡活动。以小昆虫或其幼虫为食。

分布范围：在我国仅分布于新疆阿尔泰山和天山。国外分布于俄罗斯、中亚地区和欧洲各国。

（二）树鼩目的识别特征

树鼩目又称攀兽目，体型类似长嘴的松鼠，尾毛篷松，鼻吻延长。树鼩多数为树栖性，也有不少种类为地栖性或者常出现在地面，为杂食性，动作敏捷，富于攻击性。四肢 5 趾，趾有强而弯曲的爪，无甲，后肢长，适于跳跃。嗅叶较小、脑颅宽大、有完整的骨质眼眶环。齿式为 2・1・3・3/3・1・3・3 = 38，有犬齿，中央门齿并不大于两侧门齿，上臼齿齿冠呈“W”形排列。生活在东南亚的热带雨林中，有 2 科 5 属 20 种。我国仅树鼩科 1 个科，树鼩 1 个种。

树鼩目的代表动物：树鼩（*Tupaia belangeri*）。

识别特征：树鼩的外形很像松鼠，有一条几乎与身体长度相等的蓬松大尾巴和较突出的吻部。体重为110g～185g，体长为16cm～18cm，尾长为15cm～19cm，吻部尖而长，眼大，耳短而圆，尾背及尾腹的毛很短，两侧毛长，使尾呈扁平状。上体呈橄榄褐色，腹面为污白色，颈侧有2条棕黄色条纹。

生活习性：栖息于我国南方和亚洲南部、东南部一带的山地森林地带。它们是昼行性动物，在地面上或树上采用急速跳跃式奔跑的形式运动。起动时，尾巴会突然翘起呈半蜷曲状；奔跑时，尾巴也是如此，或者贴近身体的背面。当奔跑到4m～8m左右时，又会突然地停住，向四周环视一圈，然后再继续向前奔跑。对外界的刺激高度敏感，每当受惊的时候，尾巴会向上翘起，并且不停地抖动。休息的时候常采用侧卧、腹卧的姿势，或者像松鼠一样用臀部坐在地面上。它们喜欢饮水和洗浴，也经常用舌头舔毛，用下门齿梳理体毛，以及用前脚和后脚的爪子抓毛搔痒或者在树干上擦痒等。它们经常在地面上寻食，遇到危险时便像松鼠一样逃到树枝上躲藏。不但吃昆虫，也吃些果实和种子。每年在1月至5月发情。雌兽的怀孕期为40～45天。每年繁殖1～2胎，每胎产2～4仔。哺乳期为35～40天。3月龄达到性成熟。寿命达5～7年。

分布范围：在我国分布于云南、贵州、四川、广西、西藏、海南等地。

（三）翼手目的识别特征

翼手目动物即常说的蝙蝠，为哺乳动物中仅次于啮齿目的第二大目，是哺乳动物中唯一真正适应飞行时的类群。翼手目动物前肢特化，掌骨和指骨特别延长。由指骨末端至肱骨、体侧、后肢及尾间，着生有薄而柔韧的翼膜，借以飞翔。前肢仅第一或第一及第二指端具爪。后肢短小，后足5趾均具长而弯的钩爪，适于悬挂栖息。视觉多不发达，靠超声波定位、捕获食物和躲避障碍。胸骨具胸骨突起，锁骨发达，均与特殊的运动方式有关。齿尖锐，适于食虫（少数种类以果实为主食）。夜行性，多数种类有冬眠习性。除两极外，分布全球，但主要分布于东半球的热带及亚热带地区。蝙蝠多有集大群栖息的习性，尤以越冬时为著，栖地所聚集的粪便为上等肥料。中药“夜明砂”即为经过加工的蝙蝠粪。全世界有18科约1 000种，我国有7科101种，约占全世界种类的10%。该目所有种虽然均未列入我国重点保护野生动物名录，但该目狐蝠科狐蝠属的所有种都至少被列入CITES附录Ⅱ中。

1. 狐蝠科的特征。脸似弧形，眼大，具外耳廓但无耳屏，无鼻叶。尾极短或缺。除第一指具爪外，第二指端部也具较弱的爪。齿式为2·1·3·1－2/2·1·3·2－3＝30－34。牙齿齿冠平坦，为食果型齿，多食花、果或其他植物性食物。视觉良好，多无超声定位功能。全世界约为162种，中国现知分布有5属8种。

狐蝠科的代表动物：琉球狐蝠（*Pteropus dasymallus*）。

识别特征：琉球狐蝠又名台湾狐蝠。体长约为20cm，无尾，前臂长达12.1cm～13.8cm，颅全长为6cm～6.5cm，展翼长可达70cm。头部呈黑色，但额部呈灰色，颈肩部有一环带状金黄色或乳白色短毛。背毛长可达3cm，背腹部为暗褐色。眼大，吻长似犬。耳壳卵圆无耳屏，第1、2指均具爪。齿式为2·1·3·2/2·1·3·3＝34。核型为2n＝38。

生活习性：栖息于我国台湾热带林区，为我国台湾特有亚种，也是该岛上唯一食果蝙蝠。白天悬挂于树上，为树栖性，晨、昏为其活动高峰，食各种果实。同属的种类通常在7月至10月发情，次年3月产仔。每年1胎，每胎1仔。

分布范围：分布于我国台湾花莲、绿岛、宜兰等地。

保护级别：CITES附录Ⅱ物种。

2. 鞘尾蝠科的特征。眼较小，具外耳及耳屏，但无鼻叶。尾基被尾膜完全包围，尾尖从尾间膜背面伸出。齿式为1·1·2·3/2·1·2·3=30。为食虫型齿，以飞行昆虫为食。全世界13属49种，中国1属1种。

鞘尾蝠科的代表动物：黑髯墓蝠（*Taphozous melanopogon*）。

识别特征：又名黑胡鞘尾蝠、鞘尾蝠。体长为7.5cm～8.5cm，尾长约为3cm，前臂长为6.7cm～6.9cm，体重为30g～40g。成体雄性个体下颌有一撮黑毛。第2指无指骨。尾长，从尾间膜的背部伸出，呈游离状。耳宽大呈三角形，耳屏发达，端部为方形。背毛为棕褐色，腹毛为淡灰或淡褐色。头骨前颌骨窄长，眶后突细长呈针状，横延伸至眼窝的一半。核型为2n=42。

生活习性：热带蝙蝠，成群栖于石灰岩山洞。曾见与大蹄蝠共栖一洞，但不混群。以飞行中的昆虫为食。初夏产仔，每年为1胎，每胎为1仔。广西大明山7月上旬标本70%为幼体。据寿振黄等1966年3月10日采雌体，有胎儿1只。

分布范围：我国海南、广东、广西、云南、贵州等地。

3. 假吸血蝠科的特征。眼较小。耳大形，两耳内缘基部相连，耳屏分叉。鼻叶狭长呈三纵脊。头骨缺前颌骨。无尾。齿式为0·1·2·3/2·1·2·3=28。肉食性，以蛙、鼠、昆虫等动物为食。全世界4属5种，我国1属1种。

假吸血蝠科的代表动物：印度假吸血蝠 *Megaderma lyra*。

识别特征：又名大耳蝠、大假吸血蝠。体长为8.9cm～9.5cm，尾退化，前臂长为7cm左右，体重为50g～70g，颅全长为3cm左右。体较大。耳卵圆形而巨大，两耳内缘基部相连。耳屏发达呈双叉形，外叉尖长。无尾，股间膜直接相连。鼻叶大而结构简单，纵分3叶。体毛厚密，背毛呈灰褐，腹毛颜色偏淡。胫骨特长。头骨缺前颌骨（与他种蝙蝠的区别），矢状脊后端和“人”字脊均发达。

生活习性：栖息于海拔850m～1500m阔叶林山洞、坑道、建筑物和空树中，常数十只群居。肉食性，以小型脊椎动物鼠、蛙、小鸟或其他蝙蝠为食，亦食昆虫。秋末发情交配，来年春末夏初产仔，每胎产1仔，偶有2只，哺乳期为3个月左右。15个月性成熟。

分布范围：在我国分布于湖南、云南、贵州、四川、广东、广西和福建。

4. 菊头蝠科的特征。眼极小，鼻额部具有复杂的鼻叶。耳壳发达，无耳屏而具有对耳屏。尾较发达。后足趾各具有三节趾骨。齿式为1·1·2·3/2·1·3·3=32，为食虫型齿，以飞行昆虫为食。为洞穴型蝙蝠。全球1属64种，中国已知1属16种。

菊头蝠科的代表动物：中菊头蝠（*Rhinolophus affinis*）。

识别特征：菊头蝠科又名爪哇菊头蝠。体长为4.5cm～6cm，尾长为2.1cm～2.5cm，前臂长为4.7cm～5.4cm，体重为12.5g～20g，颅全长为2.2cm～2.4cm。体中等。鞍状叶两侧缘凹入，略似提琴形，连接叶较低圆。第3、4、5掌骨近等长。第3下前臼齿小，位于齿列之外。体背毛为深暗褐色，腹毛颜色淡。尾短，与股间膜近平行。核型2n=62。

生活习性：喜栖息在潮湿的山洞和废弃矿井、坑道等处。常见与大蹄蝠、角菊头蝠、皮氏菊头蝠、中华鼠耳蝠等同穴共栖。以蚊类、蛾类等昆虫为食。冬眠后4月左右陆续出眠。11月左右交配，翌年的5月至6月产仔，每年产1胎，每胎产1仔。雌体第二年达性成熟。

分布范围：在我国分布于陕西以及除台湾外的华南各省。

5. 蹄蝠科的特征。眼极小。具鼻叶，且分前、中、后三叶，但无菊头蝠复杂。具耳壳和对耳屏。除无尾蹄蝠外，尾均较发达。雌性生殖孔前部具成对的假乳头，生殖期母兽更明显。以昆虫为食。齿式为1·1·2·3/2·1·2·3=30。为洞穴型蝙蝠。全球9属64种，我国已知3属9种。

蹄蝠科的代表动物：大蹄蝠（*Hipposideros armiger*）。

识别特征：大蹄蝠又名大马蹄蝠、普通蹄蝠。体长为8cm~11cm，尾长为4.5cm~6.5cm，前臂长为8.4cm~9.5cm，体重为50g~70g，颅全长约为3cm。体特大。前鼻叶无中央缺刻，两侧各具4片小附叶。有额腺囊，位于后鼻叶后部中央，腺囊口有成束状黑毛伸出。部分个体的鼻叶之后还有两块加厚的皮叶。耳大而长，呈三角形，无耳屏。背毛为深棕褐色，腹毛为浅棕褐色。翼膜为黑褐色。核型为2n=32。

生活习性：多栖于海拔400m~1500m的溶洞或岩洞，亦见于废弃的隧道或坑道。栖息时集群，但个体之间呈点状分散排列。可与其他菊头蝠、中华鼠耳蝠、长翼蝠等共栖于一洞。在川东曾见上万只冬眠洞穴，繁殖期分散到其他地方。主食夜间飞行昆虫，尤以蛾类为主。11月发情交配，翌年的5月至6月产仔，每年产1胎，每胎产1仔，偶有产1胎2仔，第二年达性成熟。

分布范围：在我国分布于陕西、江苏、浙江、安徽、湖南、江西、云南、贵州、四川、广东、广西、海南和香港等地。

6. 蝙蝠科的特征。蝙蝠科为本目中种类最丰富的一个科。多为中、小型蝙蝠，体重极少超过40g。均不具有鼻叶，但有形状各异的耳屏。具尾，均包在腹间膜内或仅尾端少许伸出。以昆虫为食，有冬眠习性。洞穴、房屋或森林中栖息。全球约350种，已知我国至少有17属64种。

蝙蝠科的代表动物：西南鼠耳蝠（*Myotis altarium*）。

识别特征：西南鼠耳蝠又名峨眉鼠耳蝠。体长为3.4cm~5.1cm，尾长为4.5cm~4.9cm，前臂长为3.9cm~4.5cm，体重为7.9g~10g，颅全长约为1.6cm。体形中等。耳壳窄长，前折超过吻端约0.7cm，耳屏尖长，长约1cm。第3~5掌骨近等长。体毛较长而柔和，背毛为棕褐色，腹毛背毛毛色近似，但胸部毛尖色泽较淡。翼膜止于蹠部，距发达。头骨吻短而鼻额部略凹，矢状脊和“人”字脊均不发达。齿式为2·1·3·3/3·1·3·3=38。

生活习性：栖息于海拔1000m以下的岩洞中。采集时曾见单只伏于岩石凹陷处。在四川广安一冬眠洞中，见单只倒挂于洞壁3m~5m高的地方。以昆虫为食。我国特有种。

分布范围：分布于我国安徽、江西、云南、贵州、四川、广西、福建等地。

7. 犬吻蝠科的特征。吻部上唇宽大似犬，无鼻叶。耳廓短圆，内侧基部右相连。尾约1/2从尾间膜后缘伸出。以昆虫为食有冬眠习性，在洞穴中栖息。全球12属89种，我国仅1属2种。

犬吻蝠的代表动物：宽耳犬吻蝠（*Tadarida teniotis*）。

识别特征：体长为8.3cm~9.0cm，尾长为5.2cm~6.2cm，前臂长为6.1cm~6.5cm，体重为24.5g~34.5g，颅全长为2.47cm~2.57cm，体形较大。吻部突出，上唇厚似犬吻，每侧有纵褶7条。耳壳宽大，卵圆形，两耳内缘下部相连。眼各具小叶1对。翼膜狭长，第5指全长仅与第3或第4掌骨长度相等。各趾缘均具硬毛。尾伸出股间膜缘，游离尾的长度超过尾长之半。背毛为褐色或灰褐，腹毛颜色较浅。头骨吻鼻部较长，脑颅低矮，"人"字脊明显。齿式为1·1·2·3/2·1·2·3=30。核型为2n=48。

生活习性：栖息于岩洞内，常数只伏于洞口的石缝内，在长江三峡附近一悬崖处曾发现有上千只的大群。同栖于一洞的见有灰伏翼和长翼蝠。四季栖居一处，冬眠也不迁移，以夜间飞行昆虫为食。秋季发情交配，翌年初夏产仔，每年产1仔，第二年性成熟。

分布范围：分布于我国河北、安徽、云南、广西、福建、重庆，四川、台湾等地。

（四）灵长目的识别特征

树栖生活类群。手足指（趾）较长，除少数种类外，拇指（趾）多能与他指（趾）相对，适于树栖攀缘及握物。锁骨发达，手掌（及跖部）裸露，并具有两行皮垫，有利于攀缘。至少有一个指（趾）的爪进化成扁平的甲，高等种类全部是甲而无爪。大脑半球高度发达。眼眶周缘具骨，两眼前视，视觉发达，嗅觉退化。雌兽有月经。广泛分布于热带、亚热带和温带地区。群栖。杂食性。我国有3科20种。灵长目所有种类均被至少列入国家Ⅱ级重点保护野生动物，至少被列入CITES附录Ⅱ。

1. 懒猴科的特征。本科是较原始的猴类。体小，四肢细长，尾甚短。第二趾端尚具爪，其余部分发育成甲；眼大，前视，尾短或无尾。齿式为2·1·3·3/2·1·3·3=36。树栖性强，很少下地，昼伏夜出，行动迟缓。中国有2种，蜂猴和矮蜂猴（倭蜂猴）均为国家Ⅰ级重点保护野生动物。

图5-7 蜂猴

懒猴科的代表动物：矮蜂猴（*Nycticebus pygmaeus*）。

识别特征：体长为21cm~26cm，尾长约为1cm，体重为250g~800g。头圆眼大，毛密而柔软，呈丝绒状，赤褐色，毛尖为灰白色。背脊往往有深色纵纹。鼻部至额顶有白纹。

生活习性：栖息于热带北缘雨林中，树栖，很少下地。白天在树上卷曲成球状睡眠。常数只聚在一起，黄昏时开始活动，在树林间缓慢爬行觅食。杂食性，主食昆虫小动物和果实。已知2月至3月产仔，每胎产2仔，哺乳期约为4个月。

分布范围：分布于我国云南南部，数量稀少。

保护级别：国家Ⅰ级重点保护野生动物。

2. 猴科的特征。本科我国分布的猴科动物其指（趾）爪都发育成扁甲，拇指（趾）能与他指（趾）相对。两眼前视，尾明显。树栖。脸部有裸区，鼻间隔狭窄，多具颊囊和臀胼胝，尾不具缠绕性。后肢一般比前肢长。齿式为2·1·2·3/2·1·2·3=32。分布于南非及亚洲温热带区域。中国有3属14种。

我国猴科的代表动物：

（1）猕猴（*Macaca mulatta*）。

识别特征：猕猴又名广西猴，恒河猴。体长为51cm~60cm，尾长为20cm，体重为3kg~6kg。雄猴可达9kg。脸部及两耳裸露肉毛色随年龄和地区有不同程度的变化。海南岛猕猴毛色偏棕红色，大陆的猕猴毛色偏棕灰色。

生活习性：栖息于热带和亚热带山地森林中。树栖，有时下地活动，昼行性。成群活动，多以20~30头为群，个别大群达60~100头，由雄猴带领和防御。吃各种野果、花和嫩的树芽；食物缺乏时吃树皮、根茎。繁殖有明显的季节性。一般于11月至12月发情，次年3月至6月产仔。性周期为28天左右。哺乳期为4个月。雌猴2.5~3岁为性成熟，4岁产第一胎；雄猴4~5岁性成熟。饲养寿命长达30年。

分布范围：分布于我国山西、陕西南部及以南各省区。

保护级别：国家Ⅱ级重点保护野生动物。

图5-8 猕猴

图5-9 豚尾猴

（2）台湾猴（*Macaca cyclopis*）。

识别特征：台湾猴又名黑肢猴，体长为36cm~45cm，体重为4kg~5kg。雄性略大于雌性。体毛细软，冬季呈暗石板色，夏季为橄榄绿色，背部为灰褐色，腹部为灰白色。额部裸出，四肢下部及尾端毛色近黑色。

生活习性：栖息于中央山脉及沿海岸多岩石的人为干扰较少的地区。喜居于岩洞或岩石间。集群活动，小群5~6头，大群30~50头。中午在岩洞内休息，早晚成群外出觅食。主要以浆果、植物嫩叶、昆虫以及甲壳类和软体类动物为食。全年发情。产仔无明显的季节性，每胎产1仔。妊娠期为6个月左右。5~6岁性成熟。在饲养条件下，寿命约20年。

分布范围：分布于我国台湾地区。

保护级别：国家Ⅱ级重点保护野生动物。

(3) 豚尾猴（*Macaca nemestrina*）。

识别特征：豚尾猴又名平顶猴，体长约为60cm，尾长为15cm~18cm，体重为11kg~14kg。面颊侧须短。尾短而细，尾毛稀疏，常卷曲类似猪尾。全身呈棕色或暗棕色。头顶有平齐的黑褐色短毛，有时黑褐色沿脊背延伸至尾基。腹毛为灰白色。

生活习性：栖息于茂密的常绿林中。成群白天活动，群体由一头大型雄猴带领。主要以野果及种子为食。雌猴性周期平均为42天。妊娠期平均为171（162~186）天。每胎1仔。哺乳期为3个月。4岁性成熟。在饲养条件下寿命可达26年。

分布范围：分布于我国云南西南部及西藏东部。

保护级别：国家Ⅰ级重点保护野生动物。

(4) 熊猴（*Macaca assamensis*）。

识别特征：熊猴又名阿萨姆猴。体长为56cm~65cm，尾长为23cm~25cm，体重为12kg~14kg。外形似猕猴，但比猕猴粗壮。体毛较粗，肩部毛较长。头、颈、肩部及前肢外侧呈红棕褐色，腰、背及后肢外侧呈灰黄褐色，腹部为银灰或灰黄色。脸部为肉色。

生活习性：栖息于热带常绿季雨林和亚热带山地常绿阔叶林或针阔混交林中。在海拔3000m左右的高山林区，也曾见其活动。多以10~30头为一群。常在高大乔木上活动，很少下地。主食植物性食物，包括果实、根、茎、芽及树皮，也吃昆虫。9月至10月发情，妊娠期为6~7个月。次年3月至4月产仔，每胎通常产1仔。

分布范围：分布于我国云南、广西及西藏等地。

保护级别：国家Ⅰ级重点保护野生动物。

(5) 短尾猴（*Macaca arctoides*）。

识别特征：短尾猴又名红面猴。雄猴体长为51cm~65cm，尾短，长约为5cm，体重为10kg~15.5kg，雌猴体形较小。全身短尾猴灰棕色至暗褐色。额部和两颊仅有稀少的短毛，成年雌性，颜面为红色或暗红色。随年龄和性别而有差异。

生活习性：栖息于海拔400m~2000m或更高的山地森林中，也在耕地附近的林缘活动。树栖，但经常下地觅食。一般以25~30头为群，也有百头的大群。以树叶、野果、块根等为食。全年发情，性周期平均为30.7天。妊娠期平均为177.5天。雌猴3~4岁性成熟，雄猴5年性成熟。寿命约为25年。

分布范围：分布于我国福建、湖南、江西、浙江、四川、广东、广西、贵州、云南等地。

保护级别：国家Ⅱ级重点保护野生动物。

(6) 毛面短尾猴（*Macaca thibetana*）。

识别特征：毛面短尾猴又名藏酋猴。雄猴体长为58cm~71cm，尾长为7cm~9cm，体重为14kg~17.5kg，最大的个体重达32kg，雌猴较小。体毛长而密，呈浅棕褐色至深褐色。额部的毛长而密，两颊也有密的长毛。幼体两性面部都呈淡肉色，性成熟的雄体面部呈青灰色，随年龄的增长出现褐色斑点，成年雌性呈暗红肉色。

生活习性：栖息于亚热带海拔2000m以下的常绿与落叶混交林和阔叶林中。集群活动，小群20~40头，大群50~70头。群体由成年强壮的雄猴带领。白天活动，天黑后在树上睡眠。主要以植物为食，包括树叶、种子以及水果，也吃蜥蜴和小鸟等。全年有交配行为，但主要在9月至10月发情。妊娠期为6个月左右，每胎产1仔。哺乳期为6个月。一年后独立生活。约5岁性成熟。寿命为25年左右。

分布范围：分布于我国四川、广东、广西、贵州、云南、湖北、江西、湖南、安徽等省区。

保护级别：国家Ⅱ级重点保护野生动物。

（7）川金丝猴（*Rhinopithecus roxellana*）。

识别特征：川金丝猴又名金丝猴或者仰鼻猴。雄性体长为52cm~78cm，尾长为57cm~80cm，体重约为17kg；雌猴体形较小，体重约8kg。头圆，耳短，鼻孔上仰，脸部为天蓝色。雄猴肩部披细而密的金色长毛，毛长达30cm。雌性背毛为灰褐色无金色长毛。

图5-10 川金丝猴

图5-11 黔金丝猴

生活习性：栖息于海拔1500m~3500m的针阔混交林和针叶林内。树栖，很少下地，白天活动。多100~200头为群，少则20~30头。食性广，以树木的嫩叶、幼芽和花序为食。秋季偶尔捕食幼鸟和鸟卵、昆虫等。发情高峰期在8月至10月，产仔期在3月至5月。雌猴性周期为22~30天。妊娠期为193~203天。每胎产1仔。哺乳期为5~6个月。一般4~6岁性成熟，饲养寿命为20~25年。

分布范围：仅分布于我国四川、甘肃、陕西及湖北等省。

保护级别：国家Ⅰ级重点保护野生动物。

（8）黔金丝猴（*Rhinopithecus brelichi*）。

识别特征：黔金丝猴又称灰金丝猴。体长为64cm~69cm，尾长为70cm~85cm，雄猴体重约为15kg，雌猴体重约为8kg。鼻梁处下凹，脸部为灰白色或浅蓝色，头顶为灰黑色。肩部披约16厘米的灰褐色长毛，其余部分为浅灰褐色，四肢为黑褐色。尾基为深灰色，尾尖为白色。

生活习性：栖息于海拔500m~2000m的河谷阔叶林及常绿阔叶林和落叶阔叶混交

林内。树栖，多集成50~100头的大群活动，主食叶芽和果实及树皮，喜食昆虫和溪蟹。发情高峰期在9月，妊娠期6.5个月，3月至5月产仔。

分布范围：分布于我国贵州梵净山区。

保护级别：国家Ⅰ级重点保护野生动物。

(9) 滇金丝猴（*Rhinopithecus bieti*）。

识别特征：滇金丝猴又名黑金丝猴。体长为74cm~83cm，尾长为51cm~72cm，脸部为蓝色，鼻孔上仰。眼圈周围为白色。雄猴肩部有深灰褐色长毛，下垂似蓑衣，臀部有白色长毛，形成明显的臀斑，尾毛长而蓬松。两性毛色相似。

生活习性：栖息于海拔3500m~4000m阴暗的针阔混交林带，是我国灵长类中分布最高的种类。白天活动。主要以冷杉、云杉的针叶、花苞为食，也吃松萝等。夏季采食竹笋和嫩竹叶，有时食桦树的芽。每年在6月至12月发情，多在1月至6月产仔，孕期为189~198天，每胎产1仔。

分布范围：仅分布于我国云南西北部及西藏东南部。

保护级别：国家Ⅰ级重点保护野生动物。

(10) 黑叶猴（*Semnopithecus francoisi*）。

识别特征：体长为52cm~71cm，尾长为70cm~90cm，体重为6kg~9.5kg。头小，尾长，无颊囊。头顶有直立的冠毛。全身为黑色，具光泽，两颊有白纹。喉、腋、鼠蹊部及腹部毛色较浅。其亚种白头叶猴的头、颈及肩均为白色。尾基部为黑色，其余部分为橘黄色。一月龄后，全身毛色逐渐转为黑色，约半岁时毛色与成年猴一致。

图5-12 滇金丝猴

生活习性：栖息于亚热带石灰岩地区及河谷两岸森林中。树栖或栖于岩石上。白天活动。善于跳跃和攀登，能在大树和陡峭的岩壁上活动自如。群栖，每群3~10头，最多不超过20头。每群有一头成年雄猴，一至数头雌猴及幼猴。以芽、树叶、花和果实为食，也吃昆虫。全年繁殖，但多在秋季和冬季发情。雌猴性周期为24（14~30）天。妊娠期为6~7个月。雌猴一般年产仔1胎，每胎多为1仔。4~5岁性成熟。

分布范围：分布于我国广西西部和贵州西南部及北部。

保护级别：国家Ⅰ级重点保护野生动物。

(11) 灰叶猴（*Semnopithecus phayrei*）。

识别特征：灰叶猴又名菲氏叶猴。雄性体长为55cm~60cm，尾长为70cm~76cm，体重为7.2kg~10.5kg。体形细长。脸部为黑色，眼和嘴周围皮肤无色素，形成白色眼圈和嘴圈。头顶毛略呈冠状。全身为银灰色或深灰色，尾基毛色与背部相同，尾尖呈淡灰色。胸、腹部为淡灰色，手和足为黑色。

生活习性：栖息于海拔1500m以下的热带雨林、季雨林，也见于亚热带常绿阔叶林中。树栖，也能下地活动。多集成4~8头群体，包括一对成年猴及其幼猴。白天活动。主要以嫩叶、花芽和果实为食，也吃昆虫和鸟卵。

分布范围：分布于我国云南南部。

保护级别：国家Ⅰ级重点保护野生动物。

（12）金叶猴（*Semnopithecus geei*）。

识别特征：体长为49cm～72cm，尾长为71cm～94cm，体重为9.5kg～12kg。两颊、体侧及后背毛为橘黄色。冠毛毛尖带黑色，覆盖到颊部长毛的上方。冠毛和颊毛都很长，直而不下垂。前臂，小腿为浅灰色，有时背后部和尾背侧的毛也呈浅灰色，鼠蹊部毛为灰白色，雄性阴囊隐于毛中，不外露。

生活习性：喜食嫩叶，也吃花和果实。性成熟期：雌性4岁，雄性4～5岁。发情期无季节，但生育高峰期在春季。

分布范围：分布于我国西藏南部，数量稀少。

保护级别：国家Ⅰ级重点保护野生动物，CITES附录Ⅰ物种。

（13）长尾叶猴（*Semnopithecus entellus*）。

识别特征：体长为62cm～79cm，尾长为67cm～93cm，体重为8kg～24kg。四肢及尾部特长，眉嵴突出。全身呈灰棕色，脸部为黑色，两耳及手足也呈黑色。颊毛及须很长。

生活习性：栖息于多种环境，从低地到海拔4000m的林区，从稀树林到森林都能生活。树栖，在少林的环境，大部分时间在地面活动。昼行性。以树叶、花和果实为食。群体大小为5～125头，一般为十余头到数十头，包括两头成年雄猴及几头雌猴。全年繁殖，4月至5月产仔。雌猴性周期为30天左右。妊娠期为190～210天。每两年繁殖1胎，每胎产1～2仔。雌性约4岁性成熟，雄性6～7岁性成熟。饲养寿命约为25年。

分布范围：分布于我国西藏南部。

保护级别：国家Ⅰ级重点保护野生动物，CITES附录Ⅰ物种。

（14）戴帽叶猴（*Semnopithecus pileatus*）。

识别特征：体长为49cm～76cm，尾长为81cm～110cm，体重为8.9kg～14kg。面部为黑色，眼及唇与周围的毛同色。头部有向前后和两侧伸出的长毛，状如戴了宽边的帽子，戴帽叶猴的名称由此而来。全身呈青灰色，仅手足及尾端为黑色。

生活习性：栖息于海拔1500m以下的季雨林中，常在山溪两边的树冠上活动。通常以10头左右的小群活动。包括一头成年雄猴和3～4头雌猴及幼猴。主要以各种嫩叶、芽苞和野果为食。

分布范围：分布于我国云南西北部。

保护级别：国家Ⅰ级重点保护野生动物，CITES附录Ⅰ物种。

3. 长臂猿科的特征。本科是现在分布于东南亚森林中的小型猿类，有1～2属5～10种。长臂猿最显著的特征是两臂极长，站立时手可及地，前肢长于后肢，无尾，具小的臀胼胝。不具颊囊。齿式为2·1·2·3/2·1·2·3=32。树栖，在树枝间用臂行的方法移动，动作非常敏捷。长臂猿喉部有声囊，善于鸣叫，声音洪亮。长臂猿是我国现存唯一的猿类，共有4种出现在我国境内，每一种的数量都不过几十只至数百只，濒于灭绝。不同种类的长臂猿体型习性基本相似，属于镶嵌分布，不同种类很少出现在同样的地区。本科的所有种均被列为国家Ⅰ级重点保护野生动物，CITES 附录Ⅰ物种。

我国长臂猿科的代表动物：

（1）黑冠长臂猿（*Hylobates concolor*）。

识别特征：体长为 45cm～63cm，无尾，体重约为 6kg。身体瘦长，前肢长于后肢。头顶有一撮直立的长毛。幼体为灰黄色，至性成熟时雄猿全身转为黑色；雌猿全身为灰棕色至淡黄色。

生活习性：栖息于海拔 2000m 左右的热带雨林或天然林中。树栖，几乎不能离开森林。四肢都能灵活抓握，在林中以两臂摆动身体，如荡秋千式地跃进，或以双臂交替前移，行动敏捷。一般以 3～5 头至 7～8 头的家庭群为活动单位，喜吃浆果，也吃花蕊、嫩枝叶、小动物及蜜蜂等。孕期约为 7.5 个月。7～8 岁才性成熟。每 2～3 年产 1 仔。寿命为 20～30 年。

分布范围：分布于我国广西和云南南部以及海南岛。

（2）白颊长臂猿（*Hylobates leucogenys*）。

识别特征：躯体更加纤细而四肢显得更长的一种长臂猿。体长为 75cm～90cm，无尾，体重约为 10.5kg。雄性全身呈灰黑色，面颊及下颌为白色或黄白色，顶部的簇状冠毛显得更尖长而明显。雌性暗褐色冠斑呈多角形。躯体大部分为污黄色，胸、腹部稀少的黑褐色。

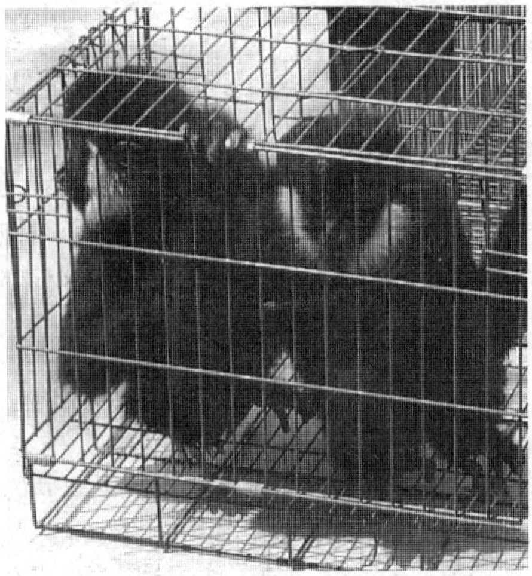

图 5－13 案件中查获的白颊长臂猿

生活习性：主要栖息于热带雨林。栖息的海拔高度通常不超过 900m。旱季通常在清晨 6 时 30 分开始活动，并开始晨鸣。觅食高峰在 7 时至 8 时；第二个高峰在 11 时至 12 时；第三个高峰在 14 时至 15 时。觅食、运动、戏耍、休息都是群体活动。觅食时个体间的距离不超过 70m。通常一只手抓挂在树枝上，另一只手采摘食物，两手交替进行。多在高大的树冠中上部进行觅食，高度在 10m～25m，觅食时不鸣叫。以多种热带型野果（浆果、核果、坚果，特别喜食榕树果）、嫩树叶，花苞，树芽等为主要食物，也食昆虫、小鸟和鸟卵。食物种类约 85 种，其中，植物性食物占食物总数的 90.6%。营小群体生活，一般每群 3～5 只，少数可达 7～8 只。一般 3 月至 4 月产仔，大约两年产 1 胎，一胎产 1 仔，怀孕期为 7～8 个月，幼体 7～8 年性成熟。

分布范围：为中国、老挝、越南三国交界地区的特有种，分布区非常狭窄，分布总面积可能不及 800km^2。在我国云南仅见于西双版纳的勐腊和绿春黄连山。国外见于越南北部红河流域马江以西和老挝北部湄公河以东。

（3）白眉长臂猿（*Hylobates hoolock*）。

识别特征：无尾。前肢明显长于后肢。雌雄异色，雄性褐黑色或暗褐色，具白色眼眉，头顶的毛较长而披向后方，故头顶扁平，无直立向上的簇状冠毛。雌性大部灰白或灰黄色，眼眉更为浅淡，颜面宽阔而被以灰白短稀毛，面周更趋浅淡，白色。婴儿期间的白眉长臂猿，全身乳白色，九个月后开始变灰，颜色逐渐加深。

生活习性：栖息于热带原始森林中，几乎常年生活在树上，靠两条长臂和钩形的长手，把自己悬挂在树枝上，像荡秋千似的荡越前进，动作迅速准确。偶尔也到地上行走，走路时，身体半直立，两臂有时弯在身子两侧，有时举过头顶，走起路来一摇一摆，滑稽可笑。营家庭式生活，通常 3～5 只为一群。其叫声洪亮，数里外可闻及；从不搭窝，睡眠和休息都坐在树上。杂食性，吃树叶、果实、昆虫、鸟和鸟卵。幼猿 8～9 岁成熟，冬季产仔，每胎产 1 仔。

分布范围：国内仅分布于云南西部怒江以西的保山、腾冲、盈江和陇川。国外见于印度东北部阿萨姆和缅甸北部。

(4) 白掌长臂猿（*Hylobates lar*）。

识别特征：手、足白色或淡白色，故称白掌长臂猿。颜面部为棕黑色，其周围自眉的边缘经面颊到下颌有一圈白毛形成明显的白色面环，雌性面环近似封闭，雄性多不封闭（被白色眉纹断开）。两性均有暗、淡两种色型，暗色型毛色黑褐（手、足、眉、面环颜色例外）；淡色型呈淡黄或奶油黄色，面环和手足更淡。体长为 50cm～64cm，体重 8kg～9kg，全身体毛密而长，较为蓬松，均呈褐黄色，不同亚种之间色泽有所变化。

生活习性：主要栖息于南亚热带季风常绿阔叶林，海拔一般在 1000m～2000m。常以各种热带浆果、核果和多种嫩树叶、芽、花等为食，在所觅食物中以无花果占主要成分，亦食少量昆虫等动物性食物。营典型的树栖家族式小群体生活。种群中的个体数不多，一般 3～5 只为一群，是典型的单雄单雌配偶系。每一群均有固定的领域范围，领域大小约 2km～4km。白掌长臂猿常在太阳初升时晨鸣。

分布范围：中国分布于云南南部孟连、西盟和沧源；国外见于缅甸、泰国、马来西亚和印度尼西亚。白掌长臂猿共分化为 4 个亚种，中国仅有云南亚种，是 1964 年才被我国学者发现的，仅分布在云南西南部的孟连、西盟（大黑山）、沧源、南定河、澜沧等几个县境内，是我国长臂猿中数量最少的一种，目前仅剩下 30～40 只。

(五) 鳞甲目的识别特征

体外覆有角质鳞甲，鳞片间杂有稀疏硬毛，鳞甲间及腹部仍保留粗毛。不具齿。吻细长，呈管状，舌发达，前爪极长，适应于挖掘蚁穴、舐食蚁类等昆虫。本目种类稀少，仅 1 科鲮鲤科 7 种，中国产 2 种，均为国家Ⅱ级重点保护野生动物和 CITES 附录Ⅱ的物种。穿山甲的鳞片为中药原料，穿山甲肉常被作为野味端上餐桌，目前中国的野生穿山甲资源已被破坏殆尽，野外数量已很稀少。

我国鲮鲤科的代表动物：

(1) 穿山甲（*Manis pentadactyla*）。

识别特征：穿山甲又名中国穿山甲、鲮鲤，体长为 37cm～48cm，尾长为 24cm～34cm，体重为 2.2kg～3.7kg。体被覆瓦状鳞甲，但颜面部、腹部至尾基及四肢内侧无鳞甲。尾末端腹面裸露。耳壳明显，长约 2cm，耳背及耳缘光滑无毛。鳞片间及无鳞区有稀疏硬毛。体中部鳞甲环的甲片数为 15～18 片，尾边缘甲片数为 16～19 片。眼小，舌长，无齿。前趾具强爪。

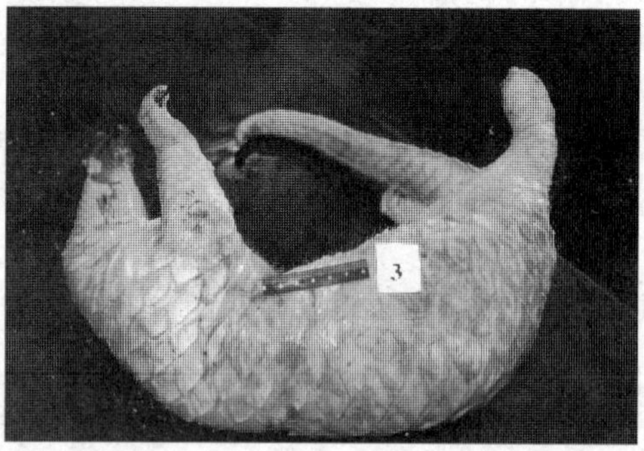

图 5－14 案件中查获的穿山甲胴体

生活习性：栖息于山地丘陵的森林或灌丛，特别是湿度较高，土质松软、灌丛茂密的生境。多单独活动，昼伏夜出，能爬树，会游泳，善挖土。行走时前足掌背着地，受惊时蜷缩成团，头及无鳞部位被鳞片包在内部，受到保护。主食为白蚁和各种蚂蚁，靠前足巨爪扒开蚁巢，伸出多黏液的长舌粘食大量蚁类。秋季发情，妊娠期为 140 天左右，早春产仔。每年产 1 胎，每胎产 1 仔，偶产 2 仔。幼兽能抓住母兽鳞片，伏背而随之外出活动。

分布范围：分布于我国长江以南各省区的林区。

（2）印度穿山甲（*Manis crassicaudata*）。

识别特征：印度穿山甲体形比穿山甲体形大，体长为 60cm～70cm，尾长为 45cm，体重为 4kg。无外耳，鳞甲片相对大，体中部鳞甲环的鳞片数仅 11～13 片，尾边缘甲片数仅 14～15 片，均较穿山甲的甲片数少，其他特征与穿山甲极为相似。

生活习性：生活习性、繁殖情况等与穿山甲极为相似。

分布范围：偶见于我国云南的云龙和腾冲。

（六）兔形目的识别特征

中小型草食性动物，与啮齿目有较近的亲缘关系。上颌具有 2 对前后着生的门牙，后一对很小，隐于前一对门牙的后方，故又称重齿类。门牙前后缘均具珐琅质。无犬牙，在门牙与前臼齿间呈现空隙，便于食草时泥土等杂物溢出。上唇具有唇裂，也是对食草习性的适应。主要分布在北半球的草原及森林草原地带。兔形目在我国共有鼠兔科和兔科 2 个科。

1. 鼠兔科的特征。体型在兔形目中属小型类群，大小与鼠类相似。一般形短而粗。耳近圆形，耳壳之长与宽几乎相等。尾极短、不显现于被毛之外。上门齿两对，即前面的一对门齿之后尚有一对附加的小门齿。鼠兔多营群居生活，有复杂的洞穴系统，多营昼间活动。鼠兔科现存一属即鼠兔属，全球共 26 种，我国有 21 种。

鼠兔科的代表动物：藏鼠兔（*Ochotona thibetana*）。

识别特征：藏鼠兔又名穆平鼠兔。体长为 12.3cm～17.6cm，后足长为 2.4cm～3.2cm，耳长为 16cm～28cm，体重为 63g～150g。体背毛色呈棕褐色或灰褐色，毛基为灰黑色或灰褐色，毛尖为褐色。耳背为灰黑色或灰褐色，内侧为棕灰色，耳缘具窄的白色边纹，耳具浅色的长毛，耳后为白色或污白色。腹部毛色呈暗褐色，毛基为灰黑色。足背为污灰色或土黄色，足掌被以灰色的毛。

生活习性：栖息于海拔 2400m～4100m 的高山草甸、林缘草地及灌丛，多在草地、树根、岩石的缝隙以及堆下建筑洞穴。以植物性食物为主，取食禾本科、草科、小灌木以及苔藓类，兼食昆虫类。昼夜活动。每年繁殖1~2胎，繁殖期在5月至10月，每胎产仔1~6只。

分布范围：分布于四川、甘肃、青海、西藏、山西和云南等地。

2. 兔科的识别特征。体形较大，体长为30cm~65cm，体重为1.4kg~6kg。尾短，尾长为4cm~10cm，伸出毛被之外。耳狭长，一般为6cm~9cm，耳基呈管状。我国有1属8种。

兔科的三种保护动物：

（1）雪兔（*Lepus timidus*）。

识别特征：雪兔躯体略大于野兔。体长为45cm~54cm，尾长为5cm~6.5cm，体重为2kg~5.5kg。前腿较短，具5趾，后腿较长，具4趾，脚下的毛多而蓬松，尾长短于耳长。鼻腔也大，下门齿长而坚固。夏季雪兔的体毛为淡栗褐色并杂有黑色毛尖针毛，头顶及耳背部杂有大量的黑褐色短毛，耳尖呈黑褐色，喉部、胸部及前后肢的外侧为淡黄褐色，颏、腹部及四肢内侧为纯白色，前肢脚掌的刷毛呈浅栗色，尾的背面有褐色斑纹。冬季全身呈雪白色，厚密而柔软，体侧的毛长达5cm，仅有耳尖和眼圈为黑褐色。

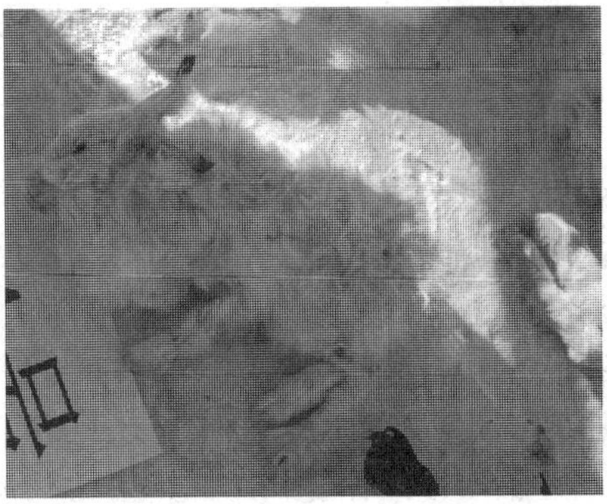

图5-15　案件中查获的雪兔

生活习性：雪兔栖息于寒温带或亚寒带针叶林区的沼泽地的边缘、河谷的芦苇丛、柳树丛及白杨林中，是寒带和亚寒带森林的代表性动物之一。除发情期外，一般均为单独活动。白天隐藏在灌丛、凹地和倒木下的简单洞穴中，里面铺垫有枯枝落叶和自己脱落的毛，清晨、黄昏及夜里出来活动，巢穴并不固定，故有“狡兔三窟”的说法。雪兔是典型的食草动物，以草本植物及树木的嫩枝、嫩叶为食，冬季还啃食树皮。

雪兔一年繁殖2~3胎，怀孕期约为50天，每胎产2~10仔，以2~5仔居多。初生幼仔身体被有密毛，体重为90g~120g，它与家兔不同，出生后就能睁开眼睛，20天后开始独立生活，9~11个月就能达到性成熟。寿命为10~13年。

分布范围：北极及其附近的冻原地带和阿尔卑斯山的高山地区，包括欧洲北部、俄罗斯、日本北海道和蒙古等，在我国分布于黑龙江、内蒙古东北部和新疆北部一带。

保护级别：国家Ⅱ级重点保护野生动物。

（2）海南兔（*Lepus hainanus*）。

识别特征：体形较小，耳朵向前折时不能达到鼻端，与雪兔和塔里木兔不同。体长为35cm~39cm，尾长为4cm~7cm，体重为1.1kg~1.8kg。头小而圆。毛色比较鲜艳，尤其是在冬季，头顶和背部为棕黑色，腹部大多为乳白色，体侧为棕黄色和棕白色相混杂。眼先和眼眶的周围为白色，颏部为纯白色，颈部下面为棕黄色，前肢为棕褐色，后肢的内侧为棕黄色，外侧为白色。四肢的趾掌均为乌棕色。尾巴的上面为黑色，下面为纯白色。上颌门齿齿面纵沟的断面为倒置的“Y”字形，里面充满了黏胶状物质。

生活习性：海南兔栖息在丘陵平野的灌丛低草坡和滨海地区的旱生性草原中，在地势较为平坦、干爽、草木丛堆间杂的地带较多，而从不到高山地区活动。喜欢在草丛中栖居，不住地穴，也不善于挖掘洞穴。主要在夜晚活动，从天黑时开始到次日凌晨，以午夜前最为活跃，后半夜活动较少，但有时白天也会出来觅食。性情温驯怯弱，御敌能力差，通常以逃跑、跳跃和藏匿等方法躲避敌害。

分布范围：海南兔是我国的特产物种，分布于海南的南丰、海口、东方、陵水、乐东、儋州、昌江、白沙等地。

保护级别：国家Ⅱ级重点保护野生动物。

（3）塔里木兔（*Lepus yarkandensis*）。

识别特征：塔里木兔又叫南疆兔、莎车兔，体型较小，毛色较浅，体长为29cm~43cm，尾长为6cm~11cm，体重为1.2kg~1.6kg。耳朵较大，耳尖不呈黑色，这是它与雪兔最明显的区别。体毛短而直，夏季背部为沙褐色，杂以灰黑色的细斑，体侧为沙黄色，颏、喉及腹部为白色。头部和颜面的颜色与背部相同，两颊颜色较为浅淡，眼周色深，呈深沙褐色。颈部下面有沙黄色的横带。尾巴的背面的颜色与背部相同，腹面呈白色。冬季的毛色非常浅，从头部、背部至尾巴的背面均为浅沙棕色。

生活习性：塔里木兔是典型的荒漠地带物种，栖息在塔里木盆地海拔900m~1200m的河流和罗布泊附近，以及沿河两岸的胡杨和红柳林中、盆地中央的塔克拉玛干沙漠四周的半沙漠草原和塔里木河河水泛滥地区等。一般在早晨和黄昏活动，但随着季节的不同而有一定变化。冬季为了躲避敌害，仅在黎明之前和黄昏之后才出来觅食，大多活动在长有红柳的松软沙丘地带，挖掘芦苇、罗布麻、甘草、骆驼刺等植物的根为食，白天则隐匿于灌丛之下。夏季在白天也经常出来活动，常集中到河边饮水，喜食灌木、半灌木的外皮、幼嫩枝条和绿草等。夏季是塔里木兔的繁殖期，雄兽和雌兽追逐求偶的活动从2月可以一直延续到7月。雌兽每年繁殖2~3窝，每窝产2~5仔。初生的幼仔全身被毛，睁眼，能活动，哺乳期仅有3~5天，以后便能离开雌兽，独立生活。

分布范围：塔里木兔是我国的特产物种，分布于新疆塔里木盆地及罗布泊地区的阿克苏、若羌、米兰、阿拉干、尉犁、库尔勒、巴楚、且末、莎车、和田、喀什等地。

保护级别：国家Ⅱ级重点保护野生动物。

（七）啮齿目的识别特征

本目为哺乳类中种类及数量最多的一个类群（约占种数的1/3），适应于在多种生态环境中生活，遍布全球。主要特征为：体中、小型。上下颌各具1对门牙，甚发达，前端呈凿形，仅前面被有釉质，终生生长。无犬牙，门牙与前臼齿间具有空隙。嚼肌特别发达，适于啮咬坚硬物质（如种子硬壳）。前臼齿每侧不超过2/1；齿数一般不超过22枚；上下颊齿列约等长，臼齿常为3/3。本目分为423属1750余种。分布在我国的有68属182种，但只有松鼠科的巨松鼠被列为国家Ⅱ级重点保护野生动物，河狸科的河狸被列为国家Ⅰ级重点保护野生动物。

1. 鼯鼠科的特征。本科的动物体型多为中等，小飞鼠属体长为13cm以上，大鼯鼠属体长 50cm 以上；多数种类的毛色都比较艳丽；前后肢之间有被软毛的皮褶，称皮膜，腕部有软骨支撑皮膜前缘。当爬到高处后，将四肢向体侧伸出，展开皮膜，就可以在空中向下往远处滑翔，因而又称飞鼠。尾长，形扁而圆，尾毛蓬松。一般齿数 = 22。本类动物多数分布在亚洲东南部的热带与亚热带森林中，仅少数几种分布在欧亚大陆北部和北美洲的温带与寒温带森林中。全球鼯鼠科 13 属 34 种，我国有 7 属 16 种。

鼯鼠科的代表动物：复齿鼯鼠（*Trogopterus xanthipes*）。

识别特征：复齿鼯鼠又名黄足鼯鼠。体长为 268mm ~ 300mm，尾长为 260mm ~ 270mm。背部为黄褐色略呈赤褐色，或淡土黄色杂以灰色；前后足背面为鲜黄褐色，有时带淡赤色。眼圈为赤褐色或黄褐色略呈赤色；耳端簇毛长而黑；腹毛为白色，毛基为灰色，尾巴为灰黄褐色，有的上面远端有黑色长毛，下面远端 2/3 呈黑色。

生活习性：栖息于山林中。常在山崖岩洞或石隙内营巢，巢略呈圆形，外径为 30cm ~ 50cm。独居，夜行性，攀爬能力强。以山杏、石黄莲等植物果实为食。每年 1 胎，每胎产 1 ~ 4 仔，通常为 2 ~ 3 仔，孕期约为 40 天。

分布范围：分布在我国云南、四川、浙江、海南等地。国外分布在尼泊尔、印度的阿萨姆、不丹、锡金、缅甸、泰国和印度支那。

2. 松鼠科的特征。本科动物的颊齿（前臼齿和臼齿的统称）一般为 5/4，个别种类（如巨松鼠、白纹岩松鼠）为 4/4。前后肢之间无皮膜，尾无鳞，呈圆形或扁形，毛长而蓬松。前足拇趾极小，其余 4 趾发达；后足 5 趾。全世界近 35 属 212 种，我国有 11 属 24 种，其中岩松鼠和侧纹岩松鼠是我国特有动物。

松鼠科的代表动物：

（1）赤腹松鼠（*Callosciurus erythraeus*）。

识别特征：赤腹松鼠又名红腹松鼠。体重为 280g ~ 420g，体长为 175mm ~ 240mm，尾长为 146mm ~ 205mm。背部、体侧面和四肢外侧和尾部呈橄榄褐色，尾端为白色或黄褐色。腹部毛色为深赤栗色，因分布地区的不同而有差异，有的腹面为一致的深赤栗色，有的腹面中央有一杂色纵带，有的腹面中央有一灰褐色纵带。全身仅头、胸、腹部和四肢为短毛，其余均为长毛，尤其尾毛极为膨大。眼眶四周稍黄，耳廓黄，不具丛毛。

生活习性：主要栖息于热带季雨林和亚热带森林中。喜欢在各种果树（如栗、桃、李）及其他高大的乔木树上活动，有时出现在山崖、矮树丛或杂草地带，在居民住宅附近也有活动。洞巢多筑在乔木枝杈或居民房屋檐上及天花板内，也利用山崖石缝内营巢。

赤腹松鼠的食性往往随栖息地食源情况而有改变，也食昆虫、鸟卵及雏鸟。在居民点侵入农田盗食作物。杂食性，主要以嫩叶、核果等为食。有剥树皮、破坏森林之行为。在秋天常将核果集中储存，以度隆冬。一般多在黄昏活动，中午活动较少。雨后天晴最为活跃。大都单只出现，除了生殖及哺育季外。日间活动于树上，以清晨及黄昏为高峰时间。

分布范围：分布于我国江苏、安徽、浙江、江西、福建、台湾、湖北、湖南、广东、海南、广西、四川、贵州、云南、西藏等地。

（2）喜马拉雅旱獭（*Marmota himalayanus*）。

识别特征：喜马拉雅旱獭又名土拨鼠、大旱獭、雪猪。大型的地栖型啮齿动物。身体长大而肥壮，体长为50cm~60cm，尾长为10cm~12cm，体重为3.5kg~9kg。头部短而阔，粗壮结实，略呈方形。它的上唇开裂，上门齿微向前方突出。颈部又粗又短，耳朵短小，仅存皮褶。尾短而稍扁平。四肢短而粗壮，前足4趾，趾端具发达的爪，适于掘土筑巢；后足有5趾。嘴的四周为黄白色、淡棕黄色或橘黄色。眼眶上有一条黑色的条纹，两颊到耳外侧基部呈淡黄褐色或浅棕黄色。耳壳呈深棕黄色或深黄色。身体的背部为深褐色、沙黄色、棕黄色或草黄色，毛基呈黑褐色，上段为草黄色或浅黄色，尖端为黑色。背部至臀部的黑色毛尖多而显著，常形成不规则的黑色细斑纹。尾巴末端呈褐黑色。四肢的足背均为灰黄色。不过，每个个体之间毛色的变异也很大，即使在同一个地区、同一个家族中，不同个体之间的毛色深浅亦有所不同，幼体毛色多较成体灰黄。

生活习性：栖息于海拔2.5km~5.2km之间的高山草甸草原、高山草原山地的阳坡、斜坡、阶地、谷地、山麓平原等环境，其中以山麓平原和山地阳坡下缘的密度为最大，其次在阶地、山坡和河谷沟豁的平滩上也较为常见。主要以草本植物为食，喜欢吃带有露水珠的嫩草茎叶、嫩枝或草根，偶尔也取食一些昆虫和小型啮齿动物。在农作区，它也常常偷食青稞、燕麦、油菜、洋芋等作物的禾苗、茎叶。早春，在青草尚未发芽时，则也可挖食草根。它的性情极为机警，视觉、听觉都很敏锐，每当遇有狼、熊、狐等天敌进入领地时，就直立起来发出尖锐的鸣叫。它属于白昼活动的动物，尤以早晨和黄昏最为活跃。喜马拉雅旱獭一年繁殖一次，出蛰后不久即进入繁殖期，怀孕期为35天左右，每胎产仔1~9只，而以4~6只为最多见。3岁时达到性成熟。

分布范围：分布于我国的西藏、甘肃以及印度、尼泊尔、锡金、克什米尔等地。为青藏高原最常见也是体形最大的啮齿动物。

（3）巨松鼠（*Ratufa bicolor*）。

识别特征：一种大型松鼠。体长为27cm~46.5cm，尾长为36cm~51.5cm。体重为1.3kg~2.3kg。头短圆、耳有蓬松短毛簇。尾比体长，圆而蓬松。体背面以及四肢外侧、足背面和尾均为全黑色或赤褐色。尾端有时带浅土黄色，眼下从嘴侧起有一黑色宽斜纹，颏部通常有2个黑色斑点，眼眶为黑色。体腹面和四肢内侧为鲜黄色或橙黄色，两颊为黄色，耳及其短毛簇均为黑色。

生活习性：一般栖息于海拔2000m以下的热带、亚热带季雨林的高树上，是典型的树栖动物。尤喜河谷两旁陡坡的高树。严格的树栖种类，以树枝叶营巢于高树枝丫上，少见住于树洞中，但能利用树洞藏身。通常白昼活动，单只或成对活动，很少集群。活动范围周径为2km~3km。以果实、嫩芽和花等为食，食果肉而弃果皮和核。

分布范围：在我国分布于云南、西藏、广西、海南。

保护级别：国家Ⅱ级重点保护野生动物，CITES附录Ⅱ物种。

3. 河狸科的特征。为半水栖的大型啮齿动物，体重可达30kg。以树枝、树皮及水生植物的根茎为主食，能以树干筑堤坝以维持洞口水位。体粗壮，尾宽，上下扁，具鳞。颊齿为4/4，无齿根。左右颊齿呈“八”字形，前窄后宽。本科全世界仅1属2

种，在北半球北部水域分布，我国仅 1 种，为珍贵的毛皮兽。

我国河狸科的代表动物：河狸（*Castor fiber*）。

识别特征：体重为 12kg ~ 25kg，体长为 60cm ~ 82cm，尾长为 23cm ~ 38cm，尾宽为 6.7cm ~ 12.2cm。全身为浅褐色到深褐色；足和尾颜色较深。眼小有瞬膜；耳短有瓣，鼻具瓣膜，尾宽扁、呈桨状、披有角质鳞。前后足均 5 趾；后足甚为宽大，趾间有蹼。

生活习性：栖息于杨、柳、桦和芦苇生长繁盛、杂草丛生而水流缓慢的河岸或湖泊岸边，在岸边挖洞穴居。有 3 个洞口开在水下。通常于傍晚和夜间活动。主要以柳树、杨树、桦树、芦苇及一些岸边杂草为食。冬季靠储存的树枝及树干的皮和地下茎过冬。每窝通常为 2 ~ 5 头。以家族聚居，也有是独居的。每年繁殖 1 次，春季交配，孕期为 105 ~ 107 天，每胎产 1 ~ 5 仔。寿命可达 20 年。

分布范围：分布于我国新疆东北部的青河，小青河和布尔津河，这是我国河狸目前唯一分布地。国外分布于俄罗斯、欧洲和内蒙古。

保护级别：国家Ⅰ级重点保护野生动物。

4. 鼠科的特征。中小型鼠类，种类极多，分布极广，繁殖及适应能力均强。分布在我国的鼠科种类大多数颊齿为 3/3，但有的种类为 2/2，个别种类为 1/1。臼齿咀嚼面齿突排成 3 纵列或 2 纵列。大多数种类臼齿有齿根。多具长而裸、外被鳞片的尾。不具前臼齿。臼齿齿尖常排成三纵列。齿式为 1・0・0・2 ~ 3/1・0・0・2 ~ 3 = 12 - 16。本科全球分 261 属 1130 种。我国有 34 属 114 种。

鼠科的代表动物：褐家鼠（*Rattus norvegicus*）。

识别特征：褐家鼠是家栖鼠中较大的一种，体长为 15cm ~ 25cm，体重为 220g ~ 280g，尾明显短于体长，被毛稀疏，环状鳞片清晰可见。耳短而厚，向前翻不到眼睛。后足较粗大，长于 33mm。雌鼠乳头 6 对。该鼠毛色有变，与其年龄、栖息环境有一定的关系，通常幼年鼠较成年鼠颜色深，棕色调不明显。多数体背毛色多呈棕褐色或灰褐色，毛基为深灰色，毛尖为深棕色。头部和背中央毛色较深，并杂有部分全黑色长毛。体侧毛颜色略浅，腹毛为灰白色，与体侧毛色有明显的分界。

生活习性：褐家鼠栖息场所广泛，为家、野两栖鼠种。以室内为主，占 80.3%，室外和近村农田分别为 14.3% 和 5.4%。室内主要在屋角、墙根、厨房、仓库、地下道、垃圾堆等杂乱无章的隐蔽处营穴。室外则在柴草垛、乱石堆、墙根、阴沟边、田埂、坟头等处打洞穴居。褐家鼠具有迁移习性，在室内食物缺乏，或密度过大时，迁移到农田建造临时洞穴活动为害，但数量不大。褐家鼠属昼夜活动型，以夜间活动为主。在不同季节，褐家鼠一天内的活动高峰相近，即 16 ~ 20 时与黎明前。褐家鼠行动敏捷，嗅觉与触觉都很灵敏，警惕性高。繁殖力强，一年可产 6 ~ 8 胎。孕期为 3 周左右，每胎产仔 7 ~ 10 只，多达 15 只。其繁殖期从 1 月下旬开始，到 12 月上旬结束。幼鼠产下后 3 个月左右即达到性成熟，寿命为 2 年左右。褐家鼠食性广而杂，凡是人类所用食物，它都可以取食。

5. 沙鼠科的特征。本科的动物属于小型鼠类，典型的荒漠或半荒漠种类。其毛色与所栖息的荒漠景色极为相似，为不同程度的沙黄色。尾长近于或超过体长，尾被以短毛，尾端多形成毛束。上门齿前面具有 1 ~ 2 条纵沟。尾长且毛密，尾端一般形成毛束。分布在我国的有 3 属 7 种。

沙鼠科的代表动物：大沙鼠（*Rhombomys opimus*）。

识别特征：体重为 113g ~ 250.5g，体长为 15cm ~ 20cm，尾长为 13cm ~ 15.5cm，尾粗大，尾端有毛束。体呈棕黄色，背部有稀疏的黑褐色针毛；足背为淡沙黄色；爪为黑褐色；下唇及颏纯白色；腹部其余部分毛端为白色，毛基为灰色尾上面呈棕黄色，两侧及下面为淡沙黄色，尾端毛束为锈褐色。染色体数：2n = 40。

生活习性：生活在沙地荒漠，黏土荒漠和石砾荒漠地区。通常营群居生活，洞口多而大，洞道复杂，深达 3m。主要在日间活动。一般不远离洞系觅食。食植物绿色部分。秋天能大量储食。3 月至 6 月间繁殖。一年产 2 ~ 3 胎，每胎产 5 ~ 6 仔，有时多达 12 仔。孕期为 22 ~ 25 天。

分布范围：分布于我国内蒙古、甘肃、宁夏和新疆等地，国外分布于蒙古、俄罗斯、阿富汗、伊朗及巴基斯坦等国。

6. 竹鼠科的特征。体形粗大呈圆筒形，眼小，耳壳圆短且隐于毛下，尾短而无毛或仅被稀疏短毛，四肢粗短，头钝圆大，颈短，全身毛柔软细密，无毛向，门齿粗大而坚硬。分布在我国的有 2 属 4 种。

竹鼠科的代表动物：中华竹鼠（*Rhizomys sinensis*）。

识别特征：中华竹鼠亦称竹鼠、芒鼠、竹馏、竹根鼠等。成体长为 25cm ~ 35cm，体重为 1kg ~ 3kg，体型粗壮，呈圆筒形。头部钝圆，吻大、眼小，耳隐于毛被内，听觉灵敏。四肢短小，但粗壮而具爪，是运动器官和挖洞取食的工具。尾部短小。门齿粗大，臼齿短小。体色随年龄而不同，从深色到浅色，幼体的毛色比成体的毛色深，周身均为深灰黑色。成体身体背部毛色为棕灰色并长有百尖针毛。吻部及两侧的毛色略淡。身体的腹部毛被较为稀疏。个别个体的足背与尾部的毛色均为灰棕褐色。

生活习性：以四肢和借助牙齿挖洞，有较强的挖掘洞穴的能力。营穴居生活，昼伏夜出。性喜在安静、清洁、干燥、光线适宜、空气新鲜的环境中生活。性情温驯，公母形影不离。抗逆性强，生活的温度适宜在 8℃ ~ 40℃，最适温度在 11.7℃ ~ 28.5℃。因此，中华竹鼠分布较广。植食性动物，可摄取各类竹子、甘蔗、玉米等的根茎及草根植物的种子和果实为食。缺食的时候也危害庄稼。

分布范围：主要分布于我国云南、贵州、广东、福建、湖北、四川等地以及缅甸。

7. 林跳鼠科的特征。林跳鼠科上门齿无沟；后肢和后足均较长，后足长约 28mm。腹部白色，有的种腹部中央有 1 黄褐色纵纹。尾色上暗下白。林跳鼠科成员的后肢虽然长于前肢，但是远不及跳鼠科的后肢长，有些种类后肢仅略比前肢长，耳朵比跳鼠短而圆，外形略似典型的鼠类，尾巴长但尾端无跳鼠那样的尾毛束。林跳鼠科成员生活于森林、沼泽和开阔地带，食果实、种子和昆虫，其食物构成因种类而异。在北美洲和欧亚大陆各有 2 属，我国仅 1 个属，为林跳鼠属。

林跳鼠科的代表动物：四川林跳鼠（*Eozapus setchuanus*）。

识别特征：四川林跳鼠又名中国林跳鼠。体重为 11g ~ 15.5g，体长为 7cm ~ 10cm，尾长为 9.5cm ~ 15cm。背部为黑褐色，但背面从头部沿身体两侧向臀部扩展形成鞍形区域的毛为黄褐色。腹面为纯白色，有的腹中央有黄褐色纵纹。足为白色。尾上暗下为白色，尾端纯白色。

生活习性：生活在高山林中溪流附近。通常挖掘洞穴或利用别的动物的弃洞作为隐匿场所。主要在夜间活动；以浆果、种子、真菌和小型无脊椎动物为食。无储食习性。善跳跃，一次能跳2m远，长尾在奔跳时能起到平衡作用。有冬眠现象。

分布范围：分布于我国四川省西部和北部、甘肃省南部、陕西省南部以及青海东南部。

8. 跳鼠科的特征。本科具有适应于沙地活动和跳跃的特化结构。鼻、吻端短宽，呈圆盘状，鼻孔有可活动的皮褶，以防止沙土进入鼻孔。眼和耳壳相对较大，耳基部呈管状。前肢小，后肢长度超过前肢4～5倍。尾长均超过体长，尾端常有毛束。分布在我国的有8属14种。

跳鼠科的代表动物：三趾跳鼠（*Dipus sagitta*）。

识别特征：体长大于11cm，头圆吻钝，眼大。耳壳发达，耳前方有一排白色硬毛，呈栅状。尾长，其长约为体长的1/3。前肢短小，具五趾，二、四趾爪发达，爪细长而锐利。后肢约为前肢的三倍，具三趾，各趾下被有梳状硬毛。门齿前面橙黄色，中央有纵沟。背毛及后肢外方呈深沙黄色微沾黑色，毛基部为灰色，中段为深沙黄色，毛尖为黑色；少数毛深沙黄色的一段为黑色所代替；体侧为浅沙黄色，毛基为白色；腹面、前肢、后肢内侧均为白色；白毛区绕过臀部向后一直延伸到尾基部；耳壳外方呈棕黄色，内面为稀疏白毛；耳后有一白斑，颊部至眼上方色浅，毛基为白色；鼻上方小部分被以短而硬的纯沙黄色毛；尾上下两色，背方为纯沙黄色，腹方为白色，尾末端有黑褐色和白色毛相间而成的毛束，但其黑褐色环在腹方为白色毛隔断。

生活习性：栖息范围很广，固定和半固定沙丘，砾石荒漠、盐渍荒漠、沙丘、荒地、农田附近的草地均有。不集群，呈弥散式分布。洞穴简单，多筑于沙丘上。洞口底平，上为半圆形，向下有一段斜道，洞道稍微弯曲。夜间活动，但白天也偶尔出洞。雨天躲在洞内，雨后晴夜则活动频繁，在沙质荒漠中常可见三趾跳鼠所挖的许多小坑。三趾跳鼠多在地势高而干燥、地表植被稀疏、长有沙生植物的沙质土壤中栖居。喜欢在柽柳、锦鸡儿等灌木丛间活动。洞穴比较简单，多筑于植被稀疏的沙质土壤、半固定沙丘过流动沙丘上。昼伏夜出，黄昏后出洞觅食，白天偶尔出洞，有冬眠习性，冬眠期为6个月左右。三趾跳鼠以植物种子及幼嫩根、茎为食，亦食少量昆虫。一年繁殖一胎，怀孕期约为28天，每胎产仔2～5只。

分布范围：甘肃省内分布于张掖、高台、酒泉、嘉峪关、金塔、玉门、安西、敦煌、肃北、阿克塞等地；我国见于青海柴达木盆地、山西、陕西、河北北部、内蒙古、宁夏、新疆、吉林、辽宁西部；国外分布于蒙古、苏联中亚和哈萨克斯坦以及伊朗北部。

9. 睡鼠科的特征。睡鼠科成员有蓬松多毛的尾巴，外形酷似肥胖的松鼠，体型多比较小，体长不超过20cm。树栖性，食植物，偶尔吃动物性食物。温带地区的睡鼠夏天在树上筑巢，冬天主要在贴近地面的树洞中冬眠，也利用穴兔遗弃的洞穴，冬眠前将身体吃得很胖。睡鼠科基本上是夜行性动物，但是生活在比较阴暗的热带雨林中的笔尾睡鼠白天也出来活动。尾长，尾毛蓬松。颊齿为4/4。分布在我国的有2属2种。

睡鼠科的代表动物：四川毛尾睡鼠（*Chaetocauda sichuanensis*）。

识别特征：体长为90mm左右，尾长为92mm~102mm。眼大，耳长，前足4趾，前后足均具2个肉垫；尾较粗长，略超过体长，覆以密毛，掩盖着鳞环。背部为灰棕赭石色；眼周具窄的栗色圈，并与眼下栗色三角区相连，栗色区向下延伸，与口周围的棕色相会；耳为深褐色，具棕褐色边缘；腹部呈青灰色，微带暗黄色；背腹毛色在侧面有明显界限；前后足足背面为淡褐色；尾上面为深褐色，下面颜色较淡。

生活习性：栖息于亚高山针阔混交林的河谷两岸。在小树枝上筑窝，宛似鸟巢，直径为12cm，离地3m~3.5m。主要在夜间活动，一般在树上觅食，偶尔下地活动；以植物绿色部分为主食。5月间有孕鼠。

分布范围：为我国特有种，分布在四川北部平武王朗自然保护区。

10. 豪猪科的特征。豪猪科成员以身上有棘刺而著称，身上的毛演化成保护性的棘刺，以豪猪科的刺最为发达。豪猪科的棘刺比较容易脱落，有些种类还可以将棘刺射出，背部有长而黑或有带纹的刺，豪猪身体后方的棘刺要比前方的更发达，抵御敌害的典型姿势就是将身体背向对方。体粗大。鼻骨大，鼻腔膨胀，额骨亦发达。乳头有3对。颊齿4/4，左右颊齿平行。分布在我国的有2属4种。

豪猪科的代表动物：中国豪猪（*Hystrix hodgsoni*）。

识别特征：体重为15kg，体长为57cm~65cm，尾长为6cm~10cm。全身毛呈黑色至黑褐色，有时混杂灰白色短毛，从肩至尾密布长刺，肩及体侧面刺扁，刺上面有沟；背后牛部的刺较长，基部为黑色，尖端为白色，长约为225mm，杂有圆柱形细长棘刺，长达370mm或更长，棘刺基部之间有许多细毛；尾很短，被背棘遮盖，尾端约20多根刺，末端特化呈钟状结构，互相碰撞时能发出声响。乳头有3对。染色体数：2n=48。

生活习性：通常穴居于山脚或山坡，选择靠近农作物的山地草坡或林中栖息。常利用穿山甲或白蚁的旧巢穴加以修整而居。一般雌雄成对和2~4只幼仔同穴。每年繁殖1次，每胎产2仔居多。幼仔初生时眼已睁开，刺短而软。昼夜活动但以夜间活动为主。以植物的块根和果实、种子为食。

分布范围：分布于我国江苏南部、福建、广东、海南、广西、云南、四川、西藏、安徽、陕西南部、湖南、湖北和贵州。

（八）食肉目的特征

本目动物为猛食性兽类，反应迅速，动作灵敏、准确、强而有力。均具发达的大脑和感觉器官，嗅觉，视觉和听觉均较发达，体型矫健，肌肉发达，四肢的趾端具锐爪，以利于捕捉猎物。生活方式为掠食性，捕杀方式多种多样，或隐伏要路等待，或嗅迹跟踪、潜伏靠近，凭借利齿和锐爪为武器进行突然袭击，或者长距离的追逐捕杀。门牙小，犬牙强大而锐利，异常粗大，长而尖，颇锋利，起穿刺作用。上颌最后一枚前臼齿和下颌第一枚臼齿的齿突如剪刀状相交，特化为裂齿（食肉齿）。毛厚密而且多具色泽，为重要毛皮兽。我国有7科56种。

1. 犬科的特征。犬科是适应追逐猎物的食肉类，全部为陆栖类型，只有极少数种类偶尔会爬树。犬科是食肉目中分布最广泛的一科，除了少数岛屿、南极洲外，几乎遍及陆生食肉类的全部分布范围。犬科动物为中小型动物。鼻面部长，鼻腔大，嗅觉灵敏，四肢发达善于快速奔跑。前足5趾，后足4趾；掌小，爪直而钝，不能伸缩；尾毛长而蓬松，雄性有发达的阴茎骨。简单地从体型和习性来说，犬科可以分成体型较大，食肉性较强，可以捕食较大型猎物的犬类，以及体型较小，食性略杂，主要捕食小型动物的狐类。我国有6种。

犬科的代表动物：

（1）狼（*Canis lupus*）。

识别特征：体长为100cm～150cm，尾长31cm～51cm，体重为18kg～80kg，雄性大于雌性。耳直立，尾下垂不能上卷，毛色多变异，多为灰黄色或青灰色。

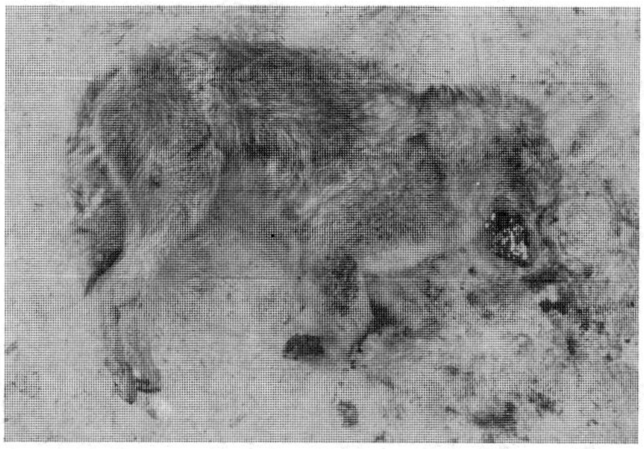

图5－16　案件中查获的狼

生活习性：栖息于森林、草原、冻原、半荒漠、山地丘陵。繁殖季节有巢穴，常连续数年在同一巢穴抚育幼仔。主要在夜间活动。家族群由5～8头组成。主要捕食有蹄类，也捕食野兔、旱獭等小动物。早春发情。妊娠期为60～63天。春末产仔，每胎产6（2～11）仔。幼仔6～8周后断奶。2岁性成熟。

分布范围：过去分布在全国各地，现已退缩到人口稀少的地区，已很罕见。

（2）豺（*Cuon alpinus*）。

识别特征：体长为88cm～110cm，尾长为40cm～50cm，雄性体重为15kg～21kg，雌性为10kg～17kg。大小及外形似黄色家犬。背毛为深褐色至红棕色。尾毛长而蓬松，尾尖毛为黑褐色。

生活习性：栖息于山林中。多在晨昏活动，白天也常出现。营群居生活，通常由5～12头组群。结群捕食，主要捕食野猪、鹿等鹿科和牛科动物。冬季发情。妊娠期为60～62天。春季产仔，每胎为4～6仔。1岁性成熟。饲养寿命为15～16年。

分布范围：分布于我国东部和南部林区。但多数地区数量稀少。

保护级别：国家Ⅱ级重点保护野生动物。

（3）藏狐（*Vulpes ferrilata*）。

识别特征：个体大小与赤狐相似，但尾比赤狐的明显短，长度过头体长之半，虽尾毛蓬松，亦远不如赤狐，且尾毛也短。四肢、耳壳比赤狐的稍短。通体色彩鲜艳，整个上体包括前头，耳背呈现黄色或黄棕色，体背无黑色或暗褐色针毛。体侧为均匀的灰白色，与黄色或棕黄色的上背和白色的腹部有明显分界线。尾背靠基段2/3的长度毛色与体侧的相一致。尾端一段为污白色或白色。整个下体从下唇开始往后一直到尾基，包括四肢内侧为白色。四肢外侧为淡黄色，一般上段黄色稍显，下面颜色趋淡。藏狐冬季毛被色调较夏季的稍深，体背棕黄色更显。面积变窄，其中散杂有较长的黑色针毛，而体侧的灰白色毛区相对扩大。近尾基背面也呈现有较明显的黑色。

生活习性：栖息地海拔多在3400m以上。往往喜在开阔的环境活动、觅食，亦常在日间出没。藏狐常沿着公路、山间缓坡寻食或休息。当其闻到声响或见有行人时，即迅速往前逃遁，或边跑边回头凝望。藏狐大多利用旱獭的洞穴来作为自己的居住场所。其食物主要是高原上的各种鼠兔、高原兔，有时也捕食一些鸟类，如雪雀、地鸦、山鹑、角百灵等。

分布范围：广布于青藏高原上。在青海省除海拔低的东部农业区少见外，其余地区为常见种。

2. 熊科的特征。各种熊类体躯粗壮、肥硕，吻部较长，眼小，耳小而圆，毛长而粗，一般为黑色、白色或棕色。尾极短小，体长为 1.5m ~ 2.8m，体重约为 100kg ~ 400kg；四肢粗短强有力，前、后肢均具5 趾，蹠行性，以整个足掌着地而行。臼齿大而发达，咀嚼力强。是食肉兽中属杂食性的大型动物。共6 属 7 种，分布于欧亚大陆、北非和南、北美洲，我国有 3 种。

我国熊科的代表动物：

（1）黑熊（*Ursus thibetanus*）。

识别特征：体长为 120cm ~ 180cm，尾长为 6.5cm ~ 16cm，雄性体重为 110kg ~ 250kg，雌性体重为 65kg ~ 125kg。四肢短而粗，掌、跖粗大，爪强而弯曲。全身黑色，胸部有一新月形的白斑。

生活习性：多栖息于阔叶林或混交林中，从低丘至海拔 2000m ~ 3000m 的高山都有它们的活动痕迹。嗅觉及听觉灵敏，视觉较差。杂食，主食嫩树叶、青草、果实及种子等，能上树采食野果，也吃昆虫及小型脊椎动物，喜食蜂蜜。6 月至7 月发情。妊娠期为 7 ~ 8 个月。多数于次年 2 月产仔，每胎产仔多为 2 只，哺乳期为 3.5 个月，约 3 岁性成熟。在饲养条件下，寿命长达 33 年。

分布范围：分布于全国各地天然阔叶林或混交林中。

保护级别：国家Ⅱ级重点保护野生动物，CITES 附录Ⅰ物种。

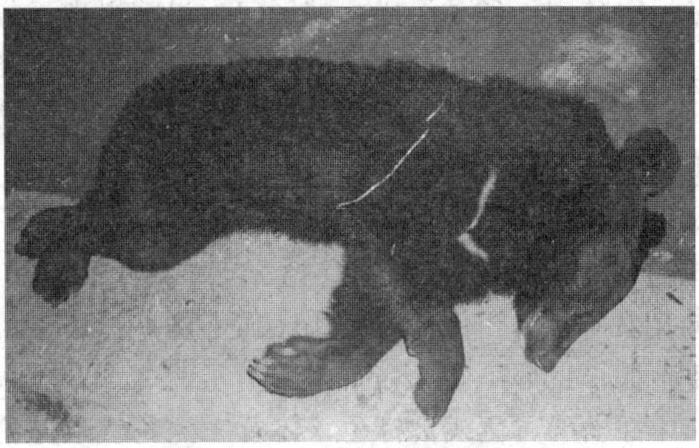

图 5 – 17 案件中查获的黑熊

（2）棕熊（*Ursus arctos*）。

识别特征：棕熊又名马熊。大型熊类。体长为 170cm ~ 210cm，尾长为 6cm ~ 21cm，体重为 140kg ~ 450kg。肩部隆起成肩峰。体毛为黄棕色至深褐色。无胸斑。

生活习性：栖息于各种类型的森林中，地面生活，不善于爬树。通常慢步行走，但也能快速奔跑。嗅觉及听觉灵敏，视觉较差。杂食性，食物包括植物的根、青草、浆果，各种哺乳动物和动物尸体；偶尔捕杀驼鹿、马鹿或黑熊的幼仔，有时也下水捕食鱼类。5 月至 7 月发情，妊娠期为 180 ~266 天。次年 2 月至 3 月产仔，每胎产 2（1 ~4）仔。哺乳期约为 5 个月，4 ~6 岁性成熟。在自然条件下，寿命约为 25 年；饲养寿命长达 50 年。

分布范围：分布于我国东北、西北及西南林区。

保护级别：国家Ⅱ级重点保护野生动物，CITES 附录Ⅰ物种。

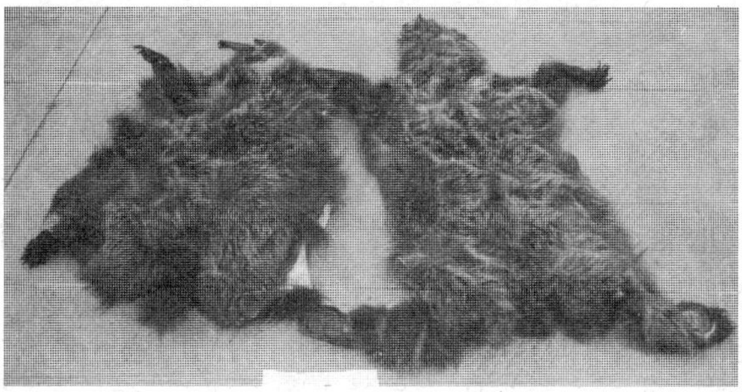

图 5 – 18　案件中查获的棕熊皮

（3）马来熊（*Helarctos malayanus*）。

识别特征：马来熊又名太阳熊。是熊类中体型最小的一种。体长为 100cm ~140cm，尾长为 3cm ~7cm，肩高约为 70cm，体重为 27kg ~65kg。全身为黑色，有形状多变的白色或橘黄色“U”字形胸斑，有的个体无胸斑。

生活习性：栖息于热带、亚热带稠密的原始阔叶林区。善于爬树。杂食性，食物包括各种野蜂幼虫、蜂蜜、白蚁、各种植物和浆果，以及各种小型脊椎动物。妊娠期为 95 天左右。因受精卵有延迟着床现象，妊娠期可达 240 天。每胎产 1 ~2 仔，初生仔体重为 300g 左右。饲养条件下，寿命最长达 24 年 9 个月。

分布范围：分布于我国云南南部，数量稀少。

保护级别：国家Ⅰ级重点保护野生动物，CITES 附录Ⅰ物种。

3. 大熊猫科的特征。体似熊但吻短。头圆，尾短，体毛为黑白两色，犬齿短而钝，臼齿宽大；齿式为 3·1·4·2/3·1·3·3 =40。以竹枝叶为食，偶尔捕食鼠类或其他动物的尸体。本科为我国的特有科，只有 1 属 1 种。

大熊猫科的代表动物：大熊猫（*Ailuropoda melanoleuca*）。

识别特征：成年雄性体长为 150cm ~180cm，肩高 65cm ~70cm，尾长为 12cm ~14cm，体重一般为 80kg ~125kg。雌性比雄性小 10% ~20%。头圆、体肥、尾短。眼圈、耳壳及肩和四肢为深黑色外，其余部分均为乳白色。

生活习性：栖息于海拔 1300m ~3600m 的高山森林中，在林下有箭竹、方竹或其他竹丛的针阔混交林中最为常见。除发情期外，过独居生活。善爬树，会游泳。主食竹类和竹笋，也吃猕猴桃等其他植物的果实，偶尔吃动物的尸体。3 月下旬至 5 月中旬发情。动情期为 1 ~3 天，妊娠期为 97 ~163 天。胚胎的实际发育时间仅为 1.5 个月左右。

通常在岩洞或树洞内产仔，一般每胎产一仔，偶尔两仔。新生仔体重仅为90g～130g。3～4月龄时才能行走，5～6月龄开始吃竹子，8～9月龄断奶，约18月龄离开母兽。一般在5.5～6.5岁时性成熟。两年生育一次。饲养寿命为26年。

分布范围：分布于我国四川、甘肃、陕西秦岭等地。

保护级别：国家Ⅰ级重点保护野生动物，CITES附录Ⅰ物种。

4. 小熊猫科的特征。脸形似猫，体形稍大，体粗壮，四肢短，前后肢均具5趾，尾长，其上具环状斑纹。牙齿齿冠圆钝，适于磨压植物性食物，似熊。本科为我国特有科，仅小熊猫1种。

小熊猫科的代表动物：小熊猫（*Ailurus fulgens*）。

识别特征：体形肥壮。体长为51cm～73cm，尾长为40cm～49cm，体重为4.5kg～6kg。头短而宽，颜面近圆形。下唇和颏部为白色，眼的两侧及眉嵴乳白色斑。四肢短而粗壮，都具5趾，爪能伸缩。尾长而粗大，有棕红色与沙黄色相间的9个环纹。背毛为红棕色，腹部及四肢为黑褐色，两性毛色相似。

生活习性：栖息于亚热带海拔1400m～4000m的高山阔叶林或针阔混交林中。晨昏活动，常2～5头成群。性温和、胆怯。善于攀爬，遇敌害时，迅速爬上高树躲避。食性杂，以箭竹或其他竹类的笋、叶为食，也吃野果、其他植物的嫩叶、昆虫和动物尸体。2月至3月发情，6月至7月产仔。妊娠期为120～150天。每年产1胎，每胎产1～3仔，大多为1仔或2仔。4月龄能独立生活，但在自然条件下，幼仔随母兽生活的时间长达1年。在饲养条件下，寿命为13年5个月。

分布范围：分布于我国云南和四川，数量稀少。

保护级别：国家Ⅱ级重点保护野生动物，CITES附录Ⅰ物种。

5. 鼬科的特征。多数体型小而细长，最大体重一般不超过20kg。耳呈三角形，尾或长或短；裂齿锋利；四肢短小，均为五趾，爪不能伸缩；大多有发达的肛门腺；除虎鼬外，全身无斑纹；雄性有阴茎骨。我国有21种。

鼬科的代表动物：

（1）白鼬（*Mustela erminea*）。

识别特征：体长为17cm～32cm，尾长为4cm～10cm，体重为42g～260g。体形细长，四肢短。耳小，隐于毛丛中。毛色随季节而变化，夏季毛背部及体侧为棕色，腹部为白色或奶黄色，尾尖为黑色；冬季毛除尾尖为黑色外，全身为白色。

生活习性：栖息环境多样，从开阔的苔原至大森林，包括平原、沼泽地及农田，特别是河谷附近。筑巢于树根下，空心倒木、岩石缝隙、石块下、杂木堆及多种啮齿类的洞穴中。主要在夜间活动，善于攀爬和游泳。除繁殖季节外营独居生活。遇敌害或受惊吓时，肛门腺会放出臭液。主要捕食田鼠、仓鼠、黄鼠等啮齿类动物，偶尔捕食野兔，也捕食鸟、爬行类、两栖类、鱼类幼体，但不能吃植物性食物。春末夏初发情，次年3月至4月产仔，每年产1胎，每胎产3～9仔。

分布范围：分布于我国东北及新疆等地。

（2）黄喉貂（*Martes flavigula*）。

识别特征：体形较大的貂类，体长在42cm～63cm之间，体重为1.5kg～2kg。尾长，约为体长的2/3。黄喉貂的头部较为尖细，略呈三角形，身体细长，呈圆筒状。四肢虽然短小，但强健有力。前后肢上各具5个趾，趾爪弯曲而锐利。身体的毛色比较鲜艳，主要为棕褐色或黄褐色，腹部呈灰褐色，尾巴为黑色。由于其喉部为黄色（喉斑不显），喉斑上缘还有一条明显的黑线，因此得名。还由于它喜欢吃蜂蜜，因而又有"蜜狗"之称。

生活习性：黄喉貂对环境的适应能力很强，对所栖息的环境并无严格的要求。它以食物及隐蔽为主要条件而多活动于森林中。这种食肉动物的性情凶狠，常单独或数只集群捕猎较大的草食动物。其行动快速敏捷，尤其是在追赶猎物时，更加迅猛，在跑动中还能进行大距离的跳跃，它还具有很高的爬树本领。常在白天活动，但早晚活动更加频繁。行动小心隐蔽，视觉良好。当在林中巡游时，如闻异声，必先止步，窥听响动，有时还静伏树枝间，观察地面的动静，如系可捕的猎物，则跳下扑杀之。黄喉貂是典型的食肉兽，从昆虫到鱼类及小型鸟兽都在它的捕食之列。主要食物包括鼠、獾、狸、鸟和鸟卵、鱼，以及植物的果实等，特别喜欢攻击紫貂和松鼠，甚至也能猎捕比它的体形大得多的山羊、麝和鹿等，当食物缺乏时也吃动物的尸体，偶尔潜入村庄偷吃家禽。

分布范围：在我国大部分地区都有分布，包括黑龙江、吉林、辽宁、河北、河南、山西、陕西、甘肃、安徽、浙江、福建、台湾、湖北、湖南、广西、广东、海南、江西、四川、重庆、贵州、云南、西藏等地。在国外，还见于乌苏里、阿穆尔、朝鲜、阿萨姆、克什米尔、印度半岛西北、中南半岛、马来半岛、苏门答腊、爪哇、加里曼丹等地。

保护级别：国家Ⅱ级重点保护野生动物。

（3）貂熊（*Gulo gulo*）。

识别特征：在身体外形上介于貂与熊之间，身体不大，连头带尾长为80cm～100cm。体重达8kg～14kg。身体和四肢粗壮象熊，但有一条长尾则像貂，尾长为18cm左右；毛被为棕褐色，体侧向后沿臀周有一淡黄色半环状宽带纹，状似"月牙"，故有"月熊"之称；尾毛为黑褐色，蓬松粗大，呈丛穗状下垂；头大耳小，背部弯曲，四肢短健，蹠行性，爪长而直，不能伸缩。雄性貂熊要比雌性大许多。

生活习性：貂熊是典型的栖息于亚寒带针叶林和冻土草原地带的动物，从山地冻土区到岩石裸露的山顶，都有它的踪迹，最喜欢的生境是草类—白桦—落叶松林，其次为钻天杨—甜杨—河岸林，有时也在草类—杨桦阔叶林和迹地灌丛，以及杜鹃—落叶松林或杜鹃—樟子松林等，冬季一般多在海拔600m以下的山腰或山麓林缘中，尤其喜欢在森林中的沼泽地、河谷以及溪流的发源地等处活动，特别是森林的边缘。在大兴安岭北部林区，貂熊主要栖息在落叶松林里。在非繁殖季节无固定的巢穴，栖于岩缝或其他动物遗弃的洞穴中。

分布范围：在我国产于大兴安岭北部和新疆阿尔泰地区。西伯利亚、北欧和北美虽然分布很广，但很少见。

保护级别：国家Ⅰ级重点保护野生动物。

(4) 水獭 (*Lutra lutra*)。

识别特征：流线型的身体，长为60cm ~ 80cm，体重可达5kg。头部宽而略扁，吻短，下颏中央有数根短而硬的须。眼略突出，耳短小而圆，鼻孔、耳道有防水灌入的瓣膜。尾细长，由基部至末端逐渐变细。四肢短，趾间具蹼。体毛较长而细密，呈棕黑色或咖啡色，具丝绢光泽；底绒丰厚柔软。体背为灰褐色，胸腹颜色为灰褐，喉部、颈下为灰白色，毛色还呈季节性变化，夏季稍带红棕色。

生活习性：水獭是半水栖兽类，喜欢栖息在湖泊、河湾、沼泽等淡水区。水獭的洞穴较浅，常位于水岸石缝底下或水边灌木丛中。傍水而居。常独居，不成群。多居自然洞穴，常爱住僻静堤岸有岩石隙缝、大树老根、蜿蜒曲折、通陆通水的洞窟。有时也栖息在竹林、草灌丛中，一般有一定的生活区域。往往在一个水系内从主流到支流，或从下游到上游巡回地觅食，亦能翻山越岭到另一条溪河，洪水淹洞或水中缺食时也常上陆觅食。昼伏夜出，以鱼类、鼠类、蛙类、蟹、水鸟等为主食。它们善于游泳和潜水，一次可在水下停留2分钟。捕起鱼来像猫捉老鼠一样快捷，捕食前常在水边的石块上伏视，一旦发现猎物，即迅速扑捕。

分布范围：分布于我国黑龙江、吉林、辽宁、内蒙古、宁夏、陕西、甘肃、青海、新疆、河南、江苏、浙江、安徽、湖北、湖南、贵州、四川、云南（南部）、西藏、台湾、福建、广东、广西、海南等地。

保护级别：国家Ⅱ级重点保护野生动物，CITES附录Ⅰ物种。

6. 灵猫科的特征。外形似猫科动物，但鼻面部较猫科动物狭长。体形细长，尾长，多数种类身上有条纹或斑纹。前后肢均具5趾，爪不能像猫科动物那样伸缩，只能部分收缩。我国有10种。

灵猫科的代表动物：

(1) 大灵猫 (*Viverra zibetha*)。

识别特征：体长为67cm ~ 83cm，尾长为40cm ~ 51cm，体重为5kg ~ 11kg。体瘦长，四肢较短，尾长超过体长的一半。头略尖，吻短而略扁，耳小。喉部及颈具黑白相间的3道颈纹，沿背脊有长的黑色鬣毛，遇惊时能竖起。前后肢各具5趾，爪为半伸缩性。尾部有黑白相间的环纹，尾端为黑色。两性会阴部有分泌灵猫香的腺囊。

生活习性：栖息于林缘茂密的灌木丛或草丛间。独栖，昼伏夜出。食性广，主要以各类小型动物为食，包括鼠类、鸟类、蛇、蛙、鱼及昆虫，也吃植物果实。夏季多在山林间和农田活动，冬季常到村庄附近觅食。活动时，常将香膏涂擦在树枝、树干或岩石上，个体间借此联系和传递信息。早春发情，妊娠期为2 ~ 2.5个月。春末夏初产仔，每胎产2 ~ 4仔，初生仔全身被黑色短毛，出生后3 ~ 4天开眼，哺乳期为3 ~ 4个月。寿命约为10年。

分布范围：分布于我国长江以南林区。

保护级别：国家Ⅱ级重点保护野生动物。

(2) 小灵猫 (*Viverricula indica*)。

识别特征：小灵猫又名麝香猫。体长为45cm ~ 63cm，尾长为30cm ~ 43cm，体重为2kg ~ 4kg。尾细长，尾基稍粗，向后逐渐变细。全身为棕黄色，背部有5条连续或断续的黑褐色纵行条纹或斑点。四肢和足为深褐色。尾为棕黄色，有 6～8 个棕黑色尾环。

生活习性：栖息于山丘、平原、灌丛或农田。在地面生活，很少上树。夜间活动，黄昏更为活跃。独栖，有沿林间小道行走并将香膏标记于小树干或石块上的习性。食物多样，但以鼠类为主，其次是昆虫、鱼类和蛙类，也吃浆果等植物性食物。多在春季发情，5 月至 6 月产仔。每胎产 4 仔，幼仔于第二年发情季节性成熟。饲养寿命约为 10 年。

分布范围：分布于我国长江以南各地。

保护级别：国家Ⅱ级重点保护野生动物。

（3）斑林狸（*Prionodon pardicolor*）。

识别特征：体形较小，体长约为 40cm，体重仅有 0.5kg 左右。面部狭长，吻鼻部向前突出，脑颅高而圆，并且隆起，体毛为淡褐色或黄褐色，背部颜色较深，有一些圆形、卵圆形或方形的黑色大斑块，是它的主要特征之一。头部和颈部有条纹，腹部为淡黄色，四肢上的斑点较小，尾巴很长，呈圆柱形，上面有黑白相间的 9～11 个环纹，最后几个较暗的环常较细而密集，尾尖多呈淡白色。前后足的第一趾都很小，其余 4 趾的趾垫发达，其侧方还有皮瓣式的爪鞘保护能伸缩的爪。但不论雄兽还是雌兽，都没有大灵猫和小灵猫那样的香腺。

生活习性：栖息于海拔 2700m 以下的热带雨林、亚热带山地湿性常绿阔叶林、季风常绿阔叶林及其林缘灌丛、高草丛等生境。营巢于树洞或地面，用树枝或树叶筑巢，亦有穴居者。常在夜间和晨昏时单独活动，没有见到合群现象，以蛙、小鸟、鼠和昆虫等为食，有时也到村庄附近捕食家禽。它们善爬树，在地面、树上均可捕食。产仔大约在每年的 4 月至 5 月。

分布范围：国外分布于印度阿萨姆、尼泊尔、缅甸北部、老挝、越南、泰国、印度东北部、缅甸、不丹、锡金等地；我国分布于西藏南部、云南、贵州、四川、广西、广东、湖南、江西等地。

保护级别：国家Ⅱ级重点保护野生动物，CITES 附录Ⅰ物种。

（4）熊狸（*Arctictis binturong*）。

识别特征：熊狸是我国最大的一种灵猫科动物。体重为 8kg～13kg，体长为 70cm～80cm，雌性体形比雄性大出 20%。貌似小黑熊的熊狸，长着一条与身长差不多长（70cm～80cm）的粗壮尾巴，长有蓬松粗糙的毛，尾具有缠绕性，有抓握功能。耳背的毛较长，约 5cm，明显超过耳尖形成长而尖的黑色簇毛。耳缘的毛较短，白色。通体为黑褐色，毛尖染棕黄或棕灰色。尾色与背色相似。四肢粗壮，五趾有尖锐的爪；头、眼周、前额及下颏部呈暗灰色，唇旁长着白色长须。足垫大，几乎覆盖整个足底。

生活习性：夜行性动物，有时亦在上午活动。栖息于热带雨林或季雨林中，尖锐的爪及能抓、能缠的尾巴使其在高大树上攀爬自如，能在树枝间跳跃攀爬寻找食物，同时利用尾巴缠绕树枝协助维持平衡。它们的后肢能往后弯曲很大的角度，以便头朝下从树上爬下来。常年生活在树上，成为典型的树栖动物。熊狸在晨昏活动较频繁，主要以果实、鸟卵、小鸟及小型兽类为食。熊狸在受威胁时会变得异常凶猛。熊狸属于蹠行性动物，行走的时候脚掌着地。熊狸用位于尾部的嗅腺在树上蹭擦来标记领土，与同类进行嗅觉交流，在树上爬的时候，会留下一道道的嗅痕。熊狸主要采食植物的花果，特别喜食多种榕树的果实。常年可繁殖，每年2月至3月发情交配，孕期为2～3个月，一般5月中下旬产仔。一胎产2～4仔，以2仔居多。幼体2岁性可成熟。寿命为10～15年。每次一般产2仔（最高6仔），性成熟期1年。在人工饲养下，熊狸能活20年，最高纪录26年。

分布范围：在我国分布于云南西部的盈江、西南部的沧源、南部的西双版纳、东南部的河口；广西西南部的龙陵、靖西以及东北部的瑶山。国外见于尼泊尔、锡金、不丹、印度、缅甸、泰国、老挝、越南、柬埔寨、马来西亚、印度尼西亚和菲律宾。

保护级别：国家Ⅰ级重点保护野生动物。

7. 獴科的特征。体形介于灵猫与鼬类之间。热带、亚热带地区的小型肉食动物，体重一般不超过3kg，尾较长，尾基明显粗而尾尖细，尾及体躯无斑纹。全球18属39种，我国仅有1属2种。

獴科的代表动物：食蟹檬（*Herpestes urva*）。

识别特征：食蟹檬又名蟹獴。体长为36cm～52cm，尾长为17cm～26cm，体重为1kg～2.3kg，全身针毛粗硬蓬松，呈沙棕色。尾的毛色与背部毛色一致。吻部及眼周红棕色，从口角经两腮颈侧至两肩各有一条白色纵纹。

生活习性：栖息于低山河谷，林间溪边。地面生活，善游泳，不善爬树。单独或成对于晨昏活动。主食蛙类、泥鳅、蜗牛、田螺、蟹类及水边小型脊椎动物。早春发情，妊娠期为50～60天，夏季产仔，每胎产2～5仔。

分布范围：分布于我国长江以南各省区。

8. 猫科的特征。中大型兽类。头圆吻短，前足5趾，但拇趾不达地面，后足4趾；多数种类趾端有尖锐而弯曲的爪，爪能伸缩。尾长，体被有条纹或斑点。裂齿及犬牙均发达，齿式为3·1·2～3·1/3·1·2·1。舌表面角质化，适于刮取骨骼上的肌肉。多数善于攀缘及跳跃，以伏击方式捕杀其他热血动物。栖息于除冻原和极地外的各种生境内。主要地栖，多数种类在夜间活动。听觉和视觉灵敏，大多数种类营独居生活。本科著名种类有狮、虎、豹和猞猁等，除狮产于非洲及印度西部外，其余种在我国均有分布。虎、豹、猞猁毛皮均极名贵，我国虎的野生种类及数量均甚稀少，为国家Ⅰ级重点保护动物。全球有5属36种，我国有4属13种，除豹猫和云猫外，其余的均为国家重点保护野生动物。

猫科的代表动物：

（1）虎（*Panthera tigris*）。虎现存还有5个亚种，我国分布有4个亚种。即：

①东北虎（*Panthera tigris altaica*），也叫西伯利亚虎、阿穆尔虎、乌苏里虎、满洲虎、朝鲜虎，生活在俄罗斯西伯利亚和远东地区，是体形最大的虎，达3m长，300kg重，毛色浅黄，毛厚，不畏寒冷。据统计目前野生的东北虎只有150～400只。

②华南虎（*Panthera tigris amoyensis*），生活在我国，从山东半岛到岭南广大地区。最后一只野生华南虎在1994年被射杀，之后再没有确凿证据证明野生种群的存在。但是，20世纪90年代以来江西、湖南、福建和贵州都有华南虎踪迹出现，有关专家预测

野生种群的数量仅为 30 ~ 50 只。分布在我国各地动物园中饲养的华南虎，大约有 60 只。

③印支虎（*Panthera tigris corbetti*），又叫东南亚虎，是体形最小的虎，大约有 1.6m 长，主要分布在我国南部、柬埔寨、老挝、越南和马来西亚半岛一带，估计有 1200 ~ 1800 只野生的虎，还有大约 60 只生活在亚洲和美洲的动物园。

④孟加拉虎（*Panthera tigris tigris*），是目前残存最多的一种虎，生活在印度森林中，在中国西藏的东南有分布。目前可能有 3000 ~ 4600 只，孟加拉虎还有白虎变种。

图 5 – 19　案件中查获的虎皮和虎骨

识别特征：虎的身型巨大，体长约为 200cm ~ 330cm。吉尼斯纪录的最重野生虎是 384kg。前苏联在远东地区曾捕到体长 5m，体重 760kg 的巨虎。虎的体毛颜色有浅黄色、橘红色不等。它们巨大的身体上覆盖着黑色或深棕色的横向条纹，条纹一直延伸到胸腹部，那个部位的毛底色很浅，一般为乳白色。生活在俄罗斯东部和我国北部的东北虎在几个亚种当中体毛最长，那是为了抵挡北地的严寒。一般来说，所有的虎，冬天的毛都会比夏天长，体毛颜色和花纹也会比较浅。虎的脸颊四周环绕着一圈较长的颊毛，雄性虎的颊毛一般比雌性虎长，特别是苏门答腊虎。虎的鼻头一般是粉色的，有时还带有黑点。它们的耳朵很短，形状如半圆，耳背是黑色的，中间也有个明显的大白斑。虎的四肢强壮有力，前肢比后肢更为强健。它们的尾巴又粗又长，并有黑色环纹环绕，尾尖通常是黑色的。

生活习性：虎是典型的山地林栖动物，由南方的热带雨林、常绿阔叶林，以至北方的落叶阔叶林和针阔叶混交林，都能很好地生活。在我国东北地区，也常出没于山脊、矮林灌丛和岩石较多或砾石塘等山地，以利于捕食，虎常单独活动，只有在繁殖季节雌雄才在一起生活。无固定巢穴，多在山林区游荡寻食。生性机警又善于游泳，能爬上 5m ~ 6m 高的树。虎多黄昏或清晨活动，白天休息、潜伏，但在严寒的冬季，白天亦出来捕食。

虎是一种独居动物，每只虎都有自己的领地。虎的活动范围较大，一般在 $500km^2$ ~ $900km^2$，最大的可达 $4200km^2$ 以上。捕食野猪、马鹿、水鹿、狍、麝、鹿等有蹄类动物，偶尔亦捕食野禽，夏秋季亦乐摘浆果和大型昆虫等。虎最精良的攻击武器就是粗壮的牙齿和可伸缩的利爪。捕食时异常凶猛、迅速而果断，以消耗最小的能量来获取尽可能大的收获为原则。每次食肉量为 17kg ~ 27kg，体形大的每顿可达 35kg。由于脚上生有很厚的肉垫，老虎在行动时声响很小，机警隐蔽。它在雪地上行走时，后脚能准确地踩在前脚的足迹上。跳跃能力大，一跳约为8m～10m远。

发情交配期一般在11月至翌年2月，发情期间，虎的叫声特别响亮，能达2km远。成年雌虎每1～2年产一胎，每胎怀孕期为105天左右，每胎产1～5仔，通常为2仔。初生虎仔重约为0.5kg～1kg，10天左右开眼。哺乳期为5～6个月（东北虎3个月左右），幼虎跟随母虎2～3年单独生活（东北虎为18～24个月），一般3年性成熟。最长饲养寿命为26年。

保护级别：国家Ⅰ级重点保护野生动物，CITES附录Ⅰ物种。

（2）云豹（*Neofelis nebulosa*）。

识别特征：云豹是大型猫科动物中体形最小的一种，体长为70cm～106cm，尾长为70cm～90cm，肩高为60cm～80cm，体重在10kg～25kg之间。云豹有较短而粗的四肢，几乎与身体一样长而且很粗的尾巴。头部略圆，突出的口鼻，爪子非常大。体色为金黄色，并覆盖有大块的深色云状斑纹，因此称作云豹。云豹口鼻部，眼睛周围，腹部为白色，黑斑覆盖头脸。圆形的耳朵背面有黑色圆点。瞳孔极不平常，为长方形。它们的牙齿也与众不同，犬齿的长度比例在猫科动物中排名第一。犬齿与前臼齿之间的缝隙也较大，这样他们就更容易杀死较大的猎物。尾毛与背部毛色同色，尾端有数个不完整的黑环，端部为黑色。

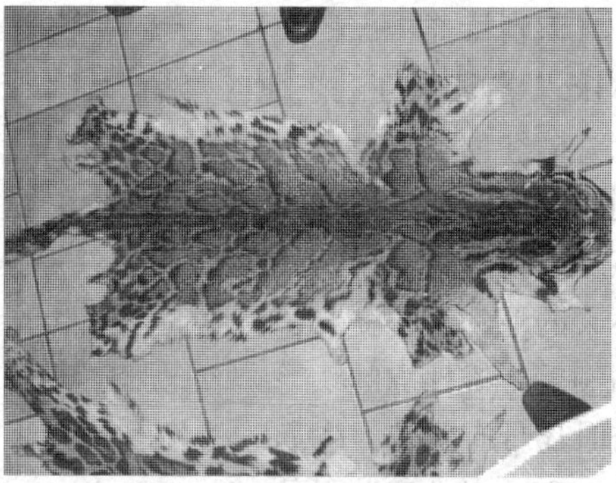

图5－20 案件中查获的云豹皮

生活习性：云豹白天休息，夜间活动，它爬树的本领非常强，喜欢在树枝上守候猎物，待小型动物临近时，能从树上跃下捕食。它既能上树猎食猴子和小鸟，又能下地捕捉鼠、野兔、小鹿等小哺乳动物，有时还偷吃鸡、鸭等家禽、但不敢伤害野猪、牛、马，也不会攻击人。云豹多在冬季发情，发情周期为20～26天，孕期为86～93天，一般在春夏季产仔，每胎产2～4仔，大多一胎产2仔。刚出生的幼豹体重为140g～170g，出生后12天睁眼；哺乳期为2个月左右，约一岁半性成熟，寿命可达17岁。

分布范围：国内为甘肃、陕西以及长江以南诸省都有分布。国外分布于尼泊尔、不丹、印度、中南半岛、马来半岛、印度尼西亚苏门答腊和加里曼丹。

保护级别：国家Ⅰ级重点保护野生动物，CITES附录Ⅰ物种。

（3）金猫（*Felis temmincki*）。

识别特征：金猫也叫亚洲金猫。金猫是一种中等体型的猫科动物，体长为90cm左右，尾长为50cm左右，体重在12kg～16kg之间。金猫的体毛多为棕红色或金褐色，也有一些变种为灰色甚至黑色。通常斑点只在下腹部和腿部出现，某些变种在身体其他部分会有浅浅的斑点。在我国有一种带斑点的变种，与豹猫十分相似。金猫颜色变异较大，正常色型是橙黄色，有美丽的暗色花纹。变异色型有红棕色、褐色和黑色。不管怎样变化，脸谱都一样，眼的内上角有一道镶黑边的白纹。

生活习性：金猫喜欢栖息于山岩之间的森林中，也栖息于亚洲的热带雨林、亚热带常绿林和落叶林、常绿落叶阔叶混交林、针阔混交林、针叶林、林缘较开阔的灌木林、灌丛等地，也栖息于海拔2000m以上的高山地区。金猫除在繁殖期成对活动外，一般营独居生活。夜行性，以晨昏活动较多，白天栖于树上洞穴内，夜间下地活动。但在冬季常有白天活动的现象。善于爬树，但多在地面活动，只是在逃避敌害时或捕食前后才上树活动。一般活动范围为$2km^2 \sim 4km^2$，每夜行程约为500m～1500m，常在山脊光秃的小山包、岩石或三岔路口处排粪。能捕食黄麂、毛冠鹿、麝等偶蹄类，但主要以各种体型较大的啮齿动物为食，也捕食地面较大的雉科鸟类、野兔等动物。喜欢在地面上捕食，但也能攀爬到高处。

分布范围：在我国分布于甘肃、河南、安徽、四川、湖北、湖南、江西、浙江、广东、广西、贵州、云南以及西藏南部及东南部的朗县、波密、察隅、定日、昌都等县。

保护级别：国家Ⅱ级重点保护野生动物，CITES附录Ⅰ物种。

（4）豹猫（*Prionailurus bengalensis*）。

识别特征：体型较小的食肉类，略比家猫大，体长为36cm～90cm，尾长为15cm～37cm，体重为3kg～8kg，尾长超过体长的一半。豹猫的体形十分匀称。头圆吻短，眼睛大而圆，瞳孔直立，耳朵小，而呈圆形或尖形。牙齿的数目减少，只有28～30枚。从头部至肩部有4条棕褐色条纹，两眼内缘向上各有一条白纹。耳背具有淡黄色斑，全身背面体毛为浅棕色，布满棕褐色至淡褐色斑点。胸腹部及四肢内侧为白色，尾背有褐斑点或半环，尾端为黑色或暗棕色。

生活习性：主要栖息于山地林区、郊野灌丛和林缘村寨附近。分布的海拔高度可从低海拔海岸带一直分布到海拔3000m高山林区。在半开阔的稀树灌丛生境中数量最多，浓密的原始森林、垦殖的人工林（如橡胶林、茶林等）和空旷的平原农耕地数量较少，干旱荒漠、沙丘几无分布。窝穴多在树洞、土洞、石块下或石缝中。豹猫主要为树栖，攀爬能力强，在树上活动灵敏自如。夜行性，晨昏活动较多。独栖或成对活动。善游水，喜在水塘边、溪沟边、稻田边等近水之处活动和觅食，主要以鼠类、松鼠、飞鼠、兔类、蛙类、蜥蜴、蛇类、小型鸟类、昆虫等为食，也吃浆果、榕树果和部分嫩叶、嫩草。一般春夏季繁殖，春季发情交配，妊娠期为56天左右，5月至6月产仔，每年产1胎，每胎产2～4仔，以2仔居多。出生10天后的小猫睁开眼睛，23天后能够吃固体食物。

分布范围：亚洲地区分布最广泛的小型猫科动物，国内分布于各省区。

保护级别：CITES附录Ⅱ物种。

（九）长鼻目的识别特征

现存最大的陆栖哺乳动物，具肌肉质的灵活长鼻，为延长的鼻与上唇所构成，受颜面肌节制，借以取食。皮肤厚而体毛少，四肢粗壮，前足具5趾，后足具3趾或4趾，脚底有厚层弹性组织垫。头大，耳成扇形，上门齿特别发达，能终生生长，突出唇外，即通称的“象牙”。臼齿咀嚼面具多行横棱，以磨碎坚韧的植物纤维。通常以植物为食。齿式为1·0·3·3/0·0·3·3=26。本目仅象科1个科，包括2个种。

长鼻目的代表动物：亚洲象（*Elephas maximus*）。

识别特征：体长为5.5m～6.4m，尾长为1.2m～1.5m，肩高为2.5m～3m，体重达5000kg左右。皮肤呈灰色至棕色。雄象有象牙，最长可达1.5m～1.8m。与非洲象相比，耳较非洲象小，雌象无象牙，后足4趾，鼻端仅有一个指状突起。

生活习性：栖息于热带环境，从密林到草原都能生存。在晨昏和夜间活动。雌雄成群，有时雄性单独活动。以各种青草、树皮及带叶的细树枝为食，也吃香蕉、水稻、甘蔗等作物。繁殖无季节性。雌象的性周期平均为22天。动情期持续约为4天。妊娠期为646（615～668）天。每胎产1仔。初生象体重为107（50～150）kg。幼象全身被棕色毛，体毛随成长而逐渐脱落。雌象9～12岁性成熟，雄象10～17岁性成熟。在饲养条件下，寿命可达69年。

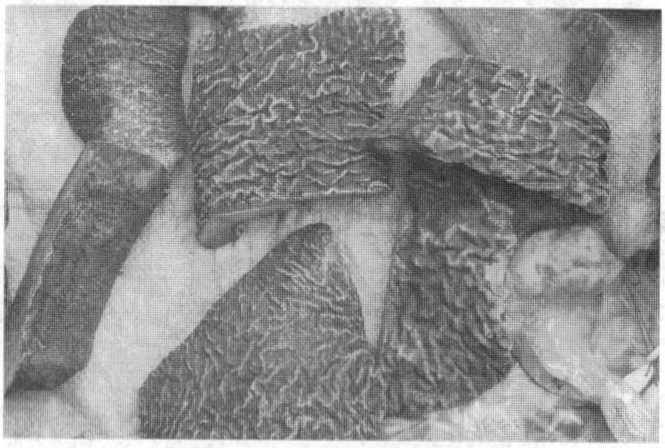

图5－21 边贸市场上的亚洲象皮

分布范围：国内分布于云南南部。国外分布于孟加拉、不丹、文莱、柬埔寨、印度、老挝、马来西亚、缅甸、尼泊尔、斯里兰卡、泰国和越南。

保护级别：国家Ⅰ级重点保护野生动物，CITES附录Ⅰ物种。

图5－22 案件中查获的象牙工艺品

（十）奇蹄目的识别特征

体大中型草原奔跑兽类。四肢仅第3趾发达并以其负重，其余各趾退化或消失；

或者前后足各具 3 个负重趾。趾端具蹄，有利于奔跑。门齿适于切草，犬齿退化，臼齿咀嚼面上有复杂的棱脊。胃简单，盲肠发达。齿式为 0 ~ 3 · 0 ~ 1 · 3 ~ 4 · 3/0 ~ 3 · 0 ~ 1 · 3 ~ 4 · 3。全球 3 科 6 种，我国仅有马科 1 科，共 3 种。

1. 马科的特征。马型兽类。仅第三指（趾）发达承重，其余各趾均退化。颈背中线具一列鬃毛。腿细而长。尾毛极长。门牙凿状，臼齿齿冠高、咀嚼面复杂。齿式为 3 · 0 ~ 1 · 3 ~ 4 · 3/3 · 0 ~ 1 · 3 · 4。

我国马科的代表动物：

（1）野马（*Equus przewalskii*）。

识别特征：体长为 220cm ~ 280cm，肩高为 120cm ~ 146cm，尾长约为 90cm，体重为 200kg ~ 300kg，最大可达 350kg；外形似家马，颈鬃短而直立，由头顶延伸至肩，无家马那样长的额毛。尾长，尾根至尾尖都长毛。

生活习性：栖息于沙漠、草原、丘陵戈壁及多水的草地。多成 6 ~ 15 匹的群活动，每群由一匹公马为首，带领几匹母马和未成年幼马。营游移生活。以各种沙漠植物为食，冬季采食枯草等植物充饥。6 月发情。妊娠期为 320 ~ 340 天，多于 4 月下旬至 5 月下旬产驹，每胎产一驹。2.5 岁性成熟。在饲养条件下，寿命约为 30 年，最高纪录为 34 年。

分布范围：分布于我国新疆准噶尔盆地及附近地区。自然界的野马自 1947 年后未再发现过，可能已经绝灭。现已在新疆引入饲养种群，实行半放养。

保护级别：国家Ⅰ级重点保护野生动物，CITES 附录Ⅰ物种。

（2）蒙古野驴（*Equus hemionus*）。

识别特征：蒙古野驴又称亚洲野驴。大型有蹄类。外形似骡，体长可达 260cm，肩高约为 120cm，尾长为 80cm 左右，体重约为 250kg。吻部稍细长，耳长而尖。尾细长，尖端毛较长，呈棕黄色。四肢刚劲有力，蹄比马小但略大于家驴。颈背具短鬃，颈的背侧、肩部、背部为浅黄棕色，背中央有一条棕褐色的背线延伸到尾的基部，颈下、胸部、体侧、腹部为黄白色，与背侧毛色无明显的分界线。

生活习性：属典型荒漠动物，多栖息于海拔 3000m ~ 5000m 的高原亚寒带。营游荡生活，耐干渴，冬季主要吃积雪解渴。以禾本科、莎草科和百合科草类为食。叫声像家驴，但短促而嘶哑。8 月至 9 月发情交配，雄驴间争雌激烈，胜者拥有交配权。怀孕期约为 11 个月，每胎产 1 仔。蒙古野驴具有极强的耐力，既能耐冷耐热，又能耐饥耐渴，并且具有敏锐的视觉、听觉和嗅觉。

分布范围：在我国分布于内蒙古、甘肃、新疆等地，国外分布于中亚和西亚各国。

保护级别：国家Ⅰ级重点保护野生动物，CITES 附录Ⅰ物种。

（3）西藏野驴（*Equus kiang*）。

识别特征：大型有蹄类。外形与蒙古野驴相似，头部较短；耳较长，能够活转动；吻端圆钝，颜色偏黑。全身被毛以红棕色为主，耳尖、背部脊线、鬃毛、尾部末端被毛颜色深，吻端上方、颈下、胸部、腹部、四肢等处被毛污为白色，与躯干两侧颜色界限分明。外形似骡，体形和蹄子都较家驴大许多，显得特别矫健雄伟。成年的西藏野驴体长可达 2m 多，肩高为 1.3m，体重为 300kg ~ 400kg。

生活习性：生活于高寒荒漠地带，夏季到海拔 5000m 的高山上生活，冬季则到海拔较低的地方。好集群生活，西藏野驴有集群活动的习性，每群 5～8 头或 20～30 头。在夏季，水草条件好和人为干扰少的地方，西藏野驴群体会很大。擅长奔跑，警惕性高。喜欢吃茅草、苔草和蒿类。在干旱的环境中会找到合适的地方用蹄刨坑挖出水来饮用，还可以供藏羚等有蹄类动物饮水。西藏野驴有随季节短距离迁移的习性。平时活动很有规律，清晨到水源处饮水，白天在草场上采食、休息，傍晚回到山地深处过夜。每年 8 月至 9 月，西藏野驴进入繁殖交配期，每年 7 月产仔，每胎产 1 仔 。野驴的主要天敌包括狼、雪豹和猞猁。

分布范围：西藏野驴主要分布在青海的玉树、果洛、海北洲和海西州，甘肃的阿克塞、肃南、南北和玛曲，新疆的阿尔金山等地，西藏北部和四川西部也有分布。

保护级别：国家Ⅰ级重点保护野生动物，CITES 附录Ⅰ物种。

2. 犀牛科的特征。犀科动物体型粗壮，皮肤很厚。头顶额部具 1～2 个表皮形成的角，是强有力的武器。蹄有 3 短趾，趾尖有宽而钝的趾甲。除耳尖及耳缘外，犀其他部位几乎无毛。

犀牛视觉差，但嗅觉与听觉灵敏。犀牛多数生存于开阔的草地，稀树草原，灌木林或沼泽地，其中苏门犀牛只能在森林深处找到。犀牛用尿与粪堆区分领域范围。犀牛多独居，个体之间很少接触，只有白犀牛以约 10 只的数目群居。多数时候都会避开人类，但在交配季节时期的雄犀牛稍受刺激就会攻击任何目标，包括人类。其中黑犀牛会主动攻击任何陌生的气味或声音，黑犀牛奔跑速度很快，即使在荆棘中时速也可达到 45km/h。

在自然界犀牛没有天敌，却因为犀牛角的装饰和药用价值而被大量捕捉，使犀牛处于灭绝的边缘。犀科现存仅 5 种，其中非洲 2 种，亚洲 3 种，均数量稀少，为现代濒危动物的代表，我国无犀科动物分布，但药用和工艺用方面对犀牛角的消耗量很大。所有的犀科动物均被列入 CITES 附录Ⅰ物种，严禁贸易。

犀科的代表动物：

（1）白犀（*Ceratotheriu simum*），是现存体型最大的犀牛，也是体型仅次于象、体重仅次于象和河马的最大陆生动物。白犀最显著的特征是吻部比较方，头向下，吻部贴近地面，主要食草。白犀分布于非洲南部和东北部，其中南部的白犀曾经一度濒于灭绝，后经保护而有所回升，现存数千头，是数量最多的犀牛，北方的白犀则仍处于濒危状态，仅存数十头。

（2）黑犀（*Diceros bicornis*），体型小于白犀，吻部尖且能伸缩卷曲，头抬起，以树叶为食。黑犀分布较广泛，原本是数量最多的犀牛，但目前也是偷猎的重点，数量处于锐减之中。

（3）印度犀（*Rhinoceros unicornis*），又称大独角犀，有一个鼻角，身上的皮肤似甲胄，体型较大，是仅次于白犀的大型犀牛。印度犀现分布于印度北部和尼泊尔等地，虽然数量不多，仅千余头，但仍是目前亚洲数量最多的犀牛。

（4）爪哇犀（*Rhinoceros sondaicus*），又称小独角犀，外形和印度犀很接近，但是体型略小，仅雄性有角。爪哇犀原分布于东南亚广大地区，现在仅存于爪哇岛极西部和越南一处森林中，总数不过几十头，且无人工饲养，是现存最珍贵的动物之一。

（5）苏门犀（*Dicerorhinus sumatrensis*），是现存体型最小和唯一披毛的犀牛，和爪哇犀一样原分布于东南亚的广大地区，现在分布较零星，但尚比爪哇犀分布广泛，数量也略多，现存数百头。

（十一）偶蹄目的识别特征

四肢具有偶数蹄，第三、四趾同样发达，靠它支撑身体着地行走；第一趾消失，第二、五趾多少已退化；多数种类额部有角，有些种类犬齿特别发达，形成獠牙；上颌门齿退化或消失，臼齿复杂；除猪科外，胃部都由 3 室或 4 室构成，对食物进行反刍；植食性。全球有 10 科 194 种，我国有 6 科 44 种。

1. 猪科的特征。四肢短，身披硬毛而无绒毛。鼻吻延长，鼻端形成无毛而灵活的鼻盘，鼻孔开口于鼻盘上。杂食，胃单室，不反刍。全球 5 属 8 种，我国仅野猪 1 种。

猪科的代表动物：野猪（*Sus scrofa*）。

识别特征：体长为 90cm ~ 180cm，尾长为 20cm ~ 30cm，体重为 50kg ~ 200kg，鼻吻部比家猪更长；两耳直立，雄性犬牙发达成獠牙，突出于唇外，长达 7cm ~ 13cm。

生活习性：栖息于极为多样的环境，从山地至半荒漠，森林至草地都能生存。但喜栖居在茂密的灌丛、潮湿的阔叶林或草地。集群全天活动，只是傍晚和黎明活动更为频繁。食性杂。食野果、青草等，但以地下块根和块茎为主，也捕食小型脊椎动物及各种无脊椎动物。秋冬季节发情，春季产仔。发情周期为 21 天。妊娠期为 114 ~ 140 天。每年产 1 胎，每胎产 4 ~ 8 仔，哺乳期为 2 ~ 3 个月，8 ~ 10 月龄性成熟，但雌性到 1.5 岁时才接受交配。寿命约为 10 年。饲养寿命为 20 ~ 25 年。

分布范围：分布于我国南北各地林区。

2. 驼科的特征。头小、颈长，上唇延伸并有唇裂。体毛柔软而纤细。背上具有单个或两个前后排列的驼峰，四肢只有第三、四两趾，趾垫宽大，具有厚的弹力垫，其余趾消失。胃 3 室，第 1、2 胃的内壁附有许多水脬，可以贮水。齿式为 1 · 1 · 2 ~ 3 · 3/3 · 1 · 1 ~ 2 · 3。全球 3 属 4 种，我国仅双峰驼 1 种。

驼科的代表动物：双峰驼（*Camelus ferus*）。

识别特征：双峰驼又名野骆驼。体长超过 300cm，尾长为 40cm ~ 50cm，体重为 450kg ~ 650kg。颈细长，耳小多毛；鼻孔裂状，能开闭，以防尘沙；四肢仅第三、四趾发达，其他趾消失；背部有驼峰两个。

生活习性：栖息于戈壁大平原。耐热、耐寒、耐渴、耐粗饲。脚底有约 0.5cm 厚的角质胼胝。能忍受夏季戈壁流沙表面的高温，它能从植物中得到足够的水分，因而在春、夏、秋三季很少饮水，能以盐碱地的碱泉水或盐水解渴，单独或成群活动，冬季可集成 30 头左右的大群。采食生长在戈壁沙漠区的植物。到秋季两个驼峰储足脂肪，使双峰竖立，以备冬季食物缺乏时使用。春季发情。妊娠期为 390 ~ 410 天，次年夏初产仔。每胎产 1 仔，4 ~ 5 岁性成熟。寿命为 30 ~ 50 年。

分布范围：分布于我国西北地区，主要分布在新疆境内。

保护级别：国家 I 级重点保护野生动物。

3. 鼷鹿科的特征。偶蹄目中体形最小的类群，大小似兔，体重为 2.3kg ~ 4.6kg。

形似鹿，犬齿发达并外露，但无角。上颌无门齿，下颌犬齿门齿状。齿式为0·1·3·3/3·1·3·3=34。四肢细长，前肢短于后肢，无面腺和足腺。胃3室，能反刍食物。本科2属3种，我国仅小鼷鹿1种。

鼷鹿科的代表动物：小鼷鹿（*Tragulus javanicus*）。

识别特征：体长为42cm~48cm，尾长为5cm~8cm，体重为1.2kg~2.5kg。体毛为褐色，腹部近白色，背部及体侧有白色或淡黄色斑点或条纹，无角，雄兽上颌有发达的獠牙。

生活习性：栖息于热带低地森林灌丛中。夜行性，多单独活动。吃矮灌丛的嫩枝叶及落地果实等。每年产1~2胎，妊娠期为140~172天。每胎产1仔，偶尔产2仔，雌兽在产后两天内便发情。5月龄性成熟。饲养寿命可长达14年。

分布范围：分布于我国云南南部。

保护级别：国家Ⅰ级重点保护野生动物。

4. 麝科的特征。体较鼷鹿大，而比其他鹿科动物小，小型偶蹄类，体重仅为6kg~15kg；前肢短，后肢长，站立时臀部明显高于肩部。两性都无角，雄性上犬齿特别发达并外露。无眶下腺、额腺和足腺，雄麝腹部有麝香腺囊。本科全球共1属5种，我国全部有分布。所有麝属动物均为国家Ⅰ级重点保护野生动物。

麝科的代表动物：

（1）原麝（*Moschus moschiferus*）。

识别特征：体长为65cm~85cm，尾长为4cm~6cm，体重为8kg~12kg. 头相对较小，眼大，耳长而直立，耳背为褐色。上体有模糊的肉桂色斑点。颈下侧有两条白带纹延伸至腋下。

生活习性：栖息于多岩石的山地针叶林或针阔叶混交林中。性孤独，一般在晨昏活动。善于跳跃，能在倒木上行走，但不能攀登斜树干。食性广，常年以灌木及草本植物嫩叶及地衣等为食。10月至次年1月发情。妊娠期约为6个月，多在5月至6月产仔，每胎产1~3仔，多为2仔。仔麝于2~3月龄时断奶。1.5岁性成熟。饲养寿命为17年。

分布范围：分布于我国新疆北部，山西、东北地区及安徽大别山林区。

保护级别：国家Ⅰ级重点保护野生动物，CITES附录Ⅱ物种。

（2）林麝（*Moschus berezovskii*）。

识别特征：林麝是麝属中体型最小的一种。体长为70cm左右，肩高为47cm，体重为7kg左右。雌雄均无角，耳长直立，端部稍圆。雄性上犬齿特别发达，犹如獠牙，锋利异常，长达10cm，向后下方弯曲，伸出唇外；腹部生殖器前有麝香囊，尾粗短，尾脂腺发达。四肢细长，后肢长于前肢。体毛粗硬色深，呈橄榄褐色，并染以橘红色。下颌、喉部、颈下以至前胸间为界限分明的白色或橘黄色区。臀部毛色近黑色，成体不具斑点。

生活习性：主要栖于针阔混交林，也适于在针叶林和郁闭度较差的阔叶林的生境生活。栖息高度可达2km~3.8km，但低海拔环境也能生存。性情胆怯，过独居生活；嗅觉灵敏，行动轻快敏捷。随气候和饲料的变化垂直迁移。食物多以灌木嫩枝叶为主。

发情交配多在 11 月至 12 月，在此期间，雌雄合群，雄性间发生激烈的争偶殴斗。

分布范围：国外分布于越南北部。国内分布于宁夏、陕西、安徽、湖南、四川、西藏、云南、贵州、广东及广西等地。

保护级别：国家Ⅰ级重点保护野生动物，CITES 附录Ⅱ物种。

5. 鹿科的特征。本科为小至大型动物。一般雄性有角，但獐两性都无角，而驯鹿两性都有角。鹿科动物的共同特点是：骨质角分叉，且每年周期性脱换。眼下方有眶下腺，足底有足腺。上颌无门齿，臼齿齿面具新月状棱脊。四肢各具四趾，第二、五趾退化。包括半驯化的驯鹿在内，我国共 16 种。

鹿科的代表动物：

（1）獐（*Hydropotes inermis*）。

识别特征：獐又名河麂。体长为 91cm ~ 103cm，尾长为 6cm ~ 7cm，肩高为 50cm ~ 57cm，体重为 14kg ~ 17kg。雌雄獐都无角，雄獐上犬齿发达，突出口外，成獠牙。无额腺，眶下腺小而不明显。耳较大，尾极短。全身毛呈枯草黄色。幼獐毛被有浅色斑点。

生活习性：栖息于河岸、湖边、海滩芦苇或茅草丛生的环境，也生活在山坡灌丛或海岛上，但回避茂密的森林和灌丛。单独于晨昏活动。吃灌木的嫩叶和芽，也吃禾本科及其他杂草。每年 11 月至次年 1 月发情，妊娠期为 6 ~ 7 个月，5 月至 6 月产仔。每胎产 2 ~ 5 仔，大多数为 2 ~ 3 仔，哺乳期约为 2 个月。当年性成熟。

分布范围：分布于我国辽宁及东南部诸省江湖沿岸或沿海地区。

保护级别：国家Ⅱ级重点保护野生动物。

（2）毛冠鹿（*Elaphodus cephalophus*）。

识别特征：外形似鹿。全长为 82cm ~ 119cm，尾长为 8cm ~ 13cm，体重为 15kg ~ 28kg。无额腺（与麂不同），眶下腺特别明显。全身为灰黑色；耳背为黑色，耳缘为白色。额部有一簇马蹄形的黑色长毛。雄性角短小，不分叉，陷于毛丛中，雌性无角。尾背面为黑色，腹面为纯白。

生活习性：栖息于亚热带山区常绿阔叶林及针阔叶混交林内。多成对，主要在晨昏活动。以杂草及树的嫩叶为食，喜食伞菌和落果。秋末冬初发情，春末夏初产仔。妊娠期约为 6 个月，每胎产 1 仔。雄性 1.5 岁、雌性于当年性成熟。自然寿命约为 9 年。

分布范围：分布于秦岭及长江以南各省区。

（3）黑麂（*Muntiacus crinifrons*）。

识别特征：麂类中体形较大的种类。体长为 100cm ~ 110cm，肩高为 60cm 左右，体重为 21kg ~ 26kg。雄性具角，角柄较长，头顶部和两角之间有一簇长达 5cm ~ 7cm 的棕色冠毛。冬毛上体为暗褐色；夏毛为棕色成分增加。尾较长，一般超过 20cm，背面为黑色，尾腹及尾侧毛色纯白，白尾十分醒目。眼后的额项部有簇状鲜棕为、浅褐为或淡黄色的长毛，有时能把两只短角遮住看不出来，“蓬头麂”之名就是从此而来的。

生活习性：主要栖息于海拔为 1000m 左右的山地常绿阔叶林及常绿、落叶阔叶混交林和灌木丛中，比其他麂类栖息的位置较高。早春时常在茅草丛中寻找嫩草，夏季生活于地势较高的林间，常在阴坡或水源附近，偶尔也到高山草甸；冬季则向下迁移，在积雪的时候被迫下迁到山坡下的农田附近。大多在早晨和黄昏活动，白天常在大树根下或在石洞中休息，在陡峭的地方活动时有较为固定的路线，常踩踏出 16cm ~ 20cm 宽的小道，但在平缓处则没有固定的路线。胆小、怯懦，恐惧感强，稍有响动立刻跑入灌木丛中隐藏起来。一般雄雌成对在一起，活动比较隐蔽，有领域性，一般在领域范围内活动。

分布范围：黑麂是我国的特产动物，分布范围十分狭小，仅见于浙江、安徽、江西、福建。

保护级别：国家Ⅰ级重点保护野生动物，CITES 附录Ⅰ物种。

（4）坡鹿（*Cervus eldii*）。

识别特征：坡鹿为中型鹿类。外形与梅花鹿相似，但体形较小，花斑较少。而且颈、躯体和四肢更为细长，显得格外矫健。雄鹿具角，眉叉自基部向前侧平伸出，与主干几乎呈弯弓形。毛被为黄棕色、红棕色或棕褐色，背中线为黑褐色。背脊两侧各有一列白色斑点，仔鹿的斑点尤为明显，成年鹿冬毛斑点不明显。一般体长为 160cm 左右，肩高为 104cm ~ 110cm，体重为 60kg ~ 100kg。雄鹿角的长度约为 100cm 以上，粗 12cm ~ 13cm，角尖相距 78cm 以上，眉叉也很长，可达 45cm。颜面部及耳朵的背面为黄褐色，耳缘带有黑色，耳内为白色。尾巴的背面为栗棕色，腹面为白色或淡褐色。

生活习性：栖息在海拔 200m 以下的低丘、平原地区。性喜群居，但长茸雄鹿多单独行动。坡鹿喜集聚于小河谷活动，警觉性高，每吃几口便抬头张望，稍有动静便疾走狂奔，几米宽的沟壑一跃而过。取食草和嫩树枝叶，也喜欢到火烧迹地舔食草木灰。发情交配多在 4 月至 5 月。在发情期，雄性之间为独霸雌鹿群而发生激烈格斗。孕期为 7 ~ 8 个月，每胎产 1 仔。坡鹿的主要食物是青草和嫩树枝叶等，种类有竹节草、丁癸草、鸡占、鹊肾等，也吃番茄叶、嫩稻苗、蔗苗等作物，尤其喜欢吃水边或沼泽地里生长的水草。此外，它还经常舔食盐碱土，以补充身体所需的矿物质和盐分等。

分布范围：在我国只分布于海南岛。国外分布于中南半岛和马来半岛。

保护级别：国家Ⅰ级重点保护野生动物，CITES 附录Ⅰ物种。

（5）狍（*Capreolus capreolus*）。

识别特征：体长为 95cm ~ 140cm，尾长为 2cm ~ 4cm，肩高为 65cm ~ 95cm，体重为 30kg ~ 40kg，雌性略小。雄性有三叉形角，角干较细，表面多瘤状结节，有别于水鹿和豚鹿。全身为棕色至黄棕色，无斑点，但幼体体侧有一系列白色斑点。

生活习性：栖息于林木稀疏的坡地及开阔灌丛草地。在晨昏活动。独居或集成小群。食灌木枝叶和各种青草，也吃橡子、枯草、地衣等。8 月至 9 月发情。妊娠期为 294 天左右（包括滞育期 4 ~ 5 个月）。多数于 6 月产仔，多为每胎产 2 仔。13 月龄性成熟。饲养寿命为 10 ~ 12 年，最长为 17 年。

分布范围：分布于我国东北、华北及新疆北部。

（6）驯鹿（*Rangifer tarandus*）。

识别特征：体长为 120cm ~ 220cm，尾长为 7cm ~ 21cm，肩高为 94cm ~ 127cm，体重为 91kg ~ 272kg。毛色变异很大。一般为褐色或灰色，雌雄都有角，分叉不规则。

生活习性：栖息于亚寒带针叶林中，主要在白天活动。在黑龙江，半驯化的驯鹿种群常年定居于大兴安岭。多在 10 月发情，5 月末 6 月初产仔。妊娠期为 227～229 天。多为每胎产 1 仔。偶尔产 2 仔。幼体无斑点。2.5～3.5 年性成熟。

我国内蒙古北部的驯鹿群来自贝加尔湖北部，现已成为驯化种群，数量一直维持在 800～900 头。

6. 牛科的特征。为偶蹄目种类最多的科，仅第三、四趾发达，第二、五趾退化成悬蹄。多数种类两性都有角。角由骨心和角质鞘组成，不分叉，且永不脱换，终身生长。齿式为 0·0·3·3/3·1·3·3＝32，高冠齿，上犬齿缩小或缺如。全球 43 属 123 种，我国有 19 种。

牛科的代表动物：

（1）野牛（*Bos gaurus*）。

识别特征：野牛又名印度野牛，体长为 250cm～330cm，尾长为 70cm～105cm。体形硕大的一种亚洲野牛，体重可达 1000kg～2000kg。雄兽肩部身高为 1.8m～2m，雌性为 1.5m～1.8m，肩峰高耸而突出，由肩峰顶部向后背延伸逐渐下降。吻鼻部宽大，鼻镜湿润，中间不被分隔。面部低下，耳大，颈下垂肉不明显。两性均有角。角基扁平、有棱，角中部以上表面光滑，端部圆而尖，呈黑色。雄牛毛色几近黑色；雌牛毛色较浅，呈乌褐色。四肢下部为白色，俗称“白袜子”。

生活习性：主要栖息于热带雨林、季雨林和季风常绿阔叶林及稀树草丛。多在沟谷中上游的稀树草坡处活动，游荡生活。活动和觅食有一定领域和路线，一段时间后又重回原来的觅食地。喜在水草多的湿地、沟溪两岸、水塘边活动。在 1000m 以上的山地，甚至 60°以上的林地陡坡亦有它们的踪迹。晨昏或天亮后 2～3 小时活动频繁。日间常隐蔽在沟边树林或水塘处休息。性喜群居，数头至 10 余头或 50 余头为群。以青草为主要食物，也食乔木鲜嫩枝叶、竹笋，偶到农田食秧苗、旱谷和成熟的种子。喜寻找林中硝塘舔食硝塘水以补充盐分和无机元素。野牛繁殖似无明显季节性，在西双版纳地区，幼仔出生可发现在 2 月、5 月、8 月、9 月，以 2、3 月居多。妊娠期多为 9 个月。每胎产 1 仔或 2 仔，以 1 仔居多。发情交配期，雄牛争雌剧烈。哺乳期母牛性极凶猛，护仔力很强。

分布范围：我国云南南部江城、勐腊、思茅、景洪、勐海，西南部沧源，西部盈江和陇川。国外见于尼泊尔南部、不丹、印度、孟加拉国、缅甸、泰国、老挝、越南、柬埔寨和马来西亚。

保护级别：国家Ⅰ级重点保护野生动物，CITES 附录Ⅰ物种。

（2）北山羊（*Capra sibirica*）。

识别特征：体形较大的一种野山羊，体长为 100cm～120cm，肩高约为 100cm，体重为 40kg～60kg，尾长超过耳长。雄羊颌下须长约为 15cm，雌性颌下须短或无。雌雄二性皆具角，尤雄兽角发达，角长可超过 100cm，角外形呈镰刀状，具大而显著的横嵴；雌兽角较小，表面光滑。雄兽夏毛背面为棕黄色，侧面为浅棕色，背中为浅黑色，尾末端为棕黑色；雌性背中线狭窄或不存在，腹部为白色。冬季毛较长，色变淡，呈浅黄色或白色。

生活习性：高山动物，常栖息于3000m～5000m海拔的高山草原岩石山地和石砂质地，冬季下迁到较低海拔的山间活动。在晨昏活动，白天隐蔽于高山岩石间休息。以禾本科、葱属、蒿属、梭梭、红砂、麻黄、红柳等为食。北山羊常3～5只结群活动，秋冬季数十只集成大群活动。视觉、听觉、嗅觉均十分发达，反应迅速。每年11月至12月发情交配，次年5月至6月产仔，每产1～3仔，多为双羔，妊娠期为150～180天。

分布范围：国内见于新疆、西藏西北部、青海、甘肃北部及内蒙西部等省区。国外分布于阿富汗、伊朗、蒙古、意大利北部、高加索、西伯利亚、克什米尔、巴勒斯坦、埃及、苏丹、阿拉伯和埃塞俄比亚等国家和地区。

保护级别：国家Ⅰ级重点保护野生动物。

（3）羚牛（*Budorcas taxicolor*）。

识别特征：羚牛又名扭角羚、牛羚。大型食草动物。羚牛的肩高为110cm～120cm，雄性体重可达400kg，雌性为250kg，最重的羚牛甚至可达1000kg。雄性和雌性都长有较短的角，一般长约20cm。外形粗壮似牛，头小尾短，又像羚羊，它叫声似羊，但性情粗暴又如牛，机体结实又介于山羊和羚羊之间，故称羚牛。全身毛色为淡金黄色或棕褐色。颌下和颈下长着胡须状的长垂毛。雄性和雌性都生有一对似牛的粗大的角，角尖光滑，从头顶先弯向两侧，然后向后上方扭转，角尖向内，呈扭曲状，故又称扭角羚。体形粗大，四肢粗壮，肩高大于臀部，尾较短，吻鼻部高而弯起，似羊。肩高于臀，角粗而弯向两侧。其毛色色泽依老幼而不同。遍体呈白色或黄白色，老年个体为金黄色，背中不具脊纹。吻鼻部和四肢为黑色。幼体通体为灰棕色。我国境内的羚牛，全身为白色，称为“白羊”，老年个体呈金黄色，称为“金毛扭角羚”。

生活习性：高寒种类，常栖息于2500m以上的高山森林、草甸地带，冬季又迁移至2500m以下的针叶林中的多岩区。喜群栖。羚牛体形雄健，且性情凶悍。春季采食禾本科、百合科青草、竹笋与竹叶以及灌丛的一些嫩枝幼叶。夏季迁移至高处采集多种维生素及淀粉的草本植物。秋季采食植物的果实，冬季进入高山台地或向阳的山地，主食箭竹、冷杉等树皮及灌木嫩枝。羚牛喜欢群居，常十多只一起活动，多至二三十只，甚至多达百只以上的大群，每群都由一只成年雄牛率领，牛群移动时，由强壮个体领头和压阵，其他成员在中间一个挨着一个地随后跟着顺小道行走。牛群平时活动时，一般有一只强壮者屹立高处瞭望放哨，如遇敌害，头牛会率领牛群冲向前去，势不可挡，直至脱离险境。羚牛每年7月至8月进入交配季节，这时雄牛的性情变得格外凶猛，为了争夺雌牛，强壮雄牛间互相展开殊死的角斗，失败者退居群后，胜利者才得以与雌性交配。羚牛的孕期约为9个月，一般在翌年3月至5月产仔，每胎产一头。平均寿命为12～15年。

分布范围：羚牛产于我国西南、西北以及不丹、印度、缅甸等地。

保护级别：国家Ⅰ级重点保护野生动物，CITES附录Ⅱ物种。

（4）藏羚（*Pantholops hodgsoni*）。

识别特征：藏羚羊一般体长为135cm，肩高为80cm，体重达45kg～60kg。形体健壮，头形宽长，吻部粗壮。雄性角长而直，乌黑发亮，雌性无角。鼻部宽阔略隆起，尾短，四肢强健而匀称。全身除脸颊、四肢下部以及尾外，其余各处被毛丰厚绒密，通体为淡褐色。

生活习性：栖息在 3250m ~ 5300m 的高原荒漠、冰原冻土地带及湖泊沼泽周围，藏北羌塘、青海可可西里以及新疆阿尔金山一带令人类望而生畏的“生命禁区”，藏羚特别喜欢在有水源的草滩上活动，群居生活在高原荒漠、冰原冻土地带及湖泊沼泽周围。那些尽是些“不毛之地”，植被稀疏，只能生长针茅草、苔藓和地衣之类的低等植物，而这些却是藏羚羊赖以生存的美味佳肴；那里湖泊虽多，绝大部分是咸水湖，藏羚羊成为偶蹄类动物中的佼佼者，不仅体形优美、性格刚强、动作敏捷，而且耐高寒、抗缺氧。它性怯懦、机警，听觉和视觉发达，常出没在人迹罕至的地方。有长距离迁移现象。平时雌雄分群活动，一般 2 ~ 6 只或 10 余只结成小群，或数百只以上大群。食物以禾本科和莎草科植物为主。发情期为冬末春初，雄性间有激烈的争雌现象，1 只雄羊可带领几只雌羊组成一个家庭，6 月至 8 月产仔，每胎 1 仔。藏羚羊善于奔跑，最高时速可达 80km，寿命最长为 8 年左右。

图 5－23　案件中查获的藏羚头角

分布范围：分布于我国的青藏高原（西藏、青海和新疆）以及四川，有少量分布在印度拉达克地区。

保护级别：国家 I 级重点保护野生动物，CITES 附录 I 物种。

（5）藏原羚（*Procapara picticaudata*）。

识别特征：藏原羚又称藏黄羊、黄羊、小羚羊。个体较小，体长不超过 1m，肩高为 45cm ~ 60cm，体重不超过 20kg，四肢纤细，蹄狭窄。吻部短宽，前额高突，眼大而圆，耳短小，尾短，雄性有一对较细小的角，尖端很细，带环，较长，约为 35cm，雌体无角。通体被毛厚而浓密，毛形直而稍粗硬，特别是臀部和后腿两侧的被毛硬直而富弹性，四肢下部被毛短而致富，紧贴皮肤。吻端亦披毛。头额、四肢下部色较浅，呈灰白色，吻部、颈、体背、体侧和腿外侧为灰褐色，臀部为白色，尾背为黑色，尾下及尾侧为白色，胸、腹部和腿内侧为乳白色。

生活习性：栖息于青藏高原各种类型的草原上，活动上限可达 5200m，无固定的栖息地，在平缓的山坡、平地以及起伏的丘陵等均可见到，一般多集小群生活，数量不等，数只或十数只的群体较为常见，但在夏季也有单只活动的个体，而冬季往往结成数十只甚至上百只的大群一起游荡。上百只的大群目前已很难见到。雌雄、成幼终年一起生活。性机警好奇，行动敏捷，视觉、听觉灵敏。遇到异常情况时，总是先抬头凝视，发现危险后，迅即奔驰逃跑，奔跑的姿势比较特殊，看起来好像一颠一颠的，藏原羚以各种草类为食。清晨、傍晚为主要的摄食时间，同时也常到湖边、山溪饮水，在食物条件差的冬、春季节，则白天大部分时间在进行觅食活动。冬末春初，藏原羚开始交配，每年繁殖一次，产羔期集中在 7 月，交配期间，雄体之间没有激烈的殴斗现象，只在群内相互驱赶，虽个别雄体有时被逐出群外，但交配期一过，又合群生活。

初生幼仔体色与成体相同，但额处常有一白斑，随着生长有消退，产下不久的藏原羚幼仔即能跟随母体活动，数天后就能奔跑，雌性藏原羚在产仔期间无选择特殊环境的习性。

分布范围：分布于我国西藏、四川、青海、甘肃、内蒙古及新疆阿尔金山地区，为我国特有种。

保护级别：国家Ⅱ级重点保护野生动物。

（6）鬣羚（*Capricornis sumatraensis*）。

识别特征：体长为140cm~190cm，尾长为9cm~16cm，肩高为86cm~110cm，体重为100kg~140kg，雄兽和雌兽之间的大小差别不显著。体形较大，头形狭长，四肢粗壮，强健有力，蹄短而坚实。被毛稀疏而粗硬，吻端裸露，唇的周围有髭毛。两只耳朵特别狭长，可达19cm~21cm，端部较尖，很像驴的耳朵。雄兽和雌兽均有短角，介于两耳之间，距离较远，形状较为简单，两角自额骨的后部长出后，平行而稍呈弧形往后伸展，角的横切面呈圆形，末端较尖，角的表面具有环状的棱及不规则的纵行沟纹，角尖处较为光滑，长度为20cm~26cm，粗13cm~16cm。身体的毛色较深，以黑色为主，杂有灰褐色毛，毛基为灰白色或白色。暗黑色的脊纹贯穿整个脊背。上下嘴唇、颌部为污白色或灰白色。前额、耳背沾有深浅不一的棕色。头后自角的基部到颈背的鬣或鬃毛很长，为白色或灰白色，也有的杂以棕色、黑色，长度约为15cm~20cm，由颈部下披，成为其最为显著的特征。四肢的毛为赤褐色，向下转为黄褐色。尾巴不长，与身体的色调相同。

生活习性：主要栖息在海拔600m~3000m的高山森林地带，最高海拔可达4000m以上，偶尔也到草原活动，生境有两个突出特点：一是树林、竹林或灌丛十分茂密，二是地势非常险峻。除了雄兽总是单独活动以外，雌兽和幼仔也最多结成4~5只的小群，从不见较大的群体。早晨和傍晚出来在林中空地、林缘或沟谷一带摄食、饮水，主要以青草、树木嫩枝、叶、芽、落果和菌类、松萝等为食。夏季喜在大树下、灌丛中及巨岩间等僻静之处休息；冬季常到岩洞中避风、过夜。有较为固定的往来觅食的小路、休息场所及排粪地点，平时或出没于悬崖绝壁之间，或隐身于密林之中。极为善于攀登和纵跃，能在最陡峭的悬岩绝壁之间行动自如，或在乱石溪谷之间跳跃如飞。

分布范围：北起我国西北的秦岭和青海的湟水河谷一带，南至印度尼西亚的苏门答腊，包括我国南方的大部分地区和尼泊尔、克什米尔、印度、越南、缅甸、泰国、马来西亚等地。

保护级别：国家Ⅱ级重点保护野生动物，CITES附录Ⅰ物种。

（十二）鲸目的识别特征

水栖兽类。适应于游泳，在体型上、结构上有很大变异；体毛退化（胎儿头部尚具毛）、皮脂腺消失、皮下脂肪增厚（20cm~50cm），前肢鳍状、后肢消失，颈椎有愈合现象，具“背鳍”及水平的叉状“尾鳍”。鼻孔位于头顶，其边缘具有瓣膜，入水后关闭，出水呼气时声响极大，形成甚高的雾状水柱，因而又称喷水孔。肺具弹性，体内具有能储存氧气的特殊结构，从而能在15分钟至1小时出水呼吸一次。外耳退化。齿型特殊，具齿的种类为多数同型的尖锥形牙齿。雌兽在生殖孔两侧有一对乳房，外为皮囊所遮蔽，哺乳时借特殊肌肉的收缩能将乳汁喷入仔鲸口内。

本目分为须鲸类和齿鲸类。齿鲸类的代表有抹香鲸和白鳍豚，后者为淡水鲸类，我国长江流域有分布。白鳍豚又称白暨豚，有似鸟嘴一样的长喙，为我国特产，具很高的学术价值。

（十三）鳍脚目的识别特征

海产兽类。身体一般是纺锤形或流线形，体表密生短毛。四肢具有5趾，趾端一般有爪，趾间被肥厚的蹼膜连成鳍状，适于游泳，故称“鳍脚目”。前肢鳍足大而无毛，后肢转向体后，以利于上陆爬行。头圆，颈短，耳廓小或无。口大，周围有触毛，不具裂齿。鼻和耳孔有活动瓣膜，潜水时可关闭鼻孔和外耳道，尾小，夹在后肢间。一生大部分时间生活在水中，除少数种外，仅在交配、产仔和换毛时期才到陆地或冰块上来。皮下脂肪极厚，用以保持体温。听觉、视觉和嗅觉灵敏，在水下有回声定位能力。属一雄多雌类型。肉食性，无裂齿，多为整吞食物，不加咀嚼，主食鱼、贝类和软体动物。

我国鳍脚目的代表动物为斑海豹。体色为灰黄色具黑色斑，不具耳壳。齿式为3·1·4·1/2·1·4·1=34。皮张及油脂有一定经济价值。

（十四）海牛目的识别特征

海牛目的动物通称海牛。外形呈纺锤形，颇似小鲸，但有短颈，与鲸不同。体长为2.5m～4m，体重达360kg左右；海牛皮下储存大量脂肪，能在海水中保持体温；前肢特化呈桨状鳍肢，没有后肢；有一个大而多肉的扁平尾鳍；胚胎期有毛，初生的幼兽尚有稀疏的短毛，至成体则躯干基本无毛，仅嘴唇周围有须，头部有触毛；头大而圆，唇大；由于短颈，头能灵活地活动，便于取食；鼻孔的位置在吻部的上方，适于在水面呼吸，鼻孔有瓣膜，潜水时封住鼻孔；肠的长度超过20m；胃分两室，贲门室有腺状囊，幽门室有1对盲囊；眼小，视觉不佳；听觉良好。肺窄而长，无肺小叶；头骨大，但颅室较小，脑不发达。

海牛目在海洋哺乳动物中是相当特殊的一群，所属物种均为植食性动物，以海草与其他水生植物为食。现存共有四种海牛目动物，分为两个科：海牛科的3种海牛与儒艮科的儒艮。

第六章 野生动物案件的物证鉴定技术概述

物证，是指以其存在的形状、质量、规格、特征等来证明案件事实的证据，具体是指各种与案件有关的，依照法定程序和规则收集获取的物品与痕迹。物证是通过其外部特征和自身所体现的属性来证明案件的真实情况，它不受人们主观因素的影响和制约。因此，物证是诉讼中重要的证据之一。

物证和其他证据相比，具有较强的客观性、真实性，这是物证的物理属性，即客观存在性。物证具有独立的证明性，这是物证的法律属性，即它在司法活动中所处的地位和所起的作用。物证是一种客观实在的，并不反映人的主观意志，比较容易审查核实。在大多数情况下，物证能独立证明案件事实是否存在，而不需要其他证据加以印证，即可成为认定事实的依据。例如，在非法狩猎案中，涉案的物证——野生动物就可以直接作为定案的依据。

野生动物案件中的物证由于其特殊性，没有专业知识的人难以确定其种类或者类型，难以在诉讼活动中发挥它的更大的证据效力，因此需要进行鉴定。

野生动物案件中的物证都可以分成生物学证据和非生物学证据。生物学证据，是指带有生物学特征的证据，如生物体、毛发、羽毛、皮张、鳞片、骨骼残体、血液、淋巴、排泄物、分泌物、叶、花、果、种子等；非生物学证据，是指不具有生物学特征的证据，如足迹、痕迹、作案工具、指纹等。

本章从野生动物案件中的主要物证类型及其鉴定方法、野生动物案件中物证的常用鉴定方法、常见野生动物产制品的识别方面进行介绍。

第一节 主要的动物物证类型及其鉴定

一、兽毛及其鉴定

兽毛，属于角质化组织或硬组织，对腐败有较高的抵抗力，往往能保存很长的时间。同时，它是最容易遗留在野生动物案件现场，也是最容易获取的物证之一，了解其特点并对其进行鉴定有很重要的意义。

（一）兽毛的结构与形态

毛是兽类动物特有的皮肤衍生物，来源于外胚层，为表皮角质层特化的产物。不同动物在毛的形态结构上存在或多或少的差异。即使同一种动物个体，在不同的生物学时期，也会表现出量上或质上的差异。毛的形态是复杂多样的，表现在形状、颜色、长度、细度等诸多方面。

1. 兽毛的分类。根据兽毛的形态、所在的部位和功能将毛可以分为两大类，即触毛和被毛。触毛是一类很容易识别的毛，在不同动物种类中其结构很相似，具有特殊毛囊和竖毛肌的一类毛，如触须，分布在吻端、脸部、四肢等处。颜色单调，呈圆锥形且粗硬。有主动感觉机能。被毛为无特殊毛囊和竖毛组织的一类毛，因毛囊中有神经，也可接受刺激、有被动的反应。这是形成哺乳动物毛被的各种类型毛的总称，根据被毛的长短、粗细、功能不同又能分为两类，即上毛和下毛。

上毛是毛被中长而粗的毛的总称。它们最先与外部环境接触，光滑、弹性好，耐磨。综合各种动物的上毛，又可分为以下四种类型：

（1）硬棘：为特化的毛，毛呈粗而硬的棘刺状，主要有防御和攻击作用。豪猪和刺猬有这种硬棘。

（2）硬毛：又称刚毛、鬃毛、鬣毛，是某些动物被毛中特别硬的毛，如大灵猫、野猪等动物背脊、颈上的毛或有些动物四肢远端及掌垫处的毛。

（3）针毛：针毛是呈纺锤形的一类上毛，即毛的远端尖而细、毛的中上段较粗硬，毛干下部细软的毛。许多动物都具有这类毛，由它形成毛被的覆盖层。特别是食肉动物，上毛主要由针毛构成。

（4）粗毛：粗毛是一些动物所具有的不呈纺锤形的上毛。一般这样的动物毛被仅由粗毛组成覆盖层。鹿科动物毛被上层即为粗毛。

下毛主要是动物被毛中细而短的毛的总称，也称做绒毛，依据各种下毛在长度、细度等方面的不同又可以分为以下三大类：

（1）软毛：为细长、弯曲而柔软的一类下毛。

（2）绒毛：为较短的一类下毛。食肉动物的下毛均为此类，细、短而弯曲，光泽差而显粗糙。

（3）细毛：为极细、极短的毛，如人的汗毛。

2. 兽毛的形态。作为纤维状物的毛，其基本的外形是细长的，即长度显著大于细度。而不同的毛在外形上还是有一些差别的，综合各种各样的毛，大致有以下四类：

（1）圆锥形：由毛根至毛尖逐渐变细，横断面为圆形，如触须。

（2）纺锤形：从毛尖向毛根呈现由细到粗再到细的变化，横断面为圆形、卵圆形或不规则形，如各种针毛。

（3）线形：从毛尖到毛根除尖端尖细外，大部分粗细相近，横断面为圆形或卵圆形。例如，灵长类动物的上毛、人发均为这种外形。

（4）矛戈形：毛干较直，由毛尖到毛根逐渐变粗，但毛梢分叉，一般为 2 ~ 4 叉或更多，如猪有此种毛。

另外，根据毛的横断面不同，又分为圆形、扁平形和各种不规则形；根据毛的直曲程度又分为直的、弯曲的和螺旋形的。

3. 兽毛的色泽。毛的色泽是毛的主要形态指标之一。动物毛被的色泽和花纹决定于组成毛被的各种毛的色泽，主要是上毛的色泽。毛被的色泽和花纹是动物的主要形态特征之一，也是动物识别的重要形态依据。

（1）毛被色泽的多样性。兽类毛被的色泽是多种多样的。因动物种类、年龄、性别和生活环境、季节等不同，毛被的色泽有不同程度的差异。毛被的色泽最重要的意义是使动物与栖息环境相协调、相适应，我们称为保护色或隐蔽色。例如，黄鼬在我国分布广泛，从大量的标本可以看出，其毛被的色泽与分布地的土壤和环境的色泽是协调的，如黄土高原地区，黄鼬的毛色为土黄色，而在华东、东南一带，黄鼬的毛色为棕黄色，与红土壤相近，森林地带的黄鼬毛色深于草原地带的黄鼬等。生活在寒冷地区的雪兔、白鼬、伶鼬等动物，在冬季大雪覆盖时，呈现出白色毛被。草原分布的赤狐，毛色呈草灰色；而森林地带的赤狐则呈现红棕色毛被。

（2）单根毛纤维的色泽。动物毛被的色调和斑纹正是由一根根毛纤维的色泽所构成的。动物有多种多样的色调和斑纹，在毛纤维的色泽及其组合上更是多种多样。往往动物毛被表现出来的色调和斑纹是由组成毛被的上毛上部的色泽形成的。大部分动物毛被的下毛色泽单一，甚至上毛的毛干下部也是同下毛一样的单一色泽。由此可见，毛被的上毛在决定动物毛色时起到了重要作用。

单根毛纤维的色泽可以分为三类：单色毛：整根毛自毛根到毛尖为同一种深浅一致的颜色；环节毛：毛干上有明显的不同颜色或不同深浅的环带，如獴、獾、貉等的针毛；不均匀毛：整根毛自毛根到毛尖虽为同一种颜色，但呈逐渐加深的变化，或者为毛头及毛尖色深，毛干部分色浅。

4. 兽毛的组织结构。在形态上，毛是由毛干、毛根、毛球、毛乳头、毛囊和竖毛肌6部分构成的。

毛干是露在外表皮外面的部分。毛根是生长在皮内的部分。毛球是最下面的膨大部分，毛球的基底部分是由活的表皮细胞构成。这些细胞在不断地繁殖和演变过程中，就逐渐形成毛根和毛干。毛乳头是由表皮层和真皮层之间伸入毛球内部的结缔组织，其中有密集的血管和神经末梢。它保证毛球细胞所需的营养，使其不断地增殖和演变的过程中，就逐渐形成毛根和毛干。毛囊是表皮凹入真皮内所形成的囊状部分，位于真皮乳头层内。保卫毛根的上皮组织及结缔组织，构成毛囊。毛的发生和生长都在毛囊内进行。有导管与脂腺相连接，竖毛肌长在毛囊底部。水貂皮的针毛和绒毛长在同一毛囊中，长在同一毛囊中的毛称一束，每束中一般有绒毛17~26根。

5. 兽毛的显微结构。经显微镜观察，毛干的横切面，由外向内一般分为鳞片层、皮质层、髓质层3层同心层结构，均由角质化的上皮细胞构成。

（1）鳞片层。由一层到多层透明的扁平角质化的鳞片细胞构成，呈冠状、覆瓦状或镶嵌形排列而成，其厚度为0.5μm~3μm，仅占毛直径的1%~2%，无色素，无细胞核。不同的鳞片排列会起到不同的作用。当鳞片越宽扁、越密集排列，毛的表面越光滑，对光的反射作用就越强，有助于增强毛的光泽。粗毛或针毛的鳞片排列密集，且紧贴于毛干上，使毛的光泽强、缩绒性小。

（2）皮质层。皮质层是毛纤维中间的一层，由几层多角形或梭形的细胞构成，其发达程度决定着毛纤维的抗张强度和弹性大小。皮质越发达，毛纤维越结实，弹性越好。水獭、海豹、石貂、黄鼬、紫貂毛的皮质层很发达，而驯鹿、草兔毛的皮质层不发达，其强度、弹性较差，容易断裂。

皮质层含有色素颗粒，它决定毛的色泽。色素颗粒在皮质层中的排列方式，其长轴与毛干纵轴平行。色素颗粒的形态多种多样，如银黑狐冬皮直针毛的色素颗粒为长杆形、椭圆形；蓝狐冬皮直针毛的色素颗粒为长椭圆形和圆球形，以前者居多。银黑狐、蓝狐杂交而产生的成年蓝狐的冬皮直针毛的色素颗粒为长椭圆形和圆球形，与其亲代比，显得粗短些。

（3）髓质层。构成毛纤维的中轴，是由一层或多层纵向排列的扁平或立方细胞构成的。髓质层发达的毛纤维，对其强度、伸长度都有不良影响。髓质层中也存在少量的色素颗粒，其排列方式是色素颗粒的长轴多与毛干纵轴相垂直。绝大多数野生动物的毛，包括胎毛和绒毛都是有髓的。但不同亲缘关系的动物，在毛的髓质花纹上有区别。在光学显微镜下，根据毛髓质的有无及髓质间的连接情况，可将毛的髓质分为以下5种类型：

①无髓型：髓质缺如，即整根毛均无髓，如海豹、羊都有此种毛。

②断片型：在毛纤维上，髓细胞或有或无，无规律地散在排列。

③中间型：多数髓细胞相互连接，但仍有部分髓细胞分开排列。

④不连续型：数个髓细胞聚集在一起组成一定的构型，各个构型之间按一定的距离和方式分散排列。

⑤连续型：髓细胞相互连接，排列成柱状。

（二）兽毛的检验与鉴定

兽毛的检验与鉴定方法可以分为两大类，即兽毛的物理检验和化学检验。

1. 兽毛的物理检验。对兽毛进行物理检验有多种方法，但大多只能确定是否为兽毛，难以确定具体的种属。下面简要介绍几种方法：

（1）燃烧法。将未知纤维置于火焰上燃烧，因各种纤维的性质不同，将出现4种情况：一是植物纤维和黏胶纤维能够连续燃烧，并发出烧柴草的气味，灰烬少而飞扬；二是兽毛纤维不连续燃烧，发现烧焦头发特有的气味，灰烬不飞扬；三是化学合成纤维靠近火焰立即收缩，灰烬成一硬核；四是矿物纤维不被燃烧。燃烧法只能确定是否为动物毛，不能确定具体的种属，且燃烧法是一种破坏性试验，只有在检材很多的情况下才可以使用，没有多大价值。

（2）显微镜检验。显微镜检验可以分为两种：一种为鳞片观察法，另一种为髓质观察法。进行鳞片观察时，先将未知纤维用水清洗干净，自然干燥后，置于一块干净的有机玻璃上，再在上下各夹上一个载玻片，并用铁夹固定，将固定好的载玻片放在烘箱中110℃保持1小时，或者在电炉上翻烤2～3分钟。自然冷却后取下铁夹和上下载玻片，有机玻璃片上即印有纤维表面的痕迹。兽毛将在有机玻璃片上留下清晰的鳞片印迹；其他纤维则无鳞片印迹。髓质观察是将未知纤维浸入10%～20%硝酸或3%过氧化氢或二甲苯中进行脱色处理后，放在载玻片上，用蛋清、加拿大树胶或清水封固，制成装片，置于显微镜下观察。如果是兽毛，则会发现清晰的髓质结构；植物纤维可以看到明显的细胞壁等结构；其他纤维没有髓质或细胞壁结构。

在显微镜检验中，可对兽毛的髓质形态进行比较，可作为种属鉴定的依据。据报道，根据髓质的形态可以将检材分到科或属的水平。

（3）NaOH溶解法。将少许检材放入试管，加入10%的氢氧化钠2ml～3ml，加热至沸腾。兽毛将逐渐软化直至溶解，植物纤维和矿物纤维则无变化。

（4）铜铵呈色反应法。将未知纤维浸入铜铵溶液中数分钟，棉、麻等植物纤维扭转、膨胀，稍溶解，颜色不变；蚕丝变细，并呈蓝紫色；兽毛呈蓝色；黏胶纤维迅速溶解；化学合成纤维无变化。

（5）仪器分析法。此法可用于鉴别兽毛纤维的仪器很多，最常用的是红外光谱仪。其原理是：当用红外线照射化合物质基础时，不同的化合物可分别吸收不同波长的红外线，产生独特的光谱。每种纤维的长链大分子都含有其特有的基团，从而产生不同的光谱，借此可以鉴别纤维。汽液相色谱仪、差热分析仪等也可以用于纤维鉴别。

2. 兽毛的化学检验。兽毛主要是由角蛋白组成的，其中还包括一些细胞，对兽毛进行化学的或生物化学的检验可以用来确定其种属。

（1）DNA 分析。对兽毛进行 DNA 技术分析是基于遗传学基本理论。脊椎动物有性生殖是父本和母本通过产生配子、配子融合和发育等一系列过程来将自身的生命延续到下一代的过程。同来自父本和母本的配子具有其所属的纲、目、科、属、种、亚种等分类阶元的稳定的特点，同时又兼备了父本和母本个体水平的特异性。这种特异性的本质就是整个群体中基因组 DNA 碱基系列的多样化。因此，就包括组成毛的细胞在内的任何一个个体来讲，细胞 DNA 序列与该种整个群体相比，既存在不同水平的同源性，又存在个体水平的特异性，即遗传多态性。通过 DNA 分析可以确定兽毛的种属。DNA 分析包括多种技术，如 DNA 探针技术、RFLP 技术、RAPD 技术、AFLP 技术、目标片段测序技术等。

（2）蛋白质电泳。兽毛蛋白质分析首先要将检材消化。消化检材时一方面要将各种类型蛋白质的多肽链充分分离开，另一方面又不能使多肽链在消化时被降解。因此，一般选用 2－巯基乙醇进行消化。消化后的样品用十二烷基磺酸钠—聚丙烯酰胺凝胶电泳进行分离。电泳后的谱带即可以用于比较分析。

（3）氨基酸分析。兽毛蛋白质的氨基酸分析分为如下几个步骤：将获取的兽毛样品用温和洗涤剂、蒸馏水和去离子水进行清洗，80℃烘干 12 小时。然后，将干燥的样品粉碎或剪碎，准确称量后，放入水解管中，加入盐酸，110℃水解 24 小时，过滤后将滤液定容。准确量取定容后的滤液若干，常压或减压蒸干。再将干燥物用适量的缓冲液溶解，离心取上清液待测。研究表明，兽毛氨基酸组成和含量不仅在不同物种之间存在差异，即使是同一物种，在不同的生长时期和健康状况下，也有显著变化。

（4）微量元素分析。毛发是一种代谢活动很低的组织，所含的微量元素可以反映毛发生长期间所摄入的微量元素的数量和代谢情况，所以它可以间接反映某一段时间或不同地理环境下微量元素的变化。毛发中含有砷、汞、铁、锌、铅、锰、硒、锶、碘、硅等。许多微量元素能在毛发中保存很长时间，通过测定微量元素的含量和种类的差异可以帮助个体识别。毛发微量元素的分析方法有原子发射光谱分析、原子吸收分光光度法、中子活化分析、气相色谱、质谱分析等。

二、羽毛及其镜检

（一）羽毛的结构与形态

1. 羽毛的结构。羽毛的结构随羽毛的类型不同而多种多样，最典型、最完整的是正羽。

正羽由中央的羽轴和两侧扁平扩展的羽片或称翈所构成。羽轴下段半透明的空心部分称为羽柄（或者称羽根），羽柄插入皮肤中。羽柄延伸为实心有棱角的羽干。羽柄下端有小孔，称为下脐，是真皮乳头供给羽毛营养的通路。在羽柄的上端（羽片开始处的内面）有另外一孔，称为上脐，从此孔发出发育不完全的副羽，或称为轴后羽。一般鸟类副羽较小或缺少，但鸸鹋和食火鸡的副羽特别发达，其长度和主羽相当。我国鸟类中鸡形目的副羽最发达，约为主羽的2/3长，具有目的分类鉴别意义。

羽轴的两侧斜生出平行的羽枝，每一羽枝的两侧又生出许多带钩和缺刻的羽小枝。羽枝每侧可达600个羽小枝，一根羽毛的羽小枝总数可超过100万个。这些羽小枝以羽小钩与相邻羽小枝的缺刻相互勾搭，使羽枝编织成结实而又有弹性的羽片（羽瓣）。羽轴两侧的羽片不等宽，窄侧为外翈，宽侧为内翈，特别是飞羽，内外翈的差别更为明显。当羽毛被弄乱时，羽小枝间可能脱开，鸟用喙理羽时又可重新勾接起来。

2. 羽毛的分类。羽毛按其形态和功能可分为5种，即正羽、半羽、绒羽、纤羽、刚毛。

（1）正羽又称翮羽、廓羽，为被覆于体表的片状羽，是鸟体羽毛的基本成分。体表的正羽形成一层防风外壳，并使鸟体外形成流线形外廓。正羽按在体表的着生部位又可分为飞羽、小翼羽、翼覆羽和尾羽等。

（2）半羽是具有松散羽瓣的廓羽，它有明显的羽轴，但羽小枝上无钩，不形成正羽那样的羽瓣，这些羽毛独特地长在羽区的边缘和裸区内，并被廓羽所覆盖。半羽有益于绝缘，对压迫、摩擦有缓冲作用，对水禽而言能增大浮力。各种鸟的副羽多呈半羽状。

（3）绒羽密生于正羽下面，在鸟体上分布很广，不局限于羽区，但可能被限制在裸区或完全没有（如鹗类）。绒羽的结构特点是羽柄甚短，在其顶端发出细长丝状的羽枝，羽小枝上没有羽小钩，不能互相钩结成羽片，而是蓬松呈绒状，具有保温作用。绒羽是5种羽毛中最原始的，雏鸟初生先长出绒羽，以后有的逐渐被正羽所代替。水禽和猛禽（隼形目）的绒羽较发达。粉绒羽，是特化的绒羽，成片集中在胸部、腹部和腰部，左右对称，草鹭有3对（6块），呈黄色（其皮肤也呈黄色），羽枝柔长而脆弱，其基部不断地生长粉末，并在先端分离释放，向体羽扩散，使羽毛有拒水作用。

（4）纤羽又称毛羽，夹杂在其他羽毛间，在拔除正羽、半羽和绒羽后方能见到。纤羽状似毛发，只具一个羽轴，其顶端发出几根短羽枝。纤羽的基本功能为触觉。有的种类纤羽伸出正羽以外，成为一种装饰，如鹎科的某些种。

（5）刚毛又称为须，分布于喙缘、眼周、颏、鼻孔附近等处。此种羽仅在羽轴基部有少数短羽枝。刚毛不是纤羽而是特化的廓羽，有触觉功能。

3. 羽毛的色彩。鸟类羽毛的色彩极其丰富多变，不同色彩的来源分两类：化学性的（生物色）和物理性的（结构色）。

化学性的色彩是由于在羽毛角质细胞内或细胞间隙分布着色素形成的。羽毛的色素有两种：其一为颗粒状或棒状的黑色素，其二为溶液状的脂色素。鸟羽所含色素主要有黑色素、黄色素、红色素，有时也有绿色素，因各种色素不同比例的结合，便形成了各种不同的颜色。黑色素产生黑色、灰色、褐色；而脂色素即类胡萝卜素和卟啉能产生红色、紫色、黄色、橙色、绿色。在鸟类，色素细胞经常从真皮移动到表皮，黑色素细胞侵入表皮，将其色素颗粒注入表皮细胞，这种现象在鸟羽发育过程中能清楚地看到。

物理性的色彩是由于在色素细胞的上方具有无色而有凹凸沟纹的蜡质层，或夹杂在色素间的锥形或六角形的一层细胞（似三棱镜），这些细胞本身无色彩，但它的细胞膜以及蜡质层极易折光，于是一方面可以显示出其下面或其间的原有色素的色彩，另一方面也可由折射关系而产生另一种色彩。例如，鸽的颈、胸羽毛富有金属光泽，其光泽随观察者所处的位置及光线入射的方向而有变化。这种色彩仅见于外露的廓羽。孔雀、太阳鸟等闪光部分主要是物理色彩。羽毛的白色是由于照射到羽毛上的白色光被反射所致，但白化型则是一种偶见的黑色素缺乏现象。

4. 羽毛的斑纹。鸟类羽毛上常会有一些斑纹，是识别中比较常用的依据，对一些比较常见的斑纹作如下介绍：点斑是羽毛上的小点状斑，如鹧鸪、红腹角雉以及灰鹤三级飞羽上的点状斑。

（1）矢状斑：斑点略呈箭状，如红腹角雉和黄腹角雉背羽的淡色斑纹。

（2）块斑：面积较大，常扩及若干枚羽毛的斑点，如三宝鸟翼下的大斑块，鸭类的翼镜。

（3）端斑：位于正羽末端的斑纹。次端斑指紧接端斑的斑纹，如花尾榛鸡的尾羽、灰头麦鸡的尾羽、黑颈长尾雉的次级飞羽上均有。

（4）鳞状斑：斑纹呈外凸的弧形，排列似鱼鳞状，如中华秋沙鸭的胁部斑纹。

（5）横斑：与羽轴垂直的粗疏斑纹，如杜鹃腹面的褐色斑纹。条纹，是指与羽轴平等或接近平行的条状纹，如长尾林鸮体羽上的斑纹。

（6）羽缘斑：沿羽毛边缘形成的斑纹，如白冠长尾雉的羽毛上就有这种斑纹。

（二）羽毛的镜检

羽毛与兽毛是同源的，均为皮肤的衍生物，对鸟类羽毛进行检验鉴定的方法与兽毛的基本相同，但因为羽毛的结构与兽毛的结构不同，羽毛无鳞片层，故羽毛的镜检与兽毛的镜检不相同。

鸟类的羽毛在解剖镜下观察可以看到一些细微的特征：

（1）鸡形目的鸟类半羽最发达。

（2）雏绒羽与成年绒羽的区别主要是：羽小枝短而缺乏有特色的形状；中央羽枝末端缺乏羽小枝。

（3）鹭科动物胸部绒羽羽枝末端柔长脆弱，能产生粉末。

（4）正羽的羽毛中央具一硬轴，称为羽轴。羽轴的上部为羽干，由两侧生出许多的羽枝，羽枝两侧再分出许多羽小枝。羽小枝又复生出羽小钩，与相邻羽小枝的缺刻相互勾结，使羽枝编织成有弹性的羽片。

通过镜检羽毛上细微特征的差异，可以为鉴定提供依据。

三、其他物证及其鉴定

（一）足、爪迹

动物在野外活动留下的单个脚印叫单足迹，一个清晰的单足迹包含足印的形状、大小，足趾的着地类型（大致分为趾行性、蹠行性、蹄行性），前后足的指趾数，掌脚垫和指趾印的形状、大小，偶蹄宽（偶蹄类单个足印左右蹄尖端的间距）等信息，可用于兽类种的鉴别以及大小的判定。

动物前后左右四足的脚印组称为足迹组，其包含的信息有：跨距（左右单足迹之间的距离）、步距（足迹组的长度）和足印角（有蹄类的偏向足印中线与行进方向线相交的角度），跨距对鹿科动物的雌雄鉴别有作用，步距则反映动物的相对大小。足印角可用于判断动物的去向。

动物在地上留下的成行的脚印叫做足迹链，它是足迹组的延伸，反映出动物的步态信息（包括行走、小跑、奔跑、跳跃 4 大类型共约 15 种步态），从中可以看出动物的运动状态，也可用于个体的鉴别。犬科动物前后足均四趾着地，趾行性，爪不能收缩而有爪痕；猫科动物前后足四趾，蹠行性，爪能收缩而不留爪痕；偶蹄类蹄行性，第一趾缺如，第二、五趾退化，第三、四趾发达；猪科动物的第二、五趾尚发达，在蹄印中可见。

兽类常在地上或树上留下爪印。猫科动物经常用爪子自上而下抓树，如果爪印位置较高且周围没有可以攀爬的树枝，则可能是豹类、熊类、虎类或猞猁在树上抓过的痕迹。雄性大熊猫也通过抓咬树干来作标志，水獭在饱食后休息前爱在沙地上抓拨磨爪。此外，兽类留在地上的爪印还常与足迹相结合来判断个体。

现生陆栖哺乳动物中，大多数类群在行走、奔跑及跳跃运动时都多少能留下不同足样印迹。前、后足通常呈现出 5 趾或 4 趾印，亦即前述的基本足印式“F5（4）-H5（4）-Co”。兽类动物的足印式是进行物种区分，特别是较大类群判别的主要依据之一。

式中，F 为前足印；H 为后足印；5 为前后足印惯常呈现“5 个趾印”；（4）为前后足偶尔只显“4 个趾印”；Co 为爪印时常显示，即“C”为“claws”（爪印）；“o”为“often”（时常）。式中用小写字母“f”表示前足印较后足印小，反之亦然。小写字母“F”或“H”表示一对较小的兽足印。爪印状态都用小写字母“Co”表示爪印均小于趾印。爪印显示的缩写字母：C 爪印呈现（claws show）；Cu 为爪印惯常显示（claws usually show）；Co 爪印时常显示（claws often show）；Cr 爪印很少显示（claws rarely show）；Cw 爪印均不显示（claws don’t show）。

兽类足印学家的研究表明，不同类群或物种间不仅足趾形态有差异，而且趾数和印迹数或形态也有一定变化。例如，有的外趾甚小而较难呈现印迹，有的爪短小或能收缩则不呈现印迹。但足趾和印迹数变化只是基本足印式的较小差异。为方便记忆，将我国现生陆栖兽类印迹数和爪印状态按目、科级的常见规律归类（见表 6-1）：

表6-1 陆栖兽类印迹数和爪印状态

类群名称	前足趾印数	后足趾印数	爪印状态
食虫目	F5	H5	Cr
灵长目	F5	H5	Cw
树鼩目	F5	H5	Cr
鳞甲目	F5	H5	C
食肉目	F5（4）	H5（4）	c-cw
长鼻目	F5	H4	Cw
兔形目	F4	H4	Cr
啮齿目	F4（5）	H5	Cw
奇蹄目	F1	H1	C
偶蹄目	F2	H2	C
犬科	F4	H4	C
熊科	F5	H5	Co
大熊猫科	F5	H5	Co
小熊猫科	F5	H5	Co
鼬科	F5（4）	H5（4）	Co
灵猫科	F5（4）	H5（4）	Co
猫科	F4	H4	Cw
松鼠科	F4	H5	Co
河狸科	F5	H5	Co
豪猪科	F5	H5	Co
竹鼠科	F5	H5	Cw

（二）咬痕

兽类啃咬树干或树枝后常留下的痕迹。对咬印的观察要从咬的位置、咬切面的大小、齿印的宽度和齿印通过树皮的运动方向几个方面进行。咬印在树干离地8cm处可能是田鼠类的，在离地45cm处可能是河狸的。

齿印相对宽度通常有助于分别小型鼠类与松鼠类的咬印，切口相对面积的大小有助于区分松鼠和豪猪的咬印。有蹄类啃咬灌木和树叶是用下门齿由下向上耙取或以小角度相对树干，而豪猪和河狸则以大角度相对树干而啃咬。利用动物捕食猎物或啃咬他物留下的咬痕形态可进行动物种属认定。

（三）摩擦痕

兽类在突出物上摩擦身体某部分留下的痕迹。摩擦印的方向多是自下而上，这与爪印自上而下不同。鹿类如白唇鹿喜欢用角撞擦树干，特别是在发情季节，同时伴随用蹄扒土。

（四）尿迹、粪便

兽类的尿印与足迹相结合，可以作为性别鉴定的线索。例如，犬科动物、猫科动物和有蹄类的雄性尿迹是直接在两后腿中间的远前方，雌性尿印是在两后腿中间的近前方。

野外兽类的粪便比较容易见到，研究其大小、形状、类型、所含成分、颜色、气味、数量、排列方式以及发现位置等可以得出动物的种类、性别、年龄、活动范围、活动性质、食物成分、食性变化、身体状况等信息。例如，粪粒呈“乳头—酒窝”状的延长球形，即前一个粪球的“乳头”正好镶嵌在下一个粪球的“酒窝”中，这是偶蹄目动物的，尤以麋鹿典型。若发现粪便有被泥土或枯叶遮盖并且前面有蹄扒过的痕迹，仔细嗅闻微带土香味，这是雄性林麝，若带有腥臭味，则是雌性林麝。有些兽类排粪便的地方比较集中，如鬣羚常在固定的峭壁或树下平坦处排粪便，粪堆大者可达1m高，且随季节变化，初夏为半粒状或螺旋状，其余季节为似花生米的颗粒状。从收集的新鲜粪便中还可提取DNA用于物种鉴别、性别鉴定、种群亲缘关系的确定。

（五）骨骼和牙齿

在野外发现兽类骨骼，通过形态观察或指标测量，可以进行种类鉴别、年龄判断等。例如，一头骨，其鼻孔位于头骨侧上方呈扁圆形，鼻腔较大，可以认为是扭角羚。马科动物的股骨不仅有股骨头、股骨结节，在股骨结节的下面还有一个突起（第三转节）。对脑及头骨测量对比可以区别亲缘关系相近的物种，对几种动物同类部位骨骼中必需微量元素含量的测定可用于动物的区别。

通过牙齿的切片和磨片对齿质和齿骨质的生长层、年轮线进行研究可用来鉴定兽类的年龄。对大熊猫门牙进行石蜡切片可鉴定大熊猫的年龄。观察牙齿的齿尖和齿锋能判断动物的食性，有明显獠牙的是麝类、獐等；牙凿状、齿冠内充白垩质且呈扁平管状的是马科动物的牙齿。

（六）角

具换性角的兽类其角脱落后留在野外，据角可以判断动物的种类、年龄等。角分三叉、基部有瘤状突、角干有纵棱，是水鹿。角干为扁的、眉叉为钝角、第二叉与眉叉相距较远，是白唇鹿。对鹿科动物可根据其角柄和角冠的生长情况来鉴定年龄，当年幼鹿不长角，第二年长单枝角，马鹿、梅花鹿从第二年起，一般每年增加一个角叉直到长全，故可在6～8年内根据角叉数来判断相对年龄。至于麂属，只能根据其角来判断成体、亚成体、幼体，一般幼体无角，亚成体单枝角，成体角分小叉。黄麂在4～5月龄长出带茸角桩，约10月龄出现角冠，约一年半长出分枝。

非换性角与头骨一起见于野外，也可依据角的形状、纹棱来判断种类、年龄。例如，盘羊的角呈180℃螺旋盘绕，普氏原羚的角尖伸向内上方，藏原羚的角尖伸向后上方。用薄层层析法、紫外分光光度法对野外收集的鹿角作测定，可用于种类鉴定。

第二节　野生动物物证的提取与保存

本节主要介绍野生动物生物学证据的提取、保存和送检。

野生动物物证的提取实际上是刑事技术中的重要组成部分，除了物证提取的对象为野生动物类的以外，采用的方法也与刑事技术中使用的方法一致。进入现场之前也需戴好手套、头套、脚套等，防止自身的毛发、汗液等干扰物证。物证所附着的物品等称为物证检材（以下简称检材）。

涉及野生动物的案件中，注意主要需提取如下几种形式野生动物检材：

一是完整的或基本完整的个体。包括野生动物活体，已经死亡的但尸体各个部分未被破坏或仅外表有破坏但仍可辨认的个体。森林公安经常会缴获的活蛇、活蛙、巨蜥、穿山甲、蜂猴属于此类，还有如泡酒的蛇、蛤蚧、猎杀后已取走象牙的大象等。

二是毛皮及其衍生物。案件现场遗留的或者犯罪过程中遗留的毛发，另外还包括完整的或残缺不全的皮张、穿山甲的甲片、蟒蛇皮，有蹄类的角等。

三是骨骼。主要为一些大型猫科动物的骨骼和一些有蹄类动物的头骨，包括虎骨、豹骨、象牙、野牛头骨等，可用于作中药、装饰品。

四是组织或器官。野生动物身体内的部分组织或由组织构成的器官，野生动物案件中常见的有熊胆、熊掌、麝香、虎鞭、肉干巴等，主要用于中药、香料、食品等方面。

五是血液、其他分泌物。血液可能是取自活体物证动物身上，也可能是案件现场中的其他血液形态，如干涸的血、血痕、血迹等。其他分泌物主要包括尿液、粪便等。

一、检材提取的一般规则

检材均应直接提取，易携带物品整体采取，不易携带物品提取附着检材的部位。

根据检材附着的不同载体，应用擦拭、剪切、刮削、吸附、浸泡、锯凿、挖取等方法提取。

不同部位的各种检材应分别提取，单独包装，使用标准的物证袋或物证标签贴封，做好标记和编号。

提取的检材必须详细登记案件名称，提取地点及时间，提取方法，检材名；数量、形状、颜色，提取人，保存方法。

检材提取者必须戴手套持洁净器具，如刀、剪、镊子或竹木类工具等取材，禁止赤手触摸检材。

提取的新鲜体液保留部分尽快检验，其余部分应制成纱布斑迹；组织、器官等应干燥或冷冻保存。

提取的各种体液性的检材应在阴凉通风处自然干燥成纱布斑迹，禁止加热烘干。

提取的检材在包装和携带运送过程中应避免互相摩擦、冲撞及失落，易碎检材防止挤压和震动，易散失的检材严密包装。

二、检材的提取

（一）血液及血痕的提取

各种纺织物品上的遗留血痕，小件的可以整件提取；如不便整件提取或血痕附在较大件的物品上可以将血痕剪下送检并记录其所在部位，同时剪取血痕附近的空白织物一并送检。

树叶、草叶、禾杆等小件载体上附着的血痕均可以整件（应有空白处）提取送检。较大的木质类载体上的血痕，可根据载体的情况采取切削薄片状部分或锯掉端、角处等方法提取有血部位的检材。

光滑水泥地面、铁木器具、漆面上、玻璃上、陶瓷、塑料、光洁的金属物品等质地致密的载体上的血痕检材除附在较小、易于提取的物品上可以整件包装送检，否则均需要擦拭或刮取。擦拭方法是根据血量的多少，准备适当大小的纱布块或纱线，用蒸馏水浸润（不要留多余水分）后仔细擦拭血痕，将血痕全部转移至纱布块（线）上，阴凉处晾干。记录提取部位后包装送检，并同时在血痕附近的空白载体上用同样的方法提取空白检材一并送检。

质地松软的载体如沙灰墙、泥土中的血痕的提取：将血痕尽量全部提取并尽可能少混带载体物质。例如，沙灰墙上的血痕只能刮下送检，刮下的时候应尽量将全部血痕刮下不混或少混沙灰；同时需在附近提取空白沙灰检材一并送检。泥土上血痕尽量挖出带血的完整土块，勿使土块破碎，包装勿挤压冲撞。

凶器上血痕的提取一般尽量整件提取，如凶器较大可按在较硬载体上的血痕提取法提取血痕，记录提取部位并提取空白检材一并送检。

对照血样的提取，可从耳部取血 0.2ml，装入消毒试管内并加少量生理盐水，做好标签；同时取 0.2ml 血液直接涂于干净纱布上，阴凉处晾干做好标签后送检。

未腐败尸体取心腔血，装入消毒试管内；同时提取血液 1ml ~2ml 涂在纱布上制成血斑。

冰雪上血痕，提取带血的冰雪块，放在纱布上待其融化，干燥。

提取血痕检材的数量，作为物证的常规血痕量应有 $3cm^2$ ~ $5cm^2$（血液 3ml）。

在发生案件现场留有尚未干固的血迹，可取少量血迹加入生理盐水中以便提取血细胞。

（二）尿斑、尿迹的提取

遗留在树叶、草叶、禾杆等各种小载体上的可疑尿斑、尿迹的提取法与遗留在相同载体上血痕的提取法相同，可整件提取；对于大件载体上的检材，可将载体进行处理获取附有检材的部位即可。

遗留在土地上的尿斑的提取是将被尿液浸透的泥土挖下装入瓶内，做好标签并同时提取空白泥土检材一并送检。未干的泥土检材需在冷环境送检。

遗留在冰雪上的尿斑可将有尿液的冰冻块或雪层挖下，装入干净玻璃瓶中，做好标记后在冷环境下送检。

（三）毛发的提取

毛发的提取，不管是遗留在何处的毛发一经发现分别提取，装入纸袋同时做好记录。严禁不同毛发混在一起。提取时应注意细心查找，提取动作轻柔，避免将黏附在载体上的毛发拉断，也防止将毛发上的附着物擦掉。如果毛发在载体上黏附较紧，有可能时将载体一同提取。

对照毛发最好与检材毛发提取自同一部位，最好能保留毛囊，对照毛发的提取量不应少于 5 ~ 10 根。

（四）粪便的提取

遗留在小件物品上的粪便均可以整件或将部分剪下送检，遗留在地上的粪便，完全风干的可提取 50g 用纸包装送检；较新鲜的未干的粪便可装入干净瓶中在冷环境下送检。

（五）组织、器官的提取

离体的小块内脏或肌肉等均应整块提取，分别装入洁净的试管或瓶内，冷冻存放做好标记。干燥的小块组织可装入纸袋，低温存放；大块组织可切下 30g 重的检材送检，其余部分冻存。

黏附有灰、土、油迹等小块软组织应同时提取黏附的空白物做对照检验用。

附有软组织的小骨片可连同软组织一并提取，冷冻存放。

（六）骨骼的提取

对发现的骨骼，可全部提取，装入洁净的塑料袋或木箱内，喷洒消毒防腐剂。取其中带关节的骨头送检，根据鉴定需要分别送检不同部位骨骼；其他骨在干燥的环境中保存。定期检查和晾晒，防止虫蛀或霉变。如有牙齿需全部提取送检。

（七）毛皮及其衍生物的提取

对新鲜的毛皮可全部提取，在阴凉通风处风干，并喷洒消毒防腐剂，对陈旧的毛皮需定期检查和晾晒，防止虫蛀或霉变。对于角、鳞甲等皮肤衍生物可同样处理。

三、检材的保存

对物证检材进行消毒，防止寄生虫、微生物破坏物证。

物证检材的各种斑迹均应经干燥处理，防止霉变。

低温存放各种检材，可置于 4℃ 存放；对于肌肉、组织、器官等均应置于 -20℃ 环境保存，对于冷冻条件达不到可以保存于 75% 的乙醇溶液中，次之可保存于福尔马林溶液中。血液可置 4℃ 保存。

检材提取后应有专人负责保存，物证检材袋应加密封口。

检材应在原办案单位保存到案件审理终结后 1 ~ 2 年。

四、检材的送检

送检案件检材进行鉴定应持有县以上各级公安、海关、检察、司法、保卫部门的公函或鉴定聘请书，附案情材料；再鉴定或复核检验应有初检报告或鉴定书复印件。

邮寄检验的检材除公函委托外还应有检材清单；提取的各种检材按物证包装要求填写检材名称、部位、数量、发现地点、提取方法、提取人，送检要求，年、月、日，联系地址，姓名，电话。

第三节　物证鉴定的主要技术手段

人与自然和谐发展是时代的呼声，人类逐渐意识到保护环境维护生态平衡的重要性。自20世纪初以来，世界各国制定了许多维护环境保护动物的法律法规和协议条约等，对一些动物进行保护已深入到大多数人的心中。然而随着全球经济的发展，人类涉及动物的经济活动也越来越多，既有合法利用动物及其产制品的经济活动也有不合法的经济行为。为了规范管理涉及动物的经济活动，打击违法犯罪行为，保护野生动物资源，在规范管理和保护执法的过程中，必然要对涉及的动物进行物种鉴定。由于涉及的动物及其产制品形式、种类多种多样，因此动物物种鉴定不仅涉及动物分类学的内容，而且涉及理化检验、生物化学等诸多方面。本节从目前查阅的文献以及鉴定的案例对动物物种鉴定的方法作一概述，以期能有助于动物物种鉴定工作。

由于检材的类型多种多样，鉴定的方法也很多，除了需要运用常规的分类学知识，其他很多学科的知识也会在鉴定中发挥重要作用。根据文献资料和实际工作积累将动物物种鉴定的方法简要介绍如下：

一、形态鉴定法

形态鉴定是对动物的形态特征进行观察、测量、比较、核对、分析等手段，根据动物特有的形态特征的组合，结合文献资料作出鉴定的一种方法。它是最重要也是最基础的鉴定方法，无论是过去还是将来，它在物种鉴定中都会占有极其重要的位置。形态鉴定以其方便、低廉、快捷等特点受到送检单位和鉴定机构的重视。

常用的形态性状主要包括如下几个方面：

各种可量可数性状，如体长、翼展长、尾长、嘴峰长、跗蹠长、趾长、爪长，初级飞羽、次级飞羽、尾上覆羽；体重、肩高、臀高、耳长、角长、颅基长、颅全长、听泡量度、眶间宽、鼻骨长、鼻骨宽、颚长、齿列长、各类牙齿的数量；头长、头宽、吻长、吻宽、躯干长、眼间距、眼径、尾高、尾宽、前肢长、后肢长、甲片或鳞片的数量等。

身体各部分的特征及颜色，如面盘、肉垂/肉裙、羽冠、枕冠、肉冠，眉纹、贯眼纹、颊纹、披肩、鼻管、嘴须、翼的类型、尾的类型、足的类型、蹼的类型、跗蹠被鳞的类型等；被毛的颜色、臀斑的颜色及大小、角的有无及类型、尾的类型、牙齿的形态；眼睑、声囊、吸盘、瘰粒、疣粒、角质刺，鳞片的类型、犁骨齿的类型、肩带与胸骨的结合类型、椎体类型等。

形态鉴定多根据这些性状，与已有的文献资料进行比对、分析，最后综合得出鉴定结论。经过人类长期认知事物的积累以及科学家的研究，目前形成了比较完备的图鉴、志书、检索系统以及很多类群的研究资料，这些是动物形态鉴定强有力的工具。

针对前面提出的检材，运用此类方法通常可以对活体或者比较完整的尸体、毛皮或骨骼以及具有很特殊性状的检材作出较为准确的鉴定。杨淑慧等根据毛皮的特征编制了食肉目和啮齿目8科58种野生动物的检索表，为皮张的鉴定提供了重要依据。动物的骨骼特别是虎骨、豹骨常用做中药材，对其作物种鉴定通常可根据其骨骼特点来区分，蛇蜕是蛇类生长过程中蜕下来的皮，如果蛇蜕比较完整也可据之对蛇类作出鉴定。另外，角是有蹄类动物的重要武器，角的类型及其分叉情况是分类的很重要的依据，根据角的情况也可识别物种。

尽管形态鉴定有方便、快捷、低廉等诸多优点，但是也存在一些缺点：如果只有局部特征或者形态特征被破坏的检材，或者是一些外部形态近似性状模棱两可的检材，或者是一些残肢碎片、肌肉、器官、血液等类型的检材，鉴定就比较困难了。

二、显微镜镜检法

显微镜镜检实际上是形态鉴定的一个方面，它主要是借助仪器设备将宏观不容易看清楚的或者肉眼不可能看到的微观形态展现出来，从显微结构或亚显微形态对检材进行区分以达到物种鉴定的目的。

随着显微技术的发展，偏光显微镜，荧光显微镜，紫外光显微镜，显微摄影技术等都可能用于物种微观性状的观察。20 世纪 30 年代，出现透射电子显微镜和扫描电子显微镜，它们用电子流代替照明的光线，用电子源代替了光源，以及用特殊的电极或磁板（静电透镜或电磁透镜）代替了光学显微镜的集光器，物镜和目镜的作用。它的分辨率比光学显微镜提高 8 万倍，使得人们可以对材料的超微结构进行比较区分。

显微镜检验鉴定在中药材特别是药材粉末的鉴定中使用得比较多，已经形成了比较完备的鉴定理论和技术。早在 1942 年，徐国钧即开始了药材的显微鉴定研究，此后中药学界出版发行了《中药材粉末显微鉴定》、《中药显微鉴定原理与技术》等专著，其中报告了犀牛、高鼻羚羊、梅花鹿、马鹿、穿山甲、林麝、原麝、大壁虎、乌梢蛇、蕲蛇、中华大蟾蜍、林蛙等数十种动物类药材粉末的主要显微特征，并附有显微特征图。近年来，采用显微技术对动物类药材粉末的鉴定研究仍在不断进行。

通过对各种组织的显微结构来鉴别各种药材的来源动物也取得了成功，出现了大量的文献。对新西兰鹿 *Cervus sp.*、坡鹿 *C. eldihainanus*、爪哇鹿 *C. timorensis*、白唇鹿 *C. albirostris*、水鹿 *C. unicolor*、豚鹿 *C. porcinus*、黇鹿 *Dama dama*、驯鹿 *Rangifer tarandus*、驼鹿 *Alces alces*、麋鹿 *Elaphurus davidianus*、狍 *Capreolus capreolus*、梅花鹿、马鹿、和小麂 14 种动物角的主要显微组织特征的比较研究，为鉴别不同种类的鹿角提供了参考依据。乌梢蛇、王锦蛇、灰鼠蛇、玉斑锦蛇、水赤链游蛇的鳞片在光学显微及扫描电镜下总体特征相似，但形状、颜色、纹理在扫描电镜下的细微结构有显著差异，可作为鉴别真伪乌梢蛇的依据。对海马皮膜的扫描电镜观察与图像定量分析表明大海马、三斑海马和小海马皮膜上均有鳞片状突起物，其表面有同心圆状纹理，但鳞片状突起物在形状、大小、排列方式上有一定的差异；从对 45 张扫描电镜照片以长径、短径、面积等为参数进行的图像定量分析发现，同种海马不同部位的上述参数均无显著性差异，而不同种之间除形状因子外均有显著性差异，为显微鉴定提供了参考依据。此外，中医药研究人员对各种动物鞭类药材，角类药材，胆囊等组织也进行了显微镜检研究，这些工作为动物药的显微鉴别提供了科学依据。

毛发是显微镜镜检鉴定技术的一类重要检材。1837 年，Brewster 首次应用光学显微镜观察蝙蝠毛的表面形态发现了毛表面的特异性结构。此后，随着技术的进步以及扫描电镜的出现，人们对动物毛纤维的微观形态进行了大量研究，出现了许多新研究方法和手段。同时，发现毛的微观结构存在种间差异，可以用于分类学、法医物证。并根据兽类背部上毛纤维的微观形态结构编制了毛发检索表。为了对相似物种进行鉴定，各类群动物毛发的微观结构也得到了广泛关注。1999 年，光镜和扫描电镜方法被成功地运用于藏羚羊绒和山羊绒制品的鉴别，为保护藏羚作出了贡献。另外，对骨骼切片的显微镜检验也取得了一些进展。

显微镜镜检法由于操作简便、快捷，检材易于取得而一直被沿用，但是传统的光学显微镜分辨率较低，对微观形态观察不够细致，电子显微镜由于价格比较昂贵，不易推广。另外，微观形态在物种内也存在差异性、复杂性，如何用于鉴定物种还存在一些问题。

三、理化检验法

动物体的最基本结构单位是细胞，细胞的物质基础是各种有机物、无机物，包含 C、H、O、N、P、S 等各种元素。理化检验法即根据不同种动物各部分组织组成成分的物理化学性质存在差异进行检验，以确定动物种属的一种方法。主要包括特定成分分析和广谱成分分析两种，常用的检验手段是色谱分析和光谱分析。

特定成分分析即采用理化分析方法确定检材中特定的某种或某几种成分的差异以区分检材，达到鉴定动物种属的目的。国外学者采用高效液相色谱（HPLC）研究发现，美国黑熊、北极熊、棕熊、马来熊、锡兰懒熊、南美眼镜熊 6 种熊胆汁中的熊去氧胆酸存在差异，可以作为鉴定的一个指标。另外，通过薄层色谱（TLC）和 HPLC 检测牛黄熊去氧胆酸（ursodeoxycholyl - taurine）、牛黄胆酸（cholyl - taurine）和牛黄鹅去氧胆酸（chenodeoxycholyl - taurine）的成分甚至可以确定胆囊是来源于野生的还是人工圈养的熊。国内也有人采用反相 HPLC 技术对熊胆样品中结合型胆汁酸的种类和含量作了研究，可用于确定真假熊胆。利用气相色谱 - 质谱联用测定麝香吡啶和 3 - 甲基环十三酮，用气相色谱、高效液相 - 质谱联用仪测定麝香酮的情况可确定检材是否来源于麝。

特定元素成分的分析也可用于检材来源物种的鉴别，如大壁虎制成的中药蛤蚧，麝分泌的麝香。通过分析检材中 Ca、Mg、P 等 17 种元素，可以发现将正品与类似品的微量元素特征图谱存在显著性差异，由此可确定哪种检材来源于真正的大壁虎。原子吸收光谱也是检测物质中元素成分的很重要的工具，将其用于熊胆的检测发现，真熊胆汁中常量元素 Ca 及 4 种微量元素与伪品间有一定差异，由此可鉴定熊胆的真伪。研究发现，麝香是动植物药材中唯一含 Ag 元素的药材，故可将 Ag 作为鉴定检材是否来源于麝的一个指标。

广谱成分分析是在对检材的研究背景不清楚的情况下，利用理化手段全面分析检材的物理化学组成，将其与标准检材的相应组成进行比对，确定是否为标准检材的一类方法，分析的手段和具体的操作与特定成分的分析差不多。

我国中药学界在此方面也做了大量的工作，采用红外光谱、紫外光谱、气相色谱、液相色谱、色质联用等手段检验鉴别动物类药材，取得了大量的成果。利用红外光谱对中药材的鉴别研究发现，16 组 54 种动物类药材红外光谱鉴别特征明显，稳定性好，重复性好，可以作为物种鉴定的依据。对羚羊角及其鹅喉羚羊角、藏羚羊角、黄羊角进行紫外光谱分析，结果表明几种角类的紫外吸收峰有一定的差别，可作为鉴别的客观指标。采用 TLC 和紫外分光光度法对东北产的马鹿角、梅花鹿角、驼鹿角和狍角进行理化成分分析，结果表明：4 种角的水提取物的 TLC 色谱除马鹿角多一个斑点之外，其余基本相同；醇提取物在可见光下基本相同，但在 365nm 荧光下，4 种角有各自不同的斑点，紫外光谱也不同。因此，通过这些明显的差别可鉴定不同的鹿种。TLC 法也用于药品中是否有来源于麝的成分鉴定。X 射线衍射图谱也可用于马鹿的鉴定。

利用可见光（VIS）和近红外光谱（NIR）技术在 400nm ~ 2500nm 的波长范围对 332 份肉组织样品进行主成分检验，并采用偏最小二乘法回归（Partial Least Squares Regression）模型进行分析，可以确定肉样品的物种来源，甚至可以确定肉样来源于家养的还是野生的动物。在利用红外光谱对皮革制品进行检验时发现牛皮与羊皮制品的红外光谱存在差异，可以用来确定皮革的来源物种。

理化检验中还有一些其他的方法，如采用仪器分析物质结构等方面的差异来鉴定物种。

现代理化检验多采用大型仪器来进行，仪器大多昂贵，难以普遍推广。另外，理化检验检测物质的特定成分或者广谱成分，数值上的差异有时很难区分，需要大量的实验工作才能确定其标准范围，因此最终确定结论时会存在较大的风险或偏差。

四、蛋白质分析法

蛋白质是生物体的主要成分，对动物而言，当然也是如此。酶是生物体内生化反应的催化剂，是一类特殊的蛋白质。蛋白质是携带生物演化和发育遗传信息的信息分子，是基因的表达形式。不同的物种，其蛋白质的组成、结构和序列存在一定差异。对样本的蛋白质进行分析，根据蛋白质携带信息的异同可确定不同的物种。

对鼠兔血清蛋白和血红蛋白的研究结果表明高原鼠兔 *Ochotona curzoniae* 与达乌尔鼠兔 *O. dourica* 存在的差异，可确定为两个不同的物种。以 29 只懒猴的血液作为分析样本，对血浆白蛋白和 3 种同工酶的分析表明：大懒猴 *Nycticebus coucang* 同小懒猴 *N. pygmaeus* 有明显差异，由此确定懒猴只有 2 种，即大懒猴和小懒猴，而中懒猴 *N. intermedius* 应为小懒猴的一个亚种。

我国大蟾蜍 *Bufo bufo* 有 3 个亚种，形态差异极微，经典分类不易区分，但采用 PAGE 盘电泳对它们的血清蛋白和 LDH 同工酶进行分析，电泳图谱区别明显。以我国 20 多种无尾两栖类为材料，依其眼晶状体蛋白在电泳中的差别分析种间差异，实验结果与林蛙类群的经典分类相吻合，对龟类的研究也取得了相似的结果。

国外采用等电聚焦技术（IEF）分析蛋白质大分子已大量运用于鱼类的物种鉴定，取得了很好的效果，甚至可以对炒过的、熏过的鱼肉或鳟鱼卵进行蛋白质分析，以确定鱼种。他们将 77 种鱼类肌浆蛋白的 IEF 图谱挂在网上，用于物种鉴定的比对标准。

毛发是蛋白质分析的一类重要材料，角蛋白是组成毛发的主要蛋白，对毛发角蛋白进行分析以识别物种目前已有很多研究。较多采用的手段是通过化学试剂作用后，将毛发角蛋白质之间的亚基相互解离开来，然后电泳分离角蛋白组分，再用考马斯亮蓝或者银离子染色，最后经过光密度计扫描电泳区带，可将电泳谱带数字化，然后比较不同物种之间的异同。

研究表明，毛发角蛋白在物种之间确实存在一定水平上的差异。动物毛角蛋白组分的电泳谱型与人发有非常明显的差异，主要表现在角蛋白组分各分子量的大小分布区间存在较大差异。进一步的研究发现食肉目不同科动物毛发角蛋白组分除了在 <18500 低分子量区域有差异外，在 52000 和 45000 分子量区域也有显著差异。同属灵猫科的小灵猫与熊狸之间，同属猫科的东北虎与华南虎，毛角蛋白组分也有差异。灵长目猩猩科、长臂猿科和猴科动物毛角蛋白电泳扫描谱型虽然存在相似处，但差异也相当明显。猕猴、熊猴和藏酋猴同属猕猴属，三者毛发角蛋白既有相似也有区别。这种差异表明随着亲缘关系的远近，毛发角蛋白组分的差异也表现出相应的对应性。对其他动物毛发角蛋白的研究也得出了相似的结论。此方法为动物物种的鉴定提供了很重要的信息。

蛋白质分析法也存在很多弱点：一般蛋白质、同工酶是具有生物活性的，在动物死亡较长时间后取得的样品由于腐坏、特化等原因，蛋白质、同工酶失去活性就不能用来进行分析，同时，不同组织中蛋白质存在差异性，难以作为一个恒定的标准。毛发中的角蛋白虽然容易保存下来作分析，但是对蛋白的常规分析手段是从电泳谱带进行分析，过于粗泛，分子量相当而结构不同的蛋白质则被掩盖了，用于近缘种或同种不同个体的识别存在很大的困难。而对蛋白质细微结构进行分析的技术过于复杂且设备昂贵，不能应用于鉴定。

五、DNA 分析法

20 世纪 80 年代以来，随着 PCR 技术的出现，DNA 分子生物学的发展迅猛，作为生物学领域的动物分类学采用 DNA 分子作为标记的文献也大量出现。DNA 序列编码着各种蛋白质，而蛋白质是生物体的物质基础，蛋白质表现出来的就是 DNA 所包含的遗传信息。蛋白质受外界环境的影响，动物的宏观形态可能会存在趋同或趋异，从而掩盖了 DNA 序列所需要表达的遗传信息。但是，DNA 受到外界环境的影响很小，它更能反映不同物种本质的区别。从理论上而言，除了单卵双生或多生外，每个个体的 DNA 序列都是存在差异的，这也是目前从 DNA 层面上区分个体，鉴定物种成为可能的重要原因。DNA 分析法是指通过直接或间接地分析 DNA 分子的情况，将其与需要比对的 DNA 分子进行比较、分析，从而得出结论的方法。近 20 年来，采用 DNA 技术来鉴定物种是物种识别中最为热门也是发展最快的，主要有如下几种方法：

（一）限制性片段长度多态性

限制性片段长度多态性（RFLP）是根据 DNA 序列上不同限制性内切酶的酶切位点分布的相对位置不同以及位点之间的序列同源性而产生的。大分子量的 DNA 经酶切后，聚丙烯酰胺凝胶电泳（PAGE），用特异性探针检测。用探针识别物种时，在杂交谱带上会出现许多条谱带，物种的差异表现在某一个或某些条带的有或无。RFLP 的检测是采用 Southern 转印（Southern Blot）技术。可以用同位素或化学发光分子标记探针，在尼龙膜上杂交，用放射性自显影技术检测杂交信号。

Fang 等采用 HaeIII 限制性内切酶切割了从样品中提取的大分子量 DNA，再将 DNA 通过 PAGE 电泳分离，用特异性的寡核苷酸探针 pta2 检测，被检验的 10 种动物物种都有各自不同的特异性的杂交谱带，从而很好地鉴定了送检的样品，为野生动物保护执法提供了证据。

RFLP 技术也存在很多限制因素：需要 DNA 的量很大，否则杂交信号会很弱，导致一些条带无法检出；要求 DNA 的质量好，需要完整的长片段的 DNA，降解的 DNA 会导致酶切后 DNA 片段长度的变化，夸大实际的差异；价格高、费时、操作烦琐。因此，在动物物种鉴定的实际工作中并不常用。

（二）随机扩增片段长度多态性

随机扩增片段长度多态性（RAPD）是 1990 年发展起来的一项检测 DNA 序列多态性的技术，它以 PCR 技术为基础，采用一系列随机寡核苷酸单链为引物，对样品 DNA 进行扩增，扩增产物通过电泳分离，经染色后可观察记录 DNA 的多态性。

目前，用 RAPD 进行野生动物分类鉴别的报道主要为鱼类和哺乳类。Dinesh 等用不同长度的随机引物扩增了 12 种鱼，每种鱼的样品各自产生了独特的 RAPD 谱带，相互间可以区分。Bardakci 等用 13 个随机引物对 3 种罗非鱼及其 4 个亚种进行 RAPD 扩增，不同种具不同的 RAPD 图谱。Partis 等分析了 8 种鱼的 116 个样品，产生了物种特异性的 RAPD 图谱。Chelomina 等分析了豹远东亚种 *Panthera pardus orientalis* 的 RAPD 图谱，筛选出了鉴别豹亚种的引物，可有效区分圈养豹和野生豹。包惠芳等通过对林麝 *Moschus moschiferus* 和马麝 *M. chrysogaster* 的 RAPD 分析，发现了特异性的标记各 5 条，可用于鉴定林麝和马麝。对 5 种牛 10 个个体进行 RAPD 研究发现有 4 对引物能扩增出朝鲜牛的特有条带，通过这些特有条带可以鉴定朝鲜牛。对马的类似研究也发现了引物 UBC－126 在阿拉伯马中可扩增出一条 1000bp 的特异条带，用此引物可区分阿拉伯马和家养马。

RAPD 技术用于鉴定肉类制品也取得了成功，29 条 10 个碱基的引物被用于 10 种动物肉类样品的检验，发现 RAPD 图谱各有其独特的条带，可用于野猪、家猪、马、野牛、家牛、野鹿、狗、猫、兔和袋鼠等肉制品的鉴别。

RAPD 技术对于出现降解的材料，痕量的样品都可以比较快捷地做出结果，用于物种特异性引物的筛选，但是由于随机引物片段较短，扩增产物的稳定性和重复性欠佳。

（三）扩增片段长度多态性

扩增片段长度多态性（AFLP）是由于碱基发生插入、缺失等会引起酶切位点的改变，通过内切酶的切割产生不同大小的片段，从而产生多态性。将此多态性通过 PCR 技术放大，再凝胶电泳获得不同扩增片段的长度多态性，进而能从电泳图谱分析确定物种。

20 世纪 90 年代中期，在北太平洋发现了一个普通海豚的新种，是根据形态学和线粒体 DNA 的序列差异来确定的。但是这个物种与另外一种海豚同域分布且外形相差极微，而 DNA 数据只有线粒体 DNA 的部分序列，由此对此新种的分类地位产生了疑问。采用 AFLP 技术分析了这两种海豚的全基因组序列，发现两者在基因上存在重大分歧，因而验证了形态学的结果，确定该物种。

根据美国濒危物种法案，斑点鸮是保护物种，而带纹鸮不是保护物种，采用 AFLP 技术可确定斑点鸮、带纹鸮及其杂种，为保护这种鸮类提供了技术支持。

AFLP 是在 RFLP 和 RAPD 的基础上发展起来的，它克服了二者各自的缺点而集中了二者的长处。即 AFLP 只需要极少量的检材，无须 Southern 杂交，即可间接检测全基因组的情况，实验结果稳定。但是它通过电泳来检测结果，在片段长度相差很少的情况下，很难显示出差异来，会误导真实的信息。

（四）扩增片段限制性长度多态

扩增片段限制性长度多态（PCR－RFLP）也是将 PCR 技术与限制性酶切相结合的一种检测 DNA 序列的手段。先扩增某一段 DNA，然后对扩增产物进行限制性酶切，酶切图谱具有种属的特异性，可以用来鉴定物种。目前通常扩增的是线粒体 DNA 的细胞色素 b（Cyt b）片段和 12SrRNA 片段。

吴平等采用 PCR 技术先从小海马 *Hippocampus laponicus*、刺海马 *H. histrix*、大海马 *H. kuda*、三斑海马 *H. trimaculatus* 和线纹海马 *H. kelloggi* 5 种海马药材的干样品中分离出 450bp 的 12SrRNA 基因片段和 490bp 的 Cyt b 基因片段，之后用 RFLP 分子标记技术鉴定了其中的 2 种海马。

在阿根廷一起家畜的偷盗案件中，犯罪嫌疑人将偷来的家畜给杀了，后来在其家中发现了肉和骨块。将这些检材提取 DNA，扩增其 Cyt b 基因片段，再用三种限制性内切酶（AluI，HaeIII，HinfI）切割，通过聚丙烯酰胺凝胶电泳获取酶切图谱，根据不同种动物其酶切图谱不同确定了被偷盗的家畜，为案件的起诉提供了证据。“开司米”（cashmere）是一种仅次于“沙图什”（satoosh）的经济价值很高的动物毛纤维，为了获取较高利润，一些其他的动物毛也打着“开司米”的品牌销售。对动物毛纤维进行鉴定是很必要也是很重要的，采用 PCR 扩增了 Cyt b 基因片段，再用两种限制性内切酶 BamH1 和 Ssp1 进行 RFLP 分析，对动物毛纤维进行鉴定取得了很好的效果，给以次充好、以假充真的欺诈行为以重击。

应用 Cyt b 基因部分序列的 PCR－RFLP 技术从高温加工的肉制品中鉴定猪肉，从混合的肉及肉制品中鉴定包括鹿科、牛科、马科、猪科、鸡形目、有袋目、鱼类的多种动物均获得了成功。

PCR－RFLP 技术结合了 PCR 能对微量检材进行检测，无须 southern 杂交，采用电泳分离，图谱分析，结果稳定。但是它只对某一个或某几个基因的扩增片段进行 RFLP 分析，相对 AFLP 而言反映的不是全基因组的情况，可能会出现偏差，导致鉴定错误。

（五）物种特异性引物扩增

物种特异性引物扩增是根据各物种之间基因序列存在差异，某一段序列只存在于某种动物的基因片段中，由此设计出特异性的引物来扩增这一段序列，再对扩增产物进行检测，出现该序列的即为该物种，不出现的就不是该物种。这种方法简便快捷，对于特定物种的鉴定其结果稳定可靠。

动物类药材基因鉴定常采用物种特异性引物扩增的方法来鉴定。在金钱白花蛇的鉴定中，通过研究金钱白花蛇及其类似样品的 Cyt b 基因片段，设计了一对高特异性引物能正确地检出金钱白花蛇，检错率为 0，并能在混合的药材粉末中检出被检样品中是否含有金钱白花蛇组分。采用物种特异性引物扩增鉴定中药材血茸片、鹿茸、鹿鞭、鹿筋、鹿胎、鳖甲、虎骨等取得了很多成果，在动物类药材的现代鉴定中起到了很重要的作用。

在国家重点保护物种的保护执法与野外研究中物种特异性引物扩增起到了关键性的作用。2001 年在浙江宁波发生一起出售虎肉案，为鉴定出售的是虎肉还是其他动物的肉制品，研究人员设计了虎的特异性扩增引物对样品 DNA 进行扩增，其结果为老虎的保护执法提供了关键性的物证。为了调查野外某地是否有老虎存在，对疑似老虎的毛发样品提取 DNA，并进行特异性引物扩增，可确定老虎是否存在于某地。此种方法在鹿类动物的保护研究中也取得了良好效果。

物种特异性引物扩增还发展几种特异性引物扩增形式。例如，物种特异性引物复合扩增，一次 PCR 可检测多个物种，使成本更低，效率更高。为了防止疯牛病的发生，欧盟禁止在饲料中加入一些动物性成分，如何对这些饲料进行监控，物种特异性引物的复合扩增起到很重要的监控作用。根据监控的要求，设计被禁止动物的特异性引物，扩增的片段位于不同的基因序列，长度不同，扩增后很容易通过电泳较图谱来确定存在哪些动物物种。在大白鲨的贸易监测中，为了识别动物制品中是否含有大白鲨，设计了大白鲨在核 DNA 和线粒体 DNA 中的物种特异性引物进行扩增，对该物种的监测有很重要的用处。

分段物种特异性引物扩增先用某一基因片段的通用引物进行扩增，再用该基因中物种特异性引物扩增，其结果更准确。采用分段物种特异性引物扩增分析样品的线粒体基因 16SrRNA 片段中的物种特异性片段，可确定物种印度羚、喜马拉雅斑羚、蓝牛羚、豚鹿、白斑鹿、水鹿、眉叉鹿，结果可靠、检测灵敏。

具有物种特异性的微卫星引物扩增在物种鉴定中也发挥了重要作用。意大利的国家公园是禁止盗猎野猪的，通过检测刀上的血迹，提取 DNA 并用物种特异性微卫星引物进行扩增，得到了样品的基因型，从而确定刀上的血迹来源于国家公园里的野猪，从而将盗猎者绳之以法。

物种特异性引物扩增对样品的量需要很少，灵敏度高、结果可靠、操作简便，对特定物种的检测效果良好，但是这种方法针对性强，对于未知检材不能有针对性地设计或选择特异性的引物，因此不能有针对性地扩增和鉴定。另外，如果物种的遗传背景不清楚，此种方法也不能进行。

（六）直接测序法

直接测序法是直接测定样品的某部分 DNA 序列，对 DNA 序列进行分析比对以确定是某个物种的办法。大多数采用 PCR 扩增样品的某一部分或某几部分特定的基因片段，然后利用测序仪进行序列测定，得到想要的 DNA 序列。目前直接测序法通常测定线粒体 DNA 中的 Cyt b 基因片段、12SrRNA 基因片段、D－loop 片段等。

在中药材的鉴定中，吴平等通过对中华鳖 *Pelodiscus sinensis*、山瑞鳖 *Pelea steindachneri* 以及一些龟类的 12SrRNA 基因片段的测序，通过对待检样品 12SrRNA 基因片段的序列分析，从数据库中判断待检样品是否为正品。用 DNA 序列直接测定分析方法可以鉴别所有 5 种海马。王义权等报道了用 DNA 序列分析方法来鉴定中药材乌梢蛇及其伪品。

直接测序法在动物的保护执法中提供物种鉴定也是很重要的技术手段。测定物种的12SrRNA序列，或者Cyt b序列，然后向GenBank中搜索类似序列并对序列进行分析以确定物种。采用此种手段成功鉴定了黑麂、黄麂、黑熊、穿山甲、非洲弯角羚、非洲跳羚、非洲黑斑羚、非洲象、孔雀、孟加拉巨蜥以及各种家畜家禽，为海关进出口监管和重点保护动物的执法工作提供了重要帮助。

直接测序法用于物种的鉴定可操作性强，结合了PCR技术可用于微量物证，对于未知物种只需用通用引物扩增后测序就可获得相应的基因片段，但是测序设备昂贵，且只能测定样品的一段或几段序列，仅凭这些序列的分析比对来确定物种容易出现差错。

虽然DNA技术的研究目前比较热门，与此相关的技术手段多种多样，但DNA分析法用于动物的物种鉴定也存在不足：其一，DNA特征不如形态特征直接、方便。DNA分析必须获取必要的材料进行实验分析、数据处理，才能得出结论。它涉及一系列复杂的分离、提取、检测以及数据分析与结果解释等。其二，不同个体或物种的DNA分子间相似程度没有明确的标准。即所分析的不同样品间的DNA特征差异要达到什么程度才能将其排除，换言之，分析的样品间的DNA特征相似度要达到多少才能确定为相同的物种或个体。其三，费用高昂。DNA分析中所用的许多专门设备和试剂价格昂贵，不可能在物种常规鉴定中广泛应用。

第四节　常见动物产制品的识别

本节对常见的动物产制品，也是在野生动物案件中经常出现的，如象牙、穿山甲片、犀牛角、熊胆、羚羊角的取材、外形、加工以及识别方法作如下介绍：

一、象牙及其识别

“象牙”（ivory）一词原指取自于亚洲象、非洲象和猛犸象 *Mammuthus Primigenus* 的长牙，为特化的上门齿。象牙除药用外，其主要用途为工艺品，通过雕刻可以加工成项链、手镯、耳环、胸花、飞鸟、花、笔筒、筷子等各类工艺美术品和日用品。由于象牙的化学结构与其他嘴乳动物牙齿的结构相同，因此，许多其他动物的牙齿也可以被用来雕刻成工艺品。现在象牙常以海象 *Odobenus rosmarus* 牙、抹香鲸和虎鲸 *Orcinus orca* 牙、河马 *Hippoptamus amphibius* 牙、疣猪 *Phacochoerus aethiopicus* 牙等来代替。

（一）象牙的结构

象牙同其他哺乳动物有相同的形态结构，从外向内依次为牙釉质、牙骨质、牙本质和牙髓腔。伸入齿槽内的部分叫齿根，露在外面的部分叫齿冠，两者之间的部分叫齿颈，而象牙是由牙根和特有长牙组成。

牙釉质亦称珐琅质，是最坚硬的组织，覆盖在牙齿的外表面，对牙齿起保护作用。随着动物的不断生长，牙釉质将不断被磨损，以致消失。牙骨质是覆盖在牙本质外面的一层，它的作用是将牙齿的根部与上颌骨黏附在一起。牙本质是由胶原蛋白和其他基质形成的矿化组织，含有大量沉积于胶原蛋白中的矿物质，主要组成为 $Ca_{10}(PO_4)_6(CO_3)H_2O$。牙本质是被雕刻象牙体的主要组成结构，形成紧密厚实的一层覆盖在牙髓腔上。牙本质上有些特殊的结构，可以作为动物种类鉴定。牙髓腔位于牙齿的最中心部位，含大量成牙质细胞，其主要功能为产生牙本质。另外，牙髓腔内有血管和神经。

（二）大象牙和猛犸象牙

大象牙和猛犸象牙均来自两颗特化的上门齿。由于猛犸象地理分布在气候寒冷的阿拉斯加和西伯利亚，尽管已灭绝近万年，猛犸象牙仍被很好地保存。目前猛犸象是可以提供高质量雕刻象牙的唯一灭绝的长鼻类动物。

亚洲象牙长可达 1.5m 以上；非洲象牙长可达 3.5m，牙釉质仅出现在幼年象的长牙顶部，并很快磨损。象牙的横切面为圆形或卵圆形，牙本质占 95%。向上有唯一可见的特征结构——施氏线（Schreger lines），施氏线分两类，紧靠牙骨质很容易识别的为外施氏线，围绕牙神经或牙髓腔模糊不清的为内施氏线；施氏线相交形成施氏角，施氏角又分为凹角和凸角。凹角有明显的凹边并指向长牙内部，凸角有凸边指向长牙外部。外施氏角具有鉴定意义，在已灭绝的猛犸象中，无论凹角或凸角，均为锐角，而现存大象则为钝角。通过对 26 个猛犸象牙和 26 个象牙横切面的施氏角的研究表明，猛犸象外施氏角平均为 73.21°，现存大象为 124.15°。因此通过施氏角的研究，可以鉴定猛犸象和现存大象，但亚洲象和非洲象之间没有显著差异。

（三）海象牙

海象的长牙来源于两颗特化的犬齿，太平洋海象的犬齿长可达 1m。海象的其他牙齿也可以被雕刻和贸易，牙齿为圆的，不规则陀螺形，长度近 5cm。

海象长牙尖端有牙釉质，在青年时已逐渐被磨损。长牙有细微的纵向裂缝，在横切面上呈辐射状的裂缝，起源于牙骨质并穿过牙本质。这些裂缝在整颗长牙都可见。横切面一般为卵圆形并有宽的空白缺刻。牙本质有两类：原生牙本质和次生牙本质。原生牙本质具象牙典型特征，次生牙本质有似大理石或燕麦粥样花纹，这种类型花纹可作为海象牙的鉴定特征。

海象牙齿的牙本质主要为原生牙本质，仅在中心有一核心状次生牙本质。牙本质外有厚的牙骨质层，并具有显著的牙骨质环、牙本质和牙骨质之间有一层白而清晰的过渡圈。

（四）抹香鲸和虎鲸牙

抹香鲸和虎鲸的牙齿均为圆锥形，尖端有少量牙釉质，其余部分为牙骨质。横切面为圆形或卵圆形。抹香鲸牙大，长度近 2m；虎鲸牙齿较小，虎鲸牙齿尚有两个细长的边缘缺刻。两者的牙本质呈薄片状被沉积，因此横切面上出现明显的同心牙本质环，虎鲸还出现玫瑰花型。牙本质和牙骨质间有一明显的过渡圈。

（五）独角鲸牙

独角鲸为罕见的北冰洋鲸，雄性有单颗特化上门齿，逆时针方向陀螺状扭曲。成年鲸长牙长达 2m～7m。牙尖端有时可见牙釉质，牙骨质由于逆向扭曲常出现纵向裂缝。结果，横切面上可见周围缺刻，牙本质与牙骨质之间有宽而清晰的过渡圈，与抹香鲸和虎鲸牙齿相同，牙本质有明显的同心环。独角鲸的牙髓腔很发达，向前延伸达牙的大部分，因而横切面的中心是空的。

（六）河马牙

河马的上下犬齿和门齿都是常用的仿象牙材料。借助放大镜，可见横切面上牙本质有紧密堆积的细同心线。牙的中心有间质，这种间质代表发育的牙本质的集中生长。河马门齿呈栓形，仅牙冠有牙釉质，牙齿横切面中心显示一个小点。

弯曲的上犬齿其横切面为卵圆或圆形。弯曲腹面有一凹深缺刻纵贯全长。牙的2/3被宽而纵长的牙釉质层覆盖，余1/3被薄的牙骨质覆盖，牙釉质和牙骨质在雕刻过程中均被除去。中央间质呈弯曲线或宽的拱形线。下犬齿是河马最大的牙，高度弯曲。横切面为三角形。2/3覆盖牙釉质，余1/3部分覆盖薄层牙骨质，牙釉质和牙骨质在加工时也被除去。中央间质呈宽拱形线。

（七）疣猪牙

疣猪牙来自于疣猪上、下犬齿。疣猪牙高度弯曲，横切面近方形。在未加工疣猪牙的表面有近于全长的沟，近1/2到2/3被纵向牙釉质层覆盖，中央间质为窄线。颜色呈斑驳状。放大观察，其牙本质呈现间隙和粗细不均的同心线。

尽管上述几种动物的牙齿均可雕，具有商业价值，但它们在形态结构上仍有一定差别（见表6－2）。

表6－2　象牙与仿冒品的特征比较

种类	特化齿	微观特征	牙釉质	紫外特征
象（亚洲或非洲）	上门齿	横切面上施氏角＞115°	顶端，磨损	
猛犸象	上门齿	横切面上施氏角＜90°		出现蓝铁矿色
海象长牙	上犬齿	横切面上有次生牙本质	顶端，磨损	
海象牙齿	所有牙齿	横切面上有牙骨质环，牙骨质丰富	顶端，可能被磨损	
虎鲸/抹香鲸	所有牙齿	横切面上有牙本质环	顶端	
独角鲸	上门齿	蛇螺形，横切面上中空	顶端，磨损	
河马	上犬齿	卵圆形横切面，中心间质呈角形，横切面上有细同心纹	纵向带状	
河马	下犬齿	三角形横切面，角状间质，横切面上有细同心纹	纵向带状	
河马	下门齿	栓形，无间质（或成点状），横切面上有细同心纹	顶端	
疣猪	上下犬齿	方形横切面，线形间质，横切面上有细同心纹	纵向带状	

二、穿山甲片及其识别

穿山甲片取自鳞甲目鲮鲤科动物穿山甲的干燥鳞甲。穿山甲别名鲮鲤、龙鲤、“麒麟”、石鲮鱼。耳小，吻尖，无齿，舌细长。从头至尾端被以覆瓦状排列的角质鳞片，鳞片间杂有稀毛。腹下、尾基部无鳞片，有稀毛。鳞片呈黑褐色，毛呈棕色。穿山甲是南方润湿地带丘陵山地的一种食蚁兽，全世界共有7种，分布在亚洲和非洲的热带、亚热带地区。中国穿山甲分布于南方热带、亚热带地区，如广西、广东、福建、云南、安徽、江苏及浙江等省。生活于山区石林、灌丛、草丛或林灌草间的各种生境，多以白蚁为主食，也含其他蚁类、昆虫及蛹卵。

穿山甲的肉可入药称“山甲肉”，鳞片主入药。由于滥肆捕杀，致使穿山甲的资源急剧减少，从野外资源调查情况来看，目前其数量已减少达80%，在华南的有些穿山甲产区，已极为罕见或濒临灭绝。

（一）甲片的加工

捕获穿山甲后杀死，剔净骨肉，将皮张放入沸水中烫，鳞片自行脱落，捞出晒干。片匀，色青黑，无腥臭。将山甲片按大小分开。先将沙子置于锅内炒热，倒入甲片同炒至甲片鼓起卷曲呈金黄色，取出，筛去沙土，趁热放至醋盆内搅拌均匀，取出晒干。

（二）化学成分

鳞片含大量角蛋白、多种氨基酸。又分离到7个化合物，为硬脂酸、胆甾醇、二十三酰丁胺、碳原子数为26和29的2个脂肪族酰胺、L－丝－L－酪环二肽、D－丝－L－酪环二肽。另含多种微量元素。

（三）鉴别特征

甲片随生长部位不同而形状大小不一。呈扇面形、菱形或盾形、三角形，一般长或宽1.5cm～5cm，中央较厚，边缘较薄。背面青黑色，有纵线纹多条，底部边缘，有数条横线纹。腹面色淡较滑润，中央有一条弓形的横向棱线。角质，微透明，坚韧有弹性，很难折断。气微腥，味咸。进口的穿山甲商品，多来自越南、缅甸、印度尼西亚等地。一般分大甲片与小甲片。大甲片灰黄色，称“铜甲片”，品质较次；小甲片褐色，称“铁甲片”，品质较优。显微鉴定：炮山甲粉末：淡黄色。不定形碎块近无色、淡黄色或黄色，具有大小不一的类圆形、椭圆形或不规则形空洞，碎块边缘凹凸不平或有凹陷。

三、犀牛角及其识别

犀牛角又分非洲犀牛角（又称广角）和亚洲犀牛角（又称暹罗角）。

（一）广角及其特征

广角取奇蹄目犀牛科的黑犀和白犀的角。又名天马角、柱角、兕角。黑犀又称非洲双角犀，产于非洲东南部各国，白犀产于乌干达等地。尽管广角非我国所产，但作为药用动物产品，我国已应用数千年，是我国许多重要中成药的主要原料，可治疗多种疾病。根据国务院国发〔1993〕39号文件精神，广角已禁止贸易和药用。

广角呈圆锥形或长圆锥形，稍弯曲，长可达60cm，自底部向上渐细，中部较圆，尖端弯细而略扁，稍光滑。上部灰黑色，下部灰黄色，表面较粗糙，有细裂纹。底部四周有粗毛，底盘圆形，稍凹入，有极细小的鬃眼。角质坚硬，不易劈开。纵剖面纵丝断裂，牵连成绞丝。镑片呈灰白色，夹有暗棕色短线纹，芝麻状小点不明显，质柔韧而不脆，入沸水中浸泡，无清香气。

化学成分含角蛋白、肽类化合物、胍衍生物、甾醇类物质及无机物等。

(二) 暹罗角及其特征

暹罗角取自犀牛科动物印度犀、爪哇犀、苏门犀的角，又名犀角，进口时称蛇角。印度犀又称独角犀，产于印度、尼泊尔、不丹。爪哇犀又称小独角犀，产于印度尼西亚的爪哇，苏门犀产于缅甸、老挝、马来西亚、泰国、印度尼西亚的苏门答腊。暹罗角在我国已有数千年的应用历史，根据国务院国发〔1993〕39 号文件精神，目前已禁止贸易和药用。

暹罗角呈圆锥形，稍向后弯曲，长可达 10cm ~ 30cm。表面黑色。下部色渐浅呈灰棕色，近基部色更浅，有的近白色。中部有纵纹及未去净的硬刺，习称“刚毛”。上部光滑，并有细纵纹，顶端钝圆。角前面有一纵沟，沟长 9cm ~ 15cm，深约 3cm，习称“天沟”。基部宽大，周边呈钝齿状，称“马牙边”。底面长圆形，长 13cm ~ 20cm，宽 11cm ~ 14cm，凹入 3cm ~ 6cm，称“窝子”，密布细孔，称“砂底”，灰黑色或黑棕色，向外逐渐变浅，呈灰棕色至灰黄色，并有一条沿前后方向的岗状隆起，习称“地岗”，而广角无“天沟”、“地岗”特征，暹罗角、广角有很大区别。角质坚硬。可纵向劈开，纵剖面有明显的纵粗丝，不断裂，无牵连绞丝。镑片卷曲不平，呈灰白色，夹有暗棕色芝麻状小点或短线纹。置沸水中微浸后，气微清香。

化学成分含角蛋白、肽类化合物、胍衍生物、甾醇类物质及无机物等（广角与暹罗角横切面的区别见表 6 - 3)。

表 6 - 3　广角与暹罗角横切面的区别

性状待征	广角	暹罗角
束的颜色	几乎无色透明，皮层细胞不含或少含棕色的色素颗粒	暗棕色或棕色，皮层细胞含有较多暗棕色或棕色的色素颗粒
束的长径	100μm ~ 200μm ~ 400μm	400μm ~ 600μm ~ 1000μm
束的排列及间距	疏松而不均匀，间距 20μm ~ 300μm	紧密而较均匀，间距 20μm ~ 120μm
皮层细胞形状	狭窄，梭形或几乎呈线形	多角形，菱形或类长方形
皮层细胞层数	10 ~ 20 ~ 30 层	20 ~ 40 ~ 50 层
间质细胞形状	多角形、菱形或类长方形（纵切面，纺锤形）	窄纺锤形（纵切面，细胞呈近等径多角形或菱形）
镑片颜色	色浅，无明显“芝麻点”（近白色）	色深，有明显的“芝麻点”（棕色）

四、熊胆及其识别

熊胆主要取自食肉目熊科动物黑熊、棕熊的胆囊和胆汁。市场上常见销售为干燥的野生熊的胆囊或人工饲养熊的活体获取的胆汁。熊胆入药始载于《唐本草》,《本草纲目》列于兽类熊项下，熊胆具有清热解毒、杀菌明目、疏通血管等功效。目前市场上已见熊胆药用产品有多种，如熊胆眼滴液、熊胆酒、熊胆救心丸。

熊胆是珍贵的动物药，价格非常昂贵，每千克熊胆 2 万 ~2. 5 万元。在高额利润的驱使下，人们滥猎乱捕，加上栖息环境的破坏，野生熊的资源锐减，分布面积减小，并被分割成岛屿状。

（一）熊胆的形态

人工引流胆汁呈不规则块片状或粉末状，大小不一，表面黑绿色、棕褐色或金黄色，有光泽，半透明，质松脆，味苦，微甜。

野生熊胆干燥后呈长扁卵形，上部狭细，下部膨大，长10cm～20cm，宽5cm～8cm，表面灰黑色或棕黑色，显光泽，有皱褶，囊皮薄，迎光视之，上部半透明。囊内藏有干燥的胆汁，习称“胆仁”，呈块状、颗粒状、粉末状或稠膏状（见图6－1）。

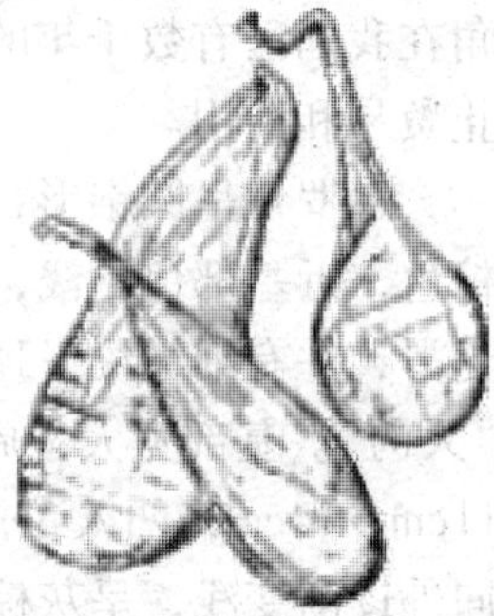

图6－1 熊胆

（二）熊胆的分类

根据熊胆采集的季节、熊的身体状况，熊胆的种类可分为：

金胆（铜胆）：有光泽，金黄色，透明光亮如琥珀，质松脆，味苦回甜。

墨胆或铁胆：胆汁黑色，质坚而脆。

菜花胆：胆汁黄绿色，光泽较差，质较脆。

油胆：胆汁黑而黏稠。

（三）熊胆的鉴别

1. 颜色。典型的水牛胆的颜色是琥珀色的；猪胆一般只有水牛胆的一半大小，看上去比较清澈，在囊皮的表面上有纵向的由脂肪形成的白色细条纹，这是猪胆的典型待征；熊胆的大小与颜色与猪胆都很相近，颜色为深棕色趋近于黑色，所不同的是没有脂肪线。

2. 气味。狗腥气是所有熊胆的共同特点，而猪胆却有猪臊味，牛胆有一种淡淡的瘤味发酵的味道。把需要鉴别的胆放置在一个小塑料袋中，停留5分钟后收集到的气味可以帮助鉴别种类。

3. 外观。检查胆囊形状及囊皮质地有无异常；检查胆囊扎口处是否正常；检查每只胆囊的重量是否适当，过于饱满或沉重者，应辨伪或掺假。

4. 水溶。取胆仁一粒置于玻璃杯内的清水面，则有一条黄线下垂而不扩散，静置24h后观察，如全部溶解，放出的黄色色素分布在杯底者为真；如整杯清水被染成黄色，或其不溶物为纤维，或为类白色的絮状物，应辨伪。

5. 火烧。取胆仁一小粒，置于缝包针上烧之能起泡，如不起泡而着火，或如烛泪下滴，或虽起泡，但发出不快的臭味，应辨伪。

6. 口尝。取熊胆粉少许置掌上，用手指沾水搓揉，有特异清香气。以舌尝之，味苦回甜，并有清凉而持久的钻舌感。放小粒于口内，很快就完全熔化，清凉而窜喉；咀嚼不粘牙。

7. 灯照。取熊胆仁干燥细粉，置紫外灯下观察，应呈黄白色荧光，不应呈棕黄色荧光。取胆汁0.1g加7%醋酸溶液20ml溶解后，置紫外灯下观察，如显淡蓝色乳浊荧光，表示为猪、牛、羊胆（见表6－4）。

表 6－4　熊胆与其他动物胆的区别

鉴别方法	熊胆	猪胆	牛胆	羊胆
外观及颜色	黑色	表面有白色细条纹	琥珀色	琥珀色
气味	狗腥气	猪臊味	瘤胃发酵味	羊膻色
水溶	黄线垂直降不扩散	黄线下沉且扩散	同猪胆	同猪胆
紫外荧光	黄白色	淡蓝色	淡蓝色	淡蓝色

（四）熊胆的化学成分

天然熊胆的主要成分是胆汁酸、胆色素、胆固醇和多种氮基酸，其中有效成分为牛黄熊去氧胆酸，约含20%。野生胆汁中以“云胆”质量最佳，主要产于云南西北部，其中熊胆特有成分——牛黄熊去氧胆酸的含量居全国最高，质量最好。

五、羚羊角及其识别

羚羊角取自偶蹄目——牛科动物塞加羚羊 *Saiga tatarica* 的雄兽角。羚羊角为我国传统的名贵中药材，在我国已有 2000 多年应用历史。《神农本草经》关于羚羊角的记载“主明目，益气起阴，去恶血注下，按心气。”《本草纲目》记“羊，火畜也，而羚羊则属木，故其角入厥阴肝经甚捷，而气相求也”。羚羊角性味咸寒，其有平肝息风、清热解毒的功效。为多种传统中成药配方所必需。

塞加羚羊别名高鼻羚羊。体色灰黄色，其面部比较特别，耳廓短小，眼眶突出，鼻端大，鼻中间具槽，鼻孔呈明显的筒状，整个鼻子呈肿胀状隆起，故名高鼻羚羊。雄性具一对不分叉的角。角半透明，蜡黄色。栖息于荒漠及半荒漠的开阔地区。夏季活动于清晨和傍晚，冬季多在日间活动，以梭梭、篙草类等各种植物为食。

塞加羚羊角以 8 月至 10 月猎取后锯下的角光泽最好。近年来由于塞加羚羊野生资源迅速减少，加之国际市场对羚羊角的需求日益增加，在中国已经灭绝，现大多为引进的塞加羚羊进行人工驯化。塞加羚羊已列入国家一级重点保护野生动物，被列入《濒危野生动植物种国际贸易公约》附录Ⅱ。

（一）外形特征

完整的羚羊角呈长圆锥状，长 15cm～40cm，表面黄白色，质地细腻、坚硬，半透明状，通体光润如玉，气味淡或无。基部较粗，直径 2cm～4cm，灰白色；上部渐细并稍弯曲呈弓形，白色或黄白色，顶端部分光滑，内有细孔道直通角尖，习称“通天眼”。基部锯口面近圆形，内有骨塞，习称“羚羊塞”，长约占全角的 1/2 或 1/3；骨塞坚硬而重，横断面四周呈锯齿状，与外面的角质层紧密绞合。除去骨塞后，角的下半段成空筒。有 10～20 个间距为 2cm 隆起的环脊，可见组织中束的密度为 20～40 束/mm^2。以质嫩、色白、光润、有血丝、无裂纹者为佳；质老黄白、有裂纹者次之。

（二）加工方法

将羚羊角砸掉角内骨塞，入温水中浸泡 1 小时，捞出擦净，晒去水分，用人工多片刀镑成薄片或细丝，即为羚羊片或羚羊丝。用人工或机器锉成面粉即为白色的羚羊角粉。

（三）羚羊角的鉴别

塞加羚羊主产于苏联、蒙古，有野生和人工饲养种群。羚羊角因国内的产量甚少，所以市场上有用其他动物的角冒充羚羊角，常见有牛科动物鹅喉羚 *Qazella subgutturosa* 的角、黄羊 *Procapra gutturosa* 的角、藏羚羊 *Pantholops hodgsoni* 的角，这三种羚羊角与塞加羚羊角在形态上有一定区别（见表6－5），且价格低廉，药效不显著均废弃不用，多以进口塞加羚羊角为唯一的正品羚羊角。

（四）化学成分

羚羊角含角蛋白、磷酸钙及不溶性无机盐等，此外尚含磷脂类物质。羚羊角的角蛋白含硫仅有1.2%，是角蛋白中含硫较少者之一。

表6－5　塞加羚羊角与其他羊角的区别

鉴别特征	塞加羚羊角	鹅喉羚角	黄羊角	藏羚羊角
形　状	长圆锥形，弓形弯曲	长圆锥形，侧扁	长圆锥形，侧扁	长圆锥形，较长而侧扁
颜　色	白色或黄白色	黑色，不透明	黑色，不透明	黑色，不透明
环脊数/个	10～20	8～10	17～20	10～16
间距/mm	20	15	5	20
束的密度/（束/mm^2）	20～40	100～120	20～120	90～100

附录 I

国家重点保护野生动物名录

（1988 年 12 月 10 日国务院批准
1989 年 1 月 14 日中华人民共和国林业部、农业部第 1 号令发布）

中文名	学　名	保护级别	
		Ⅰ级	Ⅱ级
兽纲 MAMMALIA			
灵长目	PRIMATES		
懒猴科	Lorisldae		
蜂猴（所有种）	*Nycticebus spp*	Ⅰ	
猴科	*Cercopithecidae*		
短尾猴	*Macaca arctoides*		Ⅱ
熊猴	*Macaca assamensis*	Ⅰ	
台湾猴	*Macaca cyclopis*	Ⅰ	
猕猴	*Macaca mulatta*		Ⅱ
豚尾猴	*Macaca nemestrina*	Ⅰ	
藏酋猴	*Macaca thibetana*		Ⅱ
叶猴（所有种）	*PreSbyitis spp*	Ⅰ	
金丝猴（所有种）	*Rhinopithecus spp*	Ⅰ	
长臂猿科	*Hylobatidae*		
长臂猿（所有种）	*Hylobates spp*	Ⅰ	
鳞甲目	PHOLIDOTA		
鲮鲤科	Manidae		
穿山甲	*Manis pentadactyla*		Ⅱ
食肉目	CARNIVORA		
犬科	Canidae		
豺	*Cuon alpinus*		Ⅱ
熊科	*Ursidae*		
黑熊	*Selenarctos thibetanus*		Ⅱ
棕熊	*Ursus arctos*		Ⅱ
（包括马熊）	（*U. a.　Pruinosus*）		Ⅱ
马来熊	*Helarctas malayanus*	Ⅰ	
浣熊科	*Procyonidae*		
小熊猫	*Ailurus fulgens*		Ⅱ
大熊猫科	*Ailuropodidae*		
大熊猫	*Ailuropoda melanoleuCa*	Ⅰ	
鼬科	Mustelidae		
石貂	*Martes foina*		Ⅱ
紫貂	*Martes zibellina*	Ⅰ	
黄喉貂	*Martes flavigula*		Ⅱ
貂熊	*Gulo gulo*	Ⅰ	
*水獭（所有种）	*Lutra spp* ·		Ⅱ

* 小爪水獭	*Aonyx cinerea*		II
灵猫科	Viverridae		
斑林狸	*Prionodon pardicolor*		II
小灵猫	*Viverricula indica*		II
熊狸	*Arctictis binturong*	I	
猫科	Felidae		
草原斑猫	*Felis lybica*（ = *silvestris*）		II
荒漠猫	*Felis bieti*		II
丛林猫	*Felis chaus*		II
猞猁	*Felis lynx*		II
兔狲	*Felis manul*		II
金猫	*Feils temmincki*		II
渔猫	*Felis viverrinus*		II
云豹	*Neojelis nebulosa*	I	
豹	*Panthera pardus*	I	
虎	*Panthera tigris*	I	
雪豹	*Panthera uncia*	I	
* 鳍足目（所有种）	PINNIPEDIA		II
海牛目	SIRENIA		
儒艮科	Dugongidae		
* 儒艮	*Dugong dugong*	I	
鲸目	CETACEA		
喙豚科	Platanlstidae		
* 白暨豚	*Lipotes vexillifer*	I	
海豚科	Delphinidae		
* 中华白海豚	*Sousa chinensis*	I	
* 其它鲸类	（Cetacea）		II
长鼻目	PROBOSCIDEA		
象科	Elephantldae		
亚洲象	*Elephas maximus*	I	
奇蹄目	PERISSODACTYLA		
马科	Equidae		
蒙古野驴	*Equus hemionus*	I	
西藏野驴	*Equus kiang*	I	
野马	*Equns Przewalskii*	I	
偶蹄目	ARTIODACTYLA		
驼科	Camelidae		
野骆驼	*Camelus ferus*（ = *bactrianus*）	I	
鼷鹿科	Tragulidae		
鼷鹿	*Tragulus javanicus*	I	
麝科	Moschidae		
麝（所有种）	*Moschus spp* ·	I	
鹿科	Cervidae		
河麂	*Hydropotes inermis*		II
白唇鹿	*Cervus albirostris*	I	
马鹿	*Cervus elaphus*		II
（包括白臀鹿）	（*C. e. macneilli*）		II
坡鹿	*Cervus eldi*	I	

黑鹿	*Muntiacus crinifrons*	I	
梅花鹿	*Cervus Nippon*	I	
豚鹿	*Cervus porcinus*	I	
水鹿	*cervus unicolor*		II
麋鹿	*Elaphurus davidianus*	I	
驼鹿	*Alces alces*		II
牛科	Bovidae		
野牛	*Bos gaurus*	I	
野牦牛	*Bos mutus* (= *grunniens*)	I	
黄羊	*Procapra gutturosa*		II
普氏原羚	*Procapra przewalskii*	I	
藏原羚	*Procapra picticaudata*		II
鹅喉羚	*Cazella subgutturosa*		II
藏羚	*Pantholops hodgsoni*	I	
高鼻羚羊	*Saiga tatarica*	I	
扭角羚	*Budorcas taxicolor*	I	
鬣羚	*Capricornis sumatraensis*		II
台湾鬣羚	*Capricornis crispus*	I	
赤斑羚	*Naemorhedus cranbrooki*	I	
斑羚	*Naemorhedus goral*		II
塔尔羊	*Hemitragus jemlahicus*	I	
北山羊	*Capra ibex*	I	
岩羊	*Pseudois nayaur*		II
盘羊	*Ovis ammon*		II
免形目	LAGOMORPHA		
兔科	Leporidae		
海南兔	*Lepus peguensis hainanus*		II
雪兔	*Lepus timidus*		II
塔里木兔	*Lepus yarkandensis*		II
啮齿目	RODENTIA		
松鼠科	Sciuridae		
巨松鼠	*Ratufa bicolor*		II
河狸科	*Castoridae*		
河狸	*Castor fiber*	I	
	鸟纲 AVES		
䴙䴘目	PODICIPEDIFORMES		
䴙䴘科	Podicipedidae		
角䴙䴘	*Podiceps auritus*		II
赤颈䴙䴘	*Podiceps grisegena*		II
鹱形目	PROCELLARIIFORMES		
信天翁科	Diomedeidae		
短尾信天翁	*Diomedea albatrus*	I	
鹈形目	PELECANIFORMES		
鹈鹕科	Pelecanidae		
鹈鹕（所有种）	*Pelecanus spp* ·		II
鲣鸟科	Sulidae		
鲣鸟（所有种）	*Sula spp* ·		II
鸬鹚科	Phalacrocoracidae		

海鸬鹚	*Phalacrocorax pelagicus*		II
黑颈鸬鹚	*Phalacrocorax niger*		II
军舰鸟科	Fregatidae		
白腹军舰鸟	*Fregata andrewsi*	I	
鹳形目	CICONllFORMES		
鹭科	Ardeidae		
黄嘴白鹭	*Egretta eulophotes*		II
岩鹭	*Egretta sacra*		II
海南虎斑鳽	*Gorsachius magnificus*		II
小苇鳽	*Ixbrychus minutus*		II
鹳科	Ciconiidae		
彩鹳	*Ibis leucocephalus*		II
白鹳	*Ciconia ciconia*	I	
黑鹳	*Ciconia nigra*	I	
鹮科	Threskiornithidae		
白鹮	*Threskiornis aethiopicus*		II
黑鹮	*Pseudibis papillosa*		II
朱鹮	*Nipponia nippon*	I	
彩鹮	*Plegalis falcinellus*		II
白琵鹭	*Platalea leucorodia*		II
黑脸琵鹭	*platalea minor*		II
雁形目	ANSERIFORMES		
鸭科	Anatidae		
红胸黑雁	*Branta ruficollis*		II
白额雁	*Anser albifrons*		II
天鹅（所有种）	*Cygnus spp* ·		II
鸳鸯	*Aix galericulata*		II
中华秋沙鸭	*Mergus squamatus*	I	
隼形目	FALCONIFORMES		
鹰科	Accipitridae		
金雕	*Aquila chrysaetos*	I	
白肩雕	*Aquila heliaca*	I	
玉带海雕	*Haliaeetus leucoryphus*	I	
白尾海雕	*Haliaeetus albcilla*	I	
虎头海雕	*Haliaeetus pelagicus*	I	
拟兀鹫	*Pseudogyps bengalensis*	I	
胡兀鹫	*Gypaetus barbatus*	I	
其它鹰类	(Accipitridae)		II
隼科（所有种）	Falconidae		II
鸡形目	GALLIFORMES		
松鸡科	Tetraonidae		
细嘴松鸡	*Tetrao parvirostris*	I	
黑琴鸡	*Lyrurus tetrix*		II
柳雷鸟	*Lagopus lagopus*		II
岩雷鸟	*Lagopus mutus*		II
镰翅鸡	*Falcipennis falcipennis*		II
花尾榛鸡	*Tetrastes bonasla*		II
斑尾榛鸡	*Tetrastes sewerzowi*	I	

雉科	Phasianidae		
雪鸡（所有种）	*Tetraogallus spp* ·		II
雉鹑	*Tetraophasis obscurus*	I	
四川山鹧鸪	*ArboroPhila rufipectus*	I	
海南山鹧鸪	*Arborophila ardens*	I	
血雉	*Ithaginis cruentus*		II
黑头角雉	*Tragopan melanocephalus*	I	
红胸角雉	*Tragopan satyra*	I	
灰腹角雉	*Tragopan blythii*	I	
红腹角雉	*Tragopan temminchii*		II
黄腹角雉	*Tragopan caboti*	I	
虹雉（所有种）	*Lophophorus spp.*	I	
藏马鸡	*Crossoptilon crossoptilon*		II
蓝马鸡	*Crossoptilon aurtun*		II
褐马鸡	*Crossoptilon mantchuricum*	I	
黑鹇	*Lophura leucomelana*		II
白鹇	*Lophura nycthemera*		II
蓝鹇	*Lophura swinhoii*	I	
原鸡	*Gallus gallus*		II
勺鸡	*Pucrasia macrolopha*		II
黑颈长尾雉	*Syrmaticus humiae*	I	
白冠长尾雉	*Syrmaticus reevesii*		II
白颈长尾雉	*Syrmaticus ewllioti*	I	
黑长尾雉	*Syrmaticus mikado*	I	
锦鸡（所有种）	*ChrysoloPhus spp* ·		II
孔雀雉	*Polyplectron bicalcaratum*	I	
鹤形目	GRUIFORMES		
鹤科	Gruidae		
灰鹤	*Grus grus*		II
黑颈鹤	*Grum nigricollis*	I	
白头鹤	*Grus monacha*	I	
沙丘鹤	*Grus canadensis*		II
丹顶鹤	*Grus japonensis*	I	
白枕鸿	*Grus vipio*		II
白鹤	*Grus leucogeranus*	I	
赤颈鹤	*Grus antigone*	I	
蓑羽鹤	*Anthropoides virgo*		II
秧鸡科	Rallidae		
长脚秧鸡	*Crex crex*		II
姬田鸡	*Porzana parva*		II
棕背田鸡	*Porzana bicolor*		II
花田鸡	*Coturnicops noveboracensis*		II
鸨科	Otidae		
鸨（所有种）	*Otis spp* ·	I	
鸻形目	CHARADRIIFORMES		
雉鸻科	Jacanidae		
铜翅水雉	*Metopidius indicus*		II
鹬科	Soolopacidae		

小杓鹬	*Numenius borealis*		II
小青脚鹬	*Tringa guttifer*		II
燕鸻科	Glareolidae		
灰燕鸻	*Glareola lactea*		II
鸥形目	LARIFORMES		
鸥科	Laridae		
遗鸥	*Larus relictus*	I	
小鸥	*Larus minutus*		II
黑浮鸥	*Chlidonias niger*		II
黄嘴河燕鸥	*Sterna aurantia*		II
黑嘴端凤头燕鸥	*Thalasseus zimmermanni*		II
鸽形目	COLUMBIFORMES		
沙鸡科	Pteroclididae		
黑腹沙鸡	*Pterocles orientalis*		II
鸠鸽科	Columbidae		
绿鸠（所有种）	*Treron spp.*		II
黑颏果鸠	*Ptilinopus leclancheri*		II
皇鸠（所有种）	*Ducula spp* ·		II
斑尾林鸽	*Columba palumbus*		II
鹃鸠（所有种）	*Macropygia spp.*		II
鹦形目	PSITTACIFORMES		
鹦鹉科（所有种）	Psittacidae		II
鹃形目	CUCULIFORMES		
杜鹃科	Cuculidae		
鸦鹃（所有种）	*Centropus spp* ·		II
鸮形目（所有种）	STRIGIFORMES		II
雨燕目	APODIFORMES		
雨燕科	Apodidae		
灰喉针尾雨燕	*Hirundapus cochinchinensls*		II
凤头雨燕科	Hemiprocnidae		
凤头雨燕	*Hemiprocne longipennis*		II
咬鹃目	TROGONIFORMES		
咬鹃科	Trogonidae		
橙胸咬鹃	*Harpactes oreskios*		II
佛法僧目	CORACIlFORMES		
翠鸟科	Alcedinidae		
蓝耳翠鸟	*Alcedo meninting*		II
鹳嘴翠鸟	*Pelargopsis capensis*		II
蜂虎科	Meropidae		
黑胸蜂虎	*Merops leschenaulti*		II
绿喉蜂虎	*Merops orientalis*		II
犀鸟科（所有种）	Bucertidae		II
䴕形目	PICIFORMES		
啄木鸟科	Picidae		
白腹黑啄木鸟	*Dryocopus javensis*		II
雀形目	PASSERIFORMES		
阔嘴鸟科（所有种）	Eurylaimidae		II
八色鸫科（所有种）	Pittidae		II

	爬行纲 REPTILIA		
龟鳖目	TESTUDOFORMES		
龟科	Emydidae		
＊地龟	*Geoemyda spengleri*		Ⅱ
＊三线闭壳龟	*Cuora trifasciata*		Ⅱ
＊云南闭壳龟	*Cuora yunnanensis*		Ⅱ
陆龟科	Testudinidae		
四爪陆龟	*Testudo horsfieldi*	Ⅰ	
凹甲陆龟	*Manouria impressa*		Ⅱ
海龟科	Cheloniidae		
＊蠵龟	*Caretta caretta*		Ⅱ
＊绿海龟	*Chelonia mydas*		Ⅱ
＊玳瑁	*Eretmochelys imbricata*		Ⅱ
＊太平洋丽龟	*Lepidochelys olivacea*		Ⅱ
棱皮龟科	Dermochelyidae		
＊棱皮龟	*Dermochelys coriacea*		Ⅱ
鳖科	Trionychidae		
＊鼋	*Pelochelys bibroni*	Ⅰ	
＊山瑞鳖	*Trionyx steindachneri*		Ⅱ
蜥蜴目	LACERTIFORMES		
壁虎科	Gekkonidae		
大壁虎	*Gekko gecko*		Ⅱ
鳄蜥科	Shinisauridae		
蜥鳄	*Shinisaurus crocodilurus*	Ⅰ	
巨蜥科	Varanidae		
巨蜥	*Varanus salvator*	Ⅰ	
蛇目	SERPENTIFORMES		
蟒科	Boidae		
蟒	*Python molurus*	Ⅰ	
鳄目	CROCODILIFORMES		
鼍科	Alligatoridae		
扬子鳄	*Alligator sinensis*	Ⅰ	
	两栖纲 AMPHIBIA		
有尾目	CAUDATA		
隐鳃鲵科	Cryptobranchidae		
＊大鲵	*Andrias davidianus*		Ⅱ
蝾螈科	Salamandridae		
＊细痣疣螈	*Tylototriton asperrimus*		Ⅱ
＊镇海疣螈	*Tylototriton chinhaiensis*		Ⅱ
＊大凉疣螈	*Tylototriton kweichowensis*		Ⅱ
＊细瘰疣螈	*Tylototriton verrucosus*		Ⅱ
＊贵州疣螈	*Tylototriton kweichowensis*		Ⅱ
无尾目	ANURA		
蛙科	Ranidae		
虎纹蛙	*Rana tigrina*		Ⅱ
	鱼纲 MAMMALIA		
鲈形目	PERCIFORMES		
石首鱼科	Sciaenidae		

＊黄唇鱼	*Bahaba flavolabiata*		II
杜父鱼科	Cottidae		
＊松江鲈鱼	*Trachidermus fasciatus*		II
海龙鱼目	SYNGNATHIFORMES		
海龙鱼科	Syngnathidae		
＊克氏海马鱼	*Hippocampus kelloggi*		II
鲤形目	CYPRINIFORMES		
胭脂鱼科	Catostomidae		
＊胭脂鱼	*Myxocyprinus asiaticus*		II
鲤科	Cyprinidae		
＊唐鱼	*Tanichthys albonubes*		II
＊大头鲤	*Cyprinus Pellegrini*		II
＊金线鲃	*Sinocyclocheilus grahami grahami*		II
＊新疆大头鱼	*Aspiorhynchus laticeps*	I	
＊大理裂腹鱼	*Schizothorax taliensis*		II
鳗鲡目	ANGUILLIFOMES		
鳗鲡科	Anguillidae		
＊花鳗鲡	*Anguilla marmorata*		II
鲑形目	SALMONIFORMES		
鲑科	Salmonidae		
＊川陕哲罗鲑	*Hucho bleekeri*		II
＊秦岭细鳞鲑	*Brachymystax lenok tsinlingensis*		II
鲟形目	ACIPENSERIFORMES		
鲟科	Acipenseridae		
＊中华鲟	*Acipenser sinensis*	I	
＊达氏鲟	*Acipenserdabryanus*	I	
匙吻鲟科	Polyodontidae		
＊白鲟	*Psephurus gladius*	I	
文昌纲 ANTHOZOA			
文昌鱼目	AMPHIOXIFORMES		
文昌鱼科	Branchiostomatidae		II
＊文昌鱼	*Branchiotoma belcheri*		
珊瑚纲 ANTHOZOA			
柳珊瑚目	GOKGONACEA		
红珊瑚科	Coralliidae		
＊红珊瑚	*Corallium spp.*	I	
中腹足目	MESOGASTROPODA		
宝贝科	Cypraeidae		
＊虎斑宝贝	*Cypraea tigris*		II
冠螺科	Cassididae		
＊冠螺	*Cassis cornuta*		II
瓣鳃纲 LAMELLIBRANCHIA			
异柱目	ANISOMYARIA		
珍珠贝科	Pteriidae		
＊大珠母贝	*Pinctada maxima*		II
真瓣鳃目	EULAMELLIBRANCHIA		
砗磲科	Tridacnidae		
＊库氏砗磲	*Trldacna cookiana*	I	

蚌科	Unionidae		
＊佛耳丽蚌	*Lamprotula mansuyi*		II
头足纲 UEPHALOPODA			
四鳃目	TETRABRANCHIA		
鹦鹉螺科	Nautilidae		
＊鹦鹉螺	*Nautilus pompilius*	I	
昆虫纲 INSECTA			
双尾目	UIPLURA		
铗虮科	Japygidae		
伟铗虮	*Atlasjapyx atlas*		II
蜻蜓目	ODONATA		
箭蜓科	Gomphidae		
尖板曦箭蜓	*Heliogomphus retroflexus*		II
宽纹北箭蜓	*Ophiogomphus spinicorne*		II
缺翅目	ZORAPTERA		
缺翅虫科	Zorotypidae		
中华缺翅虫	*Zorotypus sinensis*		II
墨脱缺翅虫	*Zorotypus medoensis*		II
蛩蠊目	GRYLLOBLATTODAE		
蛩蠊科	Grylloblattidae		
中华蛩蠊	Galloisiana sinensis	I	
鞘翅目	COLEOPTERA		
步甲科	Carabidae		
拉步甲	*Carabus*（*Coptolabrus*）*lafossei*		II
硕步甲	*Carabus*（*Apotopterus*）*davidi*		II
臂金龟科	Euchiridae		
彩臂金龟（所有种）	*Cheirotonus spp.*		II
犀金龟科	Dynastidae		
叉犀金龟	*Allomyrina davidis*		II
鳞翅目	LEPIDOPTERA		
凤蝶科	Papilionidae		
金斑喙凤蝶	*Teinopalpus aureus*	I	
双尾褐凤蝶	*Bhutanitis mansfieldi*		II
三尾褐凤蝶	*Bhutanitis thaidina dongchuanensis*		II
中华虎凤蝶	*Luehdorfia chinensis huashanensis*		II
绢蝶科	Parnassidae		
阿波罗绢蝶	*Parnassius Apollo*		II
肠鳃纲 ENTEROPNEUSTA			
柱头虫科	Balanoglossidae		
＊多鳃孔舌形虫	*Glossobalanus polybranchioporus*	I	
玉钩虫科	Harrlmaniidae		
＊黄岛长吻虫	*Saccoglossus hwangtauensis*	I	

注：标“＊”者，由渔业行政主管部门主管；示标“＊”者，由林业行政主管部门主管。

附录Ⅱ

国家保护的有益的或者有重要经济、科学研究价值的陆生野生动物名录

国家林业局令（第7号）

目、科	序号	中文名	学 名	备 注
		兽纲 MAMMALIA 6目14科88种		
食虫目 INSECTIVORA				
猬科 Erinaceidae	1	刺猬	*Erinaceus europaeus*	
	2	达乌尔猬	*Hemiechinus dauuricus*	
	3	大耳猬	*Hemiechinus auritus*	
	4	侯氏猬	*Hemiechinus hughi*	
树鼩目 SCANDENTIA				
树鼩科 Tupaiidae	5	树鼩	*Tupaia belangeri*	
食肉目 CARNIVORA				
犬科 Canidae	6	狼	*Canis lupus*	
	7	赤狐	*Vulpes vulpes*	
	8	沙狐	*Vulpes corsac*	
	9	藏狐	*Vulpes ferrilata*	
	10	貉	*Nyctereutes procyonoides*	
鼬科 Mustelidae	11	香鼬	*Mustela altaica*	
	12	白鼬	*Mustela erminea*	
	13	伶鼬	*Mustela nivalis*	
	14	黄腹鼬	*Mustela kathiah*	
	15	小艾鼬	*Mustela amurensis*	
	16	黄鼬	*Mustela sibirica*	
	17	纹鼬	*Mustela strigidorsa*	
	18	艾鼬	*Mustela eversmanni*	
	19	虎鼬	*Vormela peregusna*	
	20	鼬獾	*Melogale moschata*	
	21	缅甸鼬獾	*Melogale personata*	
	22	狗獾	*Meles meles*	
	23	猪獾	*Arctonyx collaris*	
灵猫科 Viverridae	24	大斑灵猫	*Viverra megaspila*	
	25	椰子狸	*Paradoxurus hermaphroditus*	
	26	果子狸	*Paguma larvata*	
	27	小齿椰子猫	*Arctogalidia trivirgata*	
	28	缟灵猫	*Chrotogale owstoni*	
灵猫科 Viverridae	29	红颊獴	*Herpestes javanicus*	
	30	食蟹獴	*Herpestes urva*	
猫科 Felidae	31	云猫	*Felis marmorata*	
	32	豹猫	*Felis bengalensis*	
偶蹄目 ARTIODACTYLA				
猪科 Suidae	33	野猪	*Sus scrofa*	

鹿科 Cervidae	34	赤麂	*Muntiacus muntjak*	
	35	小麂	*Muntiacus reevesi*	
	36	菲氏麂	*Muntiacus feae*	
	37	毛冠鹿	*Elaphodus cephalophus*	
	38	狍	*Capreolus capreolus*	
	39	驯鹿	*Rangifer tarandus*	
兔形目 LAGOMORPHA				
兔科 Leporidae	40	草兔	*Lepus capensis*	
	41	灰尾兔	*Lepus oiostolus*	
	42	华南兔	*Lepus sinensis*	
	43	东北兔	*Lepus mandschuricus*	
	44	西南兔	*Lepus comus*	
	45	东北黑兔	*Lepus melainus*	
啮齿目 RODENTIA				
鼯鼠科 Petauristidae	46	毛耳飞鼠	*Belomys pearsoni*	
	47	复齿鼯鼠	*Trogopterus xanthipes*	
	48	棕鼯鼠	*Petaurista petaurista*	
	49	云南鼯鼠	*Petaurista yunanensis*	
	50	海南鼯鼠	*Petaurista hainana*	
	51	红白鼯鼠	*Petaurista alborufus*	
	52	台湾鼯鼠	*Petaurista pectoralis*	
	53	灰鼯鼠	*Petaurista xanthotis*	
	54	栗褐鼯鼠	*Petaurista magnificus*	
	55	灰背大鼯鼠	*Petaurista philippensis*	
	56	白斑鼯鼠	*Petaurista marica*	
	57	小鼯鼠	*Petaurista elegans*	
	58	沟牙鼯鼠	*Aeretes melanopterus*	
	59	飞鼠	*Pteromys volans*	
	60	黑白飞鼠	*Hylopetes alboniger*	
	61	羊绒鼯鼠	*Eupetaurus cinereus*	
	62	低泡飞鼠	*Petinomys electilis*	
松鼠科 Sciuridae	63	松鼠	*Sciurus vulgaris*	
	64	赤腹松鼠	*Callosciurus erythraeus*	
	65	黄足松鼠	*Callosciurus phayrei*	
	66	蓝腹松鼠	*Callosciurus pygerythrus*	
	67	金背松鼠	*Callosciurus caniceps*	
	68	五纹松鼠	*Callosciurus quinquestriatus*	
	69	白背松鼠	*Callosciurus finlaysoni*	
	70	明纹花松鼠	*Tamiops macclellandi*	
	71	隐纹花松鼠	*Tamiops swinhoei*	
	72	橙腹长吻松鼠	*Dremomys lokriah*	
	73	泊氏长吻松鼠	*Dremomys pernyi*	
	74	红颊长吻松鼠	*Dremomys rufigenis*	
	75	红腿长吻松鼠	*Dremomys pyrrhomerus*	
	76	橙喉长吻松鼠	*Dremomys gularis*	
	77	条纹松鼠	*Menetes berdmorei*	
	78	岩松鼠	*Sciurotamias davidianus*	
	79	侧纹岩松鼠	*Sciurotamias forresti*	
	80	花鼠	*Eutamias sibiricus*	
豪猪科 Hystricidae	81	扫尾豪猪	*Atherurus macrourus*	
	82	豪猪	*Hystrix hodgsoni*	
	83	云南豪猪	*Hystrix yunnanensis*	

竹鼠科 Rhizomyidae	84	花白竹鼠	*Rhizomys pruinosus*	
	85	大竹鼠	*Rhizomys sumatrensis*	
	86	中华竹鼠	*Rhizomys sinensis*	
	87	小竹鼠	*Cannomys badius*	
鼠科 Muridae	88	社鼠	*Rattus niviventer*	
鸟纲 AVES 18 目 61 科 706 种				
潜鸟目 GAVIIFORMES				
潜鸟科 Gaviidae	1	红喉潜鸟	*Gavia stellata*	
	2	黑喉潜鸟	*Gavia arctica*	
䴙䴘目 PODICIPEDIFORMES				
䴙䴘科 Podicipedidae	3	小䴙䴘	*Tachybaptus ruficollis*	
	4	黑颈䴙䴘	*Podiceps nigricollis*	
	5	凤头䴙䴘	*Podiceps cristatus*	
鹱形目 PROCELLARIIFORMES				
信天翁科 Diomedeidae	6	黑脚信天翁	*Diomedea nigripes*	
鹱科 Procellariidae	7	白额鹱	*Puffinus leucomelas*	
	8	灰鹱	*Puffinus griseus*	
	9	短尾鹱	*Puffinus tenuirostris*	
	10	纯褐鹱	*Bulweria bulwerii*	
海燕科 Hydrobatidae	11	白腰叉尾海燕	*Oceanodroma leucorhoa*	
	12	黑叉尾海燕	*Oceanodroma monorhis*	
鹈形目 PELECANIFORMES				
鹲科 Phaethontidae	13	白尾鹲	*Phaethon lepturus*	
鸬鹚科 Phalacrocoracidae	14	普通鸬鹚	*Phalacrocorax carbo*	
	15	暗绿背鸬鹚	*Phalacrocorax capillatus*	
	16	红脸鸬鹚	*Phalacrocorax urile*	
军舰鸟科 Fregatidae	17	小军舰鸟	*Fregata minor*	
	18	白斑军舰鸟	*Fregata ariel*	
鹳形目 CICONIIFORMES				
鹭科 Ardeidae	19	苍鹭	*Ardea cinerea*	
	20	草鹭	*Ardea purpurea*	
	21	绿鹭	*Butorides striatus*	
	22	池鹭	*Ardeola bacchus*	
	23	牛背鹭	*Bubulcus ibis*	
	24	大白鹭	*Egretta alba*	
	25	白鹭	*Egretta garzetta*	
	26	中白鹭	*Egretta intermedia*	
	27	夜鹭	*Nycticorax nycticorax*	
	28	栗鳽	*Gorsachius goisagi*	
	29	黑冠鳽	*Gorsachius melanolophus*	
	30	黄苇鳽	*Ixobrychus sinensis*	
	31	紫背苇鳽	*Ixobrychus eurhythmus*	
	32	栗苇鳽	*Ixobrychus cinnamomeus*	
	33	黑鳽	*Ixobrychus flavicollis*	
	34	大麻鳽	*Botaurus stellaris*	
鹳科 Ciconiidae	35	东方白鹳	*Ciconia boyciana*	
	36	秃鹳	*Leptoptilos javanicus*	
红鹳科 Phoenicopteridae	37	大红鹳	*Phoenicopterus ruber*	
雁形目 ANSERIFORMES				
鸭科 Anatidae	38	黑雁	*Branta bernicla*	
	39	鸿雁	*Anser cygnoides*	
	40	豆雁	*Anser fabalis*	

	41	小白额雁	*Anser erythropus*	
	42	灰雁	*Anser anser*	
	43	斑头雁	*Anser indicus*	
	44	雪雁	*Anser caerulescens*	
	45	栗树鸭	*Dendrocygna javanica*	
	46	赤麻鸭	*Tadorna ferruginea*	
	47	翘鼻麻鸭	*Tadorna tadorna*	
	48	针尾鸭	*Anas acuta*	
	49	绿翅鸭	*Anas crecca*	
	50	花脸鸭	*Anas formosa*	
	51	罗纹鸭	*Anas falcata*	
	52	绿头鸭	*Anas platyrhynchos*	
	53	斑嘴鸭	*Anas poecilorhyncha*	
	54	赤膀鸭	*Anas strepera*	
	55	赤颈鸭	*Anas penelope*	
	56	白眉鸭	*Anas querquedula*	
	57	琵嘴鸭	*Anas clypeata*	
	58	云石斑鸭	*Marmaronetta angustirostris*	
	59	赤嘴潜鸭	*Netta rufina*	
	60	红头潜鸭	*Aythya ferina*	
	61	白眼潜鸭	*Aythya nyroca*	
	62	青头潜鸭	*Aythya baeri*	
	63	凤头潜鸭	*Aythya fuligula*	
	64	斑背潜鸭	*Aythya marila*	
	65	棉凫	*Nettapus coromandelianus*	
	66	瘤鸭	*Sarkidiornis melanotos*	
	67	小绒鸭	*Polysticta stelleri*	
	68	黑海番鸭	*Melanitta nigra*	
	69	斑脸海番鸭	*Melanitta fusca*	
	70	丑鸭	*Histrionicus histrionicus*	
	71	长尾鸭	*Clangula hyemalis*	
	72	鹊鸭	*Bucephala clangula*	
	73	白头硬尾鸭	*Oxyura leucocephala*	
	74	白秋沙鸭	*Mergus albellus*	
	75	红胸秋沙鸭	*Mergus serrator*	
	76	普通秋沙鸭	*Mergus merganser*	
鸡形目 GALLIFORMES				
松鸡科 Tetraonidae	77	松鸡	*Tetrao urogallus*	
雉科 Phasianidae	78	雪鹑	*Lerwa lerwa*	
	79	石鸡	*Alectoris chukar*	
	80	大石鸡	*Alectoris magna*	
	81	中华鹧鸪	*Francolinus pintadeanus*	
	82	灰山鹑	*Perdix perdix*	
	83	斑翅山鹑	*Perdix dauuricae*	
	84	高原山鹑	*Perdix hodgsoniae*	
	85	鹌鹑	*Coturnix coturnix*	
	86	蓝胸鹑	*Coturnix chinensis*	
	87	环颈山鹧鸪	*Arborophila torqueola*	
	88	红胸山鹧鸪	*Arborophila mandellii*	
	89	绿脚山鹧鸪	*Arborophila chloropus*	
	90	红喉山鹧鸪	*Arborophila rufogularis*	
	91	白颊山鹧鸪	*Arborophila atrogularis*	

	92	褐胸山鹧鸪	*Arborophila brunneopectus*	
	93	白额山鹧鸪	*Arborophila gingica*	
	94	台湾山鹧鸪	*Arborophila crudigularis*	
	95	棕胸竹鸡	*Bambusicola fytchii*	
	96	灰胸竹鸡	*Bambusicola thoracica*	
	97	藏马鸡	*Crossoptilon crossoptilon*	
	98	雉鸡	*Phasianus colchicus*	
鹤形目 GRUIFORMES				
秧鸡科 Rallidae	99	普通秧鸡	*Rallus aquaticus*	
	100	蓝胸秧鸡	*Rallus striatus*	
	101	红腿斑秧鸡	*Rallina fasciata*	
	102	白喉斑秧鸡	*Rallina eurizonoides*	
	103	小田鸡	*Porzana pusilla*	
	104	斑胸田鸡	*Porzana porzana*	
	105	红胸田鸡	*Porzana fusca*	
	106	斑胁田鸡	*Porzana paykullii*	
	107	红脚苦恶鸟	*Amaurornis akool*	
	108	白胸苦恶鸟	*Amaurornis phoenicurus*	
	109	董鸡	*Gallicrex cinerea*	
	100	黑水鸡	*Gallinula chloropus*	
	111	紫水鸡	*Porphyrio porphyrio*	
	112	骨顶鸡	*Fulica atra*	
鸻形目 CHARADRIIFORMES				
雉鸻科 Jacanidae	113	水雉	*Hydrophasianus chirurgus*	
彩鹬科 Rostratulidae	114	彩鹬	*Rostratula benghalensis*	
蛎鹬科 Haematopodidae	115	蛎鹬	*Haematopus ostralegus*	
鸻科 Charadriidae	116	凤头麦鸡	*Vanellus vanellus*	
	117	灰头麦鸡	*Vanellus cinereus*	
	118	肉垂麦鸡	*Vanellus indicus*	
	119	距翅麦鸡	*Vanellus duvaucelii*	
	120	灰斑鸻	*Pluvialis squatarola*	
	121	金［斑］鸻	*Pluvialis dominica*	
	122	剑鸻	*Charadrius hiaticula*	
	123	长嘴剑鸻	*Charadrius placidus*	
	124	金眶鸻	*Charadrius dubius*	
	125	环颈鸻	*Charadrius alexandrinus*	
	126	蒙古沙鸻	*Charadrius mongolus*	
	127	铁嘴沙鸻	*Charadrius leschenaultii*	
	128	红胸鸻	*Charadrius asiaticus*	
	129	东方鸻	*Charadrius veredus*	
	130	小嘴鸻	*Charadrius morinellus*	
鹬科 Scolopacidae	131	中杓鹬	*Numenius phaeopus*	
	132	白腰杓鹬	*Numenius arquata*	
	133	大杓鹬	*Numenius madagascariensis*	
	134	黑尾塍鹬	*Limosa limosa*	
	135	斑尾塍鹬	*Limosa lapponica*	
	136	鹤鹬	*Tringa erythropus*	
	137	红脚鹬	*Tringa totanus*	
	138	泽鹬	*Tringa stagnatilis*	
	139	青脚鹬	*Tringa nebularia*	
	140	白腰草鹬	*Tringa ochropus*	
	141	林鹬	*Tringa glareola*	

	142	小黄脚鹬	*Tringa flavipes*	
	143	矶鹬	*Tringa hypoleucos*	
	144	灰尾［漂］鹬	*Heteroscelus brevipes*	
	145	漂鹬	*Heteroscelus incanus*	
	146	翘嘴鹬	*Xenus cinereus*	
	147	翻石鹬	*Arenaria interpres*	
	148	半蹼鹬	*Limnodromus semipalmatus*	
	149	长嘴鹬	*Limnodromus scolopaeus*	
	150	孤沙锥	*Gallinago solitaria*	
	151	澳南沙锥	*Gallinago hardwickii*	
	152	林沙锥	*Gallinago nemoricola*	
	153	针尾沙锥	*Gallinago stenura*	
	154	大沙锥	*Gallinago megala*	
	155	扇尾沙锥	*Gallinago gallinago*	
	156	丘鹬	*Scolopax rusticola*	
	157	姬鹬	*Lymnocryptes minimus*	
	158	红腹滨鹬	*Calidris canutus*	
	159	大滨鹬	*Calidris tenuirostris*	
	160	红颈滨鹬	*Calidris ruficollis*	
	161	西方滨鹬	*Calidris mauri*	
	162	长趾滨鹬	*Calidris subminuta*	
	163	小滨鹬	*Calidris minuta*	
	164	青脚滨鹬	*Calidris temminckii*	
	165	斑胸滨鹬	*Calidris melanotos*	
	166	尖尾滨鹬	*Calidris acuminata*	
	167	岩滨鹬	*Calidria ptilocnemis*	
	168	黑腹滨鹬	*Calidris alpina*	
	169	弯嘴滨鹬	*Calidris ferruginea*	
	170	三趾鹬	*Crocethia alba*	
	171	勺嘴鹬	*Eurynorhynchus pygmeus*	
	172	阔嘴鹬	*Limicola falcinellus*	
	173	流苏鹬	*Philomachus pugnax*	
反嘴鹬科 Recurvirostridae	174	鹮嘴鹬	*Ibidorhyncha struthersii*	
	175	黑翅长脚鹬	*Himantopus himantopus*	
	176	反嘴鹬	*Recurvirostra avosetta*	
瓣蹼鹬科 Phalaropodidae	177	红颈瓣蹼鹬	*Phalaropus lobatus*	
	178	灰瓣蹼鹬	*Phalaropus fulicarius*	
石鸻科 Burhinidae	179	石鸻	*Burhinus oedicnemus*	
	180	大石鸻	*Esacus magnirostris*	
燕鸻科 Glareolidae	181	领燕鸻	*Glareola pratincola*	
	182	普通燕鸻	*Glareola maldivarum*	
鸥形目 LARIFORMES				
贼鸥科 Stercorariidae	183	中贼鸥	*Stercorarius pomarinus*	
鸥科 Laridae	184	黑尾鸥	*Larus crassirostris*	
	185	海鸥	*Larus canus*	
	186	银鸥	*Larus argentatus*	
	187	灰背鸥	*Larus schistisagus*	
	188	灰翅鸥	*Larus glaucescens*	
	189	北极鸥	*Larus hyperboreus*	
	190	渔鸥	*Larus ichthyactus*	
	191	红嘴鸥	*Larus ridibundus*	
	192	棕头鸥	*Larus brunnicephalus*	

	193	细嘴鸥	*Larus genei*	
	194	黑嘴鸥	*Larus saundersi*	
	195	楔尾鸥	*Rhodostethia rosea*	
	196	三趾鸥	*Rissa tridactyla*	
	197	须浮鸥	*Chlidonias hybrida*	
	198	白翅浮鸥	*Chlidonias leucoptera*	
	199	鸥嘴噪鸥	*Gelochelidon nilotica*	
	200	红嘴巨鸥	*Hydroprogne caspia*	
	201	普通燕鸥	*Sterna hirundo*	
	202	粉红燕鸥	*Sterna dougallii*	
	203	黑枕燕鸥	*Sterna sumatrana*	
	204	黑腹燕鸥	*Sterna acuticauda*	
	205	白腰燕鸥	*Sterna aleutica*	
	206	褐翅燕鸥	*Sterna anaethetus*	
	207	乌燕鸥	*Sterna fuscata*	
	208	白额燕鸥	*Sterna albifrons*	
	209	大凤头燕鸥	*Thalasseus bergii*	
	210	小凤头燕鸥	*Thalasseus bengalensis*	
	211	白顶玄鸥	*Anous stolidus*	
	212	白玄鸥	*Gygis alba*	
海雀科 Alcidae	213	斑海雀	*Brachyramphus marmoratus*	
	214	扁嘴海雀	*Synthliboramphus antiquus*	
	215	冠海雀	*Synthliboramphus wumizusume*	
	216	角嘴海雀	*Cerorhinca monocerata*	
鸽形目 COLUMBIFORMES				
沙鸡科 Pteroclididae	217	毛腿沙鸡	*Syrrhaptes paradoxus*	
	218	西藏毛腿沙鸡	*Syrrhaptes tibetanus*	
鸠鸽科 Columbidae	219	雪鸽	*Columba leuconota*	
	220	岩鸽	*Columba rupestris*	
	221	原鸽	*Columba livia*	
	222	欧鸽	*Columba oenas*	
	223	中亚鸽	*Columba eversmanni*	
	224	点斑林鸽	*Columba hodgsonii*	
	225	灰林鸽	*Columba pulchricollis*	
	226	紫林鸽	*Columba punicea*	
	227	黑林鸽	*Cloumba janthina*	
	228	欧斑鸠	*Streptopelia turtur*	
	229	山斑鸠	*Streptopelia orientalis*	
	230	灰斑鸠	*Streptopelia decaocto*	
	231	珠颈斑鸠	*Streptopelia chinensis*	
	232	棕斑鸠	*Streptopelia senegalensis*	
	233	火斑鸠	*Oenopopelia tranquebarica*	
	234	绿翅金鸠	*Chalcophaps indica*	
鹃形目 CUCULIFORMES				
杜鹃科 Cuculidae	235	红翅凤头鹃	*Clamator coromandus*	
	236	斑翅凤头鹃	*Clamator jacobinus*	
	237	鹰鹃	*Cuculus sparverioides*	
	238	棕腹杜鹃	*Cuculus fugax*	
	239	四声杜鹃	*Cuculus micropterus*	
	240	大杜鹃	*Cuculus canorus*	
	241	中杜鹃	*Cuculus saturatus*	
	242	小杜鹃	*Cuculus poliocephalus*	

	243	栗斑杜鹃	*Cuculus sonneratii*	
	244	八声杜鹃	*Cuculus merulinus*	
	245	翠金鹃	*Chalcites maculatus*	
	246	紫金鹃	*Chalcites xanthorhynchus*	
	247	乌鹃	*Surniculus lugubris*	
	248	噪鹃	*Eudynamys scolopacea*	
	249	绿嘴地鹃	*Phaenicophaeus tristis*	
夜鹰目 CAPRIMULGIFORMES				
蛙嘴鸱科 Podargidae	250	黑顶蛙嘴鸱	*Batrachostomus hodgsoni*	
夜鹰科 Caprimulgidae	251	毛腿夜鹰	*Eurostopodus macrotis*	
	252	普通夜鹰	*Caprimulgus indicus*	
	253	欧夜鹰	*Caprimulgus europaeus*	
	254	中亚夜鹰	*Caprimulgus centralasicus*	
	255	埃及夜鹰	*Caprimulgus aegyptius*	
	256	长尾夜鹰	*Caprimulgus macrurus*	
	257	林夜鹰	*Caprimulgus affinis*	
雨燕目 APODIFORMES				
雨燕科 Apodidae	258	爪哇金丝燕	*Aerodramus fuciphagus*	
	259	短嘴金丝燕	*Aerodramus brevirostris*	
	260	大金丝燕	*Aerodramus maximus*	
	261	白喉针尾雨燕	*Hirundapus caudacutus*	
	262	普通楼燕	*Apus apus*	
	263	白腰雨燕	*Apus pacificus*	
	264	小白腰雨燕	*Apus affinis*	
	265	棕雨燕	*Cypsiurus parvus*	
咬鹃目 TROGONIFORMES				
咬鹃科 Trogonidae	266	红头咬鹃	*Harpactes erythrocephalus*	
	267	红腹咬鹃	*Harpactes wardi*	
佛法增目 CORACIIFORMES				
翠鸟科 Alcedinidae	268	普通翠鸟	*Alcedo atthis*	
	269	斑头大翠鸟	*Alcedo hercules*	
	270	蓝翡翠	*Halcyon pileata*	
蜂虎科 Meropidae	271	黄喉蜂虎	*Merops apiaster*	
	272	栗喉蜂虎	*Merops philippinus*	
	273	蓝喉蜂虎	*Merops viridis*	
	274	［蓝须］夜蜂虎	*Nyctyornis athertoni*	
佛法僧科 Coraciidae	275	蓝胸佛法僧	*Coracias garrulus*	
	276	棕胸佛法僧	*Coracias benghalensis*	
	277	三宝鸟	*Eurystomus orientalis*	
戴胜科 Upupidae	278	戴胜	*Upupa epops*	
鴷形目 PICIFORMES				
须鴷科 Capitonidae	279	大拟啄木鸟	*Megalaima virens*	
	280	［斑头］绿拟啄木鸟	*Magalaima zeylanica*	
	281	黄纹拟啄木鸟	*Megalaima faiostricta*	
	282	金喉拟啄木鸟	*Megalaima franklinii*	
	283	黑眉拟啄木鸟	*Megalaima oorti*	
	284	蓝喉拟啄木鸟	*Megalaima asiatica*	
	285	蓝耳拟啄木鸟	*Megalaima australis*	
	286	赤胸拟啄木鸟	*Megalaima haemacephala*	
啄木鸟科 Picidae	287	蚁鴷	*Jynx torquilla*	
	288	斑姬啄木鸟	*Picumnus innominatus*	
	289	白眉棕啄木鸟	*Sasia ochracea*	

	290	栗啄木鸟	*Celeus brachyurus*	
	291	鳞腹啄木鸟	*Picus squamatus*	
	292	花腹啄木鸟	*Picus vittatus*	
	293	鳞喉啄木鸟	*Picus xanthopygaeus*	
	294	灰头啄木鸟	*Picus canus*	
	295	红颈啄木鸟	*Picus rabieri*	
	296	大黄冠啄木鸟	*Picus flavinucha*	
	297	黄冠啄木鸟	*Picus chlorolophus*	
	298	金背三趾啄木鸟	*Dinopium javanense*	
	299	竹啄木鸟	*Gecinulus grantia*	
	300	大灰啄木鸟	*Mulleripicus pulverulentus*	
	301	黑啄木鸟	*Dryocopus martius*	
	302	大斑啄木鸟	*Picoides major*	
	303	白翅啄木鸟	*Picoides leucopterus*	
	304	黄颈啄木鸟	*Picoides darjellensis*	
	305	白背啄木鸟	*Picoides leucotos*	
	306	赤胸啄木鸟	*Picoides cathpharius*	
	307	棕腹啄木鸟	*Picoides hyperythrus*	
	308	纹胸啄木鸟	*Picoides atratus*	
	309	小斑啄木鸟	*Picoides minor*	
	310	星头啄木鸟	*Picoides canicapillus*	
	311	小星头啄木鸟	*Picoides kizuki*	
	312	三趾啄木鸟	*Picoides tridactylus*	
	313	黄嘴栗啄木鸟	*Blythipicus pyrrhotis*	
	314	大金背啄木鸟	*Chrysocolaptes lucidus*	
雀形目 PASSERIFORMES				
百灵科 Alaudidae	315	歌百灵	*Mirafra javanica*	
	316	［蒙古］百灵	*Melanocorypha mongolica*	
	317	云雀	*Alauda arvensis*	
	318	小云雀	*Alauda gulgula*	
	319	角百灵	*Eremophila alpestris*	
燕科 Hirundinidae	320	褐喉沙燕	*Riparia paludicola*	
	321	崖沙燕	*Riparia riparia*	
	322	岩燕	*Ptyonoprogne rupestris*	
	323	纯色岩燕	*Ptyonoprogne concolor*	
	324	家燕	*Hirundo rustica*	
	325	洋斑燕	*Hirundo tahitica*	
	326	金腰燕	*Hirundo daurica*	
	327	斑腰燕	*Hirundo striolata*	
	328	白腹毛脚燕	*Delichon urbica*	
	329	烟腹毛脚燕	*Delichon dasypus*	
	330	黑喉毛脚燕	*Delichon nipalensis*	
鹡鸰科 Motacillidae	331	山鹡鸰	*Dendronanthus indicus*	
	332	黄鹡鸰	*Motacilla flava*	
	333	黄头鹡鸰	*Motacilla citreola*	
	334	灰鹡鸰	*Motacilla cinerea*	
	335	白鹡鸰	*Motacilla alba*	
	336	日本鹡鸰	*Motacilla grandis*	
	337	印度鹡鸰	*Motacilla maderaspatensis*	
	338	田鹨	*Anthus novaeseelandiae*	
	339	平原鹨	*Anthus campestris*	
	340	布莱氏鹨	*Anthus godlewskii*	

	341	林鹨	*Anthus trivialis*	
	342	树鹨	*Anthus hodgsoni*	
	343	北鹨	*Anthus gustavi*	
	344	草地鹨	*Anthus pratensis*	
	345	红喉鹨	*Anthus cervinus*	
	346	粉红胸鹨	*Anthus roseatus*	
	347	水鹨	*Anthus spinoletta*	
	348	山鹨	*Anthus sylvanus*	
山椒鸟科 Campephagidae	349	大鹃鵙	*Coracina novaehollandiae*	
	350	暗灰鹃鵙	*Coracina melaschistos*	
	351	粉红山椒鸟	*Pericrocotus roseus*	
	352	小灰山椒鸟	*Pericrocotus cantonensis*	
	353	灰山椒鸟	*Pericrocotus divaricatus*	
	354	灰喉山椒鸟	*Pericrocotus solaris*	
	355	长尾山椒鸟	*Pericrocotus ethologus*	
	356	短嘴山椒鸟	*Pericrocotus brevirostris*	
	357	赤红山椒鸟	*Pericrocotus flammeus*	
	358	褐背鹟鵙	*Hemipus picatus*	
	359	钩嘴林鵙	*Tephrodornis gularis*	
鹎科 Pycnonotidae	360	凤头雀嘴鹎	*Spizixos canifrons*	
	361	领雀嘴鹎	*Spizixos semitorques*	
	362	红耳鹎	*Pycnonotus jocosus*	
	363	黄臀鹎	*Pycnonotus xanthorrhous*	
	364	白头鹎	*Pycnonotus sinensis*	
	365	台湾鹎	*Pycnonotus taivanus*	
	366	白喉红臀鹎	*Pycnonotus aurigaster*	
	367	黑短脚鹎	*Hypsipetes madagascariensis*	
和平鸟科 Irenidae	368	黑翅雀鹎	*Aegithina tiphia*	
	369	大绿雀鹎	*Aegithina lafresnayei*	
	370	蓝翅叶鹎	*Chloropsis cochinchinensis*	
	371	金额叶鹎	*Chloropsis aurifrons*	
	372	橙腹叶鹎	*Chloropsis hardwickii*	
	373	和平鸟	*Irena puella*	
太平鸟科 Bombycillidae	374	太平鸟	*Bombycilla garrulus*	
	375	小太平鸟	*Bombycilla japonica*	
伯劳科 Laniidae	376	虎纹伯劳	*Lanius tigrinus*	
	377	牛头伯劳	*Lanius bucephalus*	
	378	红背伯劳	*Lanius collurio*	
	379	红尾伯劳	*Lanius cristatus*	
	380	荒漠伯劳	*Lanius isabellious*	
	381	栗背伯劳	*Lanius collurioides*	
	382	棕背伯劳	*Lanius schach*	
	383	灰背伯劳	*Lanius tephronotus*	
	384	黑额伯劳	*Lanius minor*	
	385	灰伯劳	*Lanius excubitor*	
	386	楔尾伯劳	*Lanius sphenocercus*	
黄鹂科 Oriolidae	387	金黄鹂	*Oriolus oriolus*	
	388	黑枕黄鹂	*Oriolus chinensis*	
	389	黑头黄鹂	*Oriolus xanthornus*	
	390	朱鹂	*Oriolus traillii*	
	391	鹊色鹂	*Oriolus mellianus*	
卷尾科 Dicruridae	392	黑卷尾	*Dicrurus macrocercus*	

	393	灰卷尾	*Dicrurus leucophaeus*	
	394	鸦嘴卷尾	*Dicrurus annectens*	
	395	古铜色卷尾	*Dicrurus aeneus*	
	396	发冠卷尾	*Dicrurus hottentottus*	
	397	小盘尾	*Dicrurus remifer*	
	398	大盘尾	*Dicrurus paradiseus*	
椋鸟科 Sturnidae	399	灰头椋鸟	*Sturnus malabaricus*	
	400	灰背椋鸟	*Sturnus sinensis*	
	401	紫背椋鸟	*Sturnus philippensis*	
	402	北椋鸟	*Sturnus sturninus*	
	403	粉红椋鸟	*Sturnus roseus*	
	404	紫翅椋鸟	*Sturnus vulgaris*	
	405	黑冠椋鸟	*Sturnus pagodarum*	
	406	丝光椋鸟	*Sturnus sericeus*	
	407	灰椋鸟	*Sturnus cineraceus*	
	408	黑领椋鸟	*Sturnus nigricollis*	
	409	红嘴椋鸟	*Sturnus burmannicus*	
	410	斑椋鸟	*Sturnus contra*	
	411	家八哥	*Acridotheres tristis*	
	412	八哥	*Acridotheres cristatellus*	
	413	林八哥	*Acridotheres grandis*	
	414	白领八哥	*Acridotheres albocinctus*	
	415	金冠树八哥	*Ampeliceps coronatus*	
	416	鹩哥	*Gracula religiosa*	
鸦科 Corvidae	417	黑头噪鸦	*Perisoreus internigrans*	
	418	短尾绿鹊	*Cissa thalassina*	
	419	蓝绿鹊	*Cissa chinensis*	
	420	红嘴蓝鹊	*Urocissa erythrorhyncha*	
	421	台湾蓝鹊	*Urocissa caerulea*	
	422	灰喜鹊	*Cyanopica cyana*	
	423	喜鹊	*Pica pica*	
	424	灰树鹊	*Dendrocitta formosae*	
	425	白尾地鸦	*Podoces biddulphi*	
	426	秃鼻乌鸦	*Corvus frugilegus*	
	427	达乌里寒鸦	*Corvus dauurica*	
	428	渡鸦	*Corvus corax*	
岩鹨科 Prunellidae	429	棕眉山岩鹨	*Prunella montanella*	
	430	贺兰山岩鹨	*Prunella koslowi*	
鹟科 Muscicapidae	431	栗背短翅鸫	*Brachypteryx stellata*	
鸫亚科 Turdinae	432	锈腹短翅鸫	*Brachypteryx hyperythra*	
	433	日本歌鸲	*Luscinia akahige*	
	434	红尾歌鸲	*Luscinia sibilans*	
	435	红喉歌鸲	*Luscinia calliope*	
	436	蓝喉歌鸲	*Luscinia svecica*	
	437	棕头歌鸲	*Luscinia ruficeps*	
	438	金胸歌鸲	*Luscinia pectardens*	
	439	黑喉歌鸲	*Luscinia obscura*	
	440	蓝歌鸲	*Luscinia cyane*	
	441	红胁蓝尾鸲	*Tarsiger cyanurus*	
	442	棕腹林鸲	*Tarsiger hyperythrus*	
	443	台湾林鸲	*Tarsiger johnstoniae*	
	444	鹊鸲	*Copsychus saularis*	

	445	贺兰山红尾鸲	*Phoenicurus alaschanicus*	
	446	北红尾鸲	*Phoenicurus auroreus*	
	447	蓝额长脚地鸲	*Cinclidium frontale*	
	448	紫宽嘴鸫	*Cochoa purpurea*	
	449	绿宽嘴鸫	*Cochoa viridis*	
	450	白喉石即鸟	*Saxicola insignis*	
	451	黑喉石即鸟	*Saxicola torquata*	
	452	黑白林即鸟	*Saxicola jerdoni*	
	453	台湾紫啸鸫	*Myiophoneus insularis*	
	454	白眉地鸫	*Zoothera sibirica*	
	455	虎斑地鸫	*Zoothera dauma*	
	456	黑胸鸫	*Turdus dissimilis*	
	457	灰背鸫	*Turdus hortulorum*	
	458	乌灰鸫	*Turdus cardis*	
	459	棕背黑头鸫	*Turdus kessleri*	
	460	褐头鸫	*Turdus feae*	
	461	白腹鸫	*Turdus pallidus*	
	462	斑鸫	*Turdus naumanni*	
	463	白眉歌鸫	*Turdus iliacus*	
	464	宝兴歌鸫	*Turdus mupinensis*	
画眉亚科 Timaliinae	465	剑嘴鹛	*Xiphirhynchus superciliaris*	
	466	丽星鹩鹛	*Spelaeornis formosus*	
	467	楔头鹩鹛	*Sphenocicla humei*	
	468	宝兴鹛雀	*Moupinia poecilotis*	
	469	矛纹草鹛	*Babax lanceolatus*	
	470	大草鹛	*Babax waddelli*	
	471	棕草鹛	*Babax koslowi*	
	472	黑脸噪鹛	*Garrulax perspicillatus*	
	473	白喉噪鹛	*Garrulax albogularis*	
	474	白冠噪鹛	*Garrulax leucolophus*	
	475	小黑领噪鹛	*Garrulax monileger*	
	476	黑领噪鹛	*Garrulax pectoralis*	
	477	条纹噪鹛	*Garrulax striatus*	
	478	白颈噪鹛	*Garrulax strepitans*	
	479	褐胸噪鹛	*Garrulax maesi*	
	480	黑喉噪鹛	*Garrulax chinensis*	
	481	黄喉噪鹛	*Garrulax galbanus*	
	482	杂色噪鹛	*Garrulax variegatus*	
	483	山噪鹛	*Garrulax davidi*	
	484	黑额山噪鹛	*Garrulax sukatschewi*	
	485	灰翅噪鹛	*Garrulax cineraceus*	
	486	斑背噪鹛	*Garrulax lunulatus*	
	487	白点噪鹛	*Garrulax bieti*	
	488	大噪鹛	*Garrulax maximus*	
	489	眼纹噪鹛	*Garrulax ocellatus*	
	490	灰胁噪鹛	*Garrulax caerulatus*	
	491	棕噪鹛	*Garrulax poecilorhynchus*	
	492	栗颈噪鹛	*Garrulax ruficollis*	
	493	斑胸噪鹛	*Garrulax merulinus*	
	494	画眉	*Garrulax canorus*	
	495	白颊噪鹛	*Garrulax sannio*	
	496	细纹噪鹛	*Garrulax lineatus*	

	497	蓝翅噪鹛	*Garrulax squamatus*	
	498	纯色噪鹛	*Garrulax subunicolor*	
	499	橙翅噪鹛	*Garrulax elliotii*	
	500	灰腹噪鹛	*Garrulax henrici*	
	501	黑顶噪鹛	*Garrulax affinis*	
	502	玉山噪鹛	*Garrulax morrisonianus*	
	503	红头噪鹛	*Garrulax erythrocephalus*	
	504	丽色噪鹛	*Garrulax formosus*	
	505	赤尾噪鹛	*Garrulax milnei*	
	506	红翅薮鹛	*Liocichla phoenicea*	
	507	灰胸薮鹛	*Liocichla omeiensis*	
	508	黄痣薮鹛	*Liocichla steerii*	
	509	银耳相思鸟	*Leiothrix argentauris*	
	510	红嘴相思鸟	*Leiothrix lutea*	
	511	棕腹鵙鹛	*Pteruthius rufiventer*	
	512	灰头斑翅鹛	*Actinodura souliei*	
	513	台湾斑翅鹛	*Actinodura morrisoniana*	
	514	金额雀鹛	*Alcippe variegaticeps*	
	515	黄喉雀鹛	*Alcippe cinerea*	
	516	棕头雀鹛	*Alcippe ruficapilla*	
	517	棕喉雀鹛	*Alcippe rufogularis*	
	518	褐顶雀鹛	*Alcippe brunnea*	
	519	灰奇鹛	*Heterophasia gracilis*	
	520	白耳奇鹛	*Heterophasia auricularis*	
	521	褐头凤鹛	*Yuhina brunneiceps*	
	522	红嘴鸦雀	*Conostoma aemodium*	
	523	三趾鸦雀	*Paradoxornis paradoxus*	
	524	褐鸦雀	*Paradoxornis unicolor*	
	525	斑胸鸦雀	*Paradoxornis flavirostris*	
	526	点胸鸦雀	*Paradoxornis guttaticollis*	
	527	白眶鸦雀	*Paradoxornis conspicillatus*	
	528	棕翅缘鸦雀	*Paradoxornis webbianus*	
	529	褐翅缘鸦雀	*Paradoxornis brunneus*	
	530	暗色鸦雀	*Paradoxornis zappeyi*	
	531	灰冠鸦雀	*Paradoxornis przewalskii*	
	532	黄额鸦雀	*Paradoxornis fulvifrons*	
	533	黑喉鸦雀	*Paradoxornis nipalensis*	
	534	短尾鸦雀	*Paradoxornis davidianus*	
	535	黑眉鸦雀	*Paradoxornis atrosuperciliaris*	
	536	红头鸦雀	*Paradoxornis ruficeps*	
	537	灰头鸦雀	*Paradoxornis gularis*	
	538	震旦鸦雀	*Paradoxornis heudei*	
	539	山鹛	*Rhopophilus pekinensis*	
莺亚科 Sylviinae	540	鳞头树莺	*Cettia squameiceps*	
	541	巨嘴短翅莺	*Bradypterus major*	
	542	斑背大尾莺	*Megalurus pryeri*	
	543	北蝗莺	*Locustella ochotensis*	
	544	矛斑蝗莺	*Locustella lanceolata*	
	545	苍眉蝗莺	*Locustella fasciolata*	
	546	大苇莺	*Acrocephalus arundinaceus*	
	547	黑眉苇莺	*Acrocephalus bistrigiceps*	
	548	细纹苇莺	*Acrocephalus sorghophilus*	

	549	叽咋柳莺	*Phylloscopus collybita*	
	550	东方叽咋柳莺	*Phylloscopus sindianus*	
	551	林柳莺	*Phylloscopus sibilatrix*	
	552	黄腹柳莺	*Phylloscopus affinis*	
	553	棕腹柳莺	*Phylloscopus subaffinis*	
	554	灰柳莺	*Phylloscopus griseolus*	
	555	褐柳莺	*Phylloscopus fuscatus*	
	556	烟柳莺	*Phylloscopus fuligiventer*	
	557	棕眉柳莺	*Phylloscopus armandii*	
	558	巨嘴柳莺	*Phylloscopus schwarzi*	
	559	橙斑翅柳莺	*Phylloscopus pulcher*	
	560	黄眉柳莺	*Phylloscopus inornatus*	
	561	黄腰柳莺	*Phylloscopus proregulus*	
	562	甘肃柳莺	*Phylloscopus gansunensis*	
	563	四川柳莺	*Phylloscopus sichuanensis*	
	564	灰喉柳莺	*Phylloscopus maculipennis*	
	565	极北柳莺	*Phylloscopus borealis*	
	566	乌嘴柳莺	*Phylloscopus magnirostris*	
	567	暗绿柳莺	*Phylloscopus trochiloides*	
	568	双斑绿柳莺	*Phylloscopus plumbeitarsus*	
	569	灰脚柳莺	*Phylloscopus tenellipes*	
	570	冕柳莺	*Phylloscopus coronatus*	
	571	冠纹柳莺	*Phylloscopus reguloides*	
	572	峨嵋柳莺	*Phylloscopus emeiansis*	
	573	海南柳莺	*Phylloscopus hainanus*	
	574	白斑尾柳莺	*Phylloscopus davisoni*	
	575	黑眉柳莺	*Phylloscopus ricketti*	
	576	戴菊	*Regulus regulus*	
	577	台湾戴菊	*Regulus goodfellowi*	
	578	宽嘴鹟莺	*Tickellia hodgsoni*	
	579	凤头雀莺	*Leptopoecile elegans*	
鹟亚科 Muscicapinae	580	白喉林鹟	*Rhinomyias brunneata*	
	581	白眉［姬］鹟	*Ficedula zanthopygia*	
	582	黄眉［姬］鹟	*Ficedula narcissina*	
	583	鸲［姬］鹟	*Ficedula mugimaki*	
	584	红喉［姬］鹟	*Ficedula parva*	
	585	棕腹大仙鹟	*Niltava davidi*	
	586	乌鹟	*Muscicapa sibirica*	
	587	灰纹鹟	*Muscicapa griseisticta*	
	588	北灰鹟	*Muscicapa latirostris*	
	589	褐胸鹟	*Muscicapa muttui*	
	590	寿带［鸟］	*Terpsiphone paradisi*	
	591	紫寿带鸟	*Terpsiphone atrocaudata*	
山雀科 Paridae	592	大山雀	*Parus major*	
	593	西域山雀	*Parus bokharensis*	
	594	绿背山雀	*Parus monticolus*	
	595	台湾黄山雀	*Parus holsti*	
	596	黄颊山雀	*Parus spilonotus*	
	597	黄腹山雀	*Parus venustulus*	
	598	灰蓝山雀	*Parus cyanus*	
	599	煤山雀	*Parus ater*	
	600	黑冠山雀	*Parus rubidiventris*	

	601	褐冠山雀	*Parus dichrous*	
	602	沼泽山雀	*Parus palustris*	
	603	褐头山雀	*Parus montanus*	
	604	白眉山雀	*Parus superciliosus*	
	605	红腹山雀	*Parus davidi*	
	606	杂色山雀	*Parus varius*	
	607	黄眉林雀	*Sylviparus modestus*	
	608	冕雀	*Melanochlora sultanea*	
	609	银喉［长尾］山雀	*Aegithalos caudatus*	
	610	红头［长尾］山雀	*Aegithalos concinnus*	
	611	黑眉［长尾］山雀	*Aegithalos iouschistos*	
	612	银脸［长尾］山雀	*Aegithalos fuliginosus*	
䴓科 Sittidae	613	淡紫䴓	*Sitta solangiae*	
	614	巨䴓	*Sitta magna*	
	615	丽䴓	*Sitta formosa*	
	616	滇䴓	*Sitta yunnanensis*	
攀雀科 Remizidae	617	攀雀	*Remiz pendulinus*	
太阳鸟科 Nectariniidae	618	紫颊直嘴太阳鸟	*Anthreptes singalensis*	
	619	黄腹花蜜鸟	*Nectarinia jugularis*	
	620	紫色蜜鸟	*Nectarinia asiatica*	
	621	蓝枕花蜜鸟	*Nectarinia hypogrammica*	
	622	黑胸太阳鸟	*Aethopyga saturata*	
	623	黄腰太阳鸟	*Aethopyga siparaja*	
	624	火尾太阳鸟	*Aethopyga ignicauda*	
	625	蓝喉太阳鸟	*Aethopyga gouldiae*	
	626	绿喉太阳鸟	*Aethopyga nipalensis*	
	627	叉尾太阳鸟	*Aethopyga christinae*	
	628	长嘴捕蛛鸟	*Arachnothera longirostris*	
	629	纹背捕蛛鸟	*Arachnothera magna*	
绣眼鸟科 Zosteropidae	630	暗绿绣眼鸟	*Zosterops japonica*	
	631	红胁绣眼鸟	*Zosterops erythropleura*	
	632	灰腹绣眼鸟	*Zosterops palpebrosa*	
文鸟科 Ploceidae	633	［树］麻雀	*Passer montanus*	
	634	山麻雀	*Passer rutilans*	
	635	［红］梅花雀	*Estrilda amandava*	
	636	栗腹文鸟	*Lonchura malacca*	
雀科 Fringillidae	637	燕雀	*Fringilla montifringilla*	
	638	金翅［雀］	*Carduelis sinica*	
	639	黄雀	*Carduelis spinus*	
	640	白腰朱顶雀	*Carduelis flammea*	
	641	极北朱顶雀	*Carduelis hornemanni*	
	642	黄嘴朱顶雀	*Carduelis flavirostris*	
	643	赤胸朱顶雀	*Carduelis cannabina*	
	644	桂红头岭雀	*Leucosticte sillemi*	
	645	粉红腹岭雀	*Leucosticte arctoa*	
	646	大朱雀	*Carpodacus rubicilla*	
	647	拟大朱雀	*Carpodacus rubicilloides*	
	648	红胸朱雀	*Carpodacus puniceus*	
	649	暗胸朱雀	*Carpodacus nipalensis*	
	650	赤朱雀	*Carpodacus rubescens*	
	651	沙色朱雀	*Carpodacus synoicus*	
	652	红腰朱雀	*Carpodacus rhodochlamys*	

	653	点翅朱雀	*Carpodacus rhodopeplus*	
	654	棕朱雀	*Carpodacus edwardsii*	
	655	酒红朱雀	*Carpodacus vinaceus*	
	656	玫红眉朱雀	*Carpodacus rhodochrous*	
	657	红眉朱雀	*Carpodacus pulcherrimus*	
	658	曙红朱雀	*Carpodacus eos*	
	659	白眉朱雀	*Carpodacus thura*	
	660	普通朱雀	*Carpodacus erythrinus*	
	661	北朱雀	*Carpodacus roseus*	
	662	斑翅朱雀	*Carpodacus trifasciatus*	
	663	藏雀	*Kozlowia roborowskii*	
	664	松雀	*Pinicola enucleator*	
	665	红交嘴雀	*Loxia curvirostra*	
	666	白翅交嘴雀	*Loxia leucoptera*	
	667	长尾雀	*Uragus sibiricus*	
	668	血雀	*Haematospiza sipahi*	
	669	金枕黑雀	*Pyrrhoplectes epauletta*	
	670	褐灰雀	*Pyrrhula nipalensis*	
	671	灰头灰雀	*Pyrrhala erythaca*	
	672	红头灰雀	*Pyrrhula erythrocephala*	
	673	灰腹灰雀	*Pyrrhula griseiventris*	
	674	红腹灰雀	*Pyrrhula pyrrhula*	
	675	黑头蜡嘴雀	*Eophona personata*	
	676	黑尾蜡嘴雀	*Eophona migratoria*	
	677	锡嘴雀	*Coccothraustes coccothraustes*	
	678	朱鹀	*Urocynchramus pylzowi*	
	679	黍鹀	*Emberiza calandra*	
	680	白头鹀	*Emberiza leucocephala*	
	681	黑头鹀	*Emberiza melanocephala*	
	682	褐头鹀	*Emberiza bruniceps*	
	683	栗鹀	*Emberiza rutila*	
	684	黄胸鹀	*Emberiza aureola*	
	685	黄喉鹀	*Emberiza elegans*	
	686	黄鹀	*Emberiza citrinella*	
	687	灰头鹀	*Emberiza spodocephala*	
	688	硫黄鹀	*Emberiza sulphurata*	
	689	圃鹀	*Emberiza hortulana*	
	690	灰颈鹀	*Emberiza buchanani*	
	691	灰眉岩鹀	*Emberiza cia*	
	692	三道眉草鹀	*Emberiza cioides*	
	693	栗斑腹鹀	*Emberiza jankowskii*	
	694	栗耳鹀	*Emberiza fucata*	
	695	田鹀	*Emberiza rustica*	
	696	小鹀	*Emberiza pusilla*	
	697	黄眉鹀	*Emberiza chrysophrys*	
	698	灰鹀	*Emberiza variabilis*	
	699	白眉鹀	*Emberiza tristrami*	
	700	藏鹀	*Emberiza koslowi*	
	701	红颈苇鹀	*Emberiza yessoensis*	
	702	苇鹀	*Emberiza pallasi*	
	703	芦鹀	*Emberiza schoeniclus*	
	704	蓝鹀	*Latoucheornis siemsseni*	

	705	凤头鹀	*Melophus lathami*	
	706	铁爪鹀	*Calcarius lapponicus*	
	707	雪鹀	*Plectrophenax nivalis*	
两栖纲 *AMPHIBIA* 3 目 10 科 293 种				
无足目 APODA or GYMNOPHIONA				
鱼螈科 Ichthyophidae	1	版纳鱼螈	*Ichthyophis bannanica*	
有尾目 CAUDATA（URODELA）				
小鲵科 Hynobiidae	2	无斑山溪鲵	*Batrachuperus karlschmidti*	
	3	龙洞山溪鲵	*Batrachuperus longdongensis*	
	4	山溪鲵	*Batrachuperus pinchonii*	
	5	北方山溪鲵	*Batrachuperus tibetanus*	
	6	盐源山溪鲵	*Batrachuperus yenyuanensis*	
	7	安吉小鲵	*Hynobius amjiensis*	
	8	中国小鲵	*Hynobius chinensis*	
	9	台湾小鲵	*Hynobius formosanus*	
	10	东北小鲵	*Hynobius leechii*	
	11	满洲小鲵	*Hynobius mantchuricus*	
	12	能高山小鲵	*Hynobius sonani*	
	13	巴鲵	*Liua shihi*	
	14	爪鲵	*Onychodactylus fischeri*	
	15	商城肥鲵	*Pachyhynobius shangchengensis*	
	16	新疆北鲵	*Ranodon sibiricus*	
	17	秦巴北鲵	*Ranodon tsinpaensis*	
	18	极北鲵	*Salamandrella keyserlingii*	
蝾螈科 Salamandridae	19	呈贡蝾螈	*Cynops chenggongensis*	
	20	蓝尾蝾螈	*Cynops cyanurus*	
	21	东方蝾螈	*Cynops orientalis*	
	22	潮汕蝾螈	*Cynops orphicus*	
	23	滇池蝾螈	*Cynops wolterstorffi*	
	24	琉球棘螈	*Echinotriton andersoni*	
	25	黑斑肥螈	*Pachytriton brevipes*	
	26	无斑肥螈	*Pachytriton labiatus*	
	27	尾斑瘰螈	*Paramesotriton caudopunctatus*	
	28	中国瘰螈	*Paramesotriton chinesis*	
	29	富钟瘰螈	*Paramesotriton fuzhongensis*	
	30	广西瘰螈	*Paramesotriton guangxiensis*	
	31	香港瘰螈	*Paramesotriton hongkongensis*	
	32	棕黑疣螈	*Tylototriton verrucosus*	
无尾目 SALIENTIA（ANURA）				
铃蟾科 Bombinidae	33	强婚刺铃蟾	*Bombina fortinuptialis*	
	34	大蹼铃蟾	*Bombina maxima*	
	35	微蹼铃蟾	*Bombina microdeladigitora*	
	36	东方铃蟾	*Bombina orientalis*	
角蟾科 Megophryidae	37	沙坪无耳蟾	*Atympanophrys shapingensis*	
	38	宽头短腿蟾	*Brachytarsophrys carinensis*	
	39	缅北短腿蟾	*Brachytarsophrys feae*	
	40	平顶短腿蟾	*Brachytarsophrys platyparietus*	
	41	沙巴拟髭蟾	*Leptobrachium chapaense*	
	42	东南亚拟髭蟾	*Leptobrachium hasseltii*	
	43	高山掌突蟾	*Leptolalax alpinus*	
	44	峨山掌突蟾	*Leptolalax oshanensis*	
	45	掌突蟾	*Leptolalax pelodytoides*	

	46	腹斑掌突蟾	*Leptolalax ventripunctatus*	
	47	淡肩角蟾	*Megophrys boettgeri*	
	48	短肢角蟾	*Megophrys brachykolos*	
	49	尾突角蟾	*Megophrys caudoprocta*	
	50	大围山角蟾	*Megophrys daweimontis*	
	51	大花角蟾	*Megophrys giganticus*	
	52	腺角蟾	*Megophrys glandulosa*	
	53	肯氏角蟾	*Megophrys kempii*	
	54	挂墩角蟾	*Megophrys kuatunensis*	
	55	白颌大角蟾	*Megophrys lateralis*	
	56	莽山角蟾	*Megophrys mangshanensis*	
	57	小角蟾	*Megophrys minor*	
	58	南江角蟾	*Megophrys nankiangensis*	
	59	峨眉角蟾	*Megophrys omeimontis*	
	60	突肛角蟾	*Megophrys pachyproctus*	
	61	粗皮角蟾	*Megophrys palpebralespinosa*	
	62	凹项角蟾	*Megophrys parva*	
	63	棘指角蟾	*Megophrys spinatus*	
	64	小口拟角蟾	*Ophryophryne microstoma*	
	65	突肛拟角蟾	*Ophryophryne pachyproctus*	
	66	川北齿蟾	*Oreolalax chuanbeiensis*	
	67	棘疣齿蟾	*Oreolalax granulosus*	
	68	景东齿蟾	*Oreolalax jingdongensis*	
	69	利川齿蟾	*Oreolalax lichuanensis*	
	70	大齿蟾	*Oreolalax major*	
	71	密点齿蟾	*Oreolalax multipunctatus*	
	72	峨眉齿蟾	*Oreolalax omeimontis*	
	73	秉志齿蟾	*Oreolalax pingii*	
	74	宝兴齿蟾	*Oreolalax popei*	
	75	红点齿蟾	*Oreolalax rhodostigmatus*	
	76	疣刺齿蟾	*Oreolalax rugosus*	
	77	无蹼齿蟾	*Oreolalax schrmidti*	
	78	乡城齿蟾	*Oreolalax xiangchengensis*	
	79	高山齿突蟾	*Scutiger alticola*	
	80	西藏齿突蟾	*Scutiger boulengeri*	
	81	金项齿突蟾	*Scutiger chintingensis*	
	82	胸腺齿突蟾	*Scutiger glandulatus*	
	83	贡山齿突蟾	*Scutiger gongshanensis*	
	84	六盘齿突蟾	*Scutiger liupanensis*	
	85	花齿突蟾	*Scutiger maculatus*	
	86	刺胸齿突蟾	*Scutiger mammatus*	
	87	宁陕齿突蟾	*Scutiger ningshanensis*	
	88	林芝齿突蟾	*Scutiger nyingchiensis*	
	89	平武齿突蟾	*Scutiger pingwuensis*	
	90	皱皮齿突蟾	*Scutiger ruginosus*	
	91	锡金齿突蟾	*Scutiger sikkimmensis*	
	92	圆疣齿突蟾	*Scutiger tuberculatus*	
	93	巍氏齿突蟾	*Scutiger weigoldi*	
	94	哀牢髭蟾	*Vibrissaphora ailaonica*	
	95	峨眉髭蟾	*Vibrissaphora boringii*	
	96	雷山髭蟾	*Vibrissaphora leishanensis*	
	97	刘氏髭蟾	*Vibrissaphora liui*	

蟾蜍科 Bufonidae	98	哀牢蟾蜍	*Bufo ailaoanus*	
	99	华西蟾蜍	*Bufo andrewsi*	
	100	盘谷蟾蜍	*Bufo bankorensis*	
	101	隐耳蟾蜍	*Bufo cryptotympanicus*	
	102	头盔蟾蜍	*Bufo galeatus*	
	103	中华蟾蜍	*Bufo gargarizans*	
	104	喜山蟾蜍	*Bufo himalayanus*	
	105	沙湾蟾蜍	*Bufo kabischi*	
	106	黑眶蟾蜍	*Bufo melanostictus*	
	107	岷山蟾蜍	*Bufo minshanicus*	
	108	新疆蟾蜍	*Bufo nouettei*	
	109	花背蟾蜍	*Bufo raddei*	
	110	史氏蟾蜍	*Bufo stejnegeri*	
	111	西藏蟾蜍	*Bufo tibetanus*	
	112	圆疣蟾蜍	*Bufo tuberculatus*	
	113	绿蟾蜍	*Bufo viridis*	
	114	卧龙蟾蜍	*Bufo wolongensis*	
	115	鳞皮厚蹼蟾	*Pelophryne scalpta*	
	116	无棘溪蟾	*Torrentophryne aspinia*	
	117	疣棘溪蟾	*Torrentophryne tuberospinia*	
树蟾科 Hylidae	118	华西树蟾	*Hyla annectans annectans*	
	119	中国树蟾	*Hyla chinensis*	
	120	贡山树蟾	*Hyla gongshanensi*	
	121	日本树蟾	*Hyla japonica*	
	122	三港树蟾	*Hyla sanchiangensis*	
	123	华南树蟾	*Hyla simplex*	
	124	秦岭树蟾	*Hyla tsinlingensis*	
	125	昭平树蟾	*Hyla zhaopingensis*	
姬蛙科 Microhylidae	126	云南小狭口蛙	*Calluella yunnanensis*	
	127	花细狭口蛙	*Kalophrynus interlineatus*	
	128	孟连细狭口蛙	*Kalophrynus menglienicus*	
	129	北方狭口蛙	*Kaloula borealis*	
	130	花狭口蛙	*Kaloula pulchra*	
	131	四川狭口蛙	*Kaloula rugifera*	
	132	多疣狭口蛙	*Kaloula verrucosa*	
	133	大姬蛙	*Microhyla berdmorei*	
	134	粗皮姬蛙	*Microhyla butleri*	
	135	小弧斑姬蛙	*Microhyla heymonsi*	
	136	合征姬蛙	*Microhyla mixtura*	
	137	饰纹姬蛙	*Microhyla ornata*	
	138	花姬蛙	*Microhyla pulchra*	
	139	德力娟蛙	*Micryletta inornata*	
	140	台湾娟蛙	*Microhyla steinegeri*	
蛙科 Ranidae	141	西域湍蛙	*Amolops afghanus*	
	142	崇安湍蛙	*Amolops chunganensis*	
	143	棘皮湍蛙	*Amolops granulosus*	
	144	海南湍蛙	*Amolops hainanensis*	
	145	香港湍蛙	*Amolops hongkongensis*	
	146	康定湍蛙	*Amolops kangtinggensis*	
	147	凉山湍蛙	*Amolops liangshanensis*	
	148	理县湍蛙	*Amolops lifanensis*	
	149	棕点湍蛙	*Amolops loloensis*	

	150	突吻湍蛙	*Amolops macrorhynchu*	
	151	四川湍蛙	*Amolops mantzorum*	
	152	勐养湍蛙	*Amolops mengyangensis*	
	153	山湍蛙	*Amolops monticola*	
	154	华南湍蛙	*Amolops ricketti*	
	155	小湍蛙	*Amolops torrentis*	
	156	绿点湍蛙	*Amolops viridimaculatus*	
	157	武夷湍蛙	*Amolops wuyiensis*	
	158	北小岩蛙	*Micrixalus borealis*	
	159	刘氏小岩蛙	*Micrixalus liui*	
	160	网纹小岩蛙	*Micrixalus reticulatus*	
	161	西藏小岩蛙	*Micrixalus xizangensis*	
	162	高山倭蛙	*Nanorana parkeri*	
	163	倭蛙	*Nanorana pleskei*	
	164	腹斑倭蛙	*Nanorana ventripunctata*	
	165	尖舌浮蛙	*Occidozyga lima*	
	166	圆舌浮蛙	*Occidozyga martensii*	
	167	缅北棘蛙	*Paa arnoldi*	
	168	大吉岭棘蛙	*Paa blanfordii*	
	169	棘腹蛙	*Paa boulengeri*	
	170	错那棘蛙	*Paa conaensis*	
	171	小棘蛙	*Paa exilispinosa*	
	172	眼斑棘蛙	*Paa feae*	
	173	九龙棘蛙	*Paa jiulongensis*	
	174	棘臂蛙	*Paa liebigii*	
	175	刘氏棘蛙	*Paa liui*	
	176	花棘蛙	*Paa maculosa*	
	177	尼泊尔棘蛙	*Paa polunini*	
	178	合江棘蛙	*Paa robertingeri*	
	179	侧棘蛙	*Paa shini*	
	180	棘胸蛙	*Paa spinosa*	
	181	双团棘胸蛙	*Paa yunnanensis*	
	182	弹琴蛙	*Rana adenopleura*	
	183	阿尔泰林蛙	*Rana altaica*	
	184	黑龙江林蛙	*Rana amurensis*	
	185	云南臭蛙	*Rana andersonii*	
	186	安龙臭蛙	*Rana anlungensis*	
	187	中亚林蛙	*Rana asiatica*	
	188	版纳蛙	*Rana bannanica*	
	189	海蛙	*Rana cancrivora*	
	190	昭觉林蛙	*Rana chaochiaoensis*	
	191	中国林蛙	*Rana chensinensis*	
	192	峰斑蛙	*Rana chevronta*	
	193	仙姑弹琴蛙	*Rana daunchina*	
	194	海参威蛙	*Rana dybowskii*	
	195	脆皮蛙	*Rana fragilis*	
	196	叶邦蛙	*Rana gerbillus*	
	197	无指盘臭蛙	*Rana grahami*	
	198	沼蛙	*Rana guentheri*	
	199	合江臭蛙	*Rana hejiangensis*	
	200	桓仁林蛙	*Rana huanrenensis*	
	201	日本林蛙	*Rana japonica*	

	202	光务臭蛙	*Rana kuangwuensis*	
	203	大头蛙	*Rana kuhlii*	
	204	昆嵛林蛙	*Rana kunyuensis*	
	205	阔褶蛙	*Rana latouchii*	
	206	泽蛙	*Rana limnocharis*	
	207	江城蛙（暂名）	*Rana lini*	
	208	大绿蛙	*Rana livida*	
	209	长肢蛙	*Rana longicrus*	
	210	龙胜臭蛙	*Rana lungshengensis*	
	211	长趾蛙	*Rana macrodactyla*	
	212	绿臭蛙	*Rana margaretae*	
	213	小山蛙	*Rana minima*	
	214	多齿蛙（暂名）	*Rana multidenticulata*	
	215	黑斜线蛙	*Rana nigrolineata*	
	216	黑斑蛙	*Rana nigromaculata*	
	217	黑耳蛙	*Rana nigrotympanica*	
	218	黑带蛙	*Rana nigrovittata*	
	219	金线蛙	*Rana plancyi*	
	220	滇蛙	*Rana pleuraden*	
	221	八重山弹琴蛙	*Rana psaltes*	
	222	隆肛蛙	*Rana quadranus*	
	223	湖蛙	*Rana ridibunda*	
	224	粗皮蛙	*Rana rugosa*	
	225	库利昂蛙	*Rana sanguinea*	
	226	桑植蛙	*Rana sangzhiensis*	
	227	梭德氏蛙	*Rana sauteri*	
	228	花臭蛙	*Rana schmackeri*	
	229	胫腺蛙	*Rana shuchinae*	
	230	细刺蛙	*Rana spinulosa*	
	231	棕背蛙	*Rana swinhoana*	
	232	台北蛙	*Rana taipehensis*	
	233	腾格里蛙	*Rana tenggerensis*	
	234	滇南臭蛙	*Rana tiannanensis*	
	235	天台蛙	*Rana tientaiensis*	
	236	凹耳蛙	*Rana tormotus*	
	237	棘肛蛙	*Rana unculuanus*	
	238	竹叶蛙	*Rana versabilis*	
	239	威宁蛙	*Rana weiningensis*	
	240	雾川臭蛙	*Rana wuchuanensis*	
	241	明全蛙	*Rana zhengi*	
树蛙科 Rhacophoridae	242	日本溪树蛙	*Buergeria japonica*	
	243	海南溪树蛙	*Buergeria oxycephala*	
	244	壮溪树蛙	*Buergeria robusta*	
	245	背条跳树蛙	*Chirixalus doriae*	
	246	琉球跳树蛙	*Chirixalus eiffingeri*	
	247	面天跳树蛙	*Chirixalus idiootocus*	
	248	侧条跳树蛙	*Chirixalus vittatus*	
	249	白斑小树蛙	*Philautus albopunctatus*	
	250	安氏小树蛙	*Philautus andersoni*	
	251	锯腿小树蛙	*Philautus cavirostris*	
	252	黑眼睑小树蛙	*Philautus gracilipes*	
	253	金秀小树蛙	*Philautus jinxiuensis*	

	254	陇川小树蛙	*Philautus longchuanensis*	
	255	墨脱小树蛙	*Philautus medogensis*	
	256	勐腊小树蛙	*Philautus menglaensis*	
	257	眼斑小树蛙	*Philautus ocellatus*	
	258	白颊小树蛙	*Philautus palpebralis*	
	259	红吸盘小树蛙	*Philautus rhododiscus*	
	260	香港小树蛙	*Philautus romeri*	
	261	经甫泛树蛙	*Polypedates chenfui*	
	262	大泛树蛙	*Polypedates dennysi*	
	263	杜氏泛树蛙	*Polypedates dugritei*	
	264	棕褶泛树蛙	*Polypedates feae*	
	265	洪佛泛树蛙	*Polypedates hungfuensis*	
	266	斑腿泛树蛙	*Polypedates megacephalus*	
	267	无声囊泛树蛙	*Polypedates mutus*	
	268	黑点泛树蛙	*Polypedates nigropunctatus*	
	269	峨眉泛树蛙	*Polypedates omeimontis*	
	270	屏边泛树蛙	*Polypedates pingbianensis*	
	271	普洱泛树蛙	*Polypedates puerensis*	
	272	昭觉泛树蛙	*Polypedates zhaojuensis*	
	273	民雄树蛙	*Rhacophorus arvalis*	
	274	橙腹树蛙	*Rhacophorus aurantiventris*	
	275	双斑树蛙	*Rhacophorus bipunctatus*	
	276	贡山树蛙	*Rhacophorus gongshanensis*	
	277	大吉岭树蛙	*Rhacophorus jerdonii*	
	278	白颌树蛙	*Rhacophorus maximus*	
	279	莫氏树蛙	*Rhacophorus moltrechti*	
	280	伊伽树蛙	*Rhacophorus naso*	
	281	翡翠树蛙	*Rhacophorus prasinatus*	
	282	黑蹼树蛙	*Rhacophorus reinwardtii*	
	283	红蹼树蛙	*Rhacophorus rhodopus*	
	284	台北树蛙	*Rhacophorus taipeianus*	
	285	横纹树蛙	*Rhacophorus translineatus*	
	286	疣腿树蛙	*Rhacophorus tuberculatus*	
	287	疣足树蛙	*Rhacophorus verrucopus*	
	288	瑶山树蛙	*Rhacophorus yaoshanensis*	
	289	马来疣斑树蛙	*Theloderma asperum*	
	290	广西疣斑树蛙	*Theloderma kwangsiensis*	
	291	西藏疣斑树蛙	*Theloderma moloch*	
爬行纲 *REPTILIA* 2 目 20 科 395 种				
龟鳖目 TESTUDINES				
平胸龟科 Platysternidae	1	平胸龟	*Platysternon megacephalum*	
淡水龟科 Bataguridae	2	大头乌龟	*Chinemys megalocephala*	
	3	黑颈水龟	*Chinemys nigricans*	
	4	乌龟	*Chinemys reevesii*	
	5	黄缘盒龟	*Cistoclemmys flavomarginata*	
	6	黄额盒龟	*Cistoclemmys galbinifrons*	
	7	金头闭壳龟	*Cuora aurocapitata*	
	8	百色闭壳龟	*Cuora mccordi*	
	9	潘氏闭壳龟	*Cuora pani*	
	10	琼崖闭壳龟	*Cuora serrata*	
	11	周氏闭壳龟	*Cuora zhoui*	
	12	齿缘龟	*Cyclemys dentata*	

	13	艾氏拟水龟	*Mauremys iversoni*	
	14	黄喉拟水龟	*Mauremys mutica*	
	15	腊戌拟水龟	*Mauremys pritchardi*	
	16	缺颌花龟	*Ocadia glyphistoma*	
	17	菲氏花龟	*Ocadia philippeni*	
	18	中华花龟	*Ocadia sinensis*	
	19	锯缘摄龟	*Pyxidea mouhotii*	
	20	眼斑龟	*Sacalia bealei*	
	21	拟眼斑龟	*Sacalia pseudocellata*	
	22	四眼斑龟	*Sacalia quadriocellata*	
陆龟科 Testudinidae	23	缅甸陆龟	*Indotestudo elongata*	
鳖科 Trionychidae	24	砂鳖	*Pelodiscus axenaria*	
	25	东北鳖	*Pelodiscus maackii*	
	26	小鳖	*Pelodiscus parviformis*	
	27	鳖	*Pelodiscus sinensis*	
	28	斑鳖	*Rafetus swinhoei*	
有鳞目 SQUAMATA				
蜥蜴亚目 LACERTILIA				
壁虎科 Gekkonidae	29	隐耳漠虎	*Alsophylax pipiens*	
	30	新疆漠虎	*Alsophylax przewalskii*	
	31	蝎虎	*Cosymbotus platyurus*	
	32	长裸趾虎	*Cyrtodactylus elongatus*	
	33	卡西裸趾虎	*Cyrtodactylus khasiensis*	
	34	墨脱裸趾虎	*Cyrtodactylus medogensis*	
	35	灰裸趾虎	*Cyrtodactylus russowii*	
	36	西藏裸趾虎	*Cyrtodactylus tibetanus*	
	37	莎车裸趾虎	*Cyrtodactylus yarkandensis*	
	38	截趾虎	*Gehyra mutilata*	
	39	耳疣壁虎	*Gekko auriverrucosus*	
	40	中国壁虎	*Gekko chinensis*	
	41	铅山壁虎	*Gekko hokouensis*	
	42	多疣壁虎	*Gekko japonicus*	
	43	兰屿壁虎	*Gekko kikuchii*	
	44	海南壁虎	*Gekko similignum*	
	45	蹼趾壁虎	*Gekko subpalmatus*	
	46	无蹼壁虎	*Gekko swinhonis*	
	47	太白壁虎	*Gekko taibaiensis*	
	48	原尾蜥虎	*Hemidactylus bowringii*	
	49	密疣蜥虎	*Hemidactylus brookii*	
	50	疣尾蜥虎	*Hemidactylus frenatus*	
	51	锯尾蜥虎	*Hemidactylus garnotii*	
	52	台湾蜥虎	*Hemidactylus stejneger*	
	53	沙坝半叶趾虎	*Hemiphyllodactylus chapaensis*	
	54	云南半叶趾虎	*Hemiphyllodactylus yunnanensis*	
	55	鳞趾虎	*Lepidodactylus lugubris*	
	56	雅美鳞趾虎	*Lepidodactylus yami*	
	57	新疆沙虎	*Teratoscincus przewalskii*	
	58	吐鲁番沙虎	*Teratoscincus roborowskii*	
	59	伊犁沙虎	*Teratoscincus scincus*	
	60	托克逊沙虎	*Teratoscincus toksunicus*	
睑虎科 Eublepharidae	61	睑虎	*Goniurosaurus hainanensis*	
	62	凭祥睑虎	*Goniurosaurus luii*	

鬣蜥科 Agamidae	63	长棘蜥	*Acanthosaura armata*	
	64	丽棘蜥	*Acanthosaura lepidogaster*	
	65	短肢树蜥	*Calotes brevipes*	
	66	棕背树蜥	*Calotes emma*	
	67	绿背树蜥	*Calotes jerdoni*	
	68	蚌西树蜥	*Calotes kakhienensis*	
	69	西藏树蜥	*Calotes kingdonwardi*	
	70	墨脱树蜥	*Calotes medogensis*	
	71	细鳞树蜥	*Calotes microlepis*	
	72	白唇树蜥	*Calotes mystaceus*	
	73	变色树蜥	*Calotes versicolor*	
	74	裸耳飞蜥	*Draco blanfordii*	
	75	斑飞蜥	*Draco maculatus*	
	76	长肢攀蜥	*Japalura andersoniana*	
	77	短肢攀蜥	*Japalura brevipes*	
	78	裸耳攀蜥	*Japalura dymondi*	
	79	草绿攀蜥	*Japalura flaviceps*	
	80	宜宾攀蜥	*Japalura grahami*	
	81	喜山攀蜥	*Japalura kumaonensis*	
	82	宜兰攀蜥（新拟）	*Japalura luei*	
	83	溪头攀蜥	*Japalura makii*	
	84	米仓山攀蜥	*Japalura micangshanensis*	
	85	琉球攀蜥	*Japalura polygonata*	
	86	丽纹攀蜥	*Japalura splendida*	
	87	台湾攀蜥	*Japalura swinhonis*	
	88	四川攀蜥	*Japalura szechwanensis*	
	89	昆明攀蜥	*Japalura varcoae*	
	90	云南攀蜥	*Japalura yunnanensis*	
	91	喜山岩蜥	*Laudakia himalayana*	
	92	西藏岩蜥	*Laudakia papenfussi*	
	93	拉萨岩蜥	*Laudakia sacra*	
	94	新疆岩蜥	*Laudakia stoliczkana*	
	95	塔里木岩蜥	*Laudakia tarimensis*	
	96	南亚岩蜥	*Laudakia tuberculata*	
	97	吴氏岩蜥	*Laudakia wui*	
	98	蜡皮蜥	*Leiolepis reevesii*	
	99	异鳞蜥	*Oriocalotes paulus*	
	100	白条沙蜥	*Phrynocephalus albolineatus*	
	101	叶城沙蜥	*Phrynocephalus axillaris*	
	102	红尾沙蜥	*Phrynocephalus erythrurus*	
	103	南疆沙蜥	*Phrynocephalus forsythii*	
	104	草原沙蜥	*Phrynocephalus frontalis*	
	105	奇台沙蜥	*Phrynocephalus grumgrzimailoi*	
	106	居延沙蜥	*Phrynocephalus guentheri*	
	107	乌拉尔沙蜥	*Phrynocephalus guttatus*	
	108	旱地沙蜥	*Phrynocephalus helioscopus*	
	109	红原沙蜥	*Phrynocephalus hongyuanensis*	
	110	无斑沙蜥	*Phrynocephalus immaculatus*	
	111	白梢沙蜥	*Phrynocephalus koslowi*	
	112	库车沙蜥	*Phrynocephalus ludovici*	
	113	大耳沙蜥	*Phrynocephalus mystaceus*	
	114	宽鼻沙蜥	*Phrynocephalus nasatus*	

	115	荒漠沙蜥	*Phrynocephalus przewalskii*	
	116	西藏沙蜥	*Phrynocephalus theobaldi*	
	117	变色沙蜥	*Phrynocephalus versicolor*	
	118	青海沙蜥	*Phrynocephalus vlangalii*	
	119	泽当沙蜥	*Phrynocephalus zetangensis*	
	120	长鬣蜥	*Physignathus cocincinus*	
	121	喉褶蜥	*Ptyctolaemus gularis*	
	122	草原蜥	*Trapelus sanguinolentus*	
蛇蜥科 Anguidae	123	台湾脆蛇蜥	*Ophisaurus formosensis*	
	124	细脆蛇蜥	*Ophisaurus gracilis*	
	125	海南脆蛇蜥	*Ophisaurus hainanensis*	
	126	脆蛇蜥	*Ophisaurus harti*	
巨蜥科 Varanidae	127	孟加拉巨蜥	*Varanus bengalensis*	
双足蜥科 Dibamidae	128	香港双足蜥	*Dibamus bogadeki*	
	129	白尾双足蜥	*Dibamus bourreti*	
蜥蜴科 Lacertidae	130	丽斑麻蜥	*Eremias argus*	
	131	敏麻蜥	*Eremias arguta*	
	132	山地麻蜥	*Eremias brenchleyi*	
	133	喀什麻蜥	*Eremias buechneri*	
	134	网纹麻蜥	*Eremias grammica*	
	135	密点麻蜥	*Eremias multiocellata*	
	136	荒漠麻蜥	*Eremias przewalskii*	
	137	快步麻蜥	*Eremias velox*	
	138	虫纹麻蜥	*Eremias vermiculata*	
	139	捷蜥蜴	*Lacerta agilis*	
	140	胎生蜥蜴	*Lacerta vivipara*	
	141	峨眉地蜥	*Platyplacopus intermedius*	
	142	台湾地蜥	*Platyplacopus kuehnei*	
	143	崇安地蜥	*Platyplacopus sylvaticus*	
	144	黑龙江草蜥	*Takydromus amurensis*	
	145	台湾草蜥	*Takydromus formosanus*	
	146	雪山草蜥	*Takydromus hsuehshanensis*	
	147	恒春草蜥	*Takydromus sauteri*	
	148	北草蜥	*Takydromus septentrionalis*	
	149	南草蜥	*Takydromus sexlineatus*	
	150	蓬莱草蜥	*Takydromus stejnegeri*	
	151	白条草蜥	*Takydromus wolteri*	
石龙子科 Scincidae	152	阿赖山裂脸蜥	*Asymblepharus alaicus*	
	153	光蜥	*Ateuchosaurus chinensis*	
	154	岩岸岛蜥	*Emoia atrocostatata*	
	155	黄纹石龙子	*Eumeces capito*	
	156	中国石龙子	*Eumeces chinensis*	
	157	蓝尾石龙子	*Eumeces elegans*	
	158	刘氏石龙子	*Eumeces liui*	
	159	崇安石龙子	*Eumeces popei*	
	160	四线石龙子	*Eumeces quadrilineatus*	
	161	大渡石龙子	*Eumeces tunganus*	
	162	长尾南蜥	*Mabuya longicaudata*	
	163	多棱南蜥	*Mabuya multicarinata*	
	164	多线南蜥	*Mabuya multifasciata*	
	165	昆明滑蜥	*Scincella barbouri*	
	166	长肢滑蜥	*Scincella doriae*	

	167	台湾滑蜥	*Scincella formosensis*	
	168	喜山滑蜥	*Scincella himalayana*	
	169	桓仁滑蜥	*Scincella huanrenensis*	
	170	拉达克滑蜥	*Scincella ladacensis*	
	171	宁波滑蜥	*Scincella modesta*	
	172	山滑蜥	*Scincella monticola*	
	173	康定滑蜥	*Scincella potanini*	
	174	西域滑蜥	*Scincella przewalskii*	
	175	南滑蜥	*Scincella reevesii*	
	176	瓦山滑蜥	*Scincella schmidti*	
	177	锡金滑蜥	*Scincella sikimmensis*	
	178	秦岭滑蜥	*Scincella tsinlingensis*	
	179	墨脱蜓蜥	*Sphenomorphus courcyanus*	
	180	股鳞蜓蜥	*Sphenomorphus incognitus*	
	181	铜蜓蜥	*Sphenomorphus indicus*	
	182	斑蜓蜥	*Sphenomorphus maculata*	
	183	台湾蜓蜥	*Sphenomorphus taiwanensis*	
	184	缅甸棱蜥	*Tropidophorus berdmorei*	
	185	广西棱蜥	*Tropidophorus guangxiensis*	
	186	海南棱蜥	*Tropidophorus hainanus*	
	187	中国棱蜥	*Tropidophorus sinicus*	
蛇亚目 SERPENTES				
盲蛇科 Typhlopidae	188	白头钩盲蛇	*Ramphotyphlops albiceps*	
	189	钩盲蛇	*Ramphotyphlops braminus*	
	190	大盲蛇	*Typhlops diardii*	
	191	恒春盲蛇	*Typhlops koshunensis*	
瘰鳞蛇科 Acrochordidae	192	瘰鳞蛇	*Acrochordus granulatus*	
闪鳞蛇科 Xenopeltidae	193	海南闪鳞蛇	*Xenopeltis hainanensis*	
	194	闪鳞蛇	*Xenopeltis unicolor*	
盾尾蛇科 Uropeltidae	195	红尾筒蛇	*Cylindrophis ruffus*	
蟒科 Boida	196	红沙蟒	*Eryx miliaris*	
	197	东疆沙蟒	*Eryx orentalis – xinjiangensis*	
	198	东方沙蟒	*Eryx tataricus*	
游蛇科 Colubridae	199	青脊蛇	*Achalinus ater*	
	200	台湾脊蛇	*Achalinus formosanus*	
	201	海南脊蛇	*Achalinus hainanus*	
	202	井冈山脊蛇	*Achalinus jinggangensis*	
	203	美姑脊蛇	*Achalinus meiguensis*	
	204	阿里山脊蛇	*Achalinus niger*	
	205	棕脊蛇	*Achalinus rufescens*	
	206	黑脊蛇	*Achalinus spinalis*	
	207	绿瘦蛇	*Ahaetulla prasina*	
	208	无颞鳞腹链蛇	*Amphiesma atemporale*	
	209	黑带腹链蛇	*Amphiesma. bitaeniatum*	
	210	白眉腹链蛇	*Amphiesma boulengeri*	
	211	绣链腹链蛇	*Amphiesma craspedogaster*	
	212	棕网腹链蛇	*Amphiesma johannis*	
	213	卡西腹链蛇	*Amphiesma khasiense*	
	214	瓦屋山腹链蛇	*Amphiesma metusium*	
	215	台北腹链蛇	*Amphiesma miyajimae*	
	216	腹斑腹链蛇	*Amphiesma modestum*	
	217	八线腹链蛇	*Amphiesma octolineatum*	

	218	丽纹腹链蛇	*Amphiesma optatum*	
	219	双带腹链蛇	*Amphiesma parallelum*	
	220	平头腹链蛇	*Amphiesma platyceps*	
	221	坡普腹链蛇	*Amphiesma popei*	
	222	棕黑腹链蛇	*Amphiesma sauteri*	
	223	草腹链蛇	*Amphiesma stolatum*	
	224	缅北腹链蛇	*Amphiesma venningi*	
	225	东亚腹链蛇	*Amphiesma vibakari*	
	226	白眶蛇	*Amphiesmoides ornaticeps*	
	227	滇西蛇	*Atretium yunnanensis*	
	228	珠光蛇	*Blythia reticulata*	
	229	绿林蛇	*Boiga cyanea*	
	230	广西林蛇	*Boiga guangxiensis*	
	231	绞花林蛇	*Boiga kraepelini*	
	232	繁花林蛇	*Boiga multomaculata*	
	233	尖尾两头蛇	*Calamaria pavimentata*	
	234	钝尾两头蛇	*Calamaria septentrionalis*	
	235	云南两头蛇	*Calamaria yunnanensis*	
	236	金花蛇	*Chrysopelea ornata*	
	237	花脊游蛇	*Coluber ravergieri*	
	238	黄脊游蛇	*Coluber spinalis*	
	239	纯绿翠青蛇	*Cyclophiops doriae*	
	240	翠青蛇	*Cyclophiops major*	
	241	横纹翠青蛇	*Cyclophiops multicinctus*	
	242	喜山过树蛇	*Dendrelaphis gorei*	
	243	过树蛇	*Dendrelaphis pictus*	
	244	八莫过树蛇	*Dendrelaphis subocularis*	
	245	黄链蛇	*Dinodon flavozonatum*	
	246	粉链蛇	*Dinodon rosozonatum*	
	247	赤链蛇	*Dinodon rufozonatum*	
	248	白链蛇	*Dinodon septentrionale*	
	249	赤峰锦蛇	*Elaphe anomala*	
	250	双斑锦蛇	*Elaphe bimaculata*	
	251	王锦蛇	*Elaphe carinata*	
	252	团花锦蛇	*Elaphe davidi*	
	253	白条锦蛇	*Elaphe dione*	
	254	灰腹绿锦蛇	*Elaphe frenata*	
	255	南峰锦蛇	*Elaphe hodgsonii*	
	256	玉斑锦蛇	*Elaphe mandarina*	
	257	百花锦蛇	*Elaphe moellendorffi*	
	258	横斑锦蛇	*Elaphe perlacea*	
	259	紫灰锦蛇	*Elaphe porphyracea*	
	260	绿锦蛇	*Elaphe prasina*	
	261	三索锦蛇	*Elaphe radiata*	
	262	红点锦蛇	*Elaphe rufodorsata*	
	263	棕黑锦蛇	*Elaphe schrenckii*	
	264	黑眉锦蛇	*Elaphe taeniura*	
	265	黑斑水蛇	*Enhydris bennettii*	
	266	腹斑水蛇	*Enhydris bocourti*	
	267	中国水蛇	*Enhydris chinensis*	
	268	铅色水蛇	*Enhydris plumbea*	
	269	滑鳞蛇	*Liopeltis frenatus*	

	270	白环蛇	*Lycodon aulicus*	
	271	双全白环蛇	*Lycodon fasciatus*	
	272	老挝白环蛇	*Lycodon laoensis*	
	273	黑背白环蛇	*Lycodon ruhstrati*	
	274	细白环蛇	*Lycodon subcinctus*	
	275	颈棱蛇	*Macropisthodon rudis*	
	276	水游蛇	*Natrix natrix*	
	277	棋斑水游蛇	*Natrix tessellata*	
	278	喜山小头蛇	*Oligodon albocinctus*	
	279	方花小头蛇	*Oligodon bellus*	
	280	菱斑小头蛇	*Oligodon catenata*	
	281	中国小头蛇	*Oligodon chinensis*	
	282	紫棕小头蛇	*Oligodon cinereus*	
	283	管状小头蛇	*Oligodon cyclurus*	
	284	台湾小头蛇	*Oligodon formosanus*	
	285	昆明小头蛇	*Oligodon kunmingensis*	
	286	圆斑小头蛇	*Oligodon lacroixi*	
	287	龙胜小头蛇	*Oligodon lungshenensis*	
	288	黑带小头蛇	*Oligodon melanozonatus*	
	289	横纹小头蛇	*Oligodon multizonatus*	
	290	宁陕小头蛇	*Oligodon ningshanensis*	
	291	饰纹小头蛇	*Oligodon ornatus*	
	292	山斑小头蛇	*Oligodon taeniatus*	
	293	香港后棱蛇	*Opisthotropis andersonii*	
	294	横纹后棱蛇	*Opisthotropis balteata*	
	295	莽山后棱蛇	*Opisthotropis cheni*	
	296	广西后棱蛇	*Opisthotropis guangxiensis*	
	297	沙坝后棱蛇	*Opisthotropis jacobi*	
	298	挂墩后棱蛇	*Opisthotropis kuatunensis*	
	299	侧条后棱蛇	*Opisthotropis lateralis*	
	300	山溪后棱蛇	*Opisthotropis latouchii*	
	301	福建后棱蛇	*Opisthotropis maxwelli*	
	302	老挝后棱蛇	*Opisthotropis praemaxillaris*	
	303	平鳞钝头蛇	*Pareas boulengeri*	
	304	棱鳞钝头蛇	*Pareas carinatus*	
	305	钝头蛇	*Pareas chinensis*	
	306	台湾钝头蛇	*Pareas formosensis*	
	307	缅甸钝头蛇	*Pareas hamptoni*	
	308	横斑钝头蛇	*Pareas macularius*	
	309	横纹钝头蛇	*Pareas margaritophorus*	
	310	喜山钝头蛇	*Pareas monticola*	
	311	福建钝头蛇	*Pareas stanleyi*	
	312	颈斑蛇	*Plagiopholis blakewayi*	
	313	缅甸颈斑蛇	*Plagiopholis nuchalis*	
	314	福建颈斑蛇	*Plagiopholis styani*	
	315	云南颈斑蛇	*Plagiopholis unipostocularis*	
	316	紫沙蛇	*Psammodynastes pulverulentus*	
	317	花条蛇	*Psammophis lineolatus*	
	318	横纹斜鳞蛇	*Pseudoxenodon bambusicola*	
	319	崇安斜鳞蛇	*Pseudoxenodon karlschmidti*	
	320	斜鳞蛇	*Pseudoxenodon macrops*	
	321	花尾斜鳞蛇	*Pseudoxenodon stejnegeri*	

	322	灰鼠蛇	*Ptyas korros*	
	323	滑鼠蛇	*Ptyas mucosus*	
	324	海南颈槽蛇	*Rhabdophis adleri*	
	325	喜山颈槽蛇	*Rhabdophis himalayanus*	
	326	缅甸颈槽蛇	*Rhabdophis leonardi*	
	327	黑纹颈槽蛇	*Rhabdophis nigrocinctus*	
	328	颈槽颈槽蛇	*Rhabdophis nuchalis*	
	329	九龙颈槽蛇	*Rhabdophis pentasupralabialis*	
	330	红脖颈槽蛇	*Rhabdophis subminiatus*	
	331	台湾颈槽蛇	*Rhabdophis swinhonis*	
	332	虎斑颈槽蛇	*Rhabdophis tigrinus*	
	333	黄腹杆蛇	*Rhabdops bicolor*	
	334	尖喙蛇	*Rhynchophis boulengeri*	
	335	黑头剑蛇	*Sibynophis chinensis*	
	336	黑领剑蛇	*Sibynophis collaris*	
	337	环纹华游蛇	*Sinonatrix aequifasciata*	
	338	赤链华游蛇	*Sinonatrix annularis*	
	339	华游蛇	*Sinonatrix percarinata*	
	340	温泉蛇	*Thermophis baileyi*	
	341	山坭蛇	*Trachischium monticola*	
	342	小头坭蛇	*Trachischium tenuiceps*	
	343	渔游蛇	*Xenochrophis piscator*	
	344	黑网乌梢蛇	*Zaocys carinatus*	
	345	乌梢蛇	*Zaocys dhumnades*	
	346	黑线乌梢蛇	*Zaocys nigromarginatus*	
眼镜蛇科 Elapidae				
眼镜蛇亚科 Elapinae	347	金环蛇	*Bungarus fasciatus*	
	348	银环蛇	*Bungarus multicinctus*	
	349	福建丽纹蛇	*Calliophis kelloggi*	
	350	丽纹蛇	*Calliophis macclellandi*	
	351	台湾丽纹蛇	*Calliophis sauteri*	
	352	舟山眼镜蛇	*Naja atra*	
	353	孟加拉眼镜蛇	*Naja kaouthia*	
	354	眼镜王蛇	*Ophiophagus hannah*	
扁尾海蛇亚科 Laticaudinae	355	蓝灰扁尾海蛇	*Laticauda colubrina*	
	356	扁尾海蛇	*Laticauda laticaudata*	
	357	半环扁尾海蛇	*Laticauda semifasciata*	
海蛇亚科 Hydrophiinae	358	棘眦海蛇	*Acalyptophis peronii*	
	359	棘鳞海蛇	*Astrotia stokesii*	
	360	龟头海蛇	*Emydocephalus ijimae*	
	361	青灰海蛇	*Hydrophis caerulescens*	
	362	青环海蛇	*Hydrophis cyanocinctus*	
	363	环纹海蛇	*Hydrophis fasciatus*	
	364	小头海蛇	*Hydrophis gracilis*	
	365	黑头海蛇	*Hydrophis melanocephalus*	
	366	淡灰海蛇	*Hydrophis ornatus*	
	367	截吻海蛇	*Kerilia jerdonii*	
	368	平颏海蛇	*Lapemis curtus*	
	369	长吻海蛇	*Pelamis platurus*	
	370	海蝰	*Praescutata viperina*	
蝰科 Viperidae				
白头蝰亚科 Azemiopinae	371	白头蝰	*Azemiops feae*	

蝮亚科 Crotalinae	372	尖吻蝮	*Deinagkistrodon acutus*	
	373	短尾蝮	*Gloydius brevicaudus*	
	374	中介蝮	*Gloydius intermedius*	
	375	六盘山蝮	*Gloydius liupanensis*	
	376	秦岭蝮	*Gloydius qinlingensis*	
	377	岩栖蝮	*Gloydius saxatilis*	
	378	蛇岛蝮	*Gloydius shedaoensis*	
	379	高原蝮	*Gloydius strauchi*	
	380	乌苏里蝮	*Gloydius ussuriensis*	
	381	莽山烙铁头蛇	*Ermia mangshanensis*	
	382	山烙铁头蛇	*Ovophis monticola*	
	383	察隅烙铁头蛇	*Ovophis zayuensis*	
	384	菜花原柔头蝮	*Protobothrops jerdonii*	
	385	原柔头蝮	*Protobothrops mucrosquamatus*	
	386	乡城原矛头蝮	*Protobothrops xiangchengensis*	
	387	白唇竹叶青蛇	*Trimeresurus albolabris*	
	388	台湾竹叶青蛇	*Trimeresurus gracilis*	
	389	墨脱竹叶青蛇	*Trimeresurus medoensis*	
	390	竹叶青蛇	*Trimeresurus stejnegeri*	
	391	西藏竹叶青蛇	*Trimeresurus tibetanus*	
	392	云南竹叶青蛇	*Trimeresurus yunnanensis*	
蝰亚科 Viperinae	393	极北蝰	*Vipera berus*	
	394	圆斑蝰	*Vipera russelii*	
	395	草原蝰	*Vipera ursinii*	
昆虫纲 INSECTA 17 目 72 科 120 属 110 种				
襀翅目 Plecoptera				
襀科 Perlidae	1	江西叉突虫责	*Furcaperla jiangxiensis*	
	2	海南华钮虫责	*Sinacronearia hainana*	
扁襀科 Peltoperlidae	3	吉氏小扁虫责	*Microperla jeei*	
	4	史氏长卷虫责	*Perlomyer smithae*	
螳螂目 Mantodea				
怪螳科 Amorphoscelidae		怪螳属（所有种）	*Amorphoscelis spp.*	
竹节虫目 Phasmatodea				
竹节虫科 Phasmatidae	5	魏氏巨虫脩	*Tirachoidea westwoodi*	
	6	四川无肛虫脩	*Paraentoria sichuanensis*	
	7	尖峰岭彪虫脩	*Pharnacia jianfenglingensis*	
	8	污色无翅刺虫脩	*Cnipsus colorantis*	
叶虫脩科 Phyllidae		叶虫脩属（所有种）	*Phyllium spp.*	
杆虫脩科 Bacillidae	9	广西瘤虫脩	*Datames guangxiensis*	
异虫脩科 Heteronemiidae	10	褐脊瘤胸虫脩	*Trachythorax fuscocarinatus*	
	11	中华仿圆筒虫脩	*Paragongylopus sinensis*	
啮虫目 Psocoptera				
围啮科 Peripsocidae	12	食蚧双突围啮	*Diplopsocus phagococcus*	
啮科 Psocidae	13	线斑触啮	*Psococerastis linearis*	
缨翅目 Thysanoptera				
纹蓟马科 Aeolothripidae	14	黄脊扁角纹蓟马	*Mymarothrips fiavidonotus*	
同翅目 Homoptera				
蛾蜡蝉科 Flatidae	15	墨脱埃蛾蜡蝉	*Exoma medogensis*	
蜡蝉科 Fulgoridae	16	红翅梵蜡蝉	*Aphaena rabiala*	
颜蜡蝉科 Eurybrachidae	17	漆点旌翅颜蜡蝉	*Ancyra annamensis*	
蝉科 Cicadidae		碧蝉属（所有种）	*Hea spp.*	
		彩蝉属（所有种）	*Gallogaena spp.*	

		琥珀蝉属（所有种）	*Ambrogaena spp.*	
		硫磺蝉属（所有种）	*Sulphogaena spp.*	
		拟红眼蝉属（所有种）	*Paratalainga spp.*	
蝉科 Cicadidae		笃蝉属（所有种）	*Tosena spp.*	
犁胸蝉科 Aetalionidae	18	西藏管尾犁胸蝉	*Darthula xizangensis*	
角蝉科 Membracidae	19	周氏角蝉	*Choucentrus sinensis*	
棘蝉科 Machaerotidae	20	新象棘蝉	*Neosigmasoma manglunensis*	
毛管蚜科 Greenideidae	21	野核桃声毛管蚜	*Mollitrichosiphum juglandisuctum*	
扁蚜科 Hormaphididae	22	柳粉虱蚜	*Aleurodaphis sinisalicis*	
半翅目 Hemiptera				
负子蝽科 Belostomatidae	23	田鳖	*Lethocerus indicus*	
盾蝽科 Scutelleridae	24	山字宽盾蝽	*Poecilocoris sanszesingatus*	
猎蝽科 Reduviidae	25	海南杆虫脩猎蝽	*Ischnobaenella hainana*	
广翅目 Megaloptera				
齿蛉科 Corydalidae	26	中华脉齿蛉	*Neuromus sinensis*	
蛇蛉目 Raphidioptera				
盲蛇蛉科 Inocelliidae	27	硕华盲蛇蛉	*Sininocellia gigantos*	
脉翅目 Neuroptera				
旌蛉科 Nemopteridae	28	中华旌蛉	*Nemopistha sinica*	
鞘翅目 Coleoptera				
虎甲科 Cicindelidae	29	双锯球胸虎甲	*Therates biserratus*	
步甲科 Carabidae		步甲属拉步甲亚属（所有种）	*Carabus spp.*	*Coptolabrus spp*
		步甲属硕步甲亚属（所有种）	*Carabus spp.*	*Aptomopterus spp.*
两栖甲科 Amphizoidae	30	大卫两栖甲	*Amphizoa davidi*	
	31	中华两栖甲	*Amphizoa sinica*	
叩甲科 Elateridae	32	大尖鞘叩甲	*Oxynopterus annamensis*	
	33	凹头叩甲	*Ceropectus messi*	
	34	丽叩甲	*Campsosternus auratus*	
	35	黔丽叩甲	*Campsosternus guizhouensis*	
叩甲科 Elateridae	36	二斑丽叩甲	*Campsosternus bimaculatu*	
	37	朱肩丽叩甲	*Campsosternus gemma*	
	38	绿腹丽叩甲	*Campsosternus fruhstorferi*	
	39	眼纹斑叩甲	*Cryptalaus larvatus*	
	40	豹纹斑叩甲	*Cryptalaus sordidus*	
	41	木棉梳角叩甲	*Pectocera fortunei*	
吉丁虫科 Buprestidae	42	海南硕黄吉丁	*Megaloxantha hainana*	
	43	红绿金吉丁	*Chrysochroa vittata*	
	44	北部湾金吉丁	*Chrysochroa tonkinensis*	
	45	绿点椭圆吉丁	*Sternocera aequisignata*	
瓢虫科 Coccinellidae	46	三色红瓢虫	*Amida tricolor*	
	47	龟瓢虫	*Epiverta chelonia*	
拟步甲科 Tenebrionidae	48	李氏长足甲	*Adesmia lii*	*Oteroselis lii*
臂金龟科 Euchiridae		彩壁金龟属（所有种）	*Cheirotonus spp.*	
	49	戴褐臂金龟	*Propomacrus davidi*	
犀金龟科 Dynastidae	50	胫晓扁犀金龟	*Eophileurus tibialis*	
		叉犀金龟属（所有种）	*Allomyrina spp.*	
	51	葛蛀犀金龟	*Oryctes gnu*	
	52	细角尤犀金龟	*Eupatorus gracilicornis*	

鳃金龟科 Melolonthidae	53	背黑正鳃金龟	*Malaisius melanodiscus*	
花金龟科 Cetoniidae	54	群斑带花金龟	*Taeniodera coomani*	
	55	褐斑背角花金龟	*Neophaedimus auzouxi*	
	56	四斑幽花金龟	*Iumnos ruckeri*	
锹甲科 Lucanidae	57	中华奥锹甲	*Odontolabis sinensis*	
	58	巨叉锹甲	*Lucanus planeti*	
	59	幸运锹甲	*Lucanida fortunei*	
天牛科 Cerambycidae	60	细点音天牛	*Heterophilus punctulatus*	
	61	红腹膜花天牛	*Necydalis rufiabdominis*	
	62	畸腿半鞘天牛	*Merionoeda splendida*	
叶甲科 Chrysomelidae	63	超高萤叶甲	*Galeruca altissima*	
锥象科 Brentidae	64	大宽喙象	*Baryrrhynchus cratus*	
捻翅目 Strepsiptera				
栉虫扇科 Halictophagidae	65	拟蚤蝼虫扇	*Tridactyloxenos coniferus*	
长翅目 Mecoptera				
蝎蛉科 Parnorpidae	66	周氏新蝎蛉	*Neopanorpa choui*	
毛翅目 Trichoptera				
石蛾科 Phryganeidae	67	中华石蛾	*Phryganea sinensis*	
鳞翅目 Lepidoptera				
蛉蛾科 Neopseustidae	68	梵净蛉蛾	*Neopseustis fanjingshana*	
小翅蛾科 Micropterygidae	69	井冈小翅蛾	*Paramartyria jinggangana*	
长角蛾科 Adelidae	70	大黄长角蛾	*Nemophora amurensis*	
举肢蛾科 Heliodinidae	71	北京举肢蛾	*Beijinga utila*	
燕蛾科 Uraniidae	72	巨燕蛾	*Nyctalemon patroclus*	
灯蛾科 Arctiidae	73	紫曲纹灯蛾	*Gonerda bretaudiaui*	
桦蛾科 Endromidae	74	陇南桦蛾	*Mirina longnanensis*	
大蚕蛾科 Saturniidae	75	半目大蚕蛾	*Antheraea yamamai*	
	76	乌桕大蚕蛾	*Attacus atlas*	
	77	冬青大蚕蛾	*Attacus edwardsi*	
萝纹蛾科 Brahmaeidae	78	黑褐萝纹蛾	*Brahmaea christophi*	
凤蝶科 Papilionidae		喙凤蝶属（所有种）	*Teinopalpus* spp.	
		虎凤蝶属（所有种）	*Luehdorfia* spp.	
	79	锤尾凤蝶	*Losaria coon*	
	80	台湾凤蝶	*Papilio thaiwanus*	
	81	红斑美凤蝶	*Papilio rumanzovius*	
	82	旖凤蝶	*Iphiclides podalirius*	
		尾凤蝶属（所有种）	*Bhutanitis* spp.	
凤蝶科 Papilionidae		曙凤蝶属（所有种）	*Atrophaneura* spp.	
		裳凤蝶属（所有种）	*Troides* spp.	
		宽尾凤蝶属（所有种）	*Agehana* spp.	
	83	燕凤蝶	*Lamproptera curia*	
	84	绿带燕凤蝶	*Lamproptera meges*	
粉蝶科 Pieridae		眉粉蝶属（所有种）	*Zegris* spp.	
蛱蝶科 Nymphalidae	85	最美紫蛱蝶	*Sasakia pulcherrima*	
	86	黑紫蛱蝶	*Sasakia funebris*	
	87	枯叶蛱蝶	*Kallima inachus*	
绢蝶科 Parnassidae		绢蝶属（所有种）	*Parnassius* spp.	
眼蝶科 Satyridae	88	黑眼蝶	*Ethope henrici*	
		岳眼蝶属（所有种）	*Orinoma* spp.	
	89	豹眼蝶	*Nosea hainanensis*	
环蝶科 Amathusiidae		箭环蝶属（所有种）	*Stichophthalma* spp.	
	90	森下交脉环蝶	*Amathuxidia morishitai*	

灰蝶科 Lycaenidae		陕灰蝶属（所有种）	*Shaanxiana spp.*	
	91	虎灰蝶	*Yamamotozephyrus kwangtungensis*	
弄蝶科 Hesperiidae	92	大伞弄蝶	*Bibasis miracula*	
双翅目 Diptera				
食虫虻科 Asilidae	93	古田钉突食虫虻	*Euscelidia gutianensis*	
突眼蝇科 Diopsidae	94	中国突眼蝇	*Diopsis chinica*	
甲蝇科 Celyphidae	95	铜绿狭甲蝇	*Spaniocelyphus cupreus*	
膜翅目 Hymenoptera				
叶蜂科 Tenthredinidae	96	海南木莲枝角叶蜂	*Cladiucha manglietiae*	
姬蜂科 Ichneumonidae	97	蝙蛾角突姬蜂	*Megalomya hepialivora*	
姬蜂科 Ichneumonidae	98	黑蓝凿姬蜂	*Xorides nigricaeruleus*	*Epixorides nigricaeruleus*
	99	短异潜水蜂	*Atopotypus succinatus*	
茧蜂科 Braconidae	100	马尾茧蜂	*Euurobracon yokohamae*	
	101	梵净山华甲茧蜂	*Siniphanerotomella fanjingshana*	
	102	天牛茧蜂	*Parabrulleia shibuensis*	
金小蜂科 Pteromalidae	103	丽锥腹金小蜂	*Solenura ania*	
离颚细蜂科 Vanhornidae	104	贵州华颚细蜂	*Vanhornia guizhouensis*	
虫系蜂科 Sclerogibbidae	105	中华新虫系蜂	*Caenosclerogibba sinica*	
泥蜂科 Sphecidae	106	叶齿金绿泥蜂	*Chlorion lobatum*	
蚁科 Formicidae	107	双齿多刺蚁	*Polyrhachis dives*	
	108	鼎突多刺蚁	*Polyrhachis vicina*	
蜜蜂科 Apidae	109	伪猛熊蜂	*Bombus persoatus*	*Subterraneobombus persoatus*
	110	中华蜜蜂	*Apis cerana*	

注：“＊”原为国家Ⅱ级保护动物

附录Ⅲ

走私、非法猎捕、杀害、收购、运输、出售珍贵濒危陆生野生动物重大案件、特别重大案件立案标准

中文名	拉丁名	级别	重大案件	特别重大案件
蜂猴（所有种）	*Nycticebus spp*	Ⅰ	3	4
熊猴	*Macaca assamensis*	Ⅰ	2	3
台湾猴	*Macaca cyclopis*	Ⅰ	1	2
豚尾猴	*Macaca nemestrina*	Ⅰ	2	3
叶猴（所有种）	*PreSbyitis spp*	Ⅰ	1	2
金丝猴（所有种）	*Rhinopithecus spp*	Ⅰ		1
长臂猿（所有种）	*Hylobates spp*	Ⅰ	1	2
马来熊	*Helarctas malayanus*	Ⅰ	2	3
大熊猫	*Ailuropoda melanoleuCa*	Ⅰ		1
紫貂	*Martes zibellina*	Ⅰ	3	4
貂熊	*Gulo gulo*	Ⅰ	2	3
熊狸	*Arctictis binturong*	Ⅰ	1	2
云豹	*Neojelis nebulosa*	Ⅰ		1
豹	*Panthera pardus*	Ⅰ		1
虎	*Panthera tigris*	Ⅰ		1
雪豹	*Panthera uncial*	Ⅰ		1
亚洲象	*Elephas maximus*	Ⅰ		1
蒙古野驴	*Equus hemionus*	Ⅰ	2	3
西藏野驴	*Equus kiang*	Ⅰ	3	5
野马	*Equns Przewalskii*	Ⅰ		1
野骆驼	*Camelus ferus*（= *bactrianus*）	Ⅰ	1	2
鼷鹿	*Tragulus javanicus*	Ⅰ	2	3
麝（所有种）	*Moschus spp* ·	Ⅰ	3	5
黑麂	*Muntiacus crinifrons*	Ⅰ	1	2
白唇鹿	*Cervus albirostris*	Ⅰ	1	2
坡鹿	*Cervus eldi*	Ⅰ	1	2
梅花鹿	*Cervus Nippon*	Ⅰ	2	3
豚鹿	*Cervus porcinus*	Ⅰ	2	3
麋鹿	*Elaphurus davidianus*	Ⅰ	1	2
野牛	*Bos gaurus*	Ⅰ	1	2
野牦牛	*Bos mutus*（= *grunniens*）	Ⅰ	2	3
普氏原羚	*Procapra przewalskii*	Ⅰ	1	2
藏羚	*Pantholops hodgsoni*	Ⅰ	2	3
高鼻羚羊	*Saiga tatarica*	Ⅰ		1
扭角羚	*Budorcas taxicolor*	Ⅰ	1	2
台湾鬣羚	*Capricornis crispus*	Ⅰ	2	3
赤斑羚	*Naemorhedus cranbrooki*	Ⅰ	2	4
塔尔羊	*Hemitragus jemlahicus*	Ⅰ	2	4
北山羊	*Capra ibex*	Ⅰ	2	4

河狸	*Castor fiber*	I	1	2
短尾信天翁	*Diomedea albatrus*	I	2	4
白腹军舰鸟	*Fregata andrewsi*	I	2	4
白鹳	*Ciconia ciconia*	I	2	4
黑鹳	*Ciconia nigra*	I	2	4
朱鹮	*Nipponia nippon*	I		1
中华秋沙鸭	*Mergus squamatus*	I	2	3
金雕	*Aquila chrysaetos*	I	2	4
白肩雕	*Aquila heliaca*	I	2	4
玉带海雕	*Haliaeetus leucoryphus*	I	2	4
白尾海雕	*Haliaeetus albcilla*	I	2	4
虎头海雕	*Haliaeetus pelagicus*	I	2	4
拟兀鹫	*Pseudogyps bengalensis*	I	2	4
胡兀鹫	*Gypaetus barbatus*	I	2	4
细嘴松鸡	*Tetrao parvirostris*	I	3	5
斑尾榛鸡	*Tetrastes sewerzowi*	I	3	5
雉鹑	*Tetraophasis obscurus*	I	3	5
四川山鹧鸪	*ArboroPhila rufipectus*	I	3	5
海南山鹧鸪	*Arborophila ardens*	I	3	5
黑头角雉	*Tragopan melanocephalus*	I	2	3
红胸角雉	*Tragopan satyra*	I	2	4
灰腹角雉	*Tragopan blythii*	I	2	3
黄腹角雉	*Tragopan caboti*	I	2	3
虹雉（所有种）	*Lophophorus spp.*	I	2	4
褐马鸡	*Crossoptilon mantchuricum*	I	2	3
蓝鹇	*Lophura swinhoii*	I	2	3
黑颈长尾雉	*Syrmaticus humiae*	I	2	4
白颈长尾雉	*Syrmaticus ewllioti*	I	2	4
黑长尾雉	*Syrmaticus mikado*	I	2	4
孔雀雉	*Polyplectron bicalcaratum*	I	2	3
绿孔雀	*Pavo muticus*	I	2	3
黑颈鹤	*Grum nigricollis*	I	2	3
白头鹤	*Grus monacha*	I	2	3
丹顶鹤	*Grus japonensis*	I	2	3
白鹤	*Grus leucogeranus*	I	2	3
赤颈鹤	*Grus antigone*	I	1	2
鸨（所有种）	*Otis spp*·	I	4	6
遗鸥	*Larus relictus*	I	2	4
四爪陆龟	*Testudo horsfieldi*	I	4	8
蜥鳄	*Shinisaurus crocodilurus*	I	2	4
巨蜥	*Varanus salvator*	I	2	4
蟒	*Python molurus*	I	2	4
扬子鳄	*Alligator sinensis*	I	1	2
中华蛩蠊	*Galloisiana sinensis*	I	3	6
金斑喙凤蝶	*Teinopalpus aureus*	I	3	6
猕猴	*Macaca mulatta*	II	6	10
藏酋猴	*Macaca thibetana*	II	6	10
短尾猴	*Macaca arctoides*	II	6	10
穿山甲	*Manis pentadactyla*	II	8	16
豺	*Cuon alpinus*	II	4	6
黑熊	*Selenarctos thibetanus*	II	3	5
棕熊（包括马熊）	*Ursus arctos*（*U. a. Pruinosus*）	II	3	5

小熊猫	*Ailurus fulgens*	II	3	5
石貂	*Martes foina*	II	4	10
黄喉貂	*Martes flavigula*	II	4	10
斑林狸	*Prionodon pardicolor*	II	4	8
大灵猫	*Viverra zibeiha*	II	3	5
小灵猫	*Viverricula indica*	II	4	8
草原斑猫	*Felis lybica*（= *silvestris*）	II	4	8
荒漠猫	*Felis bieti*	II	4	10
丛林猫	*Felis chaus*	II	4	8
猞猁	*Felis lynx*	II	2	3
兔狲	*Felis manul*	II	3	5
金猫	*Feils temmincki*	II	4	8
渔猫	*Felis viverrinus*	II	4	8
河麂	*Hydropotes inermis*	II	4	8
马鹿（包括白臀鹿）	*Cervus elaphus*（*C. e. macneilli*）	II	4	6
水鹿	*Cevus unicolor*	II	3	5
驼鹿	*Alces alces*	II	3	5
黄羊	*Procapra gutturosa*	II	8	15
藏原羚	*Procapra picticaudata*	II	4	8
鹅喉羚	*Cazella subgutturosa*	II	4	8
鬣羚	*Capricornis sumatraensis*	II	3	4
斑羚	*Naemorhedus goral*	II	4	8
岩羊	*Pseudois nayaur*	II	4	8
盘羊	*Ovis ammon*	II	3	5
海南兔	*Lepus peguensis hainanus*	II	6	10
雪兔	*Lepus timidus*	II	6	10
塔里木兔	*Lepus yarkandensis*	II	20	40
巨松鼠	*Ratufa bicolor*	II	6	10
角䴙䴘	*Podiceps auritus*	II	6	10
赤颈䴙䴘	*Podiceps grisegena*	II	6	8
鹈鹕（所有种）	*Pelecanus spp*·	II	4	8
鲣鸟（所有种）	*Sula spp*·	II	6	10
海鸬鹚	*Phalacrocorax pelagicus*	II	4	8
黑颈鸬鹚	*Phalacrocorax niger*	II	4	8
黄嘴白鹭	*Egretta eulophotes*	II	6	10
岩鹭	*Egretta sacra*	II	6	20
海南虎斑鳽	*Gorsachius magnificus*	II	6	10
小苇鳽	*Ixbrychus minutus*	II	6	10
彩鹳	*Ibis leucocephalus*	II	3	4
白鹮	*Threskiornis aethiopicus*	II	4	8
黑鹮	*Pseudibis papillosa*	II	4	8
彩鹮	*Plegalis falcinellus*	II	4	8
白琵鹭	*Platalea leucorodia*	II	4	8
黑脸琵鹭	*platalea minor*	II	4	8
红胸黑雁	*Branta ruficollis*	II	4	8
白额雁	*Anser albifrons*	II	6	10
天鹅（所有种）	*Cygnus spp*·	II	6	10
鸳鸯	*Aix galericulata*	II	6	10
其它鹰类	（*Accipitridae*）	II	4	8
隼科（所有种）	*Falconidae*	II	6	10
黑琴鸡	*Lyrurus tetrix*	II	4	8
柳雷鸟	*Lagopus lagopus*	II	4	8

岩雷鸟	*Lagopus mutus*	II	6	10
镰翅鸡	*Falcipennis falcipennis*	II	3	4
花尾榛鸡	*Tetrastes bonasla*	II	10	20
雪鸡（所有种）	*Tetraogallus spp·*	II	10	20
血雉	*Ithaginis cruentus*	II	4	6
红腹角雉	*Tragopan temminchii*	II	4	6
藏马鸡	*Crossoptilon crossoptilon*	II	4	6
蓝马鸡	*Crossoptilon aurtun*	II	4	10
黑鹇	*Lophura leucomelana*	II	6	8
白鹇	*Lophura nycthemera*	II	6	10
原鸡	*Gallus gallus*	II	6	8
勺鸡	*Pucrasia macrolopha*	II	6	8
白冠长尾雉	*Syrmaticus reevesii*	II	4	6
锦鸡（所有种）	*ChrysoloPhus spp·*	II	4	8
灰鹤	*Grus grus*	II	4	8
白枕鸿	*Grus vipio*	II	4	8
沙丘鹤	*Grus canadensis*	II	4	8
蓑羽鹤	*Anthropoides virgo*	II	6	10
长脚秧鸡	*Crex crex*	II	6	10
姬田鸡	*Porzana parva*	II	6	10
棕背田鸡	*Porzana bicolor*	II	6	10
花田鸡	*Coturnicops noveboracensis*	II	6	10
铜翅水雉	*Metopidius indicus*	II	6	10
小杓鹬	*Numenius borealis*	II	8	15
小青脚鹬	*Tringa guttifer*	II	6	10
灰燕鸻	*Glareola lactea*	II	6	10
小鸥	*Larus minutus*	II	6	10
黑浮鸥	*Chlidonias niger*	II	6	10
黄嘴河燕鸥	*Sterna aurantia*	II	6	10
黑嘴端凤头燕鸥	*Thalasseus zimmermanni*	II	4	8
黑腹沙鸡	*Pterocles orientalis*	II	4	8
绿鸠（所有种）	*Treron spp.*	II	6	8
黑颏果鸠	*Ptilinopus leclancheri*	II	6	10
皇鸠（所有种）	*Ducula spp·*	II	6	10
斑尾林鸽	*Columba palumbus*	II	6	10
鹃鸠（所有种）	*Macropygia spp.*	II	6	10
鹦鹉科（所有种）	*Psittacidae*	II	6	10
鸦鹃（所有种）	*Centropus spp·*	II	6	10
鸮形目（所有种）	*STRIGIFORMES*	II	6	10
灰喉针尾雨燕	*Hirundapus cochinchinensls*	II	6	10
凤头雨燕	*Hemiprocne longipennis*	II	6	10
橙胸咬鹃	*Harpactes oreskios*	II	6	10
蓝耳翠鸟	*Alcedo meninting*	II	6	10
鹳嘴翠鸟	*Pelargopsis capensis*	II	6	10
黑胸蜂虎	*Merops leschenaulti*	II	6	10
绿喉蜂虎	*Merops orientalis*	II	6	10
犀鸟科（所有种）	*Bucertidae*	II	4	8
白腹黑啄木鸟	*Dryocopus javensis*	II	6	10
阔嘴鸟科（所有种）	*Eurylaimidae*	II	6	10
八色鸫科（所有种）	*Pittidae*	II	6	10
凹甲陆龟	*Manouria impressa*	II	6	10
大壁虎	*Gekko gecko*	II	10	20

虎纹蛙	*Rana tigrina*	II	100	200
伟铗虮	*Atlasjapyx atlas*	II	6	10
尖板曦箭蜓	*Heliogomphus retroflexus*	II	6	10
宽纹北箭蜓	*Ophiogomphus spinicorne*	II	6	10
中华缺翅虫	*Zorotypus sinensis*	II	6	10
墨脱缺翅虫	*Zorotypus medoensis*	II	6	10
拉步甲	*Carabus*（*Coptolabrus*）*lafossei*	II	6	10
硕步甲	*Carabus*（*Apotopterus*）*davidi*	II	6	10
彩臂金龟（所有种）	*Cheirotonus spp.*	II	6	10
叉犀金龟	*Allomyrina davidis*	II	6	10
双尾褐凤蝶	*Bhutanitis mansfieldi*	II	6	10
三尾褐凤蝶	*Bhutanitis thaidina dongchuanensis*	II	6	10
中华虎凤蝶	*Luehdorfia chinensis huashanensis*	II	6	10
阿波罗绢蝶	*Parnassius apollo*	II	6	10

附录Ⅳ

商业性经营利用驯养繁殖技术成熟的陆生野生动物名单

纲	目	科	序号	中文名	学名	别名	备注（*1 为外来种；*2 仅供观赏）
兽纲	食肉目	犬科	1	貉	*Nyctereutes procyonoides*		
			2	银狐	*Vulpes vulpes fulva*	银黑狐	*1
			3	北极狐	*Alopex lagopus*	蓝狐	*1
		鼬科	4	水貂	*Mustea vison*		*1
		灵猫科	5	果子狸	*Paguma larvata*	花面狸、白鼻狗、花面棕榈猫	
	偶蹄目	猪科	6	野猪	*Sus scrofa* × *S. s. domestica*		仅限杂交种
		鹿科	7	梅花鹿	*Cervus nippon*		
			8	马鹿	*Cervus elaphus*		塔里木亚种除外
	啮齿目	松鼠科	9	花鼠	*Eutamias sibiricus*		
		仓鼠科	10	仓鼠	*Cricetus cricetus*	金丝熊	*1
		鼠科	11	麝鼠	*Ondatra zibethica*	水耗子	*1
		毛丝鼠科	12	毛丝鼠	*Chinchilla laniger*	绒鼠	*1
		豚鼠科	13	豚鼠	*Cavia porcella*	荷兰猪、荷兰鼠	*1
		河狸鼠科	14	海狸鼠	*Myocastor coypus*	草狸獭	*1
鸟纲	鸵形目	非洲鸵鸟科	15	非洲鸵鸟	*Struthio camelus*	鸵鸟	*1
		美洲鸵鸟科	16	大美洲鸵	*Rhea americana*	美洲鸵鸟	*1
	鹤鸵目	鸸鹋科	17	鸸鹋	*Dromaius novaehollandiae*	澳洲鸵鸟	*1
	雁形目	鸭科	18	疣鼻栖鸭	*Cairina moschata*	野鸳鸯、番鸭、南美鸭	*1
			19	绿头鸭	*Anas platyrhynchos*	野鸭	
	鸡形目	雉科雉科	20	环颈雉	*Phasianus colchicus*	七彩山鸡、野鸡、雉鸡	
			21	火鸡	*Meleagris gallopavo*		*1
			22	珠鸡	*Numida meleagris*	珍珠鸡	*1
			23	石鸡	*Alectoris chukar*	美国鹧鸪	
			24	蓝孔雀	*Pavo cristatus*	印度孔雀、杂交孔雀	*1
			25	蓝胸鹑	*Coturnix chinensis*	桂花雀、小鹌鹑	
			26	鹌鹑	*Coturnix japonica*		

鸟纲	鹦形目	凤头鹦鹉科	27	鸡尾鹦鹉	*Nymphicus hollandicus*	玄凤、红耳鹦鹉	*1 、*2
鸟纲	鹦形目	鹦鹉科	28	虎皮鹦鹉	*Melopsittacus undulatus*	娇凤、彩凤、阿苏儿	*1、*2
鸟纲	鹦形目	鹦鹉科	29	费氏牡丹鹦鹉	*Agapornis fischeri*	棕头牡丹鹦鹉、红牡丹鹦鹉、费希氏情侣鹦鹉	*1、*2
鸟纲	鹦形目	鹦鹉科	30	桃脸牡丹鹦鹉	*Agapornis roseicollis*	小鹦哥、桃脸、蔷薇鹦哥、桃脸情侣鹦鹉	*1、*2
鸟纲	鹦形目	鹦鹉科	31	黄领牡丹鹦鹉	*Agapornis personatus*	黑头牡丹鹦鹉、黄领黑牡丹、黄襟黑牡丹鹦鹉、伪装情侣鹦鹉	*1、*2
鸟纲	雀形目	梅花雀科	32	白腰文鸟	*Lonchura striata*	十姐妹、禾谷、算命鸟、白背文鸟、尖尾文鸟	*2
鸟纲	雀形目	梅花雀科	33	黑喉草雀	*Poephlia cincta*	牧师鸟、巴森雀	*1、*2
鸟纲	雀形目	梅花雀科	34	七彩文鸟	*Chloebia gouldiae*	五彩文鸟、胡锦鸟、胡锦雀、五彩芙蓉	*1、*2
鸟纲	雀形目	梅花雀科	35	橙颊梅花雀	*Estrildo melpoda*	红颊雀	*1、*2
鸟纲	雀形目	梅花雀科	36	红梅花雀	*Amandava amandava*	梅花雀、红雀、珍珠鸟、红珍珠	*2
鸟纲	雀形目	梅花雀科	37	禾雀	*Padda oryzivora*	灰文鸟、爪哇禾雀、文鸟、灰芙蓉、爪哇稻米雀	*2
鸟纲	雀形目	梅花雀科	38	栗耳草雀	*Taeniopygia castanotis*	锦华鸟、锦华雀	*1、*2
鸟纲	雀形目	燕雀科	39	金丝雀	*Serinus canaria*	白玉鸟、卡纳利岛丝雀、芙蓉鸟、玉鸟、白玉、白燕	*1、*2
爬行纲	龟鳖目	淡水龟科	40	巴西龟	*Trachemys scripta*		*1
爬行纲	龟鳖目	淡水龟科	41	鳄龟	*Macroclemys temminckii*	大鳄鱼龟、蛇鳄龟、驼峰龟	*1
爬行纲	龟鳖目	鳖科	42	中华鳖	*Pelodiscus sinensis*	甲鱼、水鱼、团鱼、王八、元鱼	
爬行纲	鳄目	鳄科	43	尼罗鳄	*Crocodylus niloticus*		*1
爬行纲	鳄目	鳄科	44	湾鳄	*Crocodylus porosus*		*1
爬行纲	鳄目	鳄科	45	暹罗鳄	*Crocodylus siamensis*		*1
两栖纲	无尾目	蛙科	46	中国林蛙	*Rana chensinensis*	哈士蟆	
两栖纲	无尾目	蛙科	47	黑龙江林蛙	*Rana amurensis*	哈士蟆	
两栖纲	无尾目	蛙科	48	猪蛙	*Rana grylio*		*1
两栖纲	无尾目	蛙科	49	虎纹蛙	*Rana rugulosa*		
蛛形纲	蝎目	钳蝎科	50	蝎子	*Buthus martensi*	全虫	
昆虫纲	膜翅目	蚁科	51	双齿多刺蚁	*Polyrhachis dives*		
昆虫纲	膜翅目	蚁科	52	大黑木工蚁	*Camponotus japonicus*		
昆虫纲	膜翅目	蚁科	53	黄猄蚁	*Oecophylla smaragdina*		
多足纲	整形目	蜈蚣科	54	蜈蚣	*Scolopendra subspinipes*	天龙	

附录Ⅴ

濒危野生动植物种国际贸易公约 附录Ⅰ、附录Ⅱ和附录Ⅲ

（动物部分）

自2010年6月23日起生效

说 明

1. 本附录所列的物种是指：

a）名称所示的物种；

b）一个高级分类单元所包括的全部物种或其被特别指定的一部分。

2. 缩写“spp.”是指一个比其更高的分类单元所包括的全部物种。

3. 其它种以上的分类单元仅供资料查考或分类之用。科的学名后的俗名仅供参考（编者注：原文的俗名为英文名，中文翻译名绝大部分与其中文学名相同，故被省略）。它们是为表明此科中有物种被列入附录。在大多数情形下，并不是这个科中的所有种都被收入附录。

4. 以下缩写用于植物的种以下分类单元：

a）缩写“ssp.”指亚种，

b）缩写“var（s）.”指变种。

5. 鉴于未对列入附录Ⅰ的植物种或较高级分类单元作出注释，说明其杂交种应当按照《公约》第三条有关规定进行管理，这表明来自一个或多个这些种或分类单元的人工培植杂交种如附有人工培植证明书便可进行贸易，同时这些杂交种源于离体培养、置于固体或液体介质中、以无菌容器运输的种子、花粉（包括花粉块）、切花、幼苗或组织培养物不受《公约》有关条款的限制。

6. 附录Ⅲ中物种名后括号中的国家是提出将这些物种列入该附录的缔约国。

7. 当一个物种被列入某一附录时，该物种的所有部分或其衍生物也被列入同一附录，除非该物种的注释表明其只包括特定的部分或衍生物。列入附录Ⅱ或Ⅲ的物种或较高级分类单元名称旁出现的符号#及相随数字系指脚注，该脚注表明了植物的哪些部分或衍生物被指定为“标本”，并根据《公约》第一条第（b）款第（iii）项的规定受《公约》条款管制。

编者注：物种或较高级分类单元中文名前附有“★”者，系指该种或该高级分类单元所含物种在中国有分布记录。

附录Ⅰ	附录Ⅱ	附录Ⅲ
动物 FAUNA 脊索动物门 PHYLUM CHORDATA 哺乳纲 MAMMALIA		
偶蹄目 ARTIODACTYLA		
叉角羚科 Antilocapridae		
叉角羚 *Antilocapra americana*（仅墨西哥种群；其余所有种群都未被列入附录）		
牛　科 Bovidae		
旋角羚 *Addax nasomaculatus* ★印度野牛 *Bos gaurus*（不包括被称为大额牛 *Bos frontalis* 的家养型，该型不受《公约》条款的限制） ★野牦牛 *Bos mutus*（不包括被称为牦牛 *Bos grunniens* 的家养型，该型不受《公约》条款的限制） 柬埔寨野牛 *Bos sauveli* 西里伯斯水牛 *Bubalus depressicornis* 棉兰老水牛 *Bubalus mindorensis* 明多罗水牛 *Bubalus quarlesi* 捻角山羊 *Capra falconeri* ★华西鬣羚 *Capricornis milneedwardsii* 赤鬣羚 *Capricornis rubidus* 苏门答腊鬣羚 *Capricornis sumatraensis* ★喜马拉雅鬣羚 *Capricornis thar* 詹氏小羚羊 *Cephalophus jentinki* 居氏羚 *Gazella cuvieri* 细角羚 *Gazella leptoceros* 大貂羚安哥拉亚种 *Hippotragus niger variani* ★西藏斑羚 *Naemorhedus baileyi* ★西伯利亚斑羚 *Naemorhedus caudatus* ★斑　羚 *Naemorhedus goral* ★灰斑羚 *Naemorhedus griseus* 苍　羚 *Nanger dama* 弯角大羚羊 *Oryx dammah* 阿拉伯大羚羊 *Oryx leucoryx* ★盘羊西藏亚种 *Ovis ammon hodgsonii* 盘羊西哈萨克斯坦亚种 *Ovis ammon nigrimontana* 东方盘羊塞浦路斯亚种 *Ovis orientalis ophion* 维氏盘羊指名亚种 *Ovis vignei vignei* ★藏　羚 *Pantholops hodgsonii* 安南锭角羚 *Pseudoryx nghetinhensis* 岩羚羊阿布鲁左亚种 *Rupicapra pyrenaica ornata*	鬣　羊 *Ammotragus lervia* 美洲野牛 *Bison bison athabascae* ★羚　牛 *Budorcas taxicolor* 布氏小羚羊 *Cephalophus brookei* 骝毛小羚羊 *Cephalophus dorsalis* 奥氏小羚羊 *Cephalophus ogilbyi* 黄背小羚羊 *Cephalophus silvicultor* 斑背小羚羊 *Cephalophus zebra* 白腿大羚羊 *Damaliscus pygargus pyqargus* 驴　羚 *Kobus leche* ★盘　羊 *Ovis ammon*（除被列入附录Ⅰ的亚种） 加拿大盘羊 *Ovis canadensis*（仅墨西哥种群；其它种群未被列入附录） 维氏盘羊 *Ovis vignei*（除被列入附录Ⅰ的亚种） 蓝小羚羊 *Philantomba monticola* 北方赛加羚羊 *Saiga borealis* ★赛加羚羊 *Saiga tatarica*	印度羚 *Antilope cervicapra*（尼泊尔） 印度水牛 *Bubalus arnee*（尼泊尔）（不包括被命名为亚洲水牛 *Bubalus bubalis* 的家养型） 鹿　羚 *Gazella dorcas*（阿尔及利亚、突尼斯） 四角羚 *Tetracerus quadricornis*（尼泊尔）
骆驼科 Camelidae		
小羊驼 *Vicugna vicugna*（除被列入附录Ⅱ的阿根廷 Jujuy 省和 Catamarca 省种群，及 Jujuy 省、Salta 省、Catamarca 省、La Rioja 省和 San Juan 省的半圈养种群；玻利维亚所有种群；智利 Primera 地区种群；秘鲁所有种群）	羊　驼 *Lama guanicoe* 小羊驼 *Vicugna vicugna*（阿根廷[1] Jujuy 省和 Catamarca 省的种群及 Jujuy 省、Salta 省、Catamarca 省、La Rioja 省和 San Juan 省的半圈养种群；玻利维亚[2] 所有种群；智利[3] Primera 地区种群；秘鲁[4] 所有种群；所有其余种群都被列入附录I）	

附录Ⅰ	附录Ⅱ	附录Ⅲ
鹿 科 Cervidae		
卡岛豚鹿 *Axis calamianensis* 巴岛豚鹿 *Axis kuhlii* 豚鹿印支亚种 *Axis porcinus annamiticus* 南美泽鹿 *Blastocerus dichotomus* 马鹿克什米尔亚种 *Cervus elaphus hanglu* 中东黇鹿 *Dama dama mesopotamica* 马驼鹿属所有种 *Hippocamelus* spp. ★黑 鹿 *Muntiacus crinifrons* 越南大麂 *Muntiacus vuquangensis* 南美草原鹿 *Ozotoceros bezoarticus* 普度鹿 *Pudu puda* 泽 鹿 *Rucervus duvaucelii* ★坡 鹿 *Rucervus eldii*	马鹿巴克特利亚亚种 *Cervus elaphus bactrianus* 北普度鹿 *Pudu mephistophiles*	马鹿巴巴利亚种 *Cervus elaphus barbarus*（阿尔及利亚、突尼斯） 赤短角鹿哥斯达黎加亚种 *Mazama temama cerasina*（危地马拉） 维基尼亚鹿马耶亚种 *Odocoileus virginianus mayensis*（危地马拉）
河马科 Hippopotamidae		
	倭河马 *Hexaprotodon liberiensis* 河 马 *Hippopotamus amphibius*	
麝 科 Moschidae		
麝属所有种 *Moschus* spp.（仅阿富汗、不丹、印度、缅甸、尼泊尔和巴基斯坦种群；其余所有种群都被列入附录Ⅱ）	★麝属所有种 *Moschus* spp.（除被列入附录Ⅰ的阿富汗、不丹、印度、缅甸、尼泊尔和巴基斯坦种群）	
猪 科 Suidae		
鹿 豚 *Babyrousa babyrussa* 伯拉巴图鹿豚 *Babyrousa bolabatuensis* 西里伯斯鹿豚 *Babyrousa celebensis* 托吉安鹿豚 *Babyrousa togeanensis* 姬 猪 *Sus salvanius*		

1 阿根廷种群（列在附录Ⅱ）：
仅允许剪自小羊驼活体的羊毛、织物、衍生产品和其它手工制品的国际贸易。织物的反面必须标有签署《小羊驼保护公约》的该物种分布国批准使用的标志以及织有“VICUÑA－ARGENTINA”的字样。其它产品必须带有上述标志和指定的“VICUÑA－ARGENTINA－ARTESANíA”标签。其余标本均应视为附录Ⅰ物种的标本，其贸易应受到相应管制。

2 玻利维亚种群（列在附录Ⅱ）：
仅允许剪自小羊驼活体的羊毛及由其制成的织物及其制品，包括高档的手工艺品和针织品的国际贸易。服装的反面必须标有签署《小羊驼保护公约》的该物种分布国批准使用的标志以及织有“VICUÑA－BOLIVIA”的字样。其它产品必须带有上述标志和指定的“VICUÑA－BOLIVIA－ARTESANíA”标签。其余标本均应视为附录Ⅰ物种的标本，其贸易应受到相应管制。

3 智利种群（列在附录Ⅱ）：
仅允许剪自小羊驼活体的羊毛及由其制成的织物及其制品，包括高档的手工艺品和针织品的国际贸易。服装的反面必须标有签署《小羊驼保护公约》的该物种分布国批准使用的标志以及织有“VICUÑA－CHILE”的字样。其它产品必须带有上述标志和指定的“VICUÑA－CHILE－ARTESANíA”标签。其余标本均应视为附录Ⅰ物种的标本，其贸易应受到相应管制。

4 秘鲁种群（列在附录Ⅱ）：
仅允许剪自小羊驼活体的羊毛以及第9次缔约国大会时（1994年11月）确定的3,249千克库存羊毛的国际贸易，及由其制成的织物及其制品，包括高档的手工艺品和针织品的国际贸易。织物的反面必须标有签署《小羊驼保护公约》的该物种分布国批准使用的标志以及织有“VICUÑA－PERU”的字样。其它产品必须带有上述标志和指定的“VICUÑA－PERU－ARTESANíA”标签。其余标本均应视为附录Ⅰ物种的标本，其贸易应受到相应管制。

附录Ⅰ	附录Ⅱ	附录Ⅲ
西貒科 Tayassuidae		
草原西貒 *Catagonus wagneri*	西貒科所有种 Tayassuidae spp.（除被列入附录Ⅰ的物种和未列入附录的墨西哥和美国的中美西貒 *Pecari tajacu* 种群）	
食肉目 CARNIVORA		
小熊猫科 Ailuridae		
★小熊猫 *Ailurus fulgens*		
犬科 Canidae		
狼 *Canis lupus*（仅不丹、印度、尼泊尔和巴基斯坦种群；所有其它种群都被列入附录Ⅱ。不包括被注明是家养型 *Canis lupus familiaris* 和澳洲野狗 *Canis lupus dingo* 的类型） 薮犬 *Speothos venaticus*	★狼 *Canis lupus*（除被列入附录Ⅰ的不丹、印度、尼泊尔和巴基斯坦种群。不包括被注明是家养型 *Canis lupusfamiliaris* 和澳洲野狗 *Canis lupus dingo* 的类型） 食蟹狐狼 *Cerdocyon thous* 鬃狼 *Chrysocyon brachyurus* ★豺 *Cuon alpinus* 厄瓜多尔狐狼 *Lycalopex culpaeus* 达尔文狐狼 *Lycalopex fulvipes* 阿根廷狐狼 *Lycalopex griseus* 巴拉圭狐狼 *Lycalopex gymnocercus* 阿富汗狐 *Vulpes cana* 耳廓狐 *Vulpes zerda*	亚洲胡狼 *Canis aureus*（印度） 孟加拉狐 *Vulpes bengalensis*（印度） 赤狐阿富汗亚种 *Vulpes vulpes griffithi*（印度） 赤狐喜马拉雅亚种 *Vulpes vulpes montana*（印度） 赤狐旁遮普亚种 *Vulpes vulpes pusilla*（印度）
食蚁狸科 Eupleridae		
	马岛獴 *Cryptoprocta ferox* 尖吻灵猫 *Eupleres goudotii* 马岛灵猫 *Fossa fossana*	
猫科 Felidae		
猎豹 *Acinonyx jubatus*（活体标本和狩猎品的年度出口限额核准如下：博茨瓦纳 5；纳米比亚 150；津巴布韦 50；此类标本的贸易受《公约》第三条的限制） 狞猫 *Caracal caracal*（仅亚洲种群；其它的所有种群都被列入附录Ⅱ） ★金猫 *Catopuma temminckii* 黑足猫 *Felis nigripes* 乔氏猫 *Leopardus geoffroyi* 安第斯山猫 *Leopardus jacobitus* 虎猫 *Leopardus pardalis* 小斑猫 *Leopardus tigrinus* 长尾猫 *Leopardus wiedii* 拟虎猫 *Lynx pardinus* ★云豹 *Neofelis nebulosa* 亚洲狮 *Panthera leo persica* 美洲豹 *Panthera onca* ★豹 *Panthera pardus* ★虎 *Panthera tigris* ★云猫 *Pardofelis marmorata*	★猫科所有种 Felidae spp.（除被列入附录Ⅰ的物种，家养型标本不受《公约》条款的限制）	

★豹猫指名亚种 *Prionailurus bengalensis bengalensis*（仅孟加拉国、印度和泰国种群；其它的所有种群都被列入附录Ⅱ） 扁头猫 *Prionailurus planiceps* 锈斑猫 *Prionailurus rubiginosus*（仅包括印度种群；其它的所有种群都被列入附录Ⅱ） 美洲狮佛罗里达亚种 *Puma concolor coryi* 美洲狮哥斯达黎加亚种 *Puma concolor costaricensis* 美洲狮东部亚种 *Puma concolor cougar* 细腰猫 *Puma yagouaroundi*（仅中美和北美种群；其它所有种群都被列入附录Ⅱ） ★雪　豹 *Uncia uncia*		
獴　科 Herpestidae		
		灰　獴 *Herpestes edwardsi*（印度） 短尾獴 *Herpestes fuscus*（印度） ★红颊獴 *Herpestes javanicus auropunctatus*（印度） 赤　獴 *Herpestes smithii*（印度） ★食蟹獴 *Herpestes urva*（印度） 纹颈獴 *Herpestes vitticollis*（印度）
鬣狗科 Hyaenidae		
		土　狼 *Proteles cristata*（博茨瓦纳）
臭鼬科 Mephitidae		
	巴塔戈尼亚獾臭鼬 *Conepatus humboldtii*	
鼬　科 Mustelidae		
水獭亚科 Lutrinae		
扎伊尔小爪水獭 *Aonyx capensis microdon*（仅包括喀麦隆和尼日利亚种群；其它的所有种群都被列入附录Ⅱ） 海　獭 *Enhydra lutrisnereis* 秘鲁水獭 *Lontra felina* 长尾水獭 *Lontra longicaudis* 智利水獭 *Lontra provocax* ★水　獭 *Lutra lutra* 日本水獭 *Lutra nippon* 大水獭 *Pteronura brasiliensis*	★水獭亚科所有种 Lutrinae spp.（除被列入附录Ⅰ的物种）	
鼬亚科 Mustelinae		
黑足鼬 *Mustela nigripes*		狐　鼬 *Eira barbara*（洪都拉斯）

		南美鼬鼬 *Galictis vittata*（哥斯达黎加） ★黄喉貂 *Martes flavigula*（印度） ★石貂中亚亚种 *Martes foina intermedia*（印度） 格氏貂 *Martes gwatkinsii*（印度） 蜜獾 *Mellivora capensis*（博茨瓦纳） ★香鼬 *Mustela altaica*（印度） ★白鼬印度北部亚种 *Mustela erminea ferghanae*（印度） ★黄腹鼬 *Mustela kathiah*（印度） ★黄鼬 *Mustela sibirica*（印度）
海象科 Odobenidae		
		海象 *Odobenus rosmarus*（加拿大）
海狗科 Otariidae		
北美毛皮海狮 *Arctocephalus townsendi*	毛皮海狮属所有种 *Arctocephalus* spp.（除被列入附录Ⅰ的物种）	
海豹科 Phocidae		
僧海豹属所有种 *Monachus* spp.	象海豹 *Mirounga leonina*	
浣熊科 Procyonidae		
		加氏犬浣熊 *Bassaricyon gabbii*（哥斯达黎加） 中美蓬尾浣熊 *Bassariscus sumichrasti*（哥斯达黎加） 南浣熊 *Nasua narica*（洪都拉斯） 南巴西浣熊 *Nasua nasua solitaria*（乌拉圭） 蜜熊 *Potos flavus*（洪都拉斯）
熊科 Ursidae		
★大熊猫 *Ailuropoda melanoleuca* ★马来熊 *Helarctos malayanus* 懒熊 *Melursus ursinus* 南美熊 *Tremarctos ornatus* ★棕熊 *Ursus arctos*（仅不丹、中国、墨西哥和蒙古种群；其它的所有种群都被列入附录Ⅱ） ★喜马拉雅棕熊 *Ursus arctos isabellinus* ★黑熊 *Ursus thibetanus*	熊科所有种 Ursidae spp.（除被列入附录Ⅰ的物种）	

灵 猫 科 Viverridae		
★斑 林 狸 *Prionodon pardicolor*	獭 灵 猫 *Cynogale bennettii* 缟椰子猫 *Hemigalus derbyanus* 条纹林狸 *Prionodon linsang*	熊 狸 *Arctictis binturong*（印度） 非洲灵猫 *Civettictis civetta*（博茨瓦纳） ★果 子 狸 *Paguma larvata*（印度） ★椰 子 猫 *Paradoxurus hermaphroditus*（印度） 杰氏椰子猫 *Paradoxurus jerdoni*（印度） 大斑灵猫 *Viverra civettina*（印度） ★大 灵 猫 *Viverra zibetha*（印度） ★小 灵 猫 *Viverricula indica*（印度）
鲸 目 CETACEA		
	★鲸目所有种 CETACEA spp.（除被列入附录Ⅰ的物种。宽吻海豚 *Tursiops truncatus* 黑海种群野外获得活体标本的商业性年度出口限额为零）	
露脊鲸科 Balaenidae		
北极露脊鲸 *Balaena mysticetus* ★露脊鲸属所有种 *Eubalaena* spp.		
须 鲸 科 Balaenopteridae		
★小 鳁 鲸 *Balaenoptera acutorostrata*（除被列入附录Ⅱ 的西格陵兰种群） 南极须鲸 *Balaenoptera bonaerensis* ★鳁 鲸 *Balaenoptera borealis* ★鳀 鲸 *Balaenoptera edeni* ★蓝 鲸 *Balaenoptera musculus* ★大 村 鲸 *Balaenoptera omurai* ★长 须 鲸 *Balaenoptera physalus* ★座 头 鲸 *Megaptera novaeangliae*		
海 豚 科 Delphinidae		
★伊洛瓦底江豚 *Orcaella brevirostris* 矮鳍海豚 *Orcaella heinsohni* 驼海豚属所有种 *Sotalia* spp. ★白海豚属所有种 *Sousa* spp.		
灰 鲸 科 Eschrichtiidae		
★灰 鲸 *Eschrichtius robustus*		
亚马孙河豚科 Iniidae		
★白 鳍 豚 *Lipotes vexillifer*		
侏露脊鲸科 Neobalaenidae		
侏露脊鲸 *Caperea marginata*		
鼠海豚科 Phocoenidae		
★江 豚 *Neophocaena phocaenoides* 海湾鼠海豚 *Phocoena sinus*		

抹香鲸科 Physeteridae		
★抹 香 鲸 *Physeter macrocephalus*		
淡水豚科 Platanistidae		
恒河喙豚属所有种 *Platanista* spp.		
喙 鲸 科 Ziphiidae		
拜氏鲸属所有种 *Berardius* spp. 巨齿鲸属所有种 *Hyperoodon* spp.		
翼 手 目 CHIROPTERA		
叶口蝠科 Phyllostomidae		
		白 线 蝠 *Platyrrhinus lineatus*（乌拉圭）
狐 蝠 科 Pteropodidae		
鬃毛利齿狐蝠 *Acerodon jubatus* 鲁克狐蝠 *Pteropus insularis* 琉球狐蝠 *Pteropus loochoensis* 马里亚那狐蝠 *Pteropus mariannus* 东加罗林狐蝠 *Pteropus molossinus* 帛琉狐蝠 *Pteropus pelewensis* 绒 狐 蝠 *Pteropus pilosus* 萨摩亚狐蝠 *Pteropus samoensis* 海岛狐蝠 *Pteropus tonganus* 科雷斯狐蝠 *Pteropus ualanus* 雅浦狐蝠 *Pteropus yapensis*	利齿狐蝠属所有种 *Acerodon* spp.（除被列入附录Ⅰ的物种） ★狐蝠属所有种 *Pteropus* spp.（除被列入附录Ⅰ的物种）	
带 甲 目 CINGULATA		
犰 狳 科 Dasypodidae		
大 犰 狳 *Priodontes maximus*	纳氏毛犰狳 *Chaetophractus nationi*（已规定年度出口限额为零，所有标本都应被视为附录Ⅰ物种的标本，其贸易应被相应管制）	五趾裸尾犰狳 *Cabassous centralis*（哥斯达黎加） 阿根廷裸尾犰狳 *Cabassous tatouay*（乌拉圭）
脊尾袋鼠目 DASYUROMORPHIA		
袋 鼬 科 Dasyuridae		
长尾狭足袋鼩 *Sminthopsis longicaudata* 沙丘狭足袋鼩 *Sminthopsis psammophila*		
袋 狼 科 Thylacinidae		
袋 狼 *Thylacinus cynocephalus*（可能已灭绝）		
袋 貂 目 DIPROTODONTIA		
硕袋鼠科 Macropodidae		
蓬毛兔袋鼠 *Lagorchestes hirsutus* 纹兔袋鼠 *Lagostrophus fasciatus* 辔甲尾袋鼠 *Onychogalea fraenata* 新月甲尾袋鼠 *Onychogalea lunata*	灰树袋鼠 *Dendrolagus inustus* 拟熊树袋鼠 *Dendrolagus ursinus*	
袋 貂 科 Phalangeridae		

南灰袋貂 *Phalanger intercastellanus* 密米卡灰袋貂 *Phalanger mimicus* 灰 袋 貂 *Phalanger orientalis* 马努斯斑袋貂 *Spilocuscus kraemeri* 斑 袋 貂 *Spilocuscus maculatus* 巴布亚斑袋貂 *Spilocuscus papuensis*		
泊托袋鼠科 Potoroidae		
草原袋鼠属所有种 *Bettongia* spp. 荒漠袋鼠 *Caloprymnus campestris*（可能已灭绝）		
袋 熊 科 Vombatidae		
昆士兰毛吻袋熊 *Lasiorhinus krefftii*		
兔 形 目 LAGOMORPHA		
兔 科 Leporidae		
阿萨密兔 *Caprolagus hispidus*		火 山 兔 *Romerolagus diazi*
单 孔 目 MONOTREMATA		
针 鼹 科 Tachyglossidae		
	原针鼹属所有种 *Zaglossus* spp.	
袋 狸 目 PERAMELEMORPHIA		
豚足袋狸科 Chaeropodidae		
豚足袋狸 *Chaeropus ecaudatus*（可能已灭绝）		
袋 狸 科 Peramelidae		
纹 袋 狸 *Perameles bougainville*		
兔袋狸科 Thylacomyidae		
兔耳袋狸 *Macrotis lagotis* 小兔耳袋狸 *Macrotis leucura*		
奇 蹄 目 PERISSODACTYLA		
马 科 Equidae		
非洲野驴 *Equus africanus*（其家养型被称为家驴 *Equus asinus* 的不包括在内，也不受《公约》条款的限制） 格氏斑马 *Equus grevyi* 亚洲野驴指名亚种 *Equus hemionus hemionus* 亚洲野驴印度亚种 *Equus hemionus khur* ★野 马 *Equus przewalskii* 山斑马指名亚种 *Equus zebra zebra*	★亚洲野驴 *Equus hemionus*（除被列入附录Ⅰ的亚种） ★西藏野驴 *Equus kiang* 山斑马哈氏亚种 *Equus zebra hartmannae*	

犀　科 Rhinocerotidae		
犀科所有种 Rhinocerotidae spp.（除被列入附录Ⅱ的亚种）	白犀指名亚种 *Ceratotherium simum simum*（仅南非和斯威士兰种群，其余所有种群都被列入附录Ⅰ。仅允许将活体运抵适当的和可以接受的目的地及狩猎纪念物的国际贸易。所有其它标本均应视为附录Ⅰ物种的标本，其贸易受到相应管制）	
貘　科 Tapiridae		
貘科所有种 Tapiridae spp.（除被列入附录Ⅱ的物种）	南美貘 *Tapirus terrestris*	
鳞甲目 PHOLIDOTA		
穿山甲科 Manidae		
	★穿山甲属所有种 *Manis* spp.（印度穿山甲 *Manis crassicaudata*、菲律宾穿山甲 *M. culionensis*、马来穿山甲 *M. javanica* 和穿山甲 *M. pentadactyla* 野外获得标本的商业性年度出口限额为零）	
长毛目 PILOSA		
树懒科 Bradypodidae		
	褐喉树懒 *Bradypus variegatus*	
二趾树懒科 Megalonychidae		
		霍氏树懒 *Choloepus hoffmanni*（哥斯达黎加）
食蚁兽科 Myrmecophagidae		
	食蚁兽 *Myrmecophaga tridactyla*	墨西哥食蚁兽 *Tamandua mexicana*（危地马拉）
灵长目 PRIMATES		
	★灵长目所有种 PRIMATES spp.（除被列入附录Ⅰ的物种）	
蛛猴科 Atelidae		
科岛吼猴 *Alouatta coibensis* 长毛吼猴 *Alouatta palliata* 懒吼猴 *Alouatta pigra* 黑眉蛛猴 *Ateles geoffroyi frontatus* 赤蛛猴 *Ateles geoffroyi panamensis* 绒毛蛛猴 *Brachyteles arachnoides* 北绒毛蛛猴 *Brachyteles hypoxanthus* 黄尾绒毛猴 *Oreonax flavicauda*		
悬猴科 Cebidae		

节尾猴 *Callimico goeldii* 白耳狨 *Callithrix aurita* 黄冠狨 *Callithrix flaviceps* 狮面狨属所有种 *Leontopithecus* spp. 黑白狨 *Saguinus bicolor* 斑　狨 *Saguinus geoffroyi* 白足狨 *Saguinus leucopus* 马氏狨 *Saguinus martinsi* 棉顶狨 *Saguinus oedipus* 赤背松鼠猴 *Saimiri oerstedii*		
猴　科 Cercopithecidae		
敏白眉猴 *Cercocebus galeritus* 黛安娜长尾猴 *Cercopithecus diana* 宽白眉长尾猴 *Cercopithecus roloway* 狮尾猴 *Macaca silenus* 灰狒狒 *Mandrillus leucophaeus* 山　魈 *Mandrillus sphinx* 长鼻猴 *Nasalis larvatus* 彭氏疣猴 *Piliocolobus kirkii* 塔纳疣猴 *Piliocolobus rufomitratus* 门岛叶猴 *Presbytis potenziani* ★白臀叶猴属所有种 *Pygathrix* spp. ★仰鼻猴属所有种 *Rhinopithecus* spp. 克什米尔灰叶猴 *Semnopithecus ajax* 南平原灰叶猴 *Semnopithecus dussumieri* 北平原灰叶猴 *Semnopithecus entellus* 德赖灰叶猴 *Semnopithecus hector* 黑足灰叶猴 *Semnopithecus hypoleucos* 缨冠灰叶猴 *Semnopithecus priam* ★尼泊尔灰叶猴 *Semnopithecus schistaceus* 豚尾叶猴 *Simias concolor* 金叶猴 *Trachypithecus geei* 戴帽叶猴 *Trachypithecus pileatus* ★窄缘戴帽叶猴 *Trachypithecus shortridgei*		
鼠狐猴科 Cheirogaleidae		
鼠狐猴科所有种 Cheirogaleidae spp.		
指猴科 Daubentoniidae		
指　猴 *Daubentonia madagascariensis*		
人　科 Hominidae		
山地大猩猩 *Gorilla beringei* 大猩猩 *Gorilla gorilla* 黑猩猩属所有种 *Pan* spp. 苏门答腊猩猩 *Pongo abelii* 猩　猩 *Pongo pygmaeus*		
长臂猿科 Hylobatidae		
★长臂猿科所有种 Hylobatidae spp.		
大狐猴科 Indriidae		
大狐猴科所有种 Indriidae spp.		

狐 猴 科 Lemuridae		
狐猴科所有种 Lemuridae spp.		
有鳞狐猴科 Lepilemuridae		
有鳞狐猴科所有种 Lepilemuridae spp.		
懒 猴 科 Lorisidae		
★懒猴属所有种 *Nycticebus* spp.		
狐尾猴科 Pithecidae		
秃猴属所有种 *Cacajao* spp. 白鼻僧面猴 *Chiropotes albinasus*		
长 鼻 目 PROBOSCIDEA		
象 科 Elephantidae		
★亚 洲 象 *Elephas maximus* 非 洲 象 *Loxodonta africana*（除被列入附录Ⅱ的博茨瓦纳、纳米比亚、南非和津巴布韦种群）	非 洲 象 *Loxodonta africana* 5（见第14页）（仅包括博茨瓦纳、纳米比亚、南非和津巴布韦种群；其它的所有种群都被列入附录Ⅰ）	
啮 齿 目 RODENTIA		
毛丝鼠科 Chinchillidae		
毛丝鼠属所有种 *Chinchilla* spp.（家养型标本不受《公约》条款的限制）		

5 博茨瓦纳、纳米比亚、南非和津巴布韦种群（列在附录Ⅱ）：

仅允许下列目的的贸易：

a）非商业目的的狩猎纪念物贸易；

b）依据 Conf. 11.20 号决议的定义，为津巴布韦和博茨瓦纳种群及纳米比亚和南非的就地保护项目，向适当的和可接受的目的地开展活体动物贸易；

c）皮张贸易；

d）毛发贸易；

e）皮革制品贸易：博茨瓦纳、纳米比亚和南非的可用于商业或非商业目的，津巴布韦的用于非商业目的；

f）纳米比亚的经逐件标记的且带有证明的被镶入首饰制成品中的象牙块的非商业性贸易，及津巴布韦用于非商业目的的象牙雕刻；

g）已注册的生象牙（指博茨瓦纳、纳米比亚、南非和津巴布韦的整根象牙和象牙片段）贸易须遵守下列规定：

i）象牙标本只能是原产于上述国家，已注册的政府所有的库存（不包括罚没所获的和来源不明的象牙）；

ii）仅允许销往经秘书处同常委会协商后核实的贸易伙伴国，这些国家必须具有完善的国家立法和国内贸易控制措施，以确保进口的象牙不会再出口，并能依照关于象牙国内生产和贸易的 Conf. 10.10 号（Rev. CoP12）决议的全部要求进行管理；

iii）在秘书处对预期进口国及已注册的政府所有的象牙库存进行核实之前，不得进行贸易；

iv）生象牙依照第12届缔约国大会批准的、政府所有的已注册象牙库存进行有条件销售，限额分别为20000千克（博茨瓦纳）、10000 千克（纳米比亚）和 30000 千克（南非）；

v）除第12届缔约国大会批准的数量外，在 2007 年 1 月 31 日之前注册并经秘书处核实的博茨瓦纳、纳米比亚、南非和津巴布韦政府所有的象牙可以与以上 g）iv）项所述象牙一起贸易或调派，在秘书处的严格监督下对每一目的地进行一次性销售；

vi）贸易的收益只能用于大象保护工作和大象分布区内或周边的社区保护与发展项目；及

vii）以上 g）v）项确定的额外数量的贸易，只有在常委会认可上述条件得到满足之后进行；及

h）自第 14 届缔约国大会至根据 g）i）、g）ii）、g）iii）、g）vi）和 g）vii）项条件开展一次性象牙出售之日起九年，不得向缔约国大会提交新的关于允许已列入附录Ⅱ的象牙种群贸易的提案。此外，这类新的提案应按照第 14.77 和 14.78 号决定处理。

一旦出现出口国或进口国不遵约的情况，或是证明该贸易对其他象种群有负面影响，根据秘书处的提议，常委会可决定部分或完全终止此象牙贸易。

所有其他标本均应被视为列入附录Ⅰ的物种标本，其贸易应被相应管制。

兔豚鼠科 Cuniculidae		
		兔豚鼠 *Cuniculus paca*（洪都拉斯）
刺豚鼠科 Dasyproctidae		
		刺豚鼠 *Dasyprocta punctata*（洪都拉斯）
美洲豪猪科 Erethizontidae		
		墨西哥树豪猪 *Sphiggurus mexicanus*（洪都拉斯） 多刺卷尾豪猪 *Sphiggurus spinosus*（乌拉圭）
鼠　科 Muridae		
刺巢鼠 *Leporillus conditor* 费氏拟鼠鲨湾亚种 *Pseudomys fieldi praeconis* 伪沼鼠 *Xeromys myoides* 中澳白尾鼠 *Zyzomys pedunculatus*		
松鼠科 Sciuridae		
墨西哥草原犬鼠 *Cynomys mexicanus*	★巨松鼠属所有种 *Ratufa* spp.	★长尾旱獭 *Marmota caudata*（印度） ★喜马拉雅旱獭 *Marmota himalayana*（印度） 德氏松鼠 *Sciurus deppei*（哥斯达黎加）
树鼩目 SCANDENTIA		
	★树鼩目所有种 SCANDENTIA spp.	
海牛目 SIRENIA		
儒艮科 Dugongidae		
★儒　艮 *Dugong dugon*		
海牛科 Trichechidae		
亚马孙海牛 *Trichechus inunguis* 美洲海牛 *Trichechus manatus*	非洲海牛 *Trichechus senegalensis*	
	鸟　纲 AVES	
雁形目 ANSERIFORMES		
鸭　科 Anatidae		
奥岛鸭 *Anas aucklandica* 新西兰鸭 *Anas chlorotis* 莱岛鸭 *Anas laysanensis* 坎岛鸭 *Anas nesiotis* 白翅栖鸭 *Asarcornis scutulata* 黑额黑雁 *Branta canadensis leucopareia* 黄颈黑雁 *Branta sandvicensis* 粉头鸭 *Rhodonessa caryophyllacea*（可能已灭绝）	马岛斑麻鸭 *Anas bernieri* ★花脸鸭 *Anas formosa* ★红胸黑雁 *Branta ruficollis* 扁嘴天鹅 *Coscoroba coscoroba* 黑颈天鹅 *Cygnus melancoryphus* 黑嘴树鸭 *Dendrocygna arborea* ★白头硬尾鸭 *Oxyura leucocephala* ★瘤　鸭 *Sarkidiornis melanotos*	疣鼻栖鸭 *Cairina moschata*（洪都拉斯） 红嘴树鸭 *Dendrocygna autumnalis*（洪都拉斯） 草黄树鸭 *Dendrocygna bicolor*（洪都拉斯）

雨 燕 目 APODIFORMES		
蜂 鸟 科 Trochilidae		
钩嘴铜色蜂鸟 *Glaucis dohrnii*	蜂鸟科所有种 Trochilidae spp. （除被列入附录Ⅰ的物种）	
鸻 形 目 CHARADRIIFORMES		
石 鸻 科 Burhinidae		
		双纹石鸻 *Burhinus bistriatus*（危地马拉）
鸥　科 Laridae		
★遗　鸥 *Larus relictus*		
鹬　科 Scolopacidae		
极北杓鹬 *Numenius borealis* 细嘴杓鹬 *Numenius tenuirostris* ★小青脚鹬 *Tringa guttifer*		
鹳 形 目 CICONIIFORMES		
鲸头鹳科 Balaenicipitidae		
	鲸 头 鹳 *Balaeniceps rex*	
鹳　科 Ciconiidae		
★东方白鹳 *Ciconia boyciana* 裸 颈 鹳 *Jabiru mycteria* 灰 鹮 鹳 *Mycteria cinerea*	★黑　鹳 *Ciconia nigra*	
红 鹳 科 Phoenicopteridae		
红鹳科所有种 Phoenicopteridae spp.		
鹮　科 Threskiornithidae		
隐　鹮 *Geronticus eremita* ★朱　鹮 *Nipponia nippon*	美洲红鹮 *Eudocimus ruber* 秃　鹮 *Geronticus calvus* ★白 琵 鹭 *Platalea leucorodia*	
鸽 形 目 COLUMBIFORMES		
鸠 鸽 科 Columbidae		
尼科巴鸠 *Caloenas nicobarica* 红喉皇鸠 *Ducula mindorensis*	吕宋鸡鸠 *Gallicolumba luzonica* 凤冠鸠属所有种 *Goura* spp.	粉 红 鸽 *Nesoenas mayeri*（毛里求斯）
佛法僧目 CORACIIFORMES		
犀 鸟 科 Bucerotidae		
★棕颈犀鸟 *Aceros nipalensis* ★双角犀鸟 *Buceros bicornis* 盔 犀 鸟 *Rhinoplax vigil* 印支拟皱盔犀鸟 *Rhyticeros subruficollis*	皱盔犀鸟属所有种 *Aceros* spp.（除被列入附录Ⅰ的物种） 凤头犀鸟属所有种 *Anorrhinus* spp. ★斑犀鸟属所有种 *Anthracoceros* spp. 白冠犀鸟属所有种 *Berenicornis* spp. 犀鸟属所有种 *Buceros* spp.（除被列入附录Ⅰ的物种）	

	斑嘴犀鸟属所有种 *Penelopides* spp. 拟皱盔犀鸟属所有种 *Rhyticeros* spp.（除被列入附录Ⅰ的物种）	
鹃形目 CUCULIFORMES		
蕉鹃科 Musophagidae		
	冠蕉鹃属所有种 *Tauraco* spp.	
隼形目 FALCONIFORMES		
	★隼形目所有种 FALCONIFORMES spp.（除被列入附录Ⅰ、附录Ⅲ的物种和美洲鹫科 Cathartidae 物种）	
鹰　科 Accipitridae		
西班牙帝鹏 *Aquila adalberti* ★白肩鹏 *Aquila heliaca* 钩嘴鸢古巴亚种 *Chondrohierax uncinatus wilsoni* ★白尾海鹏 *Haliaeetus albicilla* 角　鹏 *Harpia harpyja* 食猿鹏 *Pithecophaga jefferyi*		
美洲鹫科 Cathartidae		
加利福尼亚兀鹫 *Gymnogyps californianus* 康多兀鹫 *Vultur gryphus*		王　鹫 *Sarcoramphus papa*（洪都拉斯）
隼　科 Falconidae		
塞舌尔隼 *Falco araeus* 印度猎隼 *Falco jugger* 马岛隼 *Falco newtoni*（仅塞舌尔种群） ★拟游隼 *Falco pelegrinoides* ★游　隼 *Falco peregrinus* 毛里求斯隼 *Falco punctatus* ★矛　隼 *Falco rusticolus*		
鸡形目 GALLIFORMES		
凤冠雉科 Cracidae		
红嘴凤冠雉 *Crax blumenbachii* 剃刀嘴凤冠雉 *Mitu mitu* 角冠雉 *Oreophasis derbianus*　白翅冠雉 *Penelope albipennis* 黑额鸣冠雉 *Pipile jacutinga* 普通鸣冠雉 *Pipile pipile*	蓝嘴凤冠雉 *Crax alberti*（哥伦比亚） 黄瘤凤冠雉 *Crax daubentoni*（哥伦比亚） 肉垂凤冠雉 *Crax globulosa*（哥伦比亚） 大凤冠雉 *Crax rubra*（哥伦比亚、哥斯达黎加、危地马拉、洪都拉斯） 小灰头稚冠雉 *Ortalis vetula*（危地马拉、洪都拉斯） 灰凤冠雉 *Pauxi pauxi*（哥伦比亚） 紫冠雉 *Penelope purpurascens*（洪都拉斯） 黑山冠雉 *Penelopina nigra*（危地马拉）	

家 雉 科 Megapodiidae		
苏拉冢雉 *Macrocephalon maleo*		
雉　　科 Phasianidae		
彩　　雉 *Catreus wallichii* 山齿鹑里氏亚种 *Colinus virginianus ridgwayi* ★白 马 鸡 *Crossoptilon crossoptilon* ★褐 马 鸡 *Crossoptilon mantchuricum* ★棕尾虹雉 *Lophophorus impejanus* ★绿尾虹雉 *Lophophoru lhuysii* ★白尾梢虹雉 *Lophophorus sclateri* 爱德华氏鹇 *Lophura edwardsi* 皇　　鹇 *Lophura imperialis* ★蓝　　鹇 *Lophura swinhoii* 巴拉望孔雀雉 *Polyplectron napoleonis* 凤头眼斑雉 *Rheinardia ocellata* ★白颈长尾雉 *Syrmaticus ellioti* ★黑颈长尾雉 *Syrmaticus humiae* ★黑长尾雉 *Syrmaticus mikado* 里海雪鸡 *Tetraogallus caspius* ★藏 雪 鸡 *Tetraogallus tibetanus* ★灰腹角雉 *Tragopan blythii* ★黄腹角雉 *Tragopan caboti* ★黑头角雉 *Tragopan melanocephalus* 草原榛鸡阿特沃特亚种 *Tympanuchus cupido attwateri*	大眼斑雉 *Argusianus argus* 灰 原 鸡 *Gallus sonneratii* ★血　　雉 *Ithaginis cruentus* ★绿 孔 雀 *Pavo muticus* ★孔 雀 雉 *Polyplectron bicalcaratum* 眼斑孔雀雉 *Polyplectron germaini* 凤冠孔雀雉 *Polyplectron malacense* 婆罗洲孔雀雉 *Polyplectron schleiermacheri*	眼斑吐绶鸡 *Meleagris ocellata*（危地马拉） ★红胸角雉 *Tragopan satyra*（尼泊尔）
鹤 形 目 GRUIFORMES		
鹤　　科 Gruidae		
美洲鹤 *Grus americana* 沙丘鹤古巴亚种 *Grus canadensis nesiotes* 沙丘鹤佛罗里达亚种 *Grus canadensis pulla* ★丹 顶 鹤 *Grus japonensis* ★白　　鹤 *Grus leucogeranus* ★白 头 鹤 *Grus monacha* ★黑 颈 鹤 *Grus nigricollis* ★白 枕 鹤 *Grus vipio*	★鹤科所有种 Gruidae spp.（除被列入附录Ⅰ的物种）	
鸨　　科 Otididae		
黑冠鹭鸨 *Ardeotis nigriceps* ★亚洲波斑鸨 *Chlamydotis macqueenii* 波 斑 鸨 *Chlamydotis undulata* 孟加拉鸨 *Houbaropsis bengalensis*	★鸨科所有种 Otididae spp.（除被列入附录Ⅰ的物种）	
秧 鸡 科 Rallidae		
森 秧 鸡 *Gallirallus sylvestris*		
鹭 鹤 科 Rhynochetidae		
鹭　　鹤 *Rhynochetos jubatus*		
雀 形 目 PASSERIFORMES		
薮 鸟 科 Atrichornithidae		

噪杂薮鸟 *Atrichornis clamosus*		
伞鸟科 Cotingidae		
带斑伞鸟 *Cotinga maculata* 白翅伞鸟 *Xipholena atropurpurea*	动冠伞鸟属所有种 *Rupicola* spp.	亚马孙伞鸟 *Cephalopterus ornatus*（哥伦比亚） 长耳垂伞鸟 *Cephalopterus penduliger*（哥伦比亚）
鹀科 Emberizidae		
	黑冠黄雀鹀 *Gubernatrix cristata* 黄嘴红蜡嘴鹀 *Paroaria capitata* 冠红蜡嘴鹀 *Paroaria coronata* 七彩唐加拉雀 *Tangara fastuosa*	
梅花雀科 Estrildidae		
	绿色红梅花雀 *Amandava formosa* 爪哇禾雀 *Lonchura oryzivora* 黑喉草雀指名亚种 *Poephila cincta cincta*	
雀科 Fringillidae		
黑头红金翅雀 *Carduelis cucullata*	黄脸金翅雀 *Carduelis yarrellii*	
燕科 Hirundinidae		
白眼河燕 *Pseudochelidon sirintarae*		
拟黄鹂科 Icteridae		
橙头黑鹂 *Xanthopsar flavus*		
吸蜜鸟科 Meliphagidae		
黄披肩吸蜜鸟卡西迪亚种 *Lichenostomus melanops cassidix*		
鹟科 Muscicapidae		
短翅刺莺西澳亚种 *Dasyornis broadbenti litoralis*（可能已灭绝） 西刺莺 *Dasyornis longirostris* 白颈岩鹛 *Picathartes gymnocephalus* 灰颈岩鹛 *Picathartes oreas*	鲁克氏仙鹟 *Cyornis ruckii* ★画眉 *Garrulax canorus* ★台湾画眉 *Garrulax taewanus* ★银耳相思鸟 *Leiothrix argentauris* ★红嘴相思鸟 *Leiothrix lutea* ★灰胸薮鹛 *Liocichla omeiensis*	罗迪薮莺 *Acrocephalus rodericanus*（毛里求斯） 马斯卡林寿带 *Terpsiphone bourbonnensis*（毛里求斯）
极乐鸟科 Paradisaeidae		
	极乐鸟科所有种 Paradisaeidae spp.	
八色鸫科 Pittidae		
泰国八色鸫 *Pitta gurneyi* 吕宋八色鸫 *Pitta kochi*	蓝尾八色鸫 *Pitta guajana* ★仙八色鸫 *Pitta nympha*	
鹎科 Pycnonotidae		
黄冠鹎 *Pycnonotus zeylanicus*		
椋鸟科 Sturnidae		

长冠八哥 *Leucopsar rothschildi*	★鹩哥 *Gracula religiosa*	
绣眼鸟科 Zosteropidae		
白胸绣眼鸟 *Zosterops albogularis*		
鹈形目 PELECANIFORMES		
军舰鸟科 Fregatidae		
★白腹军舰鸟 *Fregata andrewsi*		
鹈鹕科 Pelecanidae		
卷羽鹈鹕 *Pelecanus crispus*		
鲣鸟科 Sulidae		
粉嘴鲣鸟 *Papasula abbotti*		
䴕形目 PICIFORMES		
须䴕科 Capitonidae		
		巨嘴拟䴕 *Semnornis ramphastinus*（哥伦比亚）
啄木鸟科 Picidae		
帝啄木鸟 *Campephilus imperialis* 白腹黑啄木鸟理查亚种 *Dryocopus javensis richardsi*		
巨嘴鸟科 Ramphastidae		
黑颈阿拉卡䴕 *Pteroglossus aracari* 绿阿拉卡䴕 *Pteroglossus viridis* 厚嘴巨嘴鸟 *Ramphastos sulfuratus* 鞭笞巨嘴鸟 *Ramphastos toco* 红嘴巨嘴鸟 *Ramphastos tucanus* 凹嘴巨嘴鸟 *Ramphastos vitellinus*	番红巨嘴鸟 *Baillonius bailloni*（阿根廷） 栗耳阿拉卡䴕 *Pteroglossus castanotis*（阿根廷） 红胸巨嘴鸟 *Ramphastos dicolorus*（阿根廷） 点嘴小巨嘴鸟 *Selenidera maculirostris*（阿根廷）	
䴙䴘目 PODICIPEDIFORMES		
䴙䴘科 Podicipedidae		
巨䴙䴘 *Podilymbus gigas*		
鹱形目 PROCELLARIIFORMES		
信天翁科 Diomedeidae		
★短尾信天翁 *Phoebastria albatrus*		
鹦形目 PSITTACIFORMES		
	鹦形目所有种 PSITTACIFORMES spp.（除被列入附录Ⅰ的物种，且不包括未列入附录的桃脸牡丹鹦鹉 *Agapornis roseicollis*、虎皮鹦鹉 *Melopsittacus undulates*、鸡尾鹦鹉 *Nymphicus hollandicus* 和红领绿鹦鹉 *Psittacula krameri*）	
凤头鹦鹉科 Cacatuidae		

戈芬氏凤头鹦鹉 *Cacatua goffini* 红肛凤头鹦鹉 *Cacatua haematuropygia* 鲑色凤头鹦鹉 *Cacatua moluccensis* 小葵花鹦鹉 *Cacatua sulphurea* 棕树凤头鹦鹉 *Probosciger aterrimus*		
吸蜜鹦鹉科 Loriidae		
红蓝吸蜜鹦鹉 *Eos histrio* 深蓝吸蜜鹦鹉 *Vini ultramarina*		
鹦 鹉 科 Psittacidae		
红颈亚马孙鹦哥 *Amazona arausiaca* 黄颈亚马孙鹦哥 *Amazona auropalliata* 黄肩亚马孙鹦哥 *Amazona barbadensis* 红尾亚马孙鹦哥 *Amazona brasiliensis* 淡紫冠鹦哥 *Amazona finschi* 圣文森亚马孙鹦哥 *Amazona guildingii* 帝王亚马孙鹦哥 *Amazona imperialis* 古巴亚马孙鹦哥 *Amazona leucocephala* 黄冠亚马孙鹦哥 *Amazona oratrix* 红眼镜亚马孙鹦哥 *Amazona pretrei* 巴西蓝颊亚马孙鹦哥 *Amazona rhodocorytha* 桤木亚马孙鹦哥 *Amazona tucumana* 圣卢西亚亚马孙鹦哥 *Amazona versicolor* 红胸亚马孙鹦哥 *Amazona vinacea* 红冠亚马孙鹦哥 *Amazona viridigenalis* 波多黎各亚马孙鹦哥 *Amazona vittata* 金刚鹦鹉属所有种 *Anodorhynchus* spp. 大绿金刚鹦鹉 *Ara ambiguus* 蓝喉金刚鹦鹉 *Ara glaucogularis*（常误作 *Ara caninde* 被贸易） 绯红金刚鹦鹉 *Ara macao* 军金刚鹦鹉 *Ara militaris* 红额金刚鹦鹉 *Ara rubrogenys* 小蓝金刚鹦鹉 *Cyanopsitta spixii* 诺福克红额鹦鹉 *Cyanoramphus cookie* 查岛鹦鹉 *Cyanoramphus forbesi* 红额鹦鹉 *Cyanoramphus novaezelandiae* 新加里东红额鹦鹉 *Cyanoramphus saisseti* 双眼无花果鹦鹉考氏亚种 *Cyclopsitta diophthalma coxeni* 角 鹦 鹉 *Eunymphicus cornutus* 金 鹦 哥 *Guarouba guarouba* 橙腹鹦鹉 *Neophema chrysogaster* 黄耳鹦哥 *Ognorhynchus icterotis* 夜 鹦 鹉 *Pezoporus occidentalis*（可能已灭绝） 地栖鹦鹉 *Pezoporus wallicus* 红帽鹦鹉 *Pionopsitta pileata* 蓝头金刚鹦鹉 *Primolius couloni* 蓝翅金刚鹦鹉 *Primolius maracana* 金肩鹦鹉 *Psephotus chrysopterygius* 异色金肩鹦鹉 *Psephotus dissimilis* 乐园鹦鹉 *Psephotus pulcherrimus*（可能已灭绝）		

毛里求斯鹦鹉 *Psittacula echo* 赭斑鹦哥 *Pyrrhura cruentata* 厚嘴鹦哥属所有种 *Rhynchopsitta* spp. 鸮鹦鹉 *Strigops habroptilus*		
美洲鸵目 RHEIFORMES		
美洲鸵科 Rheidae		
美洲小鸵 *Pterocnemia pennata* 除被列入附录Ⅱ 的美洲小鸵指名亚种 *Pterocnemia pennata pennata*)	美洲小鸵指名亚种 *Pterocnemia pennata pennata* 美洲鸵 *Rhea americana*	
企鹅目 SPHENISCIFORMES		
企鹅科 Spheniscidae		
洪氏环企鹅 *Spheniscus humboldti*	斑嘴环企鹅 *Spheniscus demersus*	
鸮形目 STRIGIFORMES		
	★鸮形目所有种 STRIGIFORMES spp.（除被列入附录I的物种）	
鸱鸮科 Strigidae		
林斑小鸮 *Heteroglaux blewitti* 巨角鸮 *Mimizuku gurneyi* 圣诞岛栗鹰鸮 *Ninox natalis* 布布克鹰鸮诺福克岛亚种 *Ninox novaeseelandiae undulata*		
草鸮科 Tytonidae		
马岛草鸮 *Tyto soumagnei*		
鸵形目 STRUTHIONIFORMES		
鸵鸟科 Struthionidae		
鸵鸟 *Struthio camelus*（仅阿尔及利亚、布基纳法索、喀麦隆、中非共和国、乍得、马里、毛里塔尼亚、摩洛哥、尼日尔、尼日利亚、塞内加尔和苏丹种群；其它的所有种群都未被列入附录）		
䳍形目 TINAMIFORMES		
䳍科 Tinamidae		
孤䳍 *Tinamus solitarius*		
咬鹃目 TROGONIFORMES		
咬鹃科 Trogonidae		
凤尾绿咬鹃 *Pharomachrus mocinno*		
	爬行纲 REPTILIA	
鳄目 CROCODYLIA		
	鳄目所有种 CROCODYLIA spp.（除被列入附录I的物种）	
鼍科 Alligatoridae		

★鼍（扬子鳄）*Alligator sinensis* 中美短吻鼍 *Caiman crocodilus apaporiensis* 南美短吻鼍 *Caiman latirostris*（除被列入附录Ⅱ的阿根廷种群） 亚马孙鼍 *Melanosuchus niger*（除被列入附录Ⅱ的巴西种群和被列入附录Ⅱ的厄瓜多尔种群，后者年度出口限额为零，直到CITES秘书处和IUCN/SSC鳄鱼专家组批准一个年度出口限额时止）		
鳄　科 Crocodylidae		
窄吻鳄 *Crocodylus acutus*（除被列入附录Ⅱ的古巴种群） 尖吻鳄 *Crocodylus cataphractus* 中介鳄 *Crocodylus intermedius* 菲律宾鳄 *Crocodylus mindorensis* 佩滕鳄 *Crocodylus moreletii*（除被列入附录Ⅱ、野生标本商业性贸易限额为零的伯利兹和墨西哥种群） 尼罗鳄 *Crocodylus niloticus*［除了被列入附录Ⅱ的博茨瓦纳、埃及（野生标本的商业性贸易限额为零）、埃塞俄比亚、肯尼亚、马达加斯加、马拉维、莫桑比克、纳米比亚、南非、乌干达、坦桑尼亚联合共和国（除捕养动物标本外，每年还有包括狩猎纪念品在内的1600只野生标本的出口限额）、赞比亚和津巴布韦种群］ 恒河鳄 *Crocodylus palustris* 湾　鳄 *Crocodylus porosus*（除被列入附录Ⅱ的澳大利亚、印度尼西亚和巴布亚新几内亚种群） 菱斑鳄 *Crocodylus rhombifer* 暹罗鳄 *Crocodylus siamensis* 短吻鳄 *Osteolaemus tetraspis* 马来鳄 *Tomistoma schlegelii*		
食鱼鳄科 Gavialidae		
食鱼鳄 *Gavialis gangeticus*		
喙头目 RHYNCHOCEPHALIA		
楔齿蜥科 Sphenodontidae		
楔齿蜥属所有种 *Sphenodon* spp.		
蜥蜴目 SAURIA		
鬣蜥科 Agamidae		
	刺尾蜥属所有种 *Uromastyx* spp.	
避役科 Chamaeleonidae		
残肢变色龙 *Brookesia perarmata*	侏儒蜥属所有种 *Bradypodion* spp. 变色龙属所有种 *Brookesia* spp.（除被列入附录Ⅰ的物种） 诡避役属所有种 *Calumma* spp. 避役属所有种 *Chamaeleo* spp.	

	叉角避役属所有种 *Furcifer* spp. 双角避役属所有种 *Kinyongia spp.* 姆兰杰避役属所有种 *Nadzikambia spp.*	
棒 蜥 科 Cordylidae		
	绳蜥属所有种 *Cordylus* spp.	
壁 虎 科 Gekkonidae		
	蛇岛弓趾虎 *Cyrtodactylus serpensinsula* 残趾虎属所有种 *Phelsuma* spp. 平尾虎属所有种 *Uroplatus* spp.	武趾虎属所有种 *Hoplodactylus* spp.（新西兰） 新西兰壁虎属所有种 *Naultinus* spp.（新西兰）
毒 蜥 科 Helodermatidae		
珠毒蜥危地马拉亚种 *Heloderma horridum charlesbogerti*	毒蜥属所有种 *Heloderma* spp.（除被列入附录Ⅰ的物种）	
美洲鬣蜥科 Iguanidae		
低冠蜥属所有种 *Brachylophus* spp. 圆尾蜥属所有种 *Cyclura* spp. 叩 壁 蜥 *Sauromalus varius*	钝 鼻 蜥 *Amblyrhynchus cristatus* 陆鬣蜥属所有种 *Conolophus* spp. 乌蒂拉栉尾蜥 *Ctenosaura bakeri* 罗阿坦栉尾蜥 *Ctenosaura oedirhina* 阿关栉尾蜥 *Ctenosaura melanosterna* 危地马拉栉尾蜥 *Ctenosaura palearis* 美洲鬣蜥属所有种 *Iguana* spp. 布氏角蜥 *Phrynosoma blainvillii* 塞德罗斯岛角蜥 *Phrynosoma cerroense* 冠 角 蜥 *Phrynosoma coronatum* 海湾角蜥 *Phrynosoma wigginsi*	
蜥 蜴 科 Lacertidae		
辛 氏 蜥 *Gallotia simonyi*	利氏壁蜥 *Podarcis lilfordi* 依比兹壁蜥 *Podarcis pityusensis*	
石龙子科 Scincidae		
	所罗门蜥 *Corucia zebrata*	
美洲蜥蜴科 Teiidae		
	亚马孙鞭尾蜥 *Crocodilurus amazonicus* 闪光蜥属所有种 *Dracaena* spp. 双领蜥属所有种 *Tupinambis* spp.	
巨 蜥 科 Varanidae		
孟加拉巨蜥 *Varanus bengalensis* 黄色巨蜥 *Varanus flavescens* 疣粒巨蜥 *Varanus griseus* 科摩多巨蜥 *Varanus komodoensis* 暗色巨蜥 *Varanus nebulosus*	★巨蜥属所有种 *Varanus* spp.（除被列入附录Ⅰ的物种）	

异 蜥 科 Xenosauridae		
	★瑶山鳄蜥 *Shinisaurus crocodilurus*	
蛇 目 SERPENTES		
蚺 科 Boidae		
懒膛属所有种 *Acrantophis* spp. 红尾蚺阿根廷亚种 *Boa constrictor occidentalis* 黄色虹蚺 *Epicrates inornatus* 莫纳虹蚺 *Epicrates monensis* 牙买加虹蚺 *Epicrates subflavus* 马达加斯加膛 *Sanzinia madagascariensis*	蚺科所有种 Boidae spp.（除被列入附录Ⅰ的物种）	
雷 蛇 科 Bolyeriidae		
雷 蛇 *Bolyeria multocarinata* 岛 膛 *Casarea dussumieri*	雷蛇科所有种 Bolyeriidae spp.（除被列入附录Ⅰ的物种）	
游 蛇 科 Colubridae		
	拟蚺蛇 *Clelia clelia* 南美水蛇 *Cyclagras gigas* 印度食卵蛇 *Elachistodon westermanni* ★滑鼠蛇 *Ptyas mucosus*	绿滇西蛇 *Atretium schistosum*（印度） 波加丹蛇 *Cerberus rynchops*（印度） 渔异色蛇 *Xenochrophis piscator*（印度）
眼镜蛇科 Elapidae		
	盔头蛇 *Hoplocephalus bungaroides* ★舟山眼镜蛇 *Naja atra* ★孟加拉眼镜蛇 *Naja kaouthia* 缅甸眼镜蛇 *Naja mandalayensis* 眼镜蛇 *Naja naja* 中亚眼镜蛇 *Naja oxiana* 菲律宾眼镜蛇 *Naja philippinensis* 印度眼镜蛇 *Naja sagittifera* 萨马眼镜蛇 *Naja samarensis* 泰国眼镜蛇 *Naja siamensis* 南洋眼镜蛇 *Naja sputatrix* 苏门答腊眼镜蛇 *Naja sumatrana* ★眼镜王蛇 *Ophiophagus hannah*	科利马珊瑚蛇 *Micrurus diastema*（洪都拉斯） 黑纹珊瑚蛇 *Micrurus nigrocinctus*（洪都拉斯）
美洲闪鳞蛇科 Loxocemidae		
	美洲闪鳞蛇科所有种 Loxocemidae spp.	
蟒 科 Pythonidae		
蟒蛇指名亚种 *Python molurus molurus*	★蟒科所有种 Pythonidae spp.（除被列入附录Ⅰ的亚种）	
林 蚺 科 Tropidophiidae		
	林蚺科所有种 Tropidophiidae spp.	
蝰 科 Viperidae		

★草 原 蝰 *Vipera ursinii*（仅前苏联地区［该地区种群未被列入附录］以外的欧洲种群）	魏 氏 蝰 *Vipera wagneri*	南美响尾蛇 *Crotalus durissus*（洪都拉斯） 蝰 蛇 *Daboia russellii*（印度）
龟 鳖 目 TESTUDINES		
两爪鳖科 Carettochelyidae		
	两 爪 鳖 *Carettochelys insculpta*	
蛇颈龟科 Chelidae		
短 颈 龟 *Pseudemydura umbrina*	麦氏长颈龟 *Chelodina mccordi*	
海 龟 科 Cheloniidae		
★海龟科所有种 Cheloniidae spp.		
鳄 龟 科 Chelydridae		
		大 鳄 龟 *Macroclemys temminckii*（美国）
泥 龟 科 Dermatemydidae		
	泥 龟 *Dermatemys mawii*	
棱皮龟科 Dermochelyidae		
★棱 皮 龟 *Dermochelys coriacea*		
龟 科 Emydidae		
牟氏水龟 *Glyptemys muhlenbergii* 箱 龟 *Terrapene coahuila*	木雕水龟 *Glyptemys insculpta* 箱龟属所有种 *Terrapene* spp.（除被列入附录Ⅰ的物种）	图龟属所有种 *Graptemys* spp.（美国）
地 龟 科 Geoemydidae		
马来潮龟 *Batagur affinis* 潮 龟 *Batagur baska* 黑 池 龟 *Geoclemys hamiltonii* 三脊棱龟 *Melanochelys tricarinata* 眼斑沼龟 *Morenia ocellata* 印度泛棱背龟 *Pangshura tecta*	潮龟属所有种 *Batagur* spp.（除被列入附录Ⅰ的物种） ★闭壳龟属所有种 *Cuora* spp. 庙 龟 *Heosemys annandalii* 扁东方龟 *Heosemys depressa* 大东方龟 *Heosemys grandis* 锯缘东方龟 *Heosemys spinosa* 苏拉威西地龟 *Leucocephalon yuwonoi* 大头马来龟 *Malayemys macrocephala* 马 来 龟 *Malayemys subtrijuga* 安 南 龟 *Mauremys annamensis* ★黄喉拟水龟 *Mauremys mutica* 果 龟 *Notochelys platynota* 巨 龟 *Orlitia borneensis* 泛棱背龟属所有种 *Pangshura* spp.（除被列入附录Ⅰ的物种） 粗 颈 龟 *Siebenrockiella crassicollis* 雷岛粗颈龟 *Siebenrockiella leytensis*	★地 龟 *Geoemyda spengleri*（中国） ★艾氏拟水龟 *Mauremys iversoni*（中国） ★大头乌龟 *Mauremys megalocephala*（中国） ★黑颈乌龟 *Mauremys nigricans*（中国） ★腊戍拟水龟 *Mauremys pritchardi*（中国） ★乌 龟 *Mauremys reevesii*（中国） ★花 龟 *Mauremys sinensis*（中国） ★缺颌花龟 *Ocadia glyphistoma*（中国） ★费氏花龟 *Ocadia philippeni*（中国） ★眼斑水龟 *Sacalia bealei*（中国） ★拟眼斑水龟 *Sacalia pesudocellata*（中国） ★四眼斑水龟 *Sacalia quadriocellata*（中国）

平胸龟科 Platysternidae		
	★平胸龟 *Platysternon megacephalum*	
侧颈龟科 Podocnemididae		
马达加斯加大头侧颈龟 *Erymnochelys madagascariensis* 亚马孙大头侧颈龟 *Peltocephalus dumerilianus* 南美侧颈龟属所有种 *Podocnemis* spp.		
陆 龟 科 Testudinidae		
辐纹陆龟 *Astrochelys radiata* 马达加斯加陆龟 *Astrochelys yniphora* 象　　龟 *Chelonoidis nigra* 黄缘沙龟 *Gopherus flavomarginatus* 几何沙龟 *Psammobates geometricus* 马达加斯加蛛网龟 *Pyxis arachnoids* 扁尾蛛网龟 *Pyxis planicauda* 埃及陆龟 *Testudo kleinmanni*	★陆龟科所有种 Testudinidae spp.(除被列入附录Ⅰ的物种；中非陆龟 *Geochelone sulcata* 野外获得标本的商业性出口限额为零)	
鳖　　科 Trionychidae		
刺鳖深色亚种 *Apalone spinifera atra* 恒 河 鳖 *Aspideretes gangeticus* 宏　　鳖 *Aspideretes hurum* 黑　　鳖 *Aspideretes nigricans*	亚 洲 鳖 *Amyda cartilaginea* 小头鳖属所有种 *Chitra* spp. 缘 板 鳖 *Lissemys punctata* 缅甸缘板鳖 *Lissemys scutata* ★鼋属所有种 *Pelochelys* spp.	★山 瑞 鳖 *Palea steindachneri*(中国) ★砂　　鳖 *Pelodiscus axenaria*(中国) ★东 北 鳖 *Pelodiscus maackii*(中国) ★小　　鳖 *Pelodiscus parviformis*(中国) ★斯 氏 鳖 *Rafetus swinhoei*(中国)
	两 栖 纲 AMPHIBIA	
无 尾 目 ANURA		
蟾 蜍 科 Bufonidae		
巴尔胎生蟾蜍属所有种 *Altiphrynoides* spp. 泽氏斑蟾 *Atelopus zeteki* 金 蟾 蜍 *Bufo periglenes* 睫眉蟾蜍 *Bufo superciliaris* 胎生蟾属所有种 *Nectophrynoides* spp. 利比里亚胎生蟾蜍属所有种 *Nimbaphrynoides* spp. 埃塞俄比亚胎生蟾蜍属所有种 *Spinophrynoides* spp.		
箭毒蛙科 Dendrobatidae		
	霓股箭毒蛙 *Allobates femoralis* 萨氏箭毒蛙 *Allobates zaparo* 天蓝隐叶毒蛙 *Cryptophyllobates azureiventris* 箭毒蛙属所有种 *Dendrobates* spp. 上土箭毒蛙属所有种 *Epipedobates* spp. 叶毒蛙属所有种 *Phyllobates* spp.	

雨 蛙 科 Hylidae		
	红眼蛙属所有种 *Agalychnis* spp.	
曼 蛙 科 Mantellidae		
	曼蛙属所有种 *Mantella* spp.	
姬 蛙 科 Microhylidae		
安通吉尔湾姬蛙 *Dyscophus antongilii*	戈氏拨土蛙 *Scaphiophryne gottlebei*	
蛙 科 Ranidae		
六 趾 蛙 *Euphlyctis hexadactylus* ★虎 纹 蛙 *Hoplobatrachus tigerinus*		
龟 蟾 科 Rheobatrachidae		
	龟蟾属所有种 *Rheobatrachus* spp.	
有 尾 目 CAUDATA		
钝口螈科 Ambystomatidae		
	钝 口 螈 *Ambystoma dumerilii* 墨西哥钝口螈 *Ambystoma mexicanum*	
隐鳃鲵科 Cryptobranchidae		
★大鲵属所有种 *Andrias* spp.		
蝾 螈 科 Salamandridae		
桔 斑 螈 *Neurergus kaiseri*		
板鳃亚纲 ELASMOBRANCHII		
鼠 鲨 目 LAMNIFORMES		
姥 鲨 科 Cetorhinidae		
	姥 鲨 *Cetorhinus maximus*	
鼠 鲨 科 Lamnidae		
	噬 人 鲨 *Carcharodon carcharias*	
须 鲨 目 ORECTOLOBIFORMES		
鲸 鲨 科 Rhincodontidae		
	★鲸 鲨 *Rhincodon typus*	
鳐 目 RAJIFORMES		
锯 鳐 科 Pristidae		
★锯鳐科所有种 Pristidae spp.（除被列入附录Ⅱ的物种）	小齿锯鳐 *Pristis microdon*（仅用于以保护为根本目的，向适合的和可接受的水族馆开展活体动物国际贸易）	
辐鳍亚纲 ACTINOPTERYGII		
鲟 形 目 ACIPENSERIFORMES		
	★鲟形目所有种 ACIPENSERIFORMES spp.（除被列入附录Ⅰ的物种）	

鲟　科 Acipenseridae		
短吻鲟 *Acipenser brevirostrum* 波罗的海鲟 *Acipenser sturio*		
鳗鲡目 ANGUILLIFORMES		
鳗鲡科 Anguillidae		
	欧洲鳗鲡 *Anguilla anguilla*	
鲤形目 CYPRINIFORMES		
胭脂鱼科 Catostomidae		
内达华州呵吸鲤 *Chasmistes cujus*		
鲤　科 Cyprinidae		
朱林氏原鲃 *Probarbus jullieni*	盲　鲃 *Caecobarbus geertsi*	
骨舌鱼目 OSTEOGLOSSIFORMES		
骨舌鱼科 Osteoglossidae		
美丽硬仆骨舌鱼 *Scleropages formosus*	巨骨舌鱼 *Arapaima gigas*	
鲈形目 PERCIFORMES		
隆头鱼科 Labridae		
	★波纹唇鱼（苏眉）*Cheilinus undulatus*	
石首鱼科 Sciaenidae		
加利福尼亚湾石首鱼 *Totoaba macdonaldi*		
鲇形目 SILURIFORMES		
鲑　科 Pangasiidae		
★巨无齿鲑 *Pangasianodon gigas*		
海龙鱼目 SYNGNATHIFORMES		
海龙鱼科 Syngnathidae		
	★海马属所有种 *Hippocampus* spp.	
	肉鳍亚纲 SARCOPTERYGII	
角齿肺鱼目 CERATODONTIFORMES		
角齿肺鱼科 Ceratodontidae		
	澳洲新角齿肺鱼 *Neoceratodus forsteri*	
腔棘鱼目 COELACANTHIFORMES		
矛尾鱼科 Latimeriidae		
矛尾鱼属所有种 *Latimeria* spp.		
	棘皮动物门 PHYLUM ECHINODERMATA 海参纲 HOLOTHUROIDEA	
楯手目 ASPIDOCHIROTIDA		
刺参科 Stichopodidae		

<table>
<tr><td></td><td></td><td>暗色刺参 Isostichopus fuscus（厄瓜多尔）</td></tr>
<tr><td colspan="3" align="center">节肢动物门 PHYLUM ARTHROPODA
蛛 形 纲 ARACHNIDA</td></tr>
<tr><td colspan="3">蛛 形 目 ARANEAE</td></tr>
<tr><td colspan="3">捕鸟蛛科 Theraphosidae</td></tr>
<tr><td></td><td>墨西哥白头捕鸟蛛 Aphonopelma albiceps
墨西哥灰捕鸟蛛 Aphonopelma pallidum
短尾蛛属所有种 Brachypelma spp.</td><td></td></tr>
<tr><td colspan="3">蝎 形 目 SCORPIONES</td></tr>
<tr><td colspan="3">蝎 科 Scorpionidae</td></tr>
<tr><td></td><td>独裁巨蝎 Pandinus dictator
冈比亚巨蝎 Pandinus gambiensis
将军巨蝎 Pandinus imperator</td><td></td></tr>
<tr><td colspan="3" align="center">昆 虫 纲 INSECTA</td></tr>
<tr><td colspan="3">鞘 翅 目 COLEOPTERA</td></tr>
<tr><td colspan="3">锹 甲 科 Lucanidae</td></tr>
<tr><td></td><td></td><td>考锹甲属所有种 Colophon spp.（南非）</td></tr>
<tr><td colspan="3">金 龟 科 Scarabaeidae</td></tr>
<tr><td></td><td>撒旦犀金龟 Dynastes satanas</td><td></td></tr>
<tr><td colspan="3">鳞 翅 目 LEPIDOPTERA</td></tr>
<tr><td colspan="3">凤 蝶 科 Papilionidae</td></tr>
<tr><td>女王亚力山大巨凤蝶 Ornithoptera alexandrae
吕宋凤蝶 Papilio chikae
荷马凤蝶 Papilio homerus
科西嘉凤蝶 Papilio hospiton</td><td>斯里兰卡曙凤蝶 Atrophaneura jophon
印度曙凤蝶 Atrophaneura pandiyana ★褐凤蝶属所有种 Bhutanitis spp.
巨凤蝶属所有种 Ornithoptera spp.（除被列入附录Ⅰ的物种）
★阿波罗绢蝶 Parnassius apollo
★喙凤蝶属所有种 Teinopalpus spp.
乌凤蝶属所有种 Trogonoptera spp.
★翼凤蝶属所有种 Troides spp.</td><td></td></tr>
<tr><td colspan="3" align="center">环节动物门 PHYLUM ANNELIDA
蛭 纲 HIRUDINOIDEA</td></tr>
<tr><td colspan="3">无吻蛭目 ARHYNCHOBDELLIDA</td></tr>
<tr><td colspan="3">医 蛭 科 Hirudinidae</td></tr>
<tr><td></td><td>欧洲医蛭 Hirudo medicinalis
侧纹医蛭 Hirudo verbana</td><td></td></tr>
</table>

软体动物门 PHYLUM MOLLUSCA 双 壳 纲 BIVALVIA		
贻 贝 目 MYTILOIDA		
贻 贝 科 Mytilidae		
	普通石蛏 *Lithophaga lithophaga*	
珠 蚌 目 UNIONIDA		
蚌　　科 Unionidae		
雕刻射蚌 *Conradilla caelata* 走　　蚌 *Dromus dromas* 冠前嵴蚌 *Epioblasma curtisi* 闪光前嵴蚌 *Epioblasma florentina* 沙氏前嵴蚌 *Epioblasma sampsonii* 全斜沟前嵴蚌 *Epioblasma sulcata perobliqua* 舵瘤前嵴蚌 *Epioblasma torulosa gubernaculums* 瘤前嵴蚌 *Epioblasma torulosa torulosa* 膨大前嵴蚌 *Epioblasma turgidula* 瓦氏前嵴蚌 *Epioblasma walkeri* 楔状水蚌 *Fusconaia cuneolus* 水　　蚌 *Fusconaia edgariana* 希氏美丽蚌 *Lampsilis higginsii* 球美丽蚌 *Lampsilis orbiculata Orbiculata* 多彩美丽蚌 *Lampsilis satur* 绿美丽蚌 *Lampsilis virescens* 皱疤丰底蚌 *Plethobasus cicatricosus* 古柏丰底蚌 *Plethobasus cooperianus* 满侧底蚌 *Pleurobema plenum* 大 河 蚌 *Potamilus capax* 中间方蚌 *Quadrula intermedia* 稀少方蚌 *Quadrula sparsa* 柱状扁弓蚌 *Toxolasma cylindrella* V 线珠蚌 *Unio nickliniana* 德科马坦比哥珠蚌 *Unio tampicoensis tecomatensis* 横条多毛蚌 *Villosa trabalis*	阿氏强膨蚌 *Cyprogenia aberti* 行瘤前嵴蚌 *Epioblasma torulosa rangiana* 棒形侧底蚌 *Pleurobema clava*	
帘 蛤 目 VENERIDA		
砗 磲 科 Tridacnidae		
	★砗磲科所有种 Tridacnidae spp.	
腹 足 纲 GASTROPODA		
中腹足目 MESOGASTROPODA		
凤 螺 科 Strombidae		
	大 凤 螺 *Strombus gigas*	
柄 眼 目 STYLOMMATOPHORA		
小玛瑙螺科 Achatinellidae		
小玛瑙螺属所有种 *Achatinella* spp.		

附录I	附录II	附录III
坚齿螺科 Camaenidae		
	美丽尖柱螺 *Papustyla pulcherrima*	
刺胞亚门 PHYLUM CNIDARIA 珊瑚虫纲 ANTHOZOA		
角珊瑚目 ANTIPATHARIA		
	★角珊瑚目所有种 ANTIPATHARIA spp.	
柳珊瑚目 GORGONACEAE		
红珊瑚科 Corallidae		
		★瘦长红珊瑚 *Corallium elatius*（中国） ★日本红珊瑚 *Corallium japonicum*（中国） ★皮滑红珊瑚 *Corallium konjoi*（中国） ★巧红珊瑚 *Corallium secundum*（中国）
苍珊瑚目 HELIOPORACEA		
苍珊瑚科 Helioporidae		
	苍珊瑚科所有种 Helioporidae spp.（仅包括苍珊瑚 *Heliopora coerulea*。化石不受《公约》条款限制）	
石珊瑚目 SCLERACTINIA		
	★石珊瑚目所有种 SCLERACTINIA spp.（化石不受《公约》条款限制）	
多茎目 STOLONIFERA		
笙珊瑚科 Tubiporidae		
	笙珊瑚科所有种 Tubiporidae spp.（化石不受《公约》条款限制）	
水螅纲 HYDROZOA		
多孔螅目 MILLEPORINA		
多孔螅科 Milleporidae		
	★多孔螅科所有种 Milleporidae spp.（化石不受《公约》条款限制）	
柱星螅目 STYLASTERINA		
柱星螅科 Stylasteridae		
	★柱星螅科所有种 Stylasteridae spp.（化石不受《公约》条款限制）	

缔约国提出的特殊保留

自2007年9月13日起生效

<table>
<tr><td colspan="2">附录Ⅰ</td></tr>
<tr><td colspan="2">动物 FAUNA</td></tr>
<tr><td colspan="2">脊索动物门 PHYLUM CHORDATA</td></tr>
<tr><td colspan="2">哺乳纲 MAMMALIA</td></tr>
<tr><td colspan="2">偶蹄目 ARTIODACTYLA</td></tr>
<tr><td>西貒科 Tayassuidae</td><td>草原西貒 Catagonus wagneri 列支敦士登 瑞士</td></tr>
<tr><td colspan="2">食肉目 CARNIVORA</td></tr>
<tr><td>犬科 Canidae</td><td>狼 Canis lupus（仅不丹、印度、尼泊尔和巴基斯坦种群）瑞士 前南斯拉夫马其顿共和国</td></tr>
<tr><td rowspan="3">猫科 Felidae</td><td>猎豹 Acinonyx jubatus 纳米比亚</td></tr>
<tr><td>狞猫 Caracal caracal（仅亚洲种群）瑞士</td></tr>
<tr><td>锈斑猫 Prionailurus rubiginosus（仅印度种群）瑞士</td></tr>
<tr><td>熊科 Ursidae</td><td>喜马拉雅棕熊 Ursus arctos isabellinus 瑞士</td></tr>
<tr><td colspan="2">鲸目 CETACEA</td></tr>
<tr><td rowspan="9">须鲸科 Balaenopteridae</td><td>小鳁鲸 Balaenoptera acutorostrata（被列入附录Ⅱ的西格陵兰种群除外）冰岛 日本 挪威 帕劳</td></tr>
<tr><td>南极须鲸 Balaenoptera bonaerensis 冰岛 日本 挪威</td></tr>
<tr><td>鳁鲸 Balaenoptera borealis 冰岛</td></tr>
<tr><td>鳁鲸 Balaenoptera borealis 本保留不适用于下述种群：（a）北太平洋和（b）东经0度至70度、赤道至南极大陆的区域。日本 挪威</td></tr>
<tr><td>鳀鲸 Balaenoptera edeni 日本</td></tr>
<tr><td>蓝鲸 Balaenoptera musculus 冰岛</td></tr>
<tr><td>长须鲸 Balaenoptera physalus 冰岛 日本</td></tr>
<tr><td>长须鲸 Balaenoptera physalus 适用以下种群：（a）冰岛离岸北大西洋，（b）纽芬兰岛离岸北大西洋，和（c）南纬40度至南极大陆、西经120至60度区域。挪威</td></tr>
<tr><td>座头鲸 Megaptera novaeangliae 冰岛 圣文森特和格林纳丁斯</td></tr>
<tr><td>海豚科 Delphinidae</td><td>伊洛瓦底江豚 Orcaella brevirostris 日本</td></tr>
<tr><td>抹香鲸科 Physeteridae</td><td>抹香鲸 Physeter catodon 冰岛 日本 挪威 帕劳</td></tr>
<tr><td rowspan="2">喙鲸科 Ziphiidae</td><td>拜氏鲸 Berardius bairdii 日本</td></tr>
<tr><td>巨齿槌鲸 Hyperoodon ampullatus 冰岛</td></tr>
<tr><td colspan="2">翼手目 CHIROPTERA</td></tr>
<tr><td rowspan="6">狐蝠科 Pteropodidae</td><td>琉球狐蝠 Pteropus loochoensis 帕劳</td></tr>
<tr><td>马里亚那狐蝠 Pteropus mariannus 帕劳</td></tr>
<tr><td>帛琉狐蝠 Pteropus pelewensis 帕劳</td></tr>
<tr><td>绒狐蝠 Pteropus pilosus 帕劳</td></tr>
<tr><td>科雷斯狐蝠 Pteropus ualanus 帕劳</td></tr>
<tr><td>雅浦狐蝠 Pteropus yapensis 帕劳</td></tr>
<tr><td colspan="2">长鼻目 PROBOSCIDEA</td></tr>
</table>

象　科 Elephantidae	非 洲 象 *Loxodonta africana* 马拉维
海 牛 目 SIRENIA	
儒 艮 科 Dugongidae	儒　艮 *Dugong dugon* 帕劳
鸟　纲 AVES	
鸽 形 目 COLUMBIFORMES	
鸠 鸽 科 Columbidae	尼科巴鸠 *Caloenas nicobarica* 帕劳 瑞士
隼 形 目 FALCONIFORMES	
鹰　科 Accipitridae	西班牙帝鹏 *Aquila adalberti* 沙特阿拉伯
	白 肩 鹏 *Aquila heliaca* 沙特阿拉伯
	钩嘴鸢古巴亚种 *Chondrohierax uncinatus wilsonii* 沙特阿拉伯
	白尾海鹏 *Haliaeetus albicilla* 沙特阿拉伯
	角　鹏 *Harpia harpyja* 沙特阿拉伯
	食 猿 鹏 *Pithecophaga jefferyi* 沙特阿拉伯
美洲鹫科 Cathartidae	加利福尼亚兀鹫 *Gymnogyps californianus* 沙特阿拉伯
	康多兀鹫 *Vultur gryphus* 沙特阿拉伯
隼　科 Falconidae	塞舌尔隼 *Falco araeus* 沙特阿拉伯
	印度猎隼 *Falco jugger* 沙特阿拉伯
	马 岛 隼 *Falco newtoni*（仅塞舌尔种群）沙特阿拉伯
	拟 游 隼 *Falco pelegrinoides* 沙特阿拉伯
	游　隼 *Falco peregrinus* 帕劳 沙特阿拉伯
	毛里求斯隼 *Falco punctatus* 沙特阿拉伯
	矛　隼 *Falco rusticolus* 沙特阿拉伯
鹤 形 目 GRUIFORMES	
鸨　科 Otididae	亚洲波斑鸨 *Chlamydotis macqueenii* 瑞士
	波 斑 鸨 *Chlamydotis undulata* 瑞士
鹦 形 目 PSITTACIFORMES	
鹦 鹉 科 Psittacidae	黄颈亚马孙鹦哥 *Amazona auropalliata* 列支敦士登 菲律宾 瑞士
	黄冠亚马孙鹦哥 *Amazona oratrix* 列支敦士登 菲律宾 瑞士
	绯红金刚鹦鹉 *Ara macao* 列支敦士登 苏里南 瑞士
	蓝头金刚鹦鹉 *Propyrrhura couloni* 菲律宾
爬 行 纲 REPTILIA	
鳄　目 CROCODYLIA	
鳄　科 Crocodylidae	湾　鳄 *Crocodylus porosus*（除被列入附录Ⅱ的澳大利亚、印度尼西亚和巴布亚新几内亚种群）帕劳
龟 鳖 目 TESTUDINATA	
海 龟 科 Cheloniidae	绿 海 龟 *Chelonia mydas* 古巴 帕劳
	绿 海 龟 *Chelonia mydas*（本保留不适用于澳大利亚种群）苏里南
	玳　瑁 *Eretmochelys imbricata* 古巴 帕劳 圣文森特和格林纳丁斯
棱皮龟科 Dermochelyidae	棱 皮 龟 *Dermochelys coriacea* 苏里南
两 栖 纲 AMPHIBIA	
无 尾 目 ANURA	
姬 蛙 科 Microhylidae	安通吉尔湾姬蛙 *Dyscophus antongilii* 列支敦士登 瑞士

附录Ⅱ	
动　物 FAUNA 脊索动物门 PHYLUM CHORDATA	
哺 乳 纲 MAMMALIA	
食 肉 目 CARNIVORA	
犬　科 Canidae	狼 *Canis lupus*（不丹、印度、尼泊尔和巴基斯坦的种群除外）前南斯拉夫马其顿共和国
鲸　目 CETACEA	
须 鲸 科 Balaenopteridae	小 鳁 鲸 *Balaenoptera acutorostrata*（西格陵兰岛种群）冰岛
海 豚 科 Delphinidae	长吻真海豚 *Delphinus capensis* 冰岛
	真 海 豚 *Delphinus delphis* 冰岛
	巨 头 鲸 *Globicephala melas* 冰岛
	白腰斑纹海豚 *Lagenorhynchus acutus* 冰岛
	白喙斑纹海豚 *Lagenorhynchus albirostris* 冰岛
	逆 戟 鲸 *Orcinus orca* 冰岛
	东方宽吻海豚 *Tursiops aduncus* 冰岛
	宽吻海豚 *Tursiops truncatus* 冰岛
鼠海豚科 Phocoenidae	大西洋鼠海豚 *Phocoena phocoena* 冰岛
灵 长 目 PRIMATES	
猴　科 Cercopithecidae	食 蟹 猴 *Macaca fascicularis* 帕劳
鸟　纲 AVES	
雨 燕 目 APODIFORMES	
蜂 鸟 科 Trochilidae	蜂鸟科所有种 Trochilidae spp. 列支敦士登 瑞士
隼 形 目 FALCONIFORMES	
鹰　科 Accipitridae	白头海鵰 *Haliaeetus leucocephala* 沙特阿拉伯
鹦 形 目 PSITTACIFORMES	
凤头鹦鹉科 Cacatuidae	葵花鹦鹉 *Cacatua galerita* 列支敦士登 瑞士
	粉红凤头鹦鹉 *Eolophus roseicapillus* 列支敦士登 瑞士
鹦 鹉 科 Psittacidae	牡丹鹦鹉属所有种 *Agapornis* spp. 列支敦士登 瑞士
	蓝顶亚马孙鹦哥 *Amazona aestiva* 列支敦士登 瑞士
	黄头亚马孙鹦哥 *Amazona ochrocephala* 列支敦士登 瑞士
	金刚鹦哥属所有种 *Aratinga* spp. 列支敦士登 瑞士
	穴 鹦 哥 *Cyanoliseus patagonus* 瑞士
	穴 鹦 哥 *Cyanoliseus patagonus*（本保留不适用于本种的巴塔哥尼亚亚种 *C. p. byroni*）列支敦士登
	灰胸鹦哥 *Myiopsitta monachus* 列支敦士登 瑞士
	黑头鹦哥 *Nandayus nenday* 列支敦士登 瑞士
	澳东玫瑰鹦鹉 *Platycercus eximius* 列支敦士登 瑞士
	塞内加尔鹦鹉 *Poicephalus senegalus* 列支敦士登 瑞士
	紫头鹦鹉 *Psittacula cyanocephala* 列支敦士登 瑞士
	彩鹦哥属所有种 *Pyrrhura* spp. 列支敦士登 瑞士
鸮 形 目 STRIGIFORMES	

鸱 鸮 科 Strigidae	帕劳角鸮 *Pyrroglaux podargina* 帕劳
爬 行 纲 REPTILIA	
蜥 蜴 目 SAURIA	
蜥 蜴 科 Lacertidae	利氏壁蜥 *Podarcis lilfordi* 列支敦士登 瑞士
	依比兹壁蜥 *Podarcis pityusensis* 列支敦士登 瑞士
巨 蜥 科 Varanidae	印度巨蜥 *Varanus indicus* 帕劳
蛇 目 SERPENTES	
蚺 科 Boidae	棱鳞角吻沙蟒 *Candoia carinata* 帕劳
两 栖 纲 AMPHIBIA	
无 尾 目 ANURA	
箭毒蛙科 Dendrobatidae	箭毒蛙属所有种 *Dendrobates* spp. 列支敦士登 瑞士
	上土箭毒蛙属所有种 *Epipedobates* spp. 列支敦士登 瑞士
	叶毒蛙属所有种 *Phyllobates* spp. 列支敦士登 瑞士
板鳃亚纲 ELASMOBRANCHII	
鼠 鲨 目 LAMNIFORMES	
姥 鲨 科 Cetorhinidae	姥 鲨 *Cetorhinus maximus* 冰岛 印度尼西亚 日本 挪威 韩国
鼠 鲨 科 Lamnidae	噬 人 鲨 *Carcharodon carcharias* 冰岛 日本 挪威 帕劳
须 鲨 目 ORECTOLOBIFORMES	
鲸 鲨 科 Rhincodontidae	鲸 鲨 *Rhincodon typus* 冰岛 印度尼西亚 日本 挪威 帕劳 韩国
辐鳍亚纲 ACTINOPTERYGII	
鲤 形 目 CYPRINIFORMES	
鲤 科 Cyprinidae	盲 鲃 *Caecobarbus geertsi* 列支敦士登 瑞士
海龙鱼目 SYNGNATHIFORMES	
海龙鱼科 Syngnathidae	海马属所有种 *Hippocampus* spp. 印度尼西亚 日本 挪威 韩国
	迪氏倭海马 *Hippocampus denise* 帕劳
	管 海 马 *Hippocampus kuda* 帕劳
软体动物门 PHYLUM MOLLUSCA 双 壳 纲 BIVALVIA	
帘 蛤 目 VENERIDA	
砗 磲 科 Tridacnidae	砗 磲 *Hippopus hippopus* 帕劳
	瓷 砗 磲 *Hippopus porcellanus* 帕劳
	番红砗磲 *Tridacna crocea* 帕劳
	无鳞砗磲 *Tricacna derasa* 帕劳
	大 砗 磲 *Tricacna gigas* 帕劳
	长 砗 磲 *Tricacna maxima* 帕劳
	鳞 砗 磲 *Tricacna squamosa* 帕劳
附录Ⅲ	
动 物 FAUNA 脊索动物门 PHYLUM CHORDATA 哺 乳 纲 MAMMALIA	
食 肉 目 CARNIVORA	

犬　科 Canidae	亚洲胡狼 *Canis aureus* 列支敦士登 瑞士
	赤狐阿富汗亚种 *Vulpes vulpes griffithi* 奥地利 比利时 捷克 丹麦 芬兰 法国 德国 希腊 爱尔兰 意大利 列支敦士登 卢森堡 荷兰 葡萄牙 斯洛伐克 西班牙 瑞典 瑞士 前南斯拉夫马其顿共和国 英国
	赤狐喜马拉雅亚种 *Vulpes vulpes montana* 奥地利 比利时 捷克 丹麦 芬兰 法国 德国 希腊 爱尔兰 意大利 列支敦士登 卢森堡 荷兰 葡萄牙 斯洛伐克 西班牙 瑞典 瑞士 前南斯拉夫马其顿共和国 英国
	赤狐旁遮普亚种 *Vulpes vulpes pusilla* 奥地利 比利时 捷克 丹麦 芬兰 法国 德国 希腊 爱尔兰 意大利 列支敦士登 卢森堡 荷兰 葡萄牙 斯洛伐克 西班牙 瑞典 瑞士 前南斯拉夫马其顿共和国 英国
鼬　科 Mustelidae	石貂中亚亚种 *Martes foina intermedia* 列支敦士登 瑞士 前南斯拉夫马其顿共和国
	香　鼬 *Mustela altaica* 奥地利 比利时 捷克 丹麦 芬兰 法国 德国 希腊 爱尔兰 意大利 列支敦士登 卢森堡 荷兰 葡萄牙 斯洛伐克 西班牙 瑞典 瑞士 英国
	白鼬印度北部亚种 *Mustela erminea ferghanae* 奥地利 比利时 捷克 丹麦 芬兰 法国 德国 希腊 爱尔兰 意大利 列支敦士登 卢森堡 荷兰 葡萄牙 斯洛伐克 西班牙 瑞典 瑞士 英国
	黄腹鼬 *Mustela kathiah* 奥地利 比利时 捷克 丹麦 芬兰 法国 德国 希腊 爱尔兰 意大利 列支敦士登 卢森堡 荷兰 葡萄牙 斯洛伐克 西班牙 瑞典 瑞士 英国
	黄　鼬 *Mustela sibirica* 奥地利 比利时 捷克 丹麦 芬兰 法国 德国 希腊 爱尔兰 意大利 列支敦士登 卢森堡 荷兰 葡萄牙 斯洛伐克 西班牙 瑞典 瑞士 英国

附：关于特殊保留的说明

任何缔约国（成员国）可提出单方面的陈述，表明本国将不受公约对附录所列特定物种（或被列入附录Ⅲ的部分或衍生物）的相关贸易规定的约束。这些陈述被称为“保留”，可依照公约条款第十五条、第十六条和第二十三条提出。

对于包含在附录Ⅰ或Ⅱ的物种，公约有提出保留的时间限制。保留的提出应是在一个国家成为缔约国时或是在附录有关修正案生效后的90天内。例如，如果缔约国大会在一次会议上同意将一物种由附录Ⅱ提升至附录Ⅰ，反对将其列入附录Ⅰ的保留陈述必须在该次会议结束后的90天内提出（见公约条款第十五条第3款和第二十三条）。

对于列在附录Ⅲ的物种（或其部分和衍生物），一个国家可在成为缔约国时或以后任何时候提出保留陈述（第十六条和第二十三条）。

提出保留陈述的国家可在任何时候撤销它。但是，当此保留在有效期内，凡涉及有关物种（或标本）的贸易时，该国在形式上被作为非缔约国对待。

虽然所有缔约国都有提出保留陈述的权利，但这些保留会导致执行上的问题。因此公约大会通过了Conf. 4.26号决议，建议对附录Ⅰ物种提出保留陈述的国家应将该物种视为被列入附录Ⅱ对待，并在年度报告中登记其贸易纪录。

附录Ⅵ

捕捉、猎捕国家重点保护野生动物资源保护管理费收费标准

（一级保护种类）

保护动物	收费标准（元/只）	保护动物	收费标准（元/只）
蜂猴（所有种）	300	短尾信天翁	900
熊猴	1000	白腹军舰鸟	900
台湾猴	2000	白鹳	1000
豚尾猴	1000	黑鹳	2000
叶猴（所有种）	5000	朱鹮	100000
金丝猴（所有种）	50000	中华秋沙鸭	10000
长臂猿（所有种）	8000	金雕	1000
马来熊	2000	白肩雕	1000
大熊猫	100000	玉带海雕	2000
紫貂	500	白尾海雕	2000
貂熊	1000	虎头海雕	2000
熊狸	1000	拟兀鹫	900
云豹	3000	胡兀鹫	900
豹	6000	细嘴松鸡	500
虎	48000	斑尾榛鸡	500
雪豹	10000	雉鹑	400
亚洲象	50000	四川山鹧鸪	400
蒙古野驴	5000	海南山鹧鸪	400
西藏野驴	5000	黑头角雉	1000
野马	60000	红胸角雉	1000
野骆驼	50000	灰腹角雉	1000
鼷鹿	500	黄腹角雉	1000
黑鹿	2000	虹雉（所有种）	2000
白唇鹿	2000	褐马鸡	2000
坡鹿	6000	蓝鹇	2000
梅花鹿	3000	黑颈长尾雉	2000
豚鹿	3000	白颈长尾雉	2000
麋鹿	6000	黑长尾雉	2000
麝（所有种）	600	孔雀雉	2000
野牛	6000	绿孔雀	1000
野牦牛	6000	黑颈鹤	6000
普氏原羚	3000	白头鹤	2000
藏羚	2000	丹顶鹤	2000
高鼻羚羊	6000	白鹤	3000
扭角羚	30000	赤颈鹤	6000

台湾鬣羚	2000	鸨（所有种）	3000
赤斑羚	2000	遗鸥	1000
塔尔羊	2000	四爪陆龟	2000
北山羊	1000	鳄蜥	3000
河狸	3000	巨蜥	900
蟒	900	中华蛩蠊	900
扬子鳄	3000	金斑喙凤蝶	900

捕捉、猎捕国家重点保护野生动物资源保护管理费收费标准（二级重点保护种类）

保护动物	收费标准（元/只）	保护动物	收费标准（元/只）
短尾猴	250	海鸬鹚	250
猕猴	250	黑颈鸬鹚	250
藏酋猴	250	黄嘴白鹭	50
穿山甲	100	岩鹭	50
豺	500	海南虎斑鳽	50
黑 熊	1500	小苇鳽	50
棕熊（包括马熊）	1500	彩鹳	1500
小熊猫	1500	白鹮	600
石貂	250	黑鹮	600
黄喉貂	250	彩鹮	600
斑林狸	100	白琵鹭	250
大灵猫	600	黑脸琵鹭	900
小灵猫	250	红胸黑雁	250
草原斑猫	250	白额雁	80
荒漠猫	600	天鹅（所有种）	80
丛林猫	250	鸳鸯	80
猞猁	1500	其它鹰类	200
兔狲	250	隼科（所有种）	200
金猫	900	黑琴鸡	200
渔猫	600	柳雷鸟	200
河麂	300	岩雷鸟	200
马鹿（包括白臀鹿）	1500	镰翅鸟	200
水鹿	600	花尾榛鸡	80
驼鹿	700	雪鸡（所有种）	100
黄羊	100	血雉	80
藏原羚	600	红腹角雉	200
鹅喉羚	200	藏马鸡	500
鬣羚	600	蓝马鸡	250
斑羚	600	黑鹇	200
岩羊	300	白鹇	80
盘羊	900	原鸡	50
海南兔	50	勺 鸡	80
雪兔	50	白冠长尾雉	250
塔里木兔	50	锦鸡（所有种）	80
巨松鼠	100	灰鹤	60
角鸊鷉	80	沙丘鹤	900
赤颈鸊鷉	80	白枕鹤	900
鹈鹕（所有种）	250	蓑羽鹤	600
鲣鸟（所有种）	80	长脚秧鸡	50

捕捉、猎捕国家重点保护野生动物资源保护管理费收费标准（二级重点保护种类）

保护动物	收费标准（元/只）	保护动物	收费标准（元/只）
姬田鸡	50	蓝耳翠鸟	50
棕背田鸡	50	鹳嘴翠鸟	50
花田鸡	50	黑胸蜂虎	50
铜翅水雉	50	绿喉蜂虎	50
小杓鹬	50	犀鸟科（所有种）	200
小青脚鹬	50	白腹黑啄木鸟	50
灰燕鸻	50	阔嘴鸟科（所有种）	50
小鸥	50	八色鸫科（所有种）	80
黑浮鸥	50	凹甲陆龟	200
黄嘴河燕鸥	50	大壁虎	50
黑嘴端凤头燕鸥	50	虎纹蛙	50
伟铗虮	50	黑腹沙鸡	200
尖板曦箭蜓	50	绿鸠（所有种）	80
宽纹北箭蜓	50	黑颏果鸠	80
中华缺翅虫	50	皇鸠（所有种）	80
墨脱缺翅虫	50	斑尾林鸽	80
拉步甲	50	鹃鸠（所有种）	80
硕步甲	50	鹦鹉（所有种）	80
彩臂金龟（所有种）	50	鸦鹃（所有种）	50
叉犀金龟	50	鸮形目（所有种）	80
双尾褐凤蝶	80	灰喉针尾雨燕	50
三尾褐凤蝶	80	凤头雨燕	50
中华虎凤蝶	80	橙胸咬鹃	50
阿波罗绢蝶	250		

附录Ⅶ

中华人民共和国野生动物保护法

（1988年11月8日第七届全国人民代表大会常务委员会第四次会议通过
根据2004年8月28日第十届全国人民代表大会常务委员会第十一次会议
《关于修改〈中华人民共和国野生动物保护法〉的决定》修正　主席令第24号公布）

第一章　总　则

第一条　为保护、拯救珍贵、濒危野生动物，保护、发展和合理利用野生动物资源，维护生态平衡，制定本法。

第二条　在中华人民共和国境内从事野生动物的保护、驯养繁殖、开发利用活动，必须遵守本法。

本法规定保护的野生动物，是指珍贵、濒危的陆生、水生野生动物和有益的或者有重要经济、科学研究价值的陆生野生动物。

本法各条款所提野生动物，均系指前款规定的受保护的野生动物。

珍贵、濒危的水生野生动物以外的其他水生野生动物的保护，适用渔业法的规定。

第三条　野生动物资源属于国家所有。

国家保护依法开发利用野生动物资源的单位和个人的合法权益。

第四条　国家对野生动物实行加强资源保护、积极驯养繁殖、合理开发利用的方针，鼓励开展野生动物科学研究。

在野生动物资源保护、科学研究和驯养繁殖方面成绩显著的单位和个人，由政府给予奖励。

第五条　中华人民共和国公民有保护野生动物资源的义务，对侵占或者破坏野生动物资源的行为有权检举和控告。

第六条　各级政府应当加强对野生动物资源的管理，制定保护、发展和合理利用野生动物资源的规划和措施。

第七条　国务院林业、渔业行政主管部门分别主管全国陆生、水生野生动物管理工作。

省、自治区、直辖市政府林业行政主管部门主管本行政区域内陆生野生动物管理工作。自治州、县和市政府陆生野生动物管理工作的行政主管部门，由省、自治区、直辖市政府确定。

县级以上地方政府渔业行政主管部门主管本行政区域内水生野生动物管理工作。

第二章　野生动物保护

第八条　国家保护野生动物及其生存环境，禁止任何单位和个人非法猎捕或者破坏。

第九条　国家对珍贵、濒危的野生动物实行重点保护。国家重点保护的野生动物分为一级保护野生动物和二级保护野生动物。国家重点保护的野生动物名录及其调整，由国务院野生动物行政主管部门制定，报国务院批准公布。

地方重点保护野生动物，是指国家重点保护野生动物以外，由省、自治区、直辖市重点保护的野生动物。地方重点保护的野生动物名录，由省、自治区、直辖市政府制定并公布，报国务院备案。

国家保护的有益的或者有重要经济、科学研究价值的陆生野生动物名录及其调整，由国务院野生动物行政主管部门制定并公布。

第十条　国务院野生动物行政主管部门和省、自治区、直辖市政府，应当在国家和地方重点保护野生动物的主要生息繁衍的地区和水域，划定自然保护区，加强对国家和地方重点保护野生动物及其生存环境的保护管理。

自然保护区的划定和管理，按照国务院有关规定办理。

第十一条 各级野生动物行政主管部门应当监视、监测环境对野生动物的影响。由于环境影响对野生动物造成危害时，野生动物行政主管部门应当会同有关部门进行调查处理。

第十二条 建设项目对国家或者地方重点保护野生动物的生存环境产生不利影响的，建设单位应当提交环境影响报告书；环境保护部门在审批时，应当征求同级野生动物行政主管部门的意见。

第十三条 国家和地方重点保护野生动物受到自然灾害威胁时，当地政府应当及时采取拯救措施。

第十四条 因保护国家和地方重点保护野生动物，造成农作物或者其他损失的，由当地政府给予补偿。补偿办法由省、自治区、直辖市政府制定。

第三章　野生动物管理

第十五条 野生动物行政主管部门应当定期组织对野生动物资源的调查，建立野生动物资源档案。

第十六条 禁止猎捕、杀害国家重点保护野生动物。因科学研究、驯养繁殖、展览或者其他特殊情况，需要捕捉、捕捞国家一级保护野生动物的，必须向国务院野生动物行政主管部门申请特许猎捕证；猎捕国家二级保护野生动物的，必须向省、自治区、直辖市政府野生动物行政主管部门申请特许猎捕证。

第十七条 国家鼓励驯养繁殖野生动物。

驯养繁殖国家重点保护野生动物的，应当持有许可证。许可证的管理办法由国务院野生动物行政主管部门制定。

第十八条 猎捕非国家重点保护野生动物的，必须取得狩猎证，并且服从猎捕量限额管理。

持枪猎捕的，必须取得县、市公安机关核发的持枪证。

第十九条 猎捕者应当按照特许猎捕证、狩猎证规定的种类、数量、地点和期限进行猎捕。

第二十条 在自然保护区、禁猎区和禁猎期内，禁止猎捕和其他妨碍野生动物生息繁衍的活动。

禁猎区和禁猎期以及禁止使用的猎捕工具和方法，由县级以上政府或者其野生动物行政主管部门规定。

第二十一条 禁止使用军用武器、毒药、炸药进行猎捕。

猎枪及弹具的生产、销售和使用管理办法，由国务院林业行政主管部门会同公安部门制定，报国务院批准施行。

第二十二条 禁止出售、收购国家重点保护野生动物或者其产品。因科学研究、驯养繁殖、展览等特殊情况，需要出售、收购、利用国家一级保护野生动物或者其产品的，必须经国务院野生动物行政主管部门或者其授权的单位批准；需要出售、收购、利用国家二级保护野生动物或者其产品的，必须经省、自治区、直辖市政府野生动物行政主管部门或者其授权的单位批准。

驯养繁殖国家重点保护野生动物的单位和个人可以凭驯养繁殖许可证向政府指定的收购单位，按照规定出售国家重点保护野生动物或者其产品。

工商行政管理部门对进入市场的野生动物或者其产品，应当进行监督管理。

第二十三条 运输、携带国家重点保护野生动物或者其产品出县境的，必须经省、自治区、直辖市政府野生动物行政主管部门或者其授权的单位批准。

第二十四条 出口国家重点保护野生动物或者其产品的，进出口中国参加的国际公约所限制进出口的野生动物或者其产品的，必须经国务院野生动物行政主管部门或者国务院批准，并取得国家濒危物种进出口管理机构核发的允许进出口证明书。海关凭允许进出口证明书查验放行。

涉及科学技术保密的野生动物物种的出口，按照国务院有关规定办理。

第二十五条 禁止伪造、倒卖、转让特许猎捕证、狩猎证、驯养繁殖许可证和允许进出口证明书。

第二十六条 外国人在中国境内对国家重点保护野生动物进行野外考察或者在野外拍摄电影、录像，必须经国务院野生动物行政主管部门或者其授权的单位批准。

建立对外国人开放的猎捕场所，应当报国务院野生动物行政主管部门备案。

第二十七条 经营利用野生动物或者其产品的，应当缴纳野生动物资源保护管理费。收费标准和办法由国务院野生动物行政主管部门会同财政、物价部门制定，报国务院批准后施行。

第二十八条 因猎捕野生动物造成农作物或者其他损失的，由猎捕者负责赔偿。

第二十九条 有关地方政府应当采取措施，预防、控制野生动物所造成的危害，保障人畜安全和农业、林业生产。

第三十条 地方重点保护野生动物和其他非国家重点保护野生动物的管理办法，由省、自治区、直辖市人民代表大会常务委员会制定。

第四章 法律责任

第三十一条 非法捕杀国家重点保护野生动物的，依照关于惩治捕杀国家重点保护的珍贵、濒危野生动物犯罪的补充规定追究刑事责任。

第三十二条 违反本法规定，在禁猎区、禁猎期或者使用禁用的工具、方法猎捕野生动物的，由野生动物行政主管部门没收猎获物、猎捕工具和违法所得，处以罚款；情节严重、构成犯罪的，依照刑法第一百三十条的规定追究刑事责任。

第三十三条 违反本法规定，未取得狩猎证或者未按狩猎证规定猎捕野生动物的，由野生动物行政主管部门没收猎获物和违法所得，处以罚款，并可以没收猎捕工具，吊销狩猎证。

违反本法规定，未取得持枪证持枪猎捕野生动物的，由公安机关比照治安管理处罚条例的规定处罚。

第三十四条 违反本法规定，在自然保护区、禁猎区破坏国家或者地方重点保护野生动物主要生息繁衍场所的，由野生动物行政主管部门责令停止破坏行为，限期恢复原状，处以罚款。

第三十五条 违反本法规定，出售、收购、运输、携带国家或者地方重点保护野生动物或者其产品的，由工商行政管理部门没收实物和违法所得，可以并处罚款。

违反本法规定，出售、收购国家重点保护野生动物或者其产品，情节严重、构成投机倒把罪、走私罪的，依照刑法有关规定追究刑事责任。

没收的实物，由野生动物行政主管部门或者其授权的单位按照规定处理。

第三十六条 非法进出口野生动物或者其产品的，由海关依照海关法处罚；情节严重、构成犯罪的，依照刑法关于走私罪的规定追究刑事责任。

第三十七条 伪造、倒卖、转让特许猎捕证、狩猎证、驯养繁殖许可证或者允许进出口证明书的，由野生动物行政主管部门或者工商行政管理部门吊销证件，没收违法所得，可以并处罚款。

伪造、倒卖特许猎捕证或者允许进出口证明书，情节严重、构成犯罪的，比照刑法第一百六十七条的规定追究刑事责任。

第三十八条 野生动物行政主管部门的工作人员玩忽职守、滥用职权、徇私舞弊的，由其所在单位或者上级主管机关给予行政处分；情节严重、构成犯罪的，依法追究刑事责任。

第三十九条 当事人对行政处罚决定不服的，可以在接到处罚通知之日起十五日内，向作出处罚决定机关的上一级机关申请复议；对上一级机关的复议决定不服的，可以在接到复议决定通知之日起十五日内，向法院起诉。当事人也可以在接到处罚通知之日起十五日内，直接向法院起诉。当事人逾期不申请复议或者不向法院起诉又不履行处罚决定的，由作出处罚决定的机关申请法院强制执行。

对海关处罚或者治安管理处罚不服的，依照海关法或者治安管理处罚条例的规定办理。

第五章 附 则

第四十条 中华人民共和国缔结或者参加的与保护野生动物有关的国际条约与本法有不同规定的，适用国际条约的规定，但中华人民共和国声明保留的条款除外。

第四十一条 国务院野生动物行政主管部门根据本法制定实施条例，报国务院批准施行。

省、自治区、直辖市人民代表大会常务委员会可以根据本法制定实施办法。

第四十二条 本法自 1989 年 3 月 1 日起施行。

附录Ⅷ

中华人民共和国陆生野生动物保护实施条例

第一章　总　则

第一条　根据《中华人民共和国野生动物保护法》（以下简称《野生动物保护法》）的规定，制定本条例。

第二条　本条例所称陆生野生动物，是指依法受保护的珍贵、濒危、有益的和有重要经济、科学研究价值的陆生野生动物（以下简称野生动物）；所称野生动物产品，是指陆生野生动物的任何部分及其衍生物。

第三条　国务院林业行政主管部门主管全国陆生野生动物管理工作。

省、自治区、直辖市人民政府林业行政主管部门主管本行政区域内陆生野生动物管理工作。自治州、县和市人民政府陆生野生动物管理工作的行政主管部门，由省、自治区、直辖市人民政府确定。

第四条　县级以上各级人民政府有关主管部门应当鼓励、支持有关科研、教学单位开展野生动物科学研究工作。

第五条　野生动物行政主管部门有权对《野生动物保护法》和本条例的实施情况进行监督检查，被检查的单位和个人应当给予配合。

第二章　野生动物保护

第六条　县级以上地方各级人民政府应当开展保护野生动物的宣传教育，可以确定适当时间为保护野生动物宣传月、爱鸟周等，提高公民保护野生动物的意识。

第七条　国务院林业行政主管部门和省、自治区、直辖市人民政府林业行政主管部门，应当定期组织野生动物资源调查，建立资源档案，为制定野生动物资源保护发展方案、制定和调整国家和地方重点保护野生动物名录提供依据。

野生动物资源普查每十年进行一次，普查方案由国务院林业行政主管部门或者省、自治区、直辖市人民政府林业行政主管部门批准。

第八条　县级以上各级人民政府野生动物行政主管部门，应当组织社会各方面力量，采取生物技术措施和工程技术措施，维护和改善野生动物生存环境，保护和发展野生动物资源。

禁止任何单位和个人破坏国家和地方重点保护野生动物的生息繁衍场所和生存条件。

第九条　任何单位和个人发现受伤、病弱、饥饿、受困、迷途的国家和地方重点保护野生动物时，应当及时报告当地野生动物行政主管部门，由其采取救护措施；也可以就近送具备救护条件的单位救护。救护单位应当立即报告野生动物行政主管部门，并按照国务院林业行政主管部门的规定办理。

第十条　有关单位和个人对国家和地方重点保护野生动物可能造成的危害，应当采取防范措施。因保护国家和地方重点保护野生动物受到损失的，可以向当地人民政府野生动物行政主管部门提出补偿要求。经调查属实并确实需要补偿的，由当地人民政府按照省、自治区、直辖市人民政府的有关规定给予补偿。

第三章　野生动物猎捕管理

第十条　禁止猎捕、杀害国家重点保护野生动物。

有下列情形之一，需要猎捕国家重点保护野生动物的，必须申请特许猎捕证：

（一）为进行野生动物科学考察、资源调查，必须猎捕的；

（二）为驯养繁殖国家重点保护野生动物、必须从野外获取种源的；

（三）为承担省级以上科学研究项目或者国家医药生产任务，必须从野外获取国家重点保护野生动物的；

（四）为宣传、普及野生动物知识或者教学、展览的需要，必须从野外获取国家重点保护野生动物的；

（五）因国事活动的需要，必须从野外获取国家重点保护野生动物的；

（六）为调控国家重点保护野生动物种群数量和结构，经科学论证必须猎捕的；

（七）因其他特殊情况，必须捕捉、猎捕国家重点保护野生动物的。

第十二条 申请特许猎捕证的程序如下：

（一）需要捕捉国家一级保护野生动物的，必须附具申请人所在地和捕捉地的省、自治区、直辖市人民政府林业行政主管部门签署的意见，向国务院林业行政主管部门申请特许猎捕证；

（二）需要在本省、自治区、直辖市猎捕国家二级保护野生动物的，必须附具申请人所在地的县级人民政府野生动物行政主管部门签署的意见，向省、自治区、直辖市人民政府林业行政主管部门申请特许猎捕证；

（三）需要跨省、自治区、直辖市猎捕国家二级保护野生动物的，必须附具申请人所在地的省、自治区、直辖市人民政府林业行政主管部门签署的意见，向猎捕地的省、自治区、直辖市人民政府林业行政主管部门申请特许猎捕证。

动物园需要申请捕捉国家一级保护野生动物的，在向国务院林业行政主管部门申请特许猎捕证前，须经国务院建设行政主管部门审核同意；需要申请捕捉国家二级保护野生动物的，在向申请人所在地的省、自治区、直辖市人民政府林业行政主管部门申请特许猎捕证前，须经同级政府建设行政主管部门审核同意。

负责核发特许猎捕证的部门接到申请后，应当在三个月内作出批准或者不批准的决定。

第十三条 有下列情形之一的，不予发放特许猎捕证：

（一）申请猎捕者有条件以合法的非猎捕方式获得国家重点保护野生动物的种源、产品或者达到所需目的的；

（二）猎捕申请不符合国家有关规定或者申请使用的猎捕工具、方法以及猎捕时间、地点不当的；

（三）根据野生动物资源现状不宜捕捉、猎捕的。

第十四条 取得特许猎捕证的单位和个人，必须按照特许猎捕证规定的种类、数量、地点、期限、工具和方法进行猎捕，防止误伤野生动物或者破坏其生存环境。猎捕作业完成后，应当在十日内向猎捕地的县级人民政府野生动物行政主管部门申请查验。

县级人民政府野生动物行政主管部门对本行政区域内猎捕国家重点保护野生动物的活动，应当进行监督检查，并及时向批准猎捕的机关报告监督检查结果。

第十五条 猎捕非国家重点保护野生动物的，必须持有狩猎证，并按照狩猎证规定的种类、数量、地点、期限、工具和方法进行猎捕。

狩猎证由省、自治区、直辖市人民政府林业行政主管部门按照国务院林业行政主管部门的规定印制，县级以上地方人民政府野生动物行政主管部门或者其授权的单位核发。

狩猎证每年验证一次。

第十六条 省、自治区、直辖市人民政府林业行政主管部门，应当根据本行政区域内非国家重点保护野生动物的资源现状，确定狩猎动物种类，并实行年度猎捕量限额管理。狩猎动物种类和年度猎捕量限额，由县级人民政府野生动物行政主管部门按照保护资源、永续利用的原则提出，经省、自治区、直辖市人民政府林业行政主管部门批准，报国务院林业行政主管部门备案。

第十七条 县级以上地方各级人民政府野生动物行政主管部门应当组织狩猎者有计划地开展狩猎活动。

在适合狩猎的区域建立固定狩猎场所的，必须经省、自治区、直辖市人民政府林业行政主管部门批准。

第十八条 禁止使用军用武器、汽枪、毒药、炸药、地枪、排铳、非人为直接操作并危害人畜安全的狩猎装置、夜间照明行猎、歼灭性围猎、火攻、烟熏以及县级以上各级人民政府或者其野生动物行政主管部门规定禁止使用的其他狩猎工具和方法狩猎。

第十九条 科研、教学单位对国家重点保护野生动物进行野外考察、科学研究，涉及国家一级保护野生动物的，由国务院林业行政主管部门统一安排；涉及国家二级保护野生动物的，由省、自治区、直辖市人民政府林业行政主管部门统一安排。当地野生动物行政主管部门应当给予支持。

第二十条 外国人在中国境内对国家重点保护野生动物进行野外考察、标本采集或者在野外拍摄电影、录像的，必须向国家重点保护野生动物所在地的省、自治区、直辖市人民政府林业行政主管部门提出申请，经其审核后，报国务院林业行政主管部门或者其授权的单位批准。

第二十一条 外国人在中国境内狩猎，必须在国务院林业行政主管部门批准的对外国人开放的狩猎场所内进行，并遵守中国有关法律、法规的规定。

第四章 野生动物驯养繁殖管理

第二十二条 驯养繁殖国家重点保护野生动物的，应当持有驯养繁殖许可证。以生产经营为主要目的驯养繁殖国家重点保护野生动物的，必须凭驯养繁殖许可证向工商行政管理部门申请登记注册。

国务院林业行政主管部门和省、自治区、直辖市人民政府林业行政主管部门可以根据实际情况和工作需要，委托同级有关部门审批或者核发国家重点保护野生动物驯养繁殖许可证。动物园驯养繁殖国家重点保护野生动物的，林业行政主管部门可以委托同级建设行政主管部门核发驯养繁殖许可证。

驯养繁殖许可证由国务院林业行政主管部门印制。

第二十三条 从国外或者外省、自治区、直辖市引进野生动物进行驯养繁殖的，应当采取适当措施，防止其逃至野外；需要将其放生于野外的，放生单位应当向所在省、自治区、直辖市人民政府林业行政主管部门提出申请，经省级以上人民政府林业行政主管部门指定的科研机构进行科学论证后，报国务院林业行政主管部门或者其授权的单位批准。

擅自将引进的野生动物放生于野外或者因管理不当使其逃至野外的，由野生动物行政主管部门责令限期捕回或者采取其他补救措施。

第二十四条 从国外引进的珍贵、濒危野生动物，经国务院林业行政主管部门核准，可以视为国家重点保护野生动物；从国外引进的其他野生动物，经省、自治区、直辖市人民政府林业行政主管部门核准，可以视为地方重点保护野生动物。

第五章 野生动物经营利用管理

第二十五条 收购驯养繁殖的国家重点保护野生动物或者其产品的单位，由省、自治区、直辖市人民政府林业行政主管部门商有关部门提出，经同级人民政府或者其授权的单位批准，凭批准文件向工商行政管理部门申请登记注册。

依照前款规定经核准登记的单位，不得收购未经批准出售的国家重点保护野生动物或者其产品。

第二十六条 经营利用非国家重点保护野生动物或者其产品的，应当向工商行政管理部门申请登记注册。

经核准登记经营利用非国家重点保护野生动物或者其产品的单位和个人，必须在省、自治区、直辖市人民政府林业行政主管部门或者其授权单位核定的年度经营利用限额指标内，从事经营利用活动。

第二十七条 禁止在集贸市场出售、收购国家重点保护野生动物或者其产品。

持有狩猎证的单位和个人需要出售依法获得的非国家重点保护野生动物或者其产品的，应当按照狩猎证规定的种类、数量向经核准登记的单位出售，或者在当地人民政府有关部门指定的集贸市场出售。

第二十八条 县级以上各级人民政府野生动物行政主管部门和工商行政管理部门，应当对野生动物或者其产品的经营利用建立监督检查制度，加强对经营利用野生动物或者其产品的监督管理。

对进入集贸市场的野生动物或者其产品，由工商行政管理部门进行监督管理；在集贸市场以外经营野生动物或者其产品，由野生动物行政主管部门、工商行政管理部门或者其授权的单位进行监督管理。

第二十九条 运输、携带国家重点保护野生动物或者其产品出县境的，应当凭特许猎捕证、驯养繁殖许可证，向县级人民政府野生动物行政主管部门提出申请，报省、自治区、直辖市人民政府林业行政主管部门或者其授权的单位批准，动物园之间因繁殖动物，需要运输国家重点保护野生动物的，可以由省、自治区、直辖市人民政府林业行政主管部门授权同级建设行政主管部门审批。

第三十条 出口国家重点保护野生动物或者其产品的，以及进出口中国参加的国际公约所限制进出口的野生动物或者其产品的，必须经进出口单位或者个人所在地的省、自治区、直辖市人民政府林业行政主管部门审核，报国务院林业行政主管部门或者国务院批准；属于贸易性进出口活动的，必须由具有有关商品进出口权的单位承担。

动物园因交换动物需要进出口前款所称野生动物的，国务院林业行政主管部门批准前或者国务院林业行政主管部门报请国务院批准前，应当经国务院建设行政主管部门审核同意。

第三十一条 利用野生动物或者其产品举办出国展览等活动的经济收益，主要用于野生动物保护事业。

第六章 奖励和惩罚

第三十二条 有下列事迹之一的单位和个人，由县级以上人民政府或者其野生动物行政主管部门给予奖励：

（一）在野生动物资源调查、保护管理、宣传教育、开发利用方面有突出贡献的；

（二）严格执行野生动物保护法规，成绩显著的；

（三）拯救、保护和驯养繁殖珍贵、濒危野生动物取得显著成效的；

（四）发现违反野生动物保护法规行为，及时制止或者检举有功的；

（五）在查处破坏野生动物资源案件中有重要贡献的；

（六）在野生动物科学研究中取得重大成果或者在应用推广科研成果中取得显著效益的；

（七）在基层从事野生动物保护管理工作五年以上并取得显著成绩的；

（八）在野生动物保护管理工作中有其他特殊贡献的。

第三十三条 非法捕杀国家重点保护野生动物的，依照全国人民代表大会常务委员会关于惩治捕杀国家重点保护的珍贵、濒危野生动物犯罪的补充规定追究刑事责任；情节显著轻微危害不大的，或者犯罪情节轻微不需要判处刑罚的，由野生动物行政主管部门没收猎获物、猎捕工具和违法所得，吊销特许猎捕证，并处以相当于猎获物价值十倍以下的罚款，没有猎获物的处一万元以下罚款。

第三十四条 违反野生动物保护法规，在禁猎区、禁猎期或者使用禁用的工具、方法猎捕非国家重点保护野生动物，依照《野生动物保护法》第三十二条的规定处以罚款的，按照下列规定执行：

（一）有猎获物的，处以相当于猎获物价值八倍以下的罚款；

（二）没有猎获物的，处二千元以下罚款。

第三十五条 违反野生动物保护法规，未取得狩猎证或者未按照狩猎证规定猎捕非国家重点保护野生动物，依照《野生动物保护法》第三十三条的规定处以罚款的，按照下列规定执行：

（一）有猎获物的，处以相当于猎获物价值五倍以下的罚款；

（二）没有猎获物的，处一千元以下罚款。

第三十六条 违反野生动物保护法规，在自然保护区、禁猎区破坏国家或者地方重点保护野生动物主要生息繁衍场所，依照《野生动物保护法》第三十四条的规定处以罚款的，按照相当于恢复原状所需费用三倍以下的标准执行。

在自然保护区、禁猎区破坏非国家或者地方重点保护野生动物主要生息繁衍场所的，由野生动物行政主管部门责令停止破坏行为，限期恢复原状，并以处恢复原状所需费用2倍以下的罚款。

第三十七条 违反野生动物保护法规，出售、收购、运输、携带国家或者地方重点保护野生动物或者其产品的，由工商行政管理部门或者其授权的野生动物行政主管部门没收实物和违法所得，可以并处相当于实物价值10倍以下的罚款。

第三十八条 伪造、倒卖、转让狩猎证或者驯养繁殖许可证，依照《野生动物保护法》第三十七条的规定处以罚款的，按照五千元以下的标准执行。伪造、倒卖、转让特许猎捕证或者允许进出口证明书，依照《野生动物保护法》第三十七条的规定处以罚款的，按照五万元以下的标准执行。

第三十九条 违反野生动物保护法规，未取得驯养繁殖许可证或者超越驯养繁殖许可证规定范围驯养繁殖国家重点保护野生动物的，由野生动物行政主管部门没收违法所得，处三千元以下罚款，可以并处没收野生动物、吊销驯养繁殖许可证。

第四十条 外国人未经批准在中国境内对国家重点保护野生动物进行野外考察、标本采集或者在野外拍摄电影、录像的，由野生动物行政主管部门没收考察、拍摄的资料以及所获标本，可以并处五万元以下罚款。

第四十一条 有下列行为之一，尚不构成犯罪的，由公安机关依照《中华人民共和国治安管理处罚条例》的规定处罚：

（一）拒绝、阻碍野生动物行政管理人员依法执行职务的；

（二）偷窃、哄抢或者故意损坏野生动物保护仪器设备或者设施的；

（三）偷窃、哄抢、抢夺非国家重点保护野生动物或者其产品的；

（四）未经批准猎捕少量非国家重点保护野生动物的。

第四十二条 违反野生动物保护法规，被责令限期捕回而不捕的，被责令限期恢复原状而不恢复的，野生动物行政主管部门或者其授权的单位可以代为捕回或者恢复原状，由被责令限期捕回者或者被责令限期恢复原状者承担全部捕回或者恢复原状所需的费用。

第四十三条 违反野生动物保护法规，构成犯罪的，依法追究刑事责任。

第四十四条 依照野生动物保护法规没收的实物，按照国务院林业行政主管部门的规定处理。

第七章 附 则

第四十五条 本条例由国务院林业行政主管部门负责解释。

第四十六条 本条例自发布之日起施行。

参考文献

1. 常家传，马金生，鲁长虎. 鸟类学（第二版）. 哈尔滨：东北林业大学出版社，2004

2. 费荣梅. 野生动物产品学. 哈尔滨：东北林业大学出版社，2002

3. 国家林业局森林公安局，国家林业局检察院法院工作办公室. 林业执法手册. 北京：中国经济出版社，2000

4. 黑龙江野生动物研究所. 黑龙江鸟类志. 北京：中国林业出版社，1992

5. 侯森林，郭海涛，薛晓明. 四种鹿科动物被毛显微形态学特征研究. 四川动物，2008，27（1）

6. 侯森林，郭海涛，薛晓明. 四种食肉动物直针毛鳞片的显微形态学特征观察. 南京林业大学学报，2006，30（6）

7. 侯森林. 赤狐直针毛显微形态学特征观察. 四川动物，2009，28（2）

8. 侯森林. 中国6种犬科动物直针毛的扫描电镜分析. 安徽农业大学学报，2010，4

9. 胡锦矗，吴攀文. 大中型兽类踪迹在野外考察及研究中的应用. 西华师范大学学报（自然科学版），2006，27（1）

10. 刘凌云，郑光美. 普通动物学（第三版）. 北京：高等教育出版社，1997

11. 鲁长虎，费荣梅. 鸟类分类与识别. 哈尔滨：东北林业大学出版社，2003

12. 马建章主编. 野生动物管理学. 哈尔滨：东北林业大学出版社，1990

13. 马世来，马晓峰，石文英. 中国兽类踪迹指南. 北京：中国林业出版社，2001

14. 盛和林，徐宏发. 哺乳动物野外研究方法. 北京：中国林业出版社，1992

15. 盛和林. 中国野生哺乳动物. 北京：中国林业出版社，1999

16. 万自明，孟宪林，刘敏，等. 野生动植物执法. 北京：中国林业出版社，2004

17. 汪松，赵尔宓. 中国濒危动物红皮书（两栖类和爬行类）. 北京：科学出版社，1998

18. 汪松. 中国濒危动物红皮书（兽类）. 北京：科学出版社，1998

19. 王跃先. 林业政策与法规. 北京：中国林业出版社，2000

20. 旭日干. 内蒙古动物志（第二卷）. 呼和浩特：内蒙古大学出版社，2001

21. 杨安峰. 脊椎动物学（修订本）. 北京：北京大学出版社，1992

22. 野生动物保护协会. 中国两栖动物图鉴. 郑州：河南科学技术出版社，2002

23. 约翰·马敬能，卡伦·菲利普斯，何芬奇. 中国鸟类野外手册. 长沙：湖南教育出版社，2000

24. 张伟，景松岩，徐艳春. 毛皮学（第2版）. 哈尔滨：东北林业大学出版社，

2002

25. 赵其昆等译，Alan Rabinowitz 著．野生动物研究和保护培训手册．北京：中国科学技术出版社，1996

26. 赵正阶．中国东北地区珍稀濒危动物志．北京：中国林业出版社，1999

27. 郑光美，王岐山．中国濒危动物红皮书（鸟类）．北京：科学出版社，1998

28. 郑生武．中国西北地区珍稀濒危动物志．北京：中国林业出版社，1994

29. 郑秀芬．法医 DNA 分析．北京：中国人民公安大学出版社，2001

30. 中国野生动物保护协会．中国爬行动物图鉴．郑州：河南科学技术出版社，1999

31. 中华人民共和国濒危物种进出口管理办公室．常见龟鳖类识别手册．北京：中国林业出版社，2002

32. 周用武，杨玉华．动物物种鉴定的非 DNA 方法评述．通化师范学院学报，2009，30（10）

33. 周用武．DNA 技术鉴定动物物种研究评述．通化师范学院学报，2008，29（2）

34. 周用武．用于 DNA 分析的动植物检材的收集和保存．森林公安，2006，2

35. 朱玉贤，李毅．现代分子生物学（第二版）．北京：高等教育出版社，2002